Inhalt

Vorwort

Der Versuch, in einem Büchlein wie dem vorliegenden eine „Landschaftsökologie“ zu schreiben, erscheint angesichts der kaum noch zu überblickenden Zahl an einschlägigen Veröffentlichungen schier unmöglich. Dem Verfasser, der seit 1974 in der Fakultät Raumplanung der Universität Dortmund das Fachgebiet „Landschaftsökologie und Landschaftsplanung“ leitet, kam seine praxisbezogene Lehr- und Forschungstätigkeit der letzten 20 Jahre bei der Stoffauswahl sehr gelegen.
Die Anwendbarkeit von landschaftsökologischen Forschungsergebnissen in der räumlichen Planung wurde als Filter für die Stoff- und Literaturauswahl herangezogen. Tatsache ist, daß innerhalb des interdisziplinären Forschungsbereiches der Landschaftsökologie außer der Geographie immer mehr andere Disziplinen arbeiten, sehr häufig mit einem expliziten Anwendungsbezug. Allerdings ist innerhalb der Geographie eine stärkere Hinwendung zur Angewandten Landschaftsökologie zu beobachten. Landschaftsökologische Forschung kann heute sinnvoll nur noch interdisziplinär betrieben werden.
Aus der Sicht der Anwendbarkeit in der Praxis spielt es keine Rolle, woher bestimmte Erkenntnisse oder methodische Ansätze stammen, entscheidend ist allein deren möglicher Beitrag zur Lösung praktischer Fragestellungen bei der Organisation des menschlichen Lebensraumes. Obwohl der Verfasser seine Herkunft aus der Geographie weder verleugnen kann noch will und dieser Band in einer geographischen Reihe erscheint, ist die Auswahl der zitierten Literatur nicht unter der Zielsetzung erfolgt, den Beitrag der Geographie als besonders bedeutend herauszustellen. Ein derartiges Unterfangen hätte angesichts des gewählten Auswahlkonzeptes ohnehin kaum verwirklicht werden können.
Die ökologischen Probleme in Zusammenhang mit der langfristigen Sicherung der natürlichen Lebensgrundlagen des Menschen sind derart umfassend und vor allem drängend, daß jedwede Rivalität beteiligter Disziplinen untereinander unverantwortlich wäre. Gerade unter dem Aspekt dieser engen Fristigkeiten sollte interdisziplinär und arbeitsteilig geforscht werden. Die Tatsache, daß weltweit Lösungen in allernächster Zeit gefunden werden müssen, verlangt sowohl eine Schwerpunktsetzung auf den Bereich der anwendungsorientierten ökologischen Forschung als auch ein sehr viel stärkeres politisches Engagement der einzelnen Forscher. Damit ist gemeint, daß es zumindest für den Bereich der Ökologie

nicht länger zu verantworten ist, wenn Wissenschaftler ihre Ergebnisse den politischen Mandatsträgern ohne wertenden Kommentar zur Umsetzung überlassen. Auch die Landschaftsökologen müssen künftig sehr viel stärker als bisher darum bemüht sein, daß das von ihnen als sinnvoll und erforderlich Erkannte auch realisiert wird.

Das vorliegende Büchlein versteht sich als „Einführung" in die Landschaftsökologie. Die zentralen Fragen dieses interdisziplinären Wissenschaftsbereiches, so wie sie der Verfasser aus seiner wissenschaftlichen Sicht sieht, waren demnach darzustellen. Vieles von dem, was wissenschaftshistorisch zum Entstehen der heutigen Landschaftsökologie beitrug, konnte gar nicht oder aber nur sehr kurz behandelt werden; hierzu sei auf H. LESERS „Landschaftsökologie" ([2]1978) verwiesen.

Gegenüber der 1. Auflage hat sich diese 2. Auflage nicht grundlegend geändert, es wurde die neuere Literatur eingearbeitet, die Kap. 3.4 und 6.3 wurden sehr stark überarbeitet, das Kap. 5.4 ist aufgrund der aktuellen Diskussion über „sustainable development" neu hinzugekommen.

Die Kenntnisse über die Auswirkungen menschlicher Aktivitäten haben in den letzten Jahren verdeutlicht, daß über globale Zusammenhänge hinaus atmosphärische und kosmosphärische Gefahren auf die Menschheit zukommen. Daraus erwächst der Bundesrepublik Deutschland als einer der höchstentwickelten Industrienationen der nördlichen Halbkugel eigentlich die Verpflichtung, ihre gesamte Zukunfts-Philosophie grundlegend zu ändern – hin zu einer radikalen „Ökologisierung". Zur Vermittlung der dazu notwendigen Grundkenntnisse und Grundeinsichten möchte dieses Büchlein einen Beitrag leisten. Ich hoffe, daß viele Leser dieses Buches sich aufgerufen fühlen werden, sich nicht nur emotional, sondern auch politisch zu engagieren. Wir brauchen eine starke Lobby für die Umwelt im Interesse unserer Kinder und Kindeskinder – ohne eine intakte Umwelt ist letztlich alles nichts.

1 Einleitung

Ökologie – Landschaftsökologie – Geoökologie – ökologische Planung – Umweltschutz

Da in den letzten 25 Jahren – besonders im Zusammenhang mit der intensiven Umweltschutzdiskussion seit etwa 1970 – viele Disziplinen dieses Arbeitsfeld neu entdeckt oder wiederentdeckt haben, darf nicht verwundern, daß die Begriffe sehr uneinheitlich verwendet werden. So wünschenswert im Sinne der Verständigung eine einheitliche Begriffsbildung gerade in dem *interdisziplinären Wissenschaftsbereich* der Landschaftsökologie auch wäre, so unrealistisch muß das Bemühen darum immer noch eingeschätzt werden.

1.1 Ökologie

Um den *Ökologiebegriff* hat es in der Vergangenheit viele engagierte Auseinandersetzungen gegeben. Es wird sie angesichts neuerer Entwicklungen auch künftig geben. Der Biologe E. HAECKEL (1866) hat sowohl den Begriff Ökologie als auch die Ökologie als Wissenschaft begründet, zunächst als Autökologie, als *„Wissenschaft von den Beziehungen des Organismus zur umgebenden Außenwelt“*. K. MOEBIUS (1877) führte den Begriff *„Biocoenosis oder Lebensgemeinde“* ein, für eine Gemeinschaft sich gegenseitig bedingender und in einer räumlichen Einheit in Auswahl und Zahl der vorkommenden Tier- und Pflanzenarten dauernd sich regenerierender Gemeinschaft von Lebewesen. E. HAECKELS Absicht bestand darin, Gestalt und Lebensweise der Organismen aus deren Beziehungen zu ihrer jeweiligen Umwelt zu erklären. Ökologie verstand er als die *„Wissenschaft von den Beziehungen des Organismus zur umgebenden Außenwelt, wohin wir im weitesten Sinne alle Existenzbedingungen rechnen können“* (1866 Bd. 2, 286). Nach E. HAECKEL ist also die *Wissenschaft Ökologie* immer an Lebensvorgänge gebunden. Gegenstand der Ökologie ist die Erforschung des Naturgesetzen unterliegenden Wirkungsgefüges zwischen Leben und abiotischer Umwelt.

H. H. BARROW (1923) schlug bereits vor, den Ökologiebegriff auszuweiten auf die gesamte Geographie – geography as human ecology.

K. FRIEDRICHS (1937) bezog ihn auf die gesamte Naturwissenschaft. Diese kurzen Hinweise belegen, daß der Ökologiebegriff bereits sehr früh recht unterschiedlich gebraucht wurde.

J. SCHMITHÜSEN (1974) weist darauf hin, daß dieser ursprünglich rein *biologische Begriff,* der sich eindeutig auf die Erforschung von Leben Umwelt Relationen bezog, inzwischen auch auf *„rein anorganische Landschaften, in denen es keine Leben – Umwelt – Relationen gibt"* (S. 410), bezogen wird. H.-J. KLINK (1975, S. 211) stellt hierzu eindeutig fest, daß rein abiotische landschaftliche/geosphärische Teilkomplexe noch keine ökologischen Wirkungsgefüge darstellen, sondern daß das Leben stets den Bezug zu bilden habe.

Zumindest in der *Geographie* war lange Zeit die Frage umstritten, inwieweit der Mensch in das Untersuchungsfeld der Ökologie mit einzubeziehen ist oder nicht. H.-J. KLINK äußert sich noch 1974 (s. 1975, S. 212) eher zaghaft in der Weise, daß der Mensch seines Erachtens in das Konzept aufzunehmen sei. P. MÜLLER (1974b, S. 8) ist der Ansicht, daß sich durch die Einbeziehung des Menschen für die Ökologie ein völlig anderer Aspekt ergäbe und sieht darin eine Begriffsausweitung. Spätestens seit dem Beginn der internationalen *Umweltschutzdiskussion* ist unstrittig, daß die ökologischen Probleme der realen Kulturlandschaften als Lebensraum des Menschen im Zentrum des Interesses stehen. Ganz zweifellos ist der Mensch in vielen Kulturlandschaftstypen das wichtigste Element überhaupt. Es darf daher nicht verwundern, wenn von seiten der Sozialwissenschaften mit Begriffen wie Sozialökologie, Anthropoökologie und Humanökologie (z. B. H. KNÖTIG 1972) der Anspruch erhoben wird, den Ökologiebegriff als einen zumindest auch sozialwissenschaftlichen zu verstehen.

E. P. ODUM (1980) sowie P. R. EHRLICH, A. H. EHRLICH und J. P. HOLDREN (1975) verstehen *Humanökologie* als Populationsökologie der Spezies Homo sapiens, bei der es um das Studium der Beziehungen zwischen Mensch und Umwelt geht. Für alle anwendungsorientierten Wissenschaften, speziell die Planungswissenschaften, liegt hier ein spannendes Feld ökologischer Grundlagenforschung. Ob es überhaupt möglich sein wird, den Ökologiebegriff in jener Form als Wissenschaftsbegriff zu erhalten, wie er von E. HAECKEL bereits 1866 formuliert wurde (so P. MÜLLER 1974b, S. 9), kann heute noch nicht abschließend beantwortet werden. Die Untersuchung humanökologischer Fragestellungen mit nicht naturwissenschaftlichen Methoden als geisteswissenschaftliche Spekulation (so P. MÜLLER 1974a) zu klassifizieren, wird der Problematik nicht gerecht. Ein rein biologisches Verständnis des Ökologiebegriffes läßt einen Begriff wie *Bioökologie,* wie ihn z. B. H. LANGER (1968) als erster verwendete, als überflüssig erscheinen. H. LANGER versteht jedoch z. B. Landschaftsökologie als funktionale Systemforschung und dies auch bei rein anorganischen Systemen. Diese Frage wird in Zusammenhang mit der Behandlung der Begriffe „Landschaftsökologie"/"Geoökologie" noch einmal aufgegriffen. Am Rande sei erwähnt, daß O. D. DUNCAN (1964) die gesamte Ökologie für die Soziologie vereinnahmt: *„Seit ihren Anfängen war die Ökologie deshalb eine im wesentlichen soziologische Disziplin, wenn auch die ersten Untersuchungen, die unter dem Namen Ökologie liefen, auf Pflanzen und Tiere beschränkt waren"* (aus P. MÜLLER 1977a, S. 8). Die moderne Ökologie bezeichnet das komplizierte Beziehungsgefüge von Leben – Umwelt – Relationen als *Ökosystem,* ein Begriff, den der englische Forstmann A. G. TANSLEY (1939) in seiner jetzigen Wortform geprägt hat. In Anlehnung an H. ELLENBERG (1973a) wird heute unter einem Ökosystem *„ein Wirkungsgefüge von Lebewesen und deren anorganischer Umwelt, das zwar offen, aber bis zu einem gewissen Grade zur Selbstregulation befähigt ist"*, verstanden. Diese Fähigkeit zur Selbstregulation ist vielen anthropogen geprägten „Landschaftsökosystemen" (H. LESER [3]1991) zumindest teilweise verlorengegangen, so daß ländliche Räume z. B. für Ballungsgebiete sog. ökologische Ausgleichsleistungen mit übernehmen müssen. Es gab Bestrebungen (so z. B. W. TOMAŠEK 1979), den Ökosystembegriff auch auf ganz vom Menschen geschaffene Techno-Systeme auszudehnen. Von der damit verknüpften Gefahr einer totalen Begriffsverwirrung einmal abgesehen, spricht speziell aus der Sicht der Planung wenig dafür, das an die Existenz von autotrophen Lebewesen gebundene Prinzip der Selbstregulation aufzugeben.

1.2 Landschaftsökologie/Geoökologie

Der *Begriff Landschaftsökologie* ist von dem Geographen C. TROLL (1939) in Zusammenhang mit der Luftbildinterpretation einer ostafrikanischen Savannenlandschaft erstmals in der wissenschaftlichen Literatur verwendet worden. Später hat C. TROLL (1968, 1970) aus Gründen der besseren Übersetzbarkeit und Verwendbarkeit im internationalen Gebrauch dafür den Begriff Geoökologie als Synonym eingeführt, der z. B. von H.-J. KLINK (1975, 1980), H. LESER (1972a), H. NEUMEISTER (1988) und den beiden Arbeitskreisen „Geoökologische Karte und Naturraumpotential" (1988) und „Geoökologische Karte und Leistungsvermögen des Landschaftshaushaltes" (1989) verwendet wird. Es muß heute festgestellt werden, daß sich der Begriff „Landschaftsökologie" jedoch auch international durchgesetzt hat. So gab es z. B. bis zum 14.08.1993 eine „Bundesforschungsanstalt für Naturschutz und Landschaftsökologie" und mehrere Lehrbücher (H. HENDINGER 1977; N. KNAUER 1981; H. LESER [3]1991; Z. NAVEH und A. S. LIEBERMAN 1984), die den Begriff im Titel führen. 1981 fand in Veldhoven/Niederlande eine internationale Veranstaltung unter Beteiligung von Landschaftsökologen aus 28 Ländern statt. Diese von der seit 1972 existierenden WLO (Werkgemeenschap voor Landschapsecologisch Onderzoek/the Netherlands Society for Landscape Ecology) organisierte Tagung hat beschlossen, eine internationale Gesellschaft für Landschaftsökologie zu gründen, wobei auch hier in der englischen Fassung der Begriff Geoökologie nicht auftaucht, sondern man nennt sich „International Association of Landscape Ecology". Seit 1972 heißt der Lehrstuhl in Weihenstephan, den W. Haber seit 1966 bekleidet, „Lehrstuhl für Landschaftsökologie". An der Universität Münster kann man sich seit dem WS 1992/93 für den Abschluß Diplom-Landschaftsökologe einschreiben, seit WS 1993/94 gibt es an der Universität Oldenburg einen neuen Studiengang zum Diplom-Landschaftsökologen.

Obwohl sich gelegentlich der Eindruck aufdrängt, daß der Begriff „Geoökologie" dann favorisiert wird, wenn es sich um Untersuchungen im rein abiotischen Wirkungsgefüge handelt (s. dazu L. FINKE 1978a; H. LESER 1980), darf davon ausgegangen werden, daß die beiden Begriffe synonym zu verwenden sind. Wie bereits J. SCHMITHÜSEN (1974) – einer der entscheidenden geistigen Väter der modernen Landschaftsökologie – feststellte, wird der Begriff „Landschaftsökologie" in zwei prinzipiell unterschiedlichen Auslegungen verwendet, ohne daß er selbst eine Patentlösung anbietet. C. TROLL, von Hause aus Biologe, hat den Begriff im Sinne der biologischen Wissenschaften verstanden, d. h. in Bezug auf eine – Leben – Umwelt – Relation. Wie bereits erwähnt, hat C. TROLL den Begriff Landschaftsökologie in dem Aufsatz *„Luftbildplan und ökologische Bodenforschung"* verwendet. Zur Luftbildforschung schreibt er: *„Als Landschaftskunde und als Ökologie treffen sich hier die Wege der Wissenschaft"* und er gelangt dann zu dem Satz: *„Luftbildforschung ist zu einem sehr hohen Grade Landschaftsökologie" (1939, S. 297).* Im gleichen Aufsatz verwendet C. TROLL ohne weitere Interpretation den Begriff Landschaftshaushalt in dem Satz: *„Die Luftbildforschung ... führt auf der gemeinsamen Ebene des Landschaftshaushaltes verschieden marschierende Wissenschaftszweige zusammen."*

Dieser bereits von C. TROLL verwendete Begriff „Landschaftshaushalt" als Forschungsbereich der Landschaftsökologie hat sicherlich mit dazu beigetragen, daß viele Autoren Landschaftsökologie als *Landschaftshaushaltslehre* verstehen, so E. NEEF und seine Schüler. Entscheidend ist, daß bei diesem Verständnis die Erforschung des landschaftlichen Stoff- und Energieumsatzes, d.h. rein abiotischer Zusammenhänge, ohne Leben – Umwelt – Relation ebenfalls bereits als Landschaftsökologie bezeichnet werden. J. SCHMITHÜSEN (1974, S. 410) sieht darin eine Abkehr vom ökologischen Sinngehalt und eher einen Gehalt im Sinne von Ökonomie. Besonders H.-J. KLINK (z.B. 1972, 1975, 1980) und P. MÜLLER (z. B. 13.

1974b, 1977a) setzen sich dafür ein – P. MÜLLER weniger mit dem Begriff Landschaftsökologie als mit dem Ökologiebegriff – nur dann von Ökologie/Landschaftsökologie/Geoökologie zu sprechen, wenn man dabei wirklich Leben – Umwelt – Relationen im Sinn hat.

Sowohl wissenschaftshistorisch als auch aus der Sicht der Praxis ist von Interesse, daß in der Geographie lange Zeit unklar war, inwieweit der *Mensch in das Untersuchungsfeld der Landschaftsökologie* einzubeziehen sei. In anwendungsorientierten Nachbardisziplinen, z. B. Agrarwirtschaft, Forstwirtschaft und Landespflege, war diese Frage nie ein Diskussionspunkt. L. FINKE (1971) hat sich mit diesem Thema bereits eingehend auseinandergesetzt, dort findet sich auch eine Diskussion der Begriffe Landesnatur, Ökotop (im Sinne C. TROLLS), Kulturökotop etc., die diese Auseinandersetzung in der geographischen Literatur widerspiegelt. Immerhin bezeichnete H.-J. KLINK noch 1974 (1975, S. 212) die Einbeziehung anthropogener Einflüsse innerhalb der Kulturlandschaften in das Untersuchungsfeld der Geoökologie als strittig, wobei er selbst sich allerdings für eine Aufnahme des Menschen in das Konzept der Geoökologie ausspricht. Da J. SCHMITHÜSEN (1948) bereits in den Anfängen der heutigen Landschaftsökologie gefordert hatte, in den Ökotopbegriff auch die menschlichen Werke einzuschließen, muß die Diskussion im nachhinein verwundern. Wissenschaftspolitisch erscheint es rückschauend als bedauerlich, daß die Geographie sich nicht sehr viel früher und intensiver für die ökologischen Probleme der Kulturlandschaft interessiert hat. Es bedurfte erst des Aufbruchs der internationalen Diskussion über Umweltschutz, ehe sich auch in der Geographie neuere Arbeiten explizit mit anthropogen verursachten und für den Menschen unmittelbar lebenswichtigen landschaftsökologischen Fragen befaßten.

Die Naturräumliche Gliederung (s. J. SCHMITHÜSEN 1953; E. OTREMBA 1948; H. UHLIG 1967) war angetreten mit dem Ziel einer umfassenden Aufnahme der physiogeographischen Verhältnisse, die dann zusammen mit der wirtschafts- und sozialräumlichen Gliederung eine moderne Landeskunde Deutschlands ergeben sollte. Nicht zuletzt unter dem Druck tausender Studierender des Studienganges „Diplomgeographie" sieht sich die Geographie heute in der Pflicht, von der rein disziplininternen Zielsetzung der Naturräumlichen Gliederung abzurücken und sich den Problemen der heutigen Kulturlandschaft und ihres künftigen Sollzustandes zu widmen. Ein zukunftsorientierter Umweltschutz erfordert die Erarbeitung planungs- und entscheidungsrelevanter ökologischer Grundlagen (s. Kap. 1.3; 2.1) – dazu bedarf es einer auf die Probleme der realen Kulturlandschaft ausgerichteten Landschaftsökologie.

P. MÜLLER (z. B. 1974a im Vorwort, 1977a S. I) sah sich mehrfach zu Hinweisen veranlaßt, daß unsere drängendsten sozialen und ökologischen Probleme weder durch geisteswissenschaftliche Spekulationen noch

durch ideologisch gefärbte Willensbekundungen zu lösen seien. Er verspricht sich eine Besserung im Bereich der Umweltpolitik durch *„eine intensive Erziehung zum wissenschaftlichen Denken“* (1977a, S. 1).
Hier offenbart sich ein auch bei anderen Autoren vorhandenes Mißverständnis zwischen dem Wissen um ökologische Zusammenhänge und Erfordernisse einerseits und der Realisierbarkeit in der räumlichen Planung und in der Politik andererseits. Die heutige *Ökologie-Bewegung* holt auf diesem Felde vieles nach, was die ökologisch arbeitenden Wissenschaften in der Vergangenheit versäumt haben.
Es muß festgehalten werden, daß die Erforschung landschaftsökologischer Zusammenhänge zweifellos nur mit naturwissenschaftlichen Methoden erfolgen kann, daß aber für den planerischen und politischen Entscheidungsprozeß diese ökologischen Fakten einer Bewertung zu unterziehen, d.h. von der naturwissenschaftlich-neutralen Sachebene in die Wertebene zu transformieren sind.
Die zitierten Forderungen von H.-J. KLINK, P. MÜLLER und J. SCHMITHÜSEN, nur dann von Ökologie/Landschaftsökologie zu sprechen, wenn Leben – Umwelt – Relationen gemeint sind, läßt zumindest noch die Frage offen, ob die biotische Dimension durch den Menschen allein repräsentiert werden kann. P. MÜLLER (1977a) spricht bei Vorherrschen einzelner Arten von „Schlüsselartenökosystemen“, als welche dann z. B. unsere Ballungsräume als Typ des vom Menschen absolut beherrschten urban-industriellen Ökosystemtyps zu sehen wären. Eine Untersuchung rein abiotischer Wirkungszusammenhänge, z. B. des Stadtklimas unter bioklimatischen Aspekten, ist ganz zweifellos eine stadt(landschafts)-ökologische Arbeit.
Auf diese Weise können viele zunächst rein auf abiotische Teilsysteme ausgerichtete Untersuchungen durchaus ökologische sein. Wenn nämlich abiotische Umweltteilkomplexe des Menschen untersucht und bewertet werden, handelt es sich durchaus um humanökologische Arbeiten im Sinne von P. R. EHRLICH, A. H. EHRLICH und J. P. HOLDREN (1975). Diese verstehen unter *Humanökologie* das Studium der Beziehung zwischen Mensch und Umwelt, so z. B. auch die Erforschung aller (endlichen und erneuerbaren) Ressourcen wie Land, Energie, Mineralstoffe, Nahrung, Wasser, Wälder. Der Zerstörung ökologischer Systeme durch den Menschen wird dort ein eigenes Kapitel gewidmet.
In der modernen, anwendungsorientierten ökologischen Forschung, vor allem innerhalb der Stadtökologie, steht heute außer Frage, daß die ökologische Forschung zwar weiterhin mit naturwissenschaftlichen Methoden betrieben werden muß, daß sie aber auf den Menschen auszurichten ist. So befaßt sich die Forschung am Lehrstuhl für Landschaftsökologie in Weihenstephan (W. Haber, TU München) explizit mit Nutzungstypen und Nutzungsintensitäten in unserer Kulturlandschaft (W. HABER 1992).

Aus dieser Sicht eines „Verwenders" stadtökologischer Forschungsergebnisse definiert RITTER (1989, S. 448) Stadtökologie als „die Lehre von den Wechselbeziehungen der Menschen mit ihrer belebten und unbelebten Umwelt in städtischen Lebensräumen".

1.3 Umweltschutz/ökologische Planung

Seit Ende der sechziger/Anfang der siebziger Jahre hat die Kenntnis über die Gefährdung und bereits erfolgte Zerstörung der menschlichen Umwelt erheblich zugenommen. Der Planungs- und Politikbereich, der hier weitere Verschlechterungen abwenden und bereits eingetretene Negativerscheinungen sanieren soll, heißt allgemein *Umweltschutz*. Der gesamte mit Umweltschutz bezeichnete Aufgabenbereich ist sehr weit gefächert und es sind, je nach Fragestellung, mehrere sinnvolle Kategorisierungen möglich.

Ein sehr wichtiger *Teilbereich* wird als *„ökologischer Umweltschutz"* bezeichnet, neben dem technischen, wobei sich z. B. im Immissionsschutz beide Bereiche eng verzahnen. Zum Bereich des Umweltschutzes sind in den letzten Jahren derart viele Veröffentlichungen erschienen, daß ein einzelner hier gar keinen Überblick mehr behalten kann. Einen guten Überblick über den jeweils erreichten Stand der umweltpolitischen Diskussion innerhalb der Bundesrepublik Deutschland vermitteln seit 1974 die Gutachten des SRU (=Rat von Sachverständigen für Umweltfragen). Über den Kenntnisstand der globalen Umweltgefährdung, der in den letzten 10 Jahren ganz beachtlich zugenommen hat, vermittelt das erste Gutachten des neu eingerichteten WBGU (=Wissenschaftlicher Beirat der Bundesregierung Globale Umweltveränderungen, 1993) einen zusammenfassenden Überblick.

Von Vertretern der Nachbardisziplin Landespflege ist die sog. *„ökologische Planung"* entwickelt worden. Nach E. BIERHALS, H. KIEMSTEI)T und H. SCHARPF (1974, 1977) geht es bei dieser ökologischen Planung um die Wahrnehmung einer querschnittsorientierten Aufgabe im Rahmen der räumlichen Planung, mit folgenden Mindestanforderungen:

- Prüfung der ökologischen Auswirkungen der von den verschiedenen Fachplanungen beabsichtigten Nutzungsansprüche;
- Entwicklung ökologisch möglicher Standortalternativen im Rahmen des Prozesses der räumlichen Gesamtplanung.

Es wird ausdrücklich betont, daß es nicht Aufgabe einer *ökologischen Landschaftsplanung* sei, „den *ökologisch optimalen Standort für einen Nutzungsanspruch, etwa die Landwirtschaft, zu bestimmen"* (E. BIERHALS u.a. 1974). Versteht man ökologische Planung als die ökologische Komponente jeder räumlichen Planung, dann ist selbstverständlich die ökolo-

gische Standortoptimierung für einen Nutzungsanspruch Teil des Gesamtaufgabenfeldes der ökologischen Planung. Ökologische Planung als qualitativer Aspekt der räumlichen Gesamtplanung hat dafür zu sorgen, daß die ökologischen Negativwirkungen einer geplanten Nutzung auf die im Standortbereich bereits vorhandenen oder geplanten anderen Nutzungen minimiert werden.
Die bis heute unter dem Begriff ökologische Planung subsumierten methodischen Ansätze sind immer noch sehr heterogen, so z. B.: „Ökologische Wirkungsanalysen", „ökologische Risikoanalysen", „Umweltverträglichkeitsprüfungen", „Ökologisierung", „Umweltqualitätsziele". Alle diese methodischen Ansätze verfolgen letztlich das Ziel, ökologische

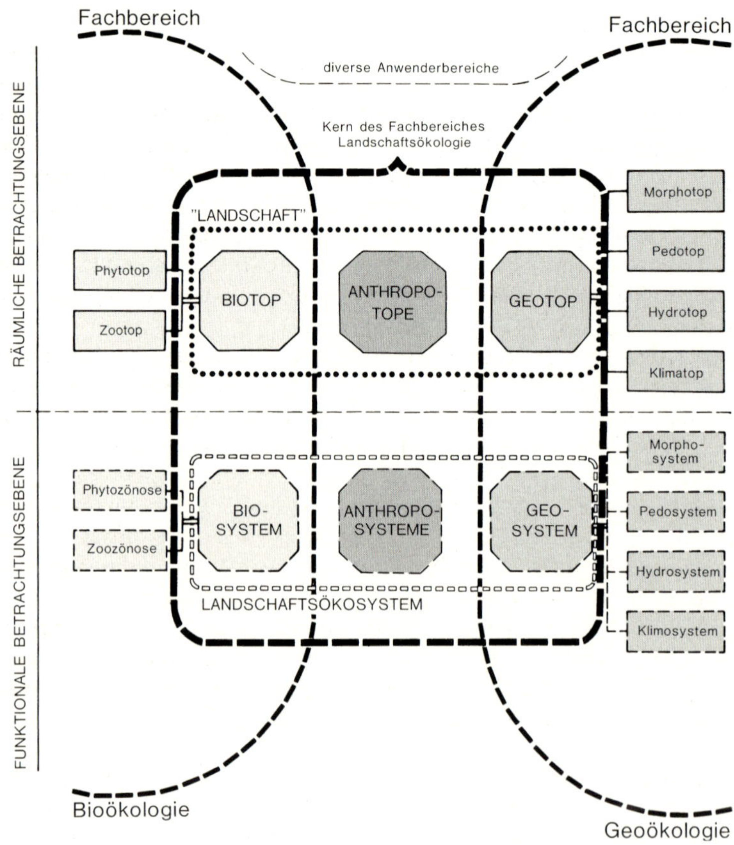

Abb. 1: Fachbereiche Geo-, Bio- und Landschaftsökologie (nach H. LESER *1984).*

Belange für die Planung und den planungspolitischen Abwägungsprozeß besser aufzubereiten und damit der ökologischen Komponente der Raumordnung endlich mehr Durchschlagskraft zu verleihen, d. h. sie sind handlungsorientiert, nicht erkenntnisorientiert. So möchte z. B. J. PIETSCH (1979) der ökologischen Planung den Charakter einer Wissenschaft zunächst noch verweigern, während er sich 1981 selbst um eine theoretische und methodische Grundlegung bemühte.

Ökologische Planung bedarf einer *wissenschaftlichen Absicherung* durch planungsrelevante ökologische Grundlagenforschung. Diese wird mehr sein müssen als klassische, naturwissenschaftliche Ökologie. Die fortwährende Ausbeutung und Belastung natürlicher Ressourcen durch den Menschen erfordert eine geplante, ständige Reproduktion der erneuerbaren Ressourcen, spätestens seit dem Anfang Juni 1992 in Rio de Janeiro abgehaltenen Erdgipfel „Umwelt und Entwicklung" wird eine Orientierung an der natürlichen Reproduktionskraft und eine darauf abgestellte Entwicklung als „sutainable development" bezeichnet. Da sich der Mensch hierbei nicht ausschließlich an Naturzuständen orientieren kann, müssen normative und strategische Elemente eingehen, welche der klassischen Naturwissenschaft weitgehend fremd sind. Der Forderung P. MÜLLERS (1974b), den Ökologiebegriff in jener Form als wissenschaftlichen Begriff zu erhalten, wie er von E. HAECKEL bereits 1866 formuliert wurde, kann daher aus der Sicht des Aufgabenfeldes einer angewandten Ökologie, die die wissenschaftlichen Grundlagen für die ökologische Planung zu liefern hat, nicht gefolgt werden.

Das, was als ökologisch sinnvolle und gewollte Organisation der Kulturlandschaft angesehen werden soll, läßt sich mit naturwissenschaftlichen Methoden allein nicht bestimmen. In die Definition des Sollzustandes ökologischer Systeme gehen immer auch *Humanbestimmungen* der Natur ein, d.h. Formen und Zwecke der gesellschaftlichen Entwicklung der Natur. Viele Ökologen fühlen sich immer noch einer „wertneutralen" Wissenschaft verpflichtet. Sie scheuen sich, Werturteile abzugeben oder sind, wie R. S. DESANTO (1978) meint, gar nicht primär an menschlichen Einwirkungen interessiert. Hier ist eine Landschaftsökologie als *„angewandte, planungsbezogene ökologische Arbeitsrichtung"* (W. HABER 1979b) aufgefordert, diese Lücke zu füllen. Im Jahre 1988 hatte die Gesellschaft für Ökologie (GfÖ) das Thema „ökologische Planung" erneut im Programm ihrer Jahrestagung, dort gab L. FINKE (1989) einen Überblick zum Stand der Diskussion.

Die jüngste Entwicklung ist dadurch gekennzeichnet, daß intensiv über eine sogenannte „Umweltleitplanung" diskutiert wird, (vgl. §§ 19-25 des sog. „Professorenentwurfes" von M. KLOEPFER et al. 1990). Diese Umweltleitplanung soll alle Umweltplanungen zusammenführen. Dies erfordert eine umweltbereichsinterne „Vorwegabwägung" – viele offene

Fragen nach deren Zustandekommen und Verbindlichkeit bestimmen die kontroverse Diskussion.

Von H. LESER (1983, 1984) wird seit längerem eine ganz klare inhaltliche Trennung der Begriffe Geoökologie, Bioökologie und Landschaftsökologie vorgenommen (Abb. 1).

Dabei stehen die vorgenannten Begriffe für Fachbereiche, wobei lediglich die Landschaftsökologie anthropogene Sachverhalte explizit mit einbezieht. Danach sind Landschaftsökologie und Geoökologie nicht mehr identisch und von Geoökologie kann auch bereits dann gesprochen werden, wenn die Betrachtung auf rein abiotische Subsysteme (zunächst) beschränkt bleibt. H. LESER (1984, S. 351) stellt selbst fest, daß in der Literatur immer noch ein Begriffswirrwarr eher die Regel als die Ausnahme ist. Es bleibt abzuwarten, ob die von ihm vorgeschlagene Begriffssystematik und Definition der Gegenstandsbereiche von Bio-, Geo- und Landschaftsökologie auch von anderen Autoren übernommen werden wird. Immerhin führt die Logik seines Begriffsapparates zu der Konsequenz, zwei Ökosystembegriffe – *Bioökosystem und Geoökosystem* – neu einzuführen. Der Begriff Geoökosystem soll z. B. anzeigen, daß der Schwerpunkt der Betrachtung im abiotischen Geosystem liegt, daß aber biosystemare Aspekte mit einbezogen werden.

Es bleibt festzustellen, daß ein derartiges Verständnis von Geoökologie und Geoökosystem außerhalb der Geographie nicht anzutreffen ist. Die Untersuchung eines Hydrosystems z. B. kann biotische Kompartimente unmöglich ausschalten, da die Vegetation direkt Größen wie Verdunstung, Abfluß und Versickerung steuert. Ist dadurch jede hydrologische Untersuchung automatisch eine geoökologische Betrachtung, auch wenn die Lebensbedingungen der Pflanzen- und Tierwelt explizit gar nicht untersucht werden? Außerhalb der Geographie findet sich eine derartige Auffassung nirgendwo.

Nach dem klassischen Verständnis von Ökologie müßten immer Lebewesen im Zentrum der Betrachtung stehen, die Auswahl der zu untersuchenden Systemelemente erfolgt dann in Abhängigkeit von den Fragen nach den jeweiligen Lebensbedingungen. Diesem klassischen ökologischen Ansatz liegt stets eine Frage nach Leben – Umwelt – Beziehungen zugrunde, während es der Geosystemforschung um Systemzusammenhänge in Teilsystemen geht. Die Diskussion um das Ökologieverständnis ist sicherlich noch lange nicht beendet. Insofern bleibt offen, ob man mit H. LESER (1984, S. 353) Physiogeographie mit Geoökologie gleichsetzen soll.

Zum Unterschied zwischen Bioökologie und Geoökologie heißt es bei H. LESER (1983), daß sich Bioökologie in der Regel als „Ökologie an sich" begreife und die erd- und raumwissenschaftliche Perspektive außer acht ließe. Demgegenüber sei die Geoökologie stets um raumbezogene

Aussagen bemüht. Aus der Sicht der um mehr ökologische Orientierung bemühten räumlichen Planung muß hierzu festgestellt werden, daß sehr viel eher Arbeiten der Biologie hierfür eine Grundlage geschaffen haben. Hierzu zählen insbesondere die laufenden bzw. bereits abgeschlossenen Kartierungen der schutzwürdigen Biotope, sowie Arbeiten über *Biotopverbundsysteme,* z. B. von J. BLAB (1984) B. HEYDEMANN (1979, 1981, 1983) E. JEDICKE (1993) u. a.. Der von B. HEYDEMANN und J. MÜLLER-KARCH (1980) vorgelegte Biologische Atlas Schleswig-Holstein darf z. B. als umfassende bioökologische Bestandsaufnahme eines Landes angesehen werden. Inzwischen liegen Biotopkartierungen für alle alten Bundesländer vor, selbst einige der neuen Bundesländer sind damit bereits recht weit.

Der große Vorteil derartiger bioökologischer Arbeiten ist darin zu sehen, daß mit ihrer Hilfe *integrierte Schutzgebietssysteme,* auch *Biotopverbundsysteme* genannt, konzeptionell entwickelt werden können. Dadurch wird der Naturschutz, die wesentlichste Komponente des *ökologischen Umweltschutzes,* erstmals in die Lage versetzt, einen Bedarf nach bestimmten zusätzlichen Flächen zu begründen. Bisher befand sich der Naturschutz stets auf dem Rückzug vor konkurrierenden Nutzungen, jetzt ist er in der Lage, selbst eine Vorwärtsstrategie zu entwickeln. Ein System räumlich vernetzter Ökosystemtypen von der Ebene der Landes- bis zur Bauleitplanung ist das wichtigste Grundgerüst der ökologisch orientierten Raumplanung. Dies ist inzwischen soweit akzeptiert, daß in fast allen Landesplanungs- und Landesnaturschutzgesetzen die Schaffung von Biotopverbundsystemen gefordert wird. Auch der „Raumordnungspolitische Orientierungsrahmen“ (BMBau 1993 a) spricht in seinem Leitbild „Umwelt und Raumnutzung“ davon, daß vor allem im Umfeld der Verdichtungsräume der kleinräumigen Landschaftspflege und Biotopvernetzung“ (S. 11) eine vorrangige Bedeutung zukomme.

Der Begriff *Landschaftsökologie* wird in diesem Büchlein für ein umfassendes, interdisziplinäres Aufgabenfeld verwendet, zu dem viele Disziplinen einen Beitrag leisten. Dieses Verständnis entspricht dem des internationalen Kongresses „Perspectives in Landscape Ecology“ in Veldhoven/Niederlande vom 6.-11. 4. 1981. Bezüglich der Definition von Landschaftsökologie besteht Übereinstimmung mit H. LESER (1984, S. 356). Die Begriffe Bioökologie/bioökologisch und Geoökologie/geoökologisch werden dann verwendet, wenn der inhaltliche Schwerpunkt der Betrachtungsweise deutlich gemacht werden soll, aber eben auch nur dann. Von Ökologie und ökologisch sollte – in welcher Wortverbindung auch immer – nur dann gesprochen werden, wenn Leben–Umwelt–Beziehungen gemeint sind. Reine Geosysteme werden nicht dadurch zu Geoökosystemen, indem sie Teile von Ökosystemen sind – dann wäre praktisch jede auf rein abiotische Zusammenhänge gerichtete Untersuchung immer zugleich eine ökologische. Der Zusatz „ökologisch“ erfordert Bezüge zur biotischen Raumausstattung, wobei diese i.d.R. durch ausgewählte Arten, auch den Menschen, repräsentiert sein kann.

2 Ziele und Methoden der Landschaftsökologie

2.1 Forschungsziele und Methodik der Landschaftsökologie

Landschaftsökologie/ökologische Landschaftsforschung wird heute in einer Reihe klassischer Disziplinen betrieben, wobei komplexe Fragestellungen häufig interdisziplinär angegangen werden. Das bekannteste Projekt dieser Art aus dem Inland ist sicherlich das „Solling-Projekt", der bundesdeutsche Beitrag zum Internationalen Biologischen Programm (IBP). Seit 1976 wird von der UNESCO das MAB-Programm (Man and the Biosphere) durchgeführt. Abb. 2 vermittelt einen Überblick über die deutschen Projektbeiträge. Die Projekte MAB-11 und MAB-13 sind inzwischen abgeschlossen (Nrn. 1 u. 3 in Abb. 2).
Obwohl jedes einzelne Projekt und jedes Forschungsvorhaben eine spezifische Fragestellung besitzt, liegt dennoch ein allen gemeinsames *Oberziel* zugrunde, nämlich die Erforschung von (Teil-)Ökosystem-Zusammenhängen und deren möglichst quantitative Erfassung als Grundlage einer kybernetischen/systemtechnischen Modellierung und Prognose. Je nach beteiligten Wissenschaften (bzw. Wissenschaftlern) und je nach Zielsetzung kommen unterschiedliche Methoden zur Anwendung, so daß innerhalb der gesamten landschaftsökologischen Forschungspalette heute ein von einem einzelnen nicht mehr zu überblickendes Arsenal von Methoden und Techniken zur Anwendung gelangt. Auf der Basis einer Denkschrft von H. Ellenberg, O. Fränzle und P. Müller (1978) zum Thema „Ökosystemforschung im Hinblick auf Umweltpolitik und Entwicklungsplanung" starteten der Bundesminister des Innern (heute: Bundesminister für Umwelt, Naturschutz und Reaktorsicherheit) und das Umweltbundesamt ein umfangreiches Ökosystemforschungsprogramm – zum Stand Mitte 1992 siehe K.-H. Erdmann und J. Nauber (1993).
Allen landschaftsökologisch arbeitenden Disziplinen gemeinsam ist eine Entwicklung von der reinen Beobachtung und Beschreibung hin zur naturwissenschaftlich-analytischen Messung und Quantifizierung, die dann immer häufiger für eine mathematische Modellierung die Grundlage bildet. Dieser früher so hochgeschätzten *Quantifzierung* wird heute von seiten der Planung eher mit Skepsis begegnet, da man erkennen mußte, daß noch so exakt erhobene Daten noch lange nicht zu entsprechendem Handeln und Durchsetzungsvermögen führen. Naturwissenschaftlich

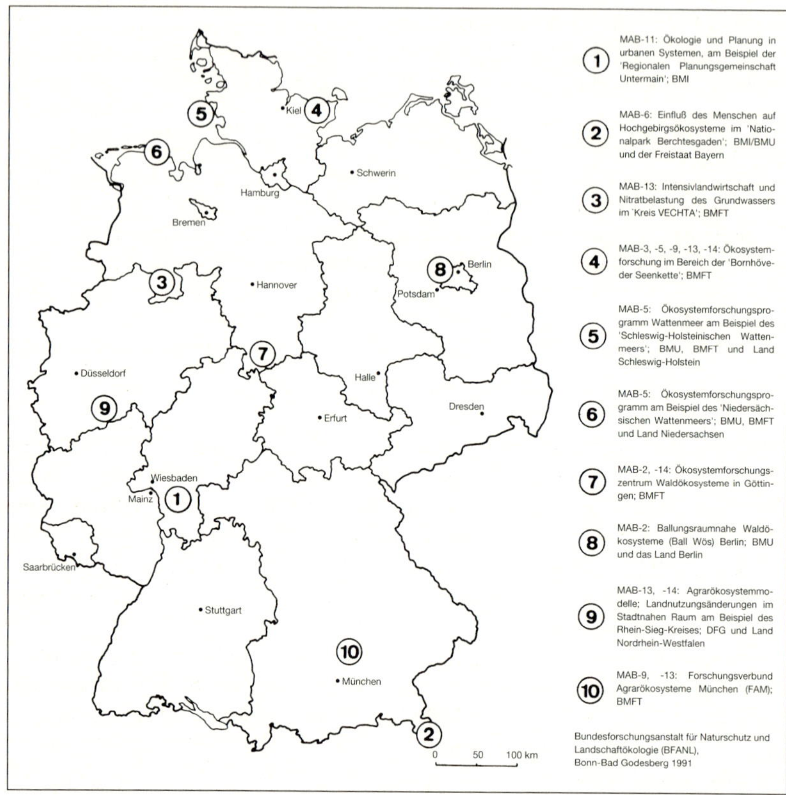

Abb. 2: Die nationalen Beiträge der Bundesrepublik Deutschland zum MAB-Programm (aus: ERDMANN, K.-H. *und* NAUBER, J. *1993)*

exakt quantifizierte Aussagen müssen für die politische Entscheidung zuvor in qualitative Kategorien umgesetzt werden, nur dann werden daraus Handlungsmaximen für die politisch legitimierten Entscheidungsträger erwachsen können. Am Beispiel einiger ausgewählter Disziplinen soll dies im folgenden verdeutlicht werden.

2.2 Landschaftsökologie in ausgewählten Disziplinen

Wenn im folgenden der Darstellung der *Landschaftsökologie* innerhalb der Geographie rein vom Umfang her ein Schwergewicht eingeräumt wird, dann mit Blick auf die potentiellen Benutzer dieses in einer geographischen Lehrbuchreihe erscheinenden Büchleins. Durch die Intensivierung der ökologischen Grundlagenforschung seit etwa 1970 im Zuge der internationalen Umweltschutzdiskussion hat es eine geradezu explosive Entwicklung gegeben, die dazu geführt hat, daß sich die Geographie heute nicht mehr als das Zentrum der Landschaftsökologie verstehen kann. Dies gilt insbesondere für den Bereich der angewandten/anwendungsorientierten landschaftsökologischen Forschung. Es kann auch nicht darum gehen, innerhalb der Landschaftsökologie den einzelnen Disziplinen ihre Tätigkeitsfelder zuzuweisen, sondern es soll versucht werden, für die jeweilige Disziplin typische Forschungsansätze, Fragestellungen und gegebenenfalls Methoden anzusprechen, wobei wiederum der *Praxisbezug* als Filter für die Auswahl dient.

2.2.1 Landschaftsökologie innerhalb der Geographie

C. Troll hat zwar 1939 den Begriff Landschaftsökologie in die geographische Literatur eingeführt, ökologische Landschaftsforschung wurde allerdings in der Geographie bereits sehr viel früher betrieben, und zwar in Zusammenhang mit der Entwicklung der Landschaftslehre.

A. Penck (1924, 1941) etwa warf bereits zu Beginn unseres Jahrhunderts die Frage nach der *Tragfähigkeit der Erde* auf, S. Passarge (1912) sprach von *Landschaftsphysiologie.*

Die Entwicklung der Landschaftsökologie innerhalb der Geographie hängt unmittelbar mit der Diskussion um den Landschaftsbegriff zusammen (s. z. B. H. Bobek und J. Schmithüsen 1949; E. Neef 1955; A. Sibert 1955; J. Schmithüsen 1963; D. Bartels 1968). Mit E. Neef (1967b) versteht man heute unter Landschaft *„einen durch einheitliche Struktur und gleiches Wirkungsgefüge geprägten konkreten Teil der Erdoberfläche“.*

In der jahrzehntelangen Diskussion um den Landschaftsbegriff bildete einen der zentralen Punkte die Frage, ob es sich bei der Landschaft um ein *Individuum oder* um einen *Typ* handelt. Aufgearbeitet findet sich diese Diskussion z. B. bei K.-H. Paffen (1953) und bei J. Schmithüsen (z. B. 1953, 1963, 1964). Die Landschaftsphysiologie hatte die Vorstellung entwickelt, daß die Landschaft die Synthese einer Vielzahl von Einzelelementen sei. Diese Vorstellung wurde in der Naturräumlichen Gliederung später wieder aufgegriffen und gewann für die Landschaftsökologie eine zentrale Bedeutung.

Eine weitere wichtige Frage innerhalb der Diskussion um den Landschaftsbegriff spielte die *Dimension.* C. Troll (z. B. 1950) etwa wollte die kleinsten naturräumlichen Einheiten (Physiotope und Ökotope) noch nicht als Landschaften gelten lassen, erst bei einer typischen räumlichen Anordnung (Physiotopen- bzw. Ökotopenmosaik) spricht er von Kleinlandschaften. Demgegenüber vertreten H. Carol (1957) und E. Neef

(1967) die Meinung, daß die Größe und die damit unmittelbar zusammenhängende Ausgliederung von Ganzheiten kein Definitionsmerkmal der Landschaft sein könne. Bei den Nachbardisziplinen scheint diese innerhalb der Geographie geführte Diskussion um ihren zentralsten Begriff eher Verwirrung als Klärung herbeigeführt zu haben. Dort ist, besonders in den Planungsdisziplinen, ein eher sorgloser Umgang mit diesem Begriff zu beobachten, z. B. als ein „beobachtungssprachlicher" Begriff im Sinne von G. HARD (zuletzt 1973). Angesichts sehr viel drängenderer Probleme sollte die Diskussion hierüber heute beendet sein.

Zur ökologischen Landschaftsforschung im heutigen Sinne kamen C. TROLL und J. SCHMITHÜSEN über die *Vegetationsgeographie.* Dadurch, daß die Pflanzen Zeigerwert für die Gesamtheit der edaphischen, klimatischen, hydrologischen u.a. Bedingungen am Standort besitzen, die als Wirkungsgefüge den Landschaftshaushalt des jeweiligen landschaftlichen Ökosystems bestimmen, zeigen sie zugleich die bisherigen Auswirkungen des Menschen innerhalb der Kulturlandschaft an.

In der Geographie stand dabei zunächst die Erfassung des *räumlichen Verbreitungsmusters* der Ökosysteme im Vordergrund, und zwar zunächst rein beschreibend, wobei das Ziel heute darin besteht, die stofflichen und energetischen Beziehungen der landschaftlichen Ökosysteme untereinander zu erfassen. L. FINKE (1978a) sieht in dieser Erfassung des räumlichen Verteilungsmusters und des räumlich-funktionalen Zusammenwirkens der Ökosysteme die zentrale Aufgabe der Landschaftsökologie. Ob dazu, wie K.-F. SCHREIBER (1982) brieflich mitteilte, die vorherige umfassende Analyse der einzelnen Ökosysteme erforderlich ist, muß bezweifelt werden, denn die Catena-Forschung innerhalb der Bodengeographie hat hierzu schon vor längerer Zeit beachtliche Beiträge geliefert.

Aus der Sicht der Praxis gehören die Fragen, wie sich Ökosysteme gegenseitig beeinflussen, wie derartige *ökologische Nachbarschaftswirkungen* räumlich und zeitlich ablaufen, zu den drängendsten überhaupt. Dieser Fragenkomplex kann als zentrales Problem der „ökologischen Planung" bezeichnet werden.

In der Geographie spielte außerdem die Frage nach der Hierarchie der Raumeinheiten eine die Diskussion lange Zeit beherrschende Rolle, was unmittelbar zusammenhing mit der Frage des jeweiligen Inhaltes (abiotisch, biotisch, anthropogen). Innerhalb der Diskussion um die Naturräumliche Gliederung wurde diese Frage intensiv behandelt und zu einem gewissen Abschluß gebracht (s. z. B. K.-H. PAFFEN 1953, H. RICHTER 1967, 1968a, b). In Anlehnung an H. LESER (^{2}1978, S. 78) kann folgendes

Abb. 3: Hierarchie in ausgewählten naturräumlichen und landschaftsökologischen Gliederungen (aus H. LESER *^{2}1978).* ▷

Dimension (Richter, 1906)	Paffen 1953	Müller-Miny 1958	Haase 1964	Haase/ Richter 1965	Schmithüsen 1949	Neef 1963	Neef	Kondracki (vgl. auch bei Kondracki, 1964)	Isačenko (vgl. auch bei Isačenko, 1965)	Richter (1965/) 1968	Herz (1974)
topologisch	Landschaftszelle		Ökotop	Ökotop	Fliese	Ökotop	Ökotop		Fazies	Ökotop/Physiotop	Physiotop
chorologisch	**Landschaftszellenkomplex**	Naturraum 7. Ordnungsstufe					**Ökotopgefüge**		**Urotiste**		Physiotopgefüge
	Kleinlandschaft	Naturraum 6. Ordnungsstufe Naturraum 5. Ordnungsstufe	Mikrochore (Ökotopgefüge) Mesochore untere Stufe	Mikrochore **Mikrochorengruppe** Mesochore untere Stufe	Fliesengefüge	Ökotopgefüge oder Mikrochore	Mikrochore	Mikroregion (-rayon)	Mestnost	Mikrochore **Mikrochorengruppe** Mesochore unterer Stufe	Mikrochore Mikrochorengefüge Mesochore
	Einzellandschaft	Naturraum 4. Ordnungsstufe	Mesochore obere Stufe	Mesochore obere Stufe	Naturräumliche Haupteinheit	Mesochore	Mesochore	Mesoregion (-rayon)	Phys.-geographischer Rayon oder Landschaft	Mesochore oberer Stufe	Mesochorengefüge
regional	Großlandschaft	Großregion 3. Ordnungsstufe	(Makrochore)	(Makrochore)	Naturräumliche Großeinheit	Makrochore	Makrochore	Makroregion (-rayon)	Okrug	Mikroregion/ Mikrovertikal	Makrochore
regional-ökologisch	Großlandschaftsgruppe	Großregion 2. Ordnungsstufe						Unterprovinz	Unterprovinz	Makrochore/ Landschaftszone Mesoregion/ Mesovertikal	
	Landschaftsunterregion	Großregion 1. Ordnungsstufe			Naturräumliche Region			Provinz	Provinz		
regional-tellurisch	Landschaftsregion					Megachore		Subzone	Subzone im engeren Sinne	Makroregion/ Makrovertikal	
	Landschaftsbereich							Territorium	Zone im engeren Sinne		Makrochorengefüge
planetarisch	Landschaftszone									Megaregion Landschaftszone/ Subkontinent bzw. Großraum	Megachore Megachorengefüge
planetarisch-zonal planetarisch-kontinental	Landschaftsgürtel				Geographische Zone	Georegion				Landschaftsgürtel/ Kontinent	Gürtel

Element, Gefüge
Maßstabsbezeichnung der Einheiten

Schema als Diskussionsstand gelten (Abb. 3). In der modernen Ökosystemforschung spielen Fragen der Hierarchie in ganz anderen Zusammenhängen eine Rolle, z.B. nach dem hierarchischen Aufbau der Natur, nach strukturellen und funktionalen Hierarchien im biologischen System, nach Wechselwirkungen zwischen den hierarchisch geordneten Subsystemen von Organismen, nach der Hierarchie von System-Zuständen, vor allem in Mensch-Umwelt-Systemen. Innerhalb des MaB-Projektes 6 „Der Einfluß des Menschen auf Hochgebirgs- und Tundraökosysteme" (s. Abb. 2) hat K. TOBIAS (1991) zur Anaylse, Bewertung und Planung vom komplexen Mensch-Umwelt-System das Verfahren der „hierarchischen Systemmethode" entwickelt.

2.2.1.1 Naturräumliche Gliederung

Der wichtigste *Vorläufer der Landschaftsökologie* war zweifellos, und nicht nur für die Geographie, die Naturräumliche Gliederung Deutschlands, die bereits eine in den Grundzügen auch heute noch gültige Zielsetzung formulierte, diese damals jedoch noch nicht einlösen konnte. In den grundlegenden Arbeiten z. B. von K.-H. PAFFEN (1948), J. SCHMITHÜSEN (1948), H. FRAHLING (1950), C. TROLL (1950) werden die Begriffe „Landschaftszelle", „Fliese", „Physiotop", „Ökotop" für die kleinsten *homogenen Raumeinheiten,* aus denen sich die Erdoberfläche aufbaut, diskutiert. Überdauert bis heute haben die Begriffe Physiotop (vor allem in Arbeiten der Schule E. NEEFS) und Ökotop. Der Begriff Physiotop bezieht sich auf das Wirkungsgefüge der abiotischen Geofaktoren. Der besonders von C. TROLL favorisierte Ökotopbegriff beinhaltet auch die biotische Ausstattung, wobei C. TROLL, ausgehend von „Naturlandschaften", an das im Gleichgewicht mit dem Biotop stehende Klimaxstadium der Biozoenosenentwicklung dachte.

Bezogen auf die Kulturlandschaft, schlug z.B. H. UHLIG (1956) daher den Begriff *Kulturökotop* vor. R. TÜXEN (1957) entwickelte als Pflanzensoziologe die Vorstellung der potentiellen natürlichen Vegetation, die als gedachtes Klimaxstadium einer natürlichen Sukzessionsentwicklung das heutige biotische Wuchspotential eines Ökotops/Biotops kennzeichnet. Vor diesem Hintergrund wird verständlich, wieso W. CZAJKA (1965) und seine Schüler (z.B. H.-J. KLINK 1966, 1969 und H. DIERSCHKE 1969) zu der Meinung gelangten, Physiotop und Ökotop seien nicht generell deckungsgleich, was nach den Vorstellungen C. TROLLS nicht zu erwarten gewesen wäre (dazu L. FINKE 1971). Heute wird von den *real existierenden Ökotopen* ausgegangen, wodurch sofort klar wird, daß der Mensch innerhalb eines Physiotops sehr verschiedene Ökosysteme (z.B. Agroökosysteme) geschaffen haben kann.

Basierend auf der methodischen Grundlegung J. SCHMITHÜSENS (1953)

wurde eine erste grobe Gliederung im Maßstab 1 : 1 000 000 erarbeitet und das *Handbuch der Naturräumlichen Gliederung Deutschlands,* unter Mitarbeit zahlreicher Geographen, herausgegeben. Die historischen Wurzeln seit dem 16. Jh. und die Entwicklung bis 1965 hat H. Uhlig (1967) auf einem internationalen Symposium in Leipzig dargestellt. In der Folgezeit sind dann, ohne bis heute zum Abschluß gekommen zu sein, die Karten der „Naturräumlichen Gliederung Deutschlands" 1 : 200 000 erschienen, wobei es festzuhalten gilt, daß die Naturräumliche Gliederung aus einer rein internen Interessenlage der wissenschaftlichen Geographie heraus entwickelt wurde und neben der später erarbeiteten wirtschaftsräumlichen und sozialräumlichen Gliederung die Grundlage für eine moderne Landeskunde Deutschlands bieten sollte.
Trotz der Vielzahl methodischer Beiträge blieb häufig unklar, nach welchen Kriterien „homogene Einheiten" ausgeschieden werden sollten. Wesentlicher Inhalt der Karten der Naturräumlichen Gliederung sind die Grenzen verschiedenster Ordnung; im Text wurden die Einheiten kurz charakterisiert (s. dazu das Handbuch der Naturräumlichen Gliederung Deutschlands und die Karten 1 : 200000). Über das naturgesetzlich-kausale Zusammenwirken aller beteiligten Geofaktoren, d. h. über das Funktionsgefüge „Landschaftshaushalt", wurde und wird in der Naturräumlichen Gliederung so gut wie nichts ausgeführt.

2.2.1.2 „Geographische" Landschaftsökologie heute

Nach den Ausführungen zur Naturräumlichen Gliederung darf nicht verwundern, wenn sogar E. Neef, einer der geistigen Väter der Naturräumlichen Gliederung, feststellt, daß *„das etwas Vage der Formulierungen, das Unbestimmte vieler Kausalbeziehungen"* (1979a, S. 27) ihn sehr bald bewog, vor dem Hintergrund inzwischen gesammelter Erfahrungen im Bereich der Planung, *„diesen Fragen im Sinne einer Neuformulierung in der Landschaftslehre näherzukommen"*. Offensichtlich bedingt durch die gesellschaftspolitischen Zielvorgaben in der ehemaligen DDR wurde von E. Neef und seinen Schülern sehr früh versucht, die Ergebnisse geographisch-landschaftsökologischer Forschungen für die Praxis nutzbar zu machen. Dazu wurde von ihnen viel früher als in der Bundesrepublik Deutschland die heutige geographische Landschaftsökologie entwickelt. Als Ergebnis liegen grundlegende Arbeiten zur Terminologie, Methodologie und Zielsetzung vor, z. B. G. Haase (1967, 1968a, 1976, 1978); H. Hubrich (1966, 1974); H. Hubrich und R. Schmidt (1968); E. Neef (1963, 1964a, b, 1 966, 1 968, 1 970).
Die Arbeiten aus der Schule E. NEEFS machten vor allem deutlich, daß *naturwissenschaftlich-exakte Aussagen* über den Landschaftshaushalt und seine ihn konstituierenden Geofaktoren nur für relativ kleine Untersu-

chungsgebiete möglich sind – die Frage der Übertragbarkeit punkthaft gewonnener Meßergebnisse in die Fläche ist bis heute eines der entscheidenden methodischen Probleme geblieben. Das Bestreben, landschaftshaushaltliche (Teil-)Prozesse genauer zu erfassen, fand in der Folge immer stärkere Anwendung, z. B. in Arbeiten von H. DIERSCHKE (1969); R. HERRMANN (1965, 1971); H. KLUG und R. LANG (1983); R. LANG (1982); R. MARTENS (1968, 1970); T. MOSIMANN (1978, 1980); W. SEILER (1983); U. TRETER (1970, 1971, 1981), in neuerer Zeit zusammenfassend vor allem H. LESER ([3]1991).

Als wichtiges Ergebnis derartiger Arbeiten sind die z. B. von T. MOSIMANN (1978, 1980), H. KLUG und R. LANG (1983) vorgestellten Systemmodelle anzusehen. Im Gegensatz zu dem bekannten graphischen Ökosystemmodell von H. ELLENBERG (1973a), auf das in Kap. 2.2.2.2 eingegangen wird (s. Abb. 5), liegt der Schwerpunkt der Betrachtung bei dem Standortregelkreis von T. MOSIMANN (1978, 1980) im abiotischen Bereich (s. Abb. 4).

Bei H. KLUG und R. LANG (1983) werden derartige Systeme konsequent als Geosysteme bezeichnet. Nach H. LESER (1984) dürfte erst dann von Geoökosystemen und folgerichtig von geoökologischen Untersuchungen gesprochen werden, wenn tatsächlich der systemare Zusammenhang zwischen der biotischen und der abiotischen Raumausstattung, den Geosystemen, untersucht wird. Tatsächlich sprechen aber sowohl H. LESER (1980, 1983, 1984, 1991a) als auch T. MOSIMANN (1980, 1983) bereits auch dann von geoökologischen Studien, wenn rein abiotische Subsysteme untersucht werden. Auf diese Tendenz, rein physiogeographische Arbeiten als ökologische zu bezeichnen, wies z. B. bereits J. SCHMITHÜSEN (1974) hin.

Offensichtlich unter dem Druck, für den Ausbildungsgang zum Diplom-Geographen verstärkt planungsrelevante Kenntnisse und Fertigkeiten zu vermitteln, wird der Anteil von landschaftsökologischen Arbeiten, die einen konkreten planerischen Bezug haben, immer größer, wobei hierin die alten Bundesländer zeitlich und methodisch eindeutig hinter der entsprechenden Entwicklung in der früheren DDR hinterherliefen. Erste bundesdeutsche Arbeiten dieser Art stammen z. B. von H. LESER (1972a, b, 1973, 1974) und L. FINKE (1974a, b), das bekannte deutschsprachige Werk zur Landschaftsökologie von H. LESER ([3]1991) unterscheidet sich

Abb. 4: Der Systemzusammenhang „Relief-Bodendecke-Wasser-Klima" Arbeitsinstrument „Regelkreis" in der komplexen Standortanalyse (KSA) nach T. MOSIMANN *(1978) verändert (nach* H. KLUG *und* R. LANG *1983).* ▷

Der Standortregelkreis dient als Arbeitsschema. Er stellt zunächst die wesentlichsten Elemente des jeweils betrachteten Geosystems in ihrem strukturellen und funktionalen Zusammenhang dar. Die konkrete Anwendung liefert dann die Daten, mit denen die funktionalen Zusammenhänge genauer gekennzeichnet werden können (s. T. MOSIMANN 1980).

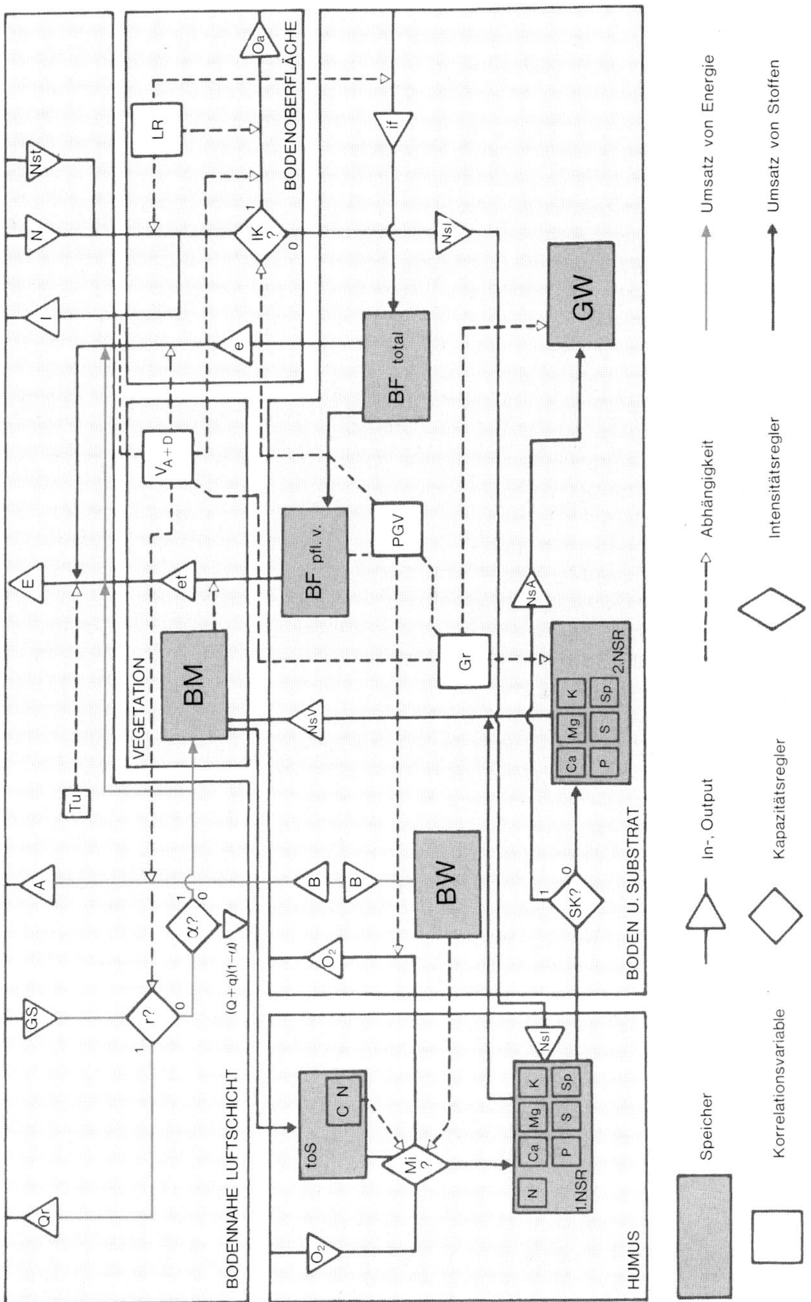
BODENNAHE LUFTSCHICHT
VEGETATION
BODENOBERFLÄCHE
BODEN U. SUBSTRAT
HUMUS
Qr
GS
A
E
I
N
Nst
Tu
r?
α?
(Q+q)(1−α)
B
BM
et
e
V_{A+D}
LR
IK ?
Oa
if
Nsl
BF total
BF pfl. v.
PGV
Gr
NsV
NsA
GW
BW
O2
SK?
Ca
Mg
K
P
S
Sp
N
2.NSR
1.NSR
toS
C N
Mi ?
Speicher
Korrelationsvariable
In-, Output
Kapazitätsregler
Abhängigkeit
Intensitätsregler
Umsatz von Energie
Umsatz von Stoffen

in seinem Praxisbezug radikal von den vorausgegangenen Auflagen. Es geht H. LESER um die integrative Betrachtung des Systemzusammenhanges „Lebensumwelt des Menschen".
Inzwischen hat T. MOSIMANN (1989) dies zu einem „Modell des Prozeßkorrelations-Systems des elementaren Geoökosystems" weiterentwickelt (s. Beitrag in H. LESER [3]1991, S. 262-270).
Verbunden mit der Anwendung naturwissenschaftlicher Meßmethoden, die meist aus Nachbardisziplinen übernommen wurden, war eine *Spezialisierung* und thematische Einengung auf einen oder wenige Faktoren. Da das Ziel moderner landschaftsökologischer Forschung jedoch *„eine quantifizierte inhaltliche Kennzeichnung der naturräumlichen Einheiten"* (H. LESER [2]1978, S. 2) ist und bleibt, d. h. eine exakte Erfassung aller den Landschaftshaushalt prägenden Faktoren, drängte sich das Erfordernis auf, eine theoretische Grundlage zu begründen, wie über Teilkomplexe des Landschaftshaushaltes möglichst dessen gesamtes Funktionsgefüge erfaßt werden kann. E. NEEF, G. SCHMIDT und M. LAUCKNER (1961) entwickelten hierzu den Begriff des *ökologischen Hauptmerkmales* für integrale Teilkomplexe, die bereits selbst das Ergebnis des Zusammenwirkens einer Vielzahl von Geofaktoren sind. Die genannten Autoren erkannten als solche ökologische Hauptmerkmale den Bodentyp, das Bodenfeuchteregime und die Vegetation. L. FINKE (1972) hat die „Humusform" als weiteres ökologisches Hauptmerkmal vorgeschlagen. Bei den ökologischen Hauptmerkmalen handelt es sich nicht um Einzelfaktoren/Systemelemente, sondern um relativ umfassende Teilkomplexe/Subsysteme des gesamten landschaftlichen Ökosystems. Sie sind als Zeiger für den systemaren Zusammenhang einer Vielzahl beteiligter Elemente anzusehen. Daher eignen sie sich besonders gut für die flächenhafte Kartierung der räumlichen Verbreitungsmuster der jeweils betrachteten Teilökosysteme. T. MOSIMANN (1991) schlägt hierzu vor, möglichst viele sogenannte „Schlüsselgrößen" (z. B. Bodenart, Reliefparameter, pH-Wert, biotische Aktivität, Bodenfeuchte(-regime) in ihrem systemaren Zusammenhang zu untersuchen, um die dadurch ermittelbaren Systemfunktionen auf die Fläche zu extrapolieren.
Parallel dazu ist die jüngere Entwicklung innerhalb der Geographie dadurch gekennzeichnet (und dies gilt auch für andere Teilbereiche der Geographie), daß eine immer weitergehende Spezialisierung auf biotische und abiotische Teilkomplexe landschaftlicher Ökosysteme erfolgt. Dadurch wird eine Abgrenzung des „typisch Geographischen" von den Fragestellungen der Nachbardisziplinen immer schwieriger.
Begreift man ökologische Landschaftsforschung/Landschaftsökologie als *Interscience* (s. Aufruf zur Gründung einer internationalen Gesellschaft für Landschaftsökologie im Januar 1982 durch niederländische Kollegen), dann ist dies eine ganz normale Entwicklung. Eine Diskussion darü-

ber, ob es einen *originär geographischen Beitrag* zur landschaftsökologischen Forschung gibt oder nicht, erscheint überflüssig, vor allem aus pragmatischen Gründen angesichts der weiter voranschreitenden ökologischen Destabilisierung des menschlichen Lebensraumes, die dringend einer Lösung bedarf.
Ist die Theorie der Naturräumlichen Gliederung noch davon ausgegangen, einen mehr oder weniger unveränderlichen „Naturplan" der Landschaft erfassen zu wollen, sind neuere Arbeiten gerade darauf aus, landschaftshaushaltliche Prozesse mittels einer prozeßorientierten Landschaftsanalyse zu erfassen (vgl. R. DUTTMANN 1993; R. DUTTMANN, M. FRANKE und R. STELZER 1993, T. MOSIMANN und R. DUTTMANN 1992, H. ZEPP 1991 a + b).

2.2.2 Landschaftsökologie in der Biologie

2.2.2.1 Allgemeines

Wie J. SCHMITHÜSEN (1974, S. 410) feststellte, setzt die Interpretation des Begriffes „Landschaftsökologie" *„die Kenntnis des Sinns der Wortbestandteile Landschaft und Ökologie voraus".* Der Begriff Ökologie ist von dem deutschen Biologen E. HAECKEL (1866) begründet worden; das heutige Verständnis des wissenschaftlichen Landschaftsbegriffes ist von der Geographie in einer mehrere Jahrzehnte dauernden Diskussion entwickelt worden (Kap. 2.2.1).
E. HAECKEL verstand Ökologie zunächst als *Autökologie,* indem die Abhängigkeit eines Einzelorganismus von den abiotischen Ökofaktoren/ Geofaktoren und der belebten Umwelt im Mittelpunkt der Untersuchungen stand. Später wurde die *Synökologie* entwickelt, bei der es um die Erforschung der Abhängigkeiten ganzer Lebensgemeinschaften (Biocoenosen) von ihrer unbelebten Umwelt, dem Biotop, ging. Diese synökologische Betrachtungsweise hat K. MOEBIUS (1877) im Zusammenhang mit seinem Buch über die Sylter Austernbänke geprägt. Der heute für diesen Forschungsbereich übliche Begriff *Ökosystemforschung* geht auf den des „ökologischen Systems" bei R. WOLTERECK (1982) zurück, während der englische Forstmann A. G. TANSLEY (1935) den Begriff Ökosystem in der heutigen Wortform einführte.
Ein Blick in die Veröffentlichungsreihe der 1971 gegründeten *Gesellschaft für Ökologie (GfÖ),* in deren Mitgliederbestand die Biologen bei weitem überwiegen, macht deutlich, daß autökologische Untersuchungen auch heute noch bei weitem vorherrschen, während wirklich umfassende synökologische und moderne ökosystemare Untersuchungen immer noch relativ selten sind. Diese Tatsache erklärt sich schlicht daraus, daß es

ungleich schwieriger ist, die vielfältigen Wechselwirkungen zahlreicher Tier- und Pflanzenarten untereinander und in Abhängigkeit vom Biotop (Physiotop) zu analysieren, als für eine einzelne Art – schon dies bereitet oft erhebliche Schwierigkeiten.

Die Ökologie ist die vielseitigste aller *Teildisziplinen der Biologie.* Die Gesamtheit der autökologischen bis hin zu den ökosystemaren Forschungsergebnissen ist von einem einzelnen nicht mehr zu überschauen. Mit Blick auf die Landschaftsökologie gilt es vielmehr, aus der Flut ökologischer Veröffentlichungen der Biologie das herauszufiltern, was für die Fragestellung der Landschaftsökologie relevant ist. Hierzu muß allerdings festgestellt werden, daß es einen allgemeinen Konsens darüber, was aus der Biologie für die *Landschaftsökologie* relevant ist, noch nicht gibt. In vielen Lehrbüchern zur Ökologie, die aus der Feder von Biologen stammen, taucht der Begriff „Landschaftsökologie" entweder gar nicht auf (z. B. E. P. ODUM 1980), oder er wird nur am Rande erwähnt (z. B. B. STUGREN [4]1986). Es ist festzustellen, daß Geographen und Biologen unter Landschaftsökologie noch längst nicht das gleiche verstehen. D. KALUSCHE (1978) vertritt die Meinung, daß H. LESERS Verständnis von Landschaftsökologie überwiegend unter geographischen Aspekten steht, während z.B. W. TISCHLER ([2]1979) darunter die Betrachtung der verschiedenen Großökosysteme (z. B. Meeresküsten, Wälder) versteht, etwa im Sinne der Zonobiome von H. WALTER (1976). K. H. KREEB (1979, S. 71) versteht unter Landschaftsökologie den Forschungsbereich, der versucht, *„die vielfältigen komplizierten und komplexen Wechselbeziehungen von Großeinheiten, ganzen Landschaften, aufzuklären".*

Im Rahmen dieses Büchleins können nur einige Ansätze der in der Biologie betriebenen ökologischen Forschung angesprochen werden, wobei die Frage der Relevanz für die Landschaftsökologie zwar das wesentliche Auswahlkriterium bildet, der Verfasser sich aber bewußt ist, daß hierzu die Benennung allgemeingültiger *Relevanzkriterien* zur Zeit nicht möglich erscheint. Die von H. LESER ([2]1978, S. 44) vertretene Auffassung, wonach die landschaftsökologische Forschung nur diejenigen Aspekte der Ökosysteme zu untersuchen habe, deren räumliche Erscheinung in solchen *Dimensionen* liegt, welche direkt der Nutzung durch den Menschen zugänglich sind, vermag nicht ganz zu befriedigen. Die Frage, wo der für die Kennzeichnung der landschaftlichen Ökosysteme irrelevante Mikrobereich anfängt, ist nicht allgemeingültig festzulegen. Aus der Sicht des Naturschutzes kann ein sog. Mikrobereich als Kleinstbiotop von allergrößter Bedeutung sein, im Bereich der für die Umweltplanung und -politik so wichtigen Bioindikatorenforschung können durchaus auch auf den ersten Blick „abseitige" autökologische Forschungen Bedeutung erlangen.

Die *räumliche Dimension* der untersuchten Ökosysteme ist sicherlich kein hinreichendes Relevanzkriterium, obwohl in der Regel z. B. ökologische Untersuchungen der Mikrobiologie als irrelevant für landschaftsökologische Fragestellungen gelten. Zur Zeit kann noch nicht abgesehen werden, ob es jemals möglich und sinnvoll sein wird, für die *„interscience" Landschaftsökologie* Relevanzkriterien zu formulieren. Aus der Sicht der Planung ist sehr viel eher zu vermuten, daß je nach Fragestellung höchst unterschiedliche Informationen von Bedeutung sein werden. Da es bei der Flut von Einzelveröffentlichungen in z. B. Biologie, Geographie, Bodenkunde, Hydrologie, Klimatologie unmöglich ist, einen Gesamtüberblick zu behalten, werden sich auch unter den Landschaftsökologen wieder Spezialisten herausbilden müssen. Jede Auswahl aus den beteiligten „Stammdisziplinen" ist daher lückenhaft und kritisierbar.

2.2.2.2 Landschaftsökologisch wichtige Teildisziplinen und Forschungssansätze der Biologie

Aus der Fülle landschaftsökologisch relevanter Beiträge von seiten der Biologie sollen im folgenden nur einige wenige exemplarisch angesprochen werden, die unter raumplanerischen Aspekten und für die bisherige Entwicklung der Landschaftsökologie besonders wichtig erscheinen.

2.2.2.2.1 Ökosystemforschung. Parallel zur Entwicklung der modernen Systemtheorie und Systemanalyse hat sich die Ökosystemforschung entwickelt (s. H. Ellenberg 1973 und die Berichte über die einzelnen Projekte innerhalb des IBP, veröffentlicht in den „Ecological Studies", in neuerer Zeit vor allem die MAB-Projekte und die MAB-Mitteilungen). Ohne hier auf die Geschichte der Ökosystemforschung näher eingehen zu können (s. H. Ellenberg 1973a, S. 18ff. und die dort zitierte Literatur), sei erwähnt, daß die moderne Ökosystemforschung in Amerika von den Gebrüdern E. P. und H. T. Odum in den Mittelpunkt der Ökologie gerückt wurde.

Einen wesentlichen Aufschwung erfuhr die Ökosystemforschung allerdings erst durch das *Internationale Biologische Programm* (IBP). Das Ziel ist die auf exakten Messungen unter Beteiligung aller erforderlichen Disziplinen beruhende wirklich umfassende Analyse des jeweiligen funktionellen Ökosystemzusammenhanges als Grundlage eines Verständnisses der Kausalzusammenhänge. H. Ellenberg (1973a, S. 21) unterscheidet vier Teilaufgaben, *„die schrittweise zu einer immer vollständigeren Übersicht über die Ökosysteme der Erde führen: Strukturanalysen, Typisierung, Klassifikation und Kartierung".*

Angesichts der bestehenden methodischen Schwierigkeiten, für ein bestimmtes Ökosystem ein vollständiges taxonomisches Inventar für wirklich alle Tier- und Pflanzenarten zu erstellen, diese dann zu typisieren, zu klassifizieren und ihre Funktionen und Leistungen (z. B. Energieumsätze, Stoffkreisläufe) genau zu erfassen, stellt sich die Frage, wann mit einer flächendeckenden Kartierung begonnen werden kann. Die Erfassung des räumlichen Verbreitungsmusters in typischen Vergesellschaftungen der Ökosysteme ist schließlich auch das zentrale Ziel der innerhalb der Geographie betriebenen Landschaftsökologie. In Kap. 2.4 wird aus der Sicht der Praxis hierzu weiteres ausgeführt.

Ein wesentliches Ergebnis der Ökosystemforschung ist die Modellbildung, wobei die moderne Systemanalyse bestrebt ist, die physikalisch-chemischen und biologischen Zusammenhänge in einem mathematischen System/Modell abzubilden.

Im deutschsprachigen Raum hat H. ELLENBERG (1973) als erster ein graphisches Modell eines Ökosystems veröffentlicht, bei dem es ihm vor allem um die Darstellung des Stoff- und Energieflusses ankam (s. Abb. 5). In der Abb. 5 sind Gruppen von Lebewesen durch ovale Rahmen, die anorganischen Faktoren durch eckige Umrahmungen optisch voneinander getrennt. An allgemeingültigen Zusammenhängen gilt es in aller Kürze folgendes festzuhalten:

Ein Ökosystem besteht aus Gruppen von Lebewesen und anorganischer Umwelt. Enthält es grüne Pflanzen, sog. autotrophe Organismen, die über den Vorgang der Photosynthese die Energie aus der Solarstrahlung binden, die im System benötigt wird, spricht man von einem *„vollständigen" Ökosystem.* Ökosysteme mit derartigen *„Primärproduzenten"*, wie die grünen Pflanzen auch genannt werden, bedecken den allergrößten Teil der Erdoberfläche. Die produzierte organische/pflanzliche Substanz stirbt irgendwann ab und muß von *„Zersetzern" (Destruenten)* wieder in ihre Ausgangsbestandteile zurückverwandelt werden, um den Kreislauf wichtiger Nährstoffe nicht zu unterbrechen. Solche Zersetzer sind daher ebenfalls unbedingt notwendige Bestandteile „vollständiger" Ökosysteme. Ein Ökosystem ist also bereits dann gegeben, wenn autotrophe, sich selbst ernährende grüne Pflanzen organische Substanz aufbauen und diese von Zersetzern (Abfallfresser und Mineralisierer) wieder zerlegt wird.

Daraus folgt, daß alle übrigen Lebewesen, die als „Lebendfresser" oder *„Sekundärproduzenten"* auf die pflanzlichen Primärproduzenten ange-

Abb. 5: Funktionsschema eines Land-Ökosystems (nach H. ELLENBERG *1973, von* K.-F. SCHREIBER *1980 unter gleichwertiger Berücksichtigung auch der abiotischen Komponenten verändert).* ▷

Das Modell veranschaulicht die funktionalen Zusammenhänge zwischen den Systemteilen, die in Aufbau- und Abbauvorgänge eingeschaltet sind. Für die Erhaltung von Stoffkreisläufen, des Energieflusses und der Selbstregulation sind vor allem die Primär-Erzeuger, Zersetzer, Speicher-Umsetzer und der klimatische Umsatzraum von Bedeutung. Den Tieren kommt aufgrund ihres sehr geringen Anteils an der Biomasse nach H. ELLENBERG ([3]1982) ein geringerer Einfluß zu. Entscheidenden Einfluß nimmt, zunächst als systemexterner Faktor, der Mensch, indem er Funktionsgruppen beeinflußt oder gar vollständig verändert.

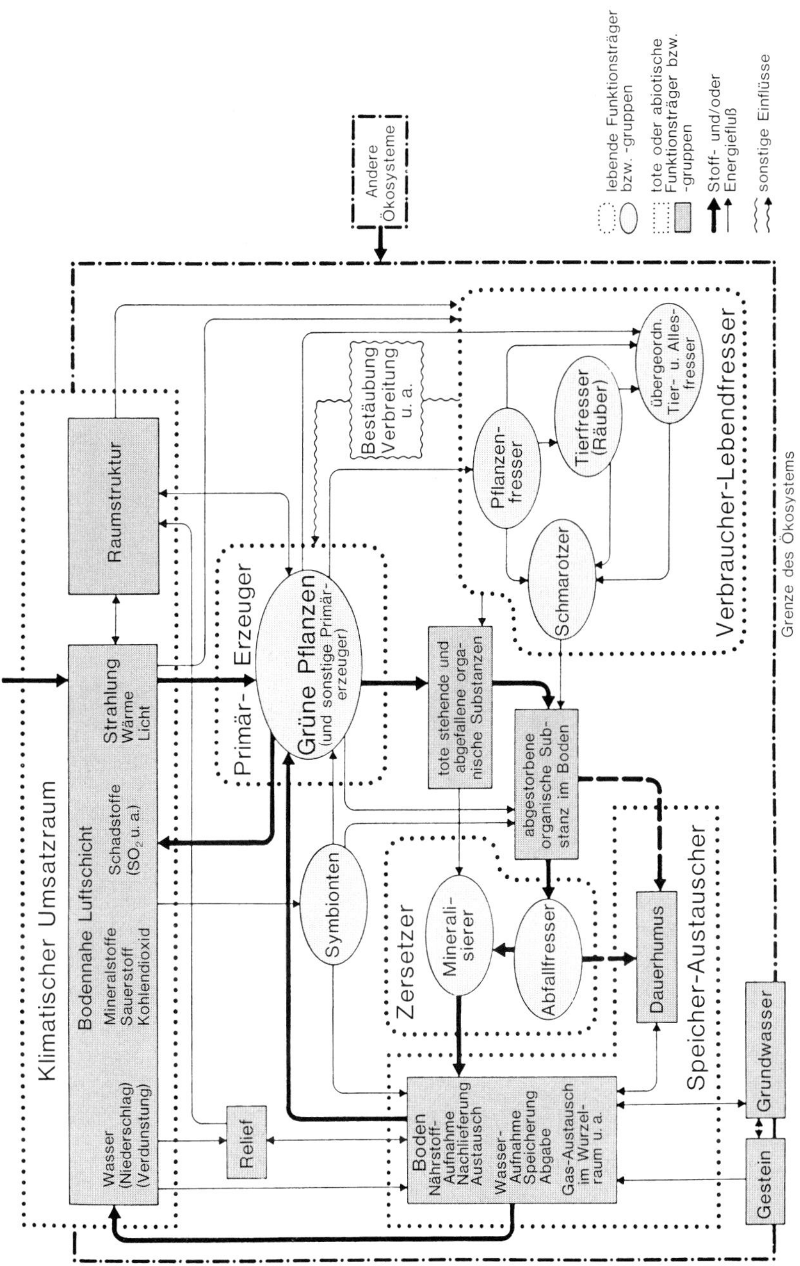
Andere Ökosysteme
Klimatischer Umsatzraum
Bodennahe Luftschicht
Mineralstoffe
Sauerstoff
Kohlendioxid
Schadstoffe
(SO_2 u. a.)
Strahlung
Wärme
Licht
Wasser
(Niederschlag)
(Verdunstung)
Raumstruktur
Relief
Primär-Erzeuger
Grüne Pflanzen
(und sonstige Primär-erzeuger)
Bestäubung
Verbreitung
u. a.
Symbionten
tote stehende und abgefallene organische Substanzen
abgestorbene organische Substanz im Boden
Zersetzer
Minerali-sierer
Abfallfresser
Speicher-Austauscher
Dauerhumus
Boden
Nährstoff-
Aufnahme
Nachlieferung
Austausch
Wasser-
Aufnahme
Speicherung
Abgabe
Gas-Austausch
im Wurzel-raum u. a.
Grundwasser
Gestein
Verbraucher-Lebendfresser
Pflanzen-fresser
Tierfresser
(Räuber)
übergeordn.
Tier- u. Alles-fresser
Schmarotzer
Grenze des Ökosystems
lebende Funktionsträger
bzw. -gruppen
tote oder abiotische
Funktionsträger bzw.
-gruppen
Stoff- und/oder
Energiefluß
sonstige Einflüsse

wiesen sind, zu den „nicht notwendigen“ Bestandteilen eines Ökosystems zu rechnen sind. In der Tat sind nun aber die meisten Ökosysteme sehr viel differenzierter aufgebaut als es das Grundmodell der notwendigen Bestandteile eines Ökosystems erfordert. Zwischen den pflanzlichen Produzenten und den tierischen Konsumenten stellt sich unter naturnahen Bedingungen ein Gleichgewicht ein – die gelegentliche explosionsartige Vermehrung von Pflanzenfressern, die zur Vernichtung der eigenen Nahrungsgrundlage führt, ist als „Unfall“ zu betrachten; darüber hinaus lebt der größte Teil der Tiere von toter Pflanzensubstanz.

Im Rahmen der Umweltschutzdiskussion spielt dieses sog. *„biologische Gleichgewicht“* eine erhebliche Rolle. Gemeint ist das Gleichgewicht zwischen den Produzenten und den Konsumenten, das leicht dadurch gestört werden kann, daß in dem oft sehr artenreichen und komplizierten System der Fleischfresser, deren Nahrungs- und Futterketten seit langem intensiv untersucht werden, durch Eingriffe von außen Veränderungen hervorgerufen werden. Die Auswirkungen solcher störender Eingriffe sind dann am ehesten zu verkraften, wenn sich die einzelnen Tierarten an den verschiedensten Stellen solcher Nahrungsketten einordnen können; der Mensch z. B. vermag dies als Pflanzen- oder als Fleischverzehrer. Auf diese Weise entstehen aus den Nahrungsketten, die meistens fünf, selten sechs oder gar sieben Glieder umfassen, komplizerte Nahrungsnetze

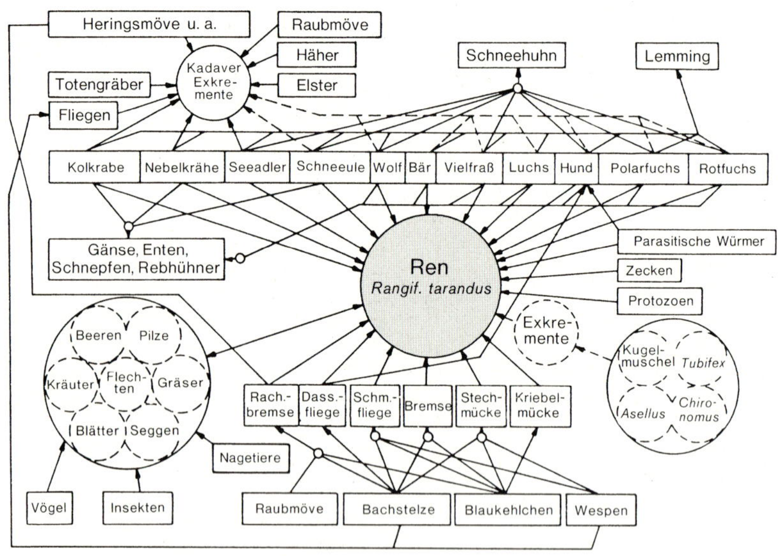

Abb. 6: Beispiel für ein komplexes Nahrungsnetz (nach D. KALUSCHE *1978): Ren in Tundra und Taiga.*

(Abb. 6).

Die Fähigkeit der Ökosysteme, auf Störungen jeglicher Art *selbstregulierend* so zu reagieren, daß das Gleichgewicht sich wieder einpendelt, unterscheidet sie grundlegend von allen technischen Systemen und ist Bestandteil aller modernen Definitionen. So versteht H. ELLENBERG (1973a, S. 1) unter einem Ökosystem *„ein Wirkungsgefüge von Lebewesen und deren organischer Umwelt, das zwar offen, aber bis zu einem gewissen Grade zur Selbstregulation befähigt ist"*. Wie die Definition bereits andeutet, ist diese Fähigkeit zur Selbstregulation nicht unbegrenzt – vor allem für die Planung ist von entscheidender Bedeutung, daß die anwendungsorientierte ökologische Grundlagenforschung zu diesem Problem der Belastbarkeit von Ökosystemen Ergebnisse vorlegt. Ohne derar-

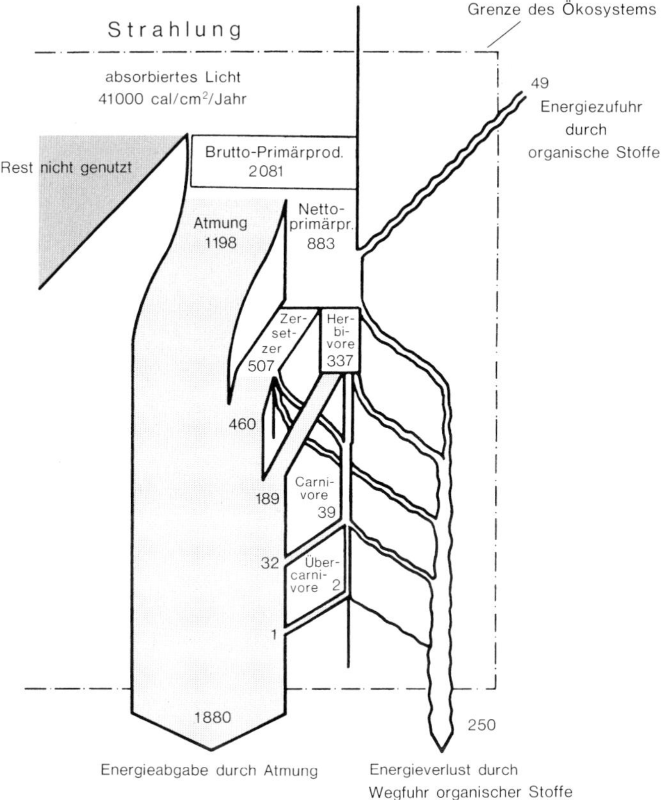

Abb. 7: Energiefluß durch ein Ökosystem, den Quellsee Silver Springs in Florida (nach H. T. ODUM *in* H. ELLENBERG *1973).*

tige ökologische Belastungsstandards werden wirksame ökologische Planungen und ernsthafter ökologischer Umweltschutz nicht möglich sein.
Aus bioökologischer Sicht geht der *Einfluß des Menschen* auf die Ökosysteme weit über die Rolle hinaus, die ihm aufgrund seiner Stellung in den Nahrungsnetzen zukäme. Der Mensch ist das einzige Lebewesen, das im großen Stil sogar die anorganischen Lebensgrundlagen der von ihm beherrschten Ökosysteme verändert, ja immer häufger sogar zerstört. Man spricht im Falle dieser Vorherrschaft einzelner Arten von „Schlüsselarten-Ökosystemen". P. MÜLLER (1977a) bezeichnet Städte und Ballungsräume treffend als urbane Schlüsselarten-Ökosysteme.
Eine weitere Erkenntnis von grundlegender Bedeutung für das Verständnis von Ökosystemen stammt von H. ODUM (1957), der den Energiefluß eines Quellsees in Florida genau untersuchte (Abb. 7).
Ökosysteme bedürfen einer ständigen Energiezufuhr „von außen". Bei natürlichen Ökosystemen geschieht dies ausschließlich durch die Sonneneinstrahlung, bei anthropogen beeinflußten Systemen zumindest teilweise bis vollständig durch eine ständige künstliche Energieeingabe (z. B. alle Techno-Systeme). Die kostenfrei angebotene Solarenergie wird in den Ökosystemen höchst uneffektiv ausgenutzt, in der Regel nur etwa 1 % der angebotenen Strahlungsenergie. Die autotrophen grünen Pflanzen entnehmen zum Aufbau ihrer Biomasse (Primärproduktion) z. B. dem Boden Wasser und Nährsalze (z. B. Stickstoff, Schwefel, Phosphor), die im Gegensatz zur Energie auch in natürlichen Systemen nicht unbegrenzt zur Verfügung stehen.
Ein weiteres sehr wichtiges Forschungsfeld der ökologischen Grundlagenforschung in der Biologie ist die *Analyse derartiger Stoffkreisläufe* z. B. durch die Ökochemie. Im Gegensatz zur Energie handelt es sich, zumindest unter natürlichen Verhältnissen, hierbei um keinen Durchfluß, sondern die Nährstoffe werden häufig in zeitlich und räumlich relativ engen Kreisläufen geführt.
Wegen seiner überragenden Bedeutung als Pflanzennährstoff sei beispielhaft der Stickstofflkreislauf vorgestellt (Abb. 8).

2.2.2.2.2 *Geobotanik/Pflanzensoziologie.* Die Geobotanik als Teildiszi-

Abb. 8: Modell des Stickstoffkreislaufes und -flusses in einem Land-Ökosystem (nach H. ELLENBERG *1977 und* K.-F. SCHREIBER *1980).* ▷

Der systeminterne Kreislauf ist durch durchgezogene Pfeile gekennzeichnet. Die für den Kreislauf entscheidende Menge ist die organische Masse der pflanzlichen Netto-Primarproduktion. System-Verluste sind bedingt durch Erosion, Auswaschung oder Denitrifikation (gasförmiges Entweichen von N2). Einnahmen sind durch stickstoffbindende Bakterien sowie zunehmend durch Industrie und Hausbrand bedingt, wobei letztere durch Niederschläge auf die Erdoberfläche gelangen, z. Zt. etwa 30-35 kg/ha/a. In der modernen Landwirtschaft ist der an die Biomasse gebundene Kreislauf sehr stark gestört, wobei die auftretenden Verluste durch immer höhere Stickstoffgaben ausgeglichen werden.

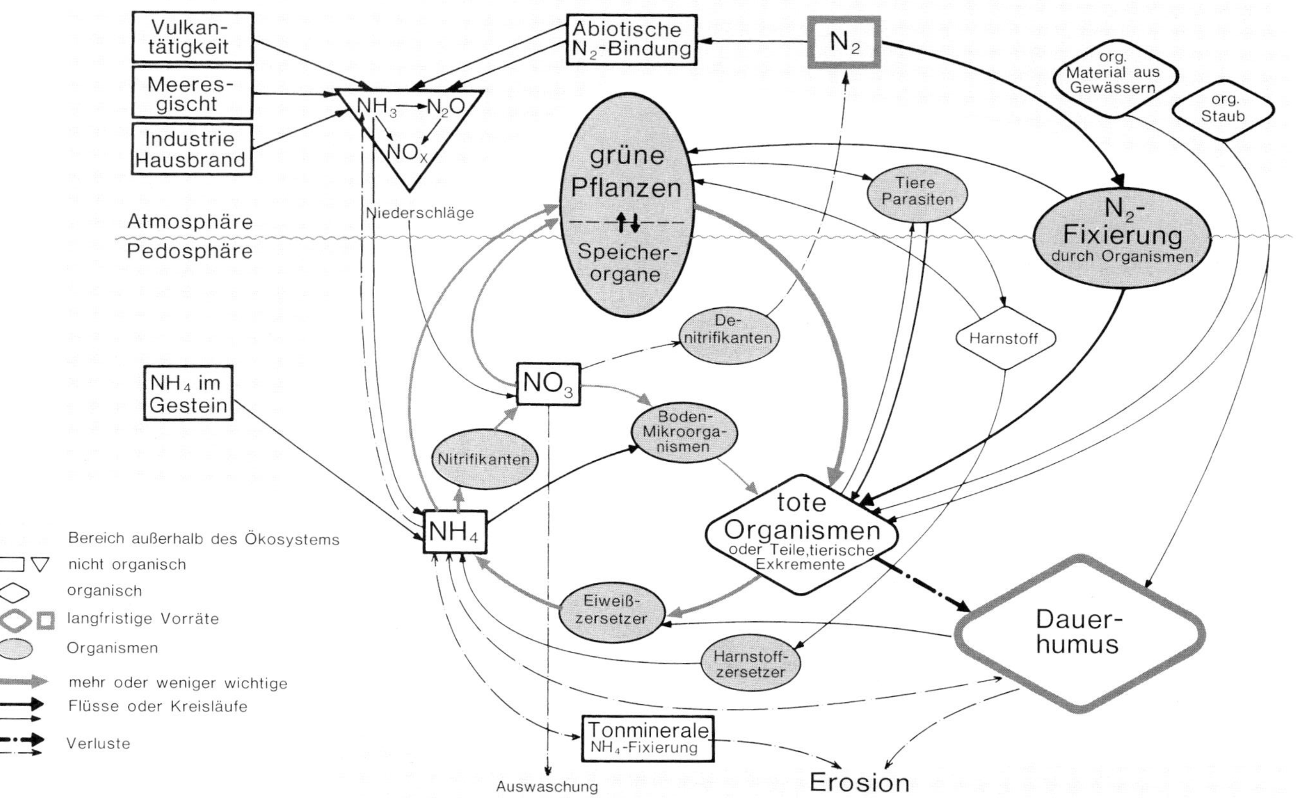
Vulkan-
tätigkeit
Meeres-
gischt
Industrie
Hausbrand
NH_3
N_2O
NO_x
Abiotische
N_2-Bindung
N_2
org.
Material aus
Gewässern
org.
Staub
grüne
Pflanzen
Speicher-
organe
Tiere
Parasiten
N_2-
Fixierung
durch Organismen
Niederschläge
Atmosphäre
Pedosphäre
De-
nitrifikanten
Harnstoff
NH_4 im
Gestein
NO_3
Boden-
Mikroorga-
nismen
Nitrifikanten
NH_4
tote
Organismen
oder Teile, tierische
Exkremente
Eiweiß-
zersetzer
Dauer-
humus
Harnstoff-
zersetzer
Tonminerale
NH_4-Fixierung
Auswaschung
Erosion
Bereich außerhalb des Ökosystems
nicht organisch
organisch
langfristige Vorräte
Organismen
mehr oder weniger wichtige
Flüsse oder Kreisläufe
Verluste

plin der Biologie ist verwandt mit der Pflanzengeographie und der Biogeographie. Sie untersucht sowohl die räumliche Verbreitung einzelner Gattungen, Familien usw. als auch die Verbreitung von Pflanzengesellschaften und die historischen und ökologischen Ursachen für die jeweilige Verbreitung.

Dabei standen und stehen in der Geographie die *Formationen* im Vordergrund des Interesses, also Pflanzengemeinschaften, die sich durch Auftreten und Vorhandensein gleicher Wuchsformen auszeichnen (z. B. J. SCHMITHÜSEN [3]1968, C. TROLL 1935, 1962). In der von Pflanzensoziologen betriebenen Forschung stehen die *Assoziationen* im Zentrum des Interesses, d. h. Pflanzenbestände, die eine bestimmte, weitgehend ähnliche Artenzusammensetzung aufweisen, unter ähnlichen Standortbedingungen leben und sehr ähnliche äußere Erscheinungen bei Vorherrschen bestimmter namengebender Leitpflanzen zeigen.

Die Erkenntnis, daß eine bestimmte Abfolge von Pflanzengesellschaften am gleichen Standort, die sog. *Sukzessionsfolge,* jeweils zu einer mit dem Standort im Gleichgewicht stehenden Schluß- oder Klimaxgesellschaft führt, brachte R. TÜXEN (1957) dazu, die sog. *potentielle natürliche Vegetation* als Begriff und als Arbeits- und Kartierprogramm zu entwickeln. Das von der früheren „Bundesforschungsanstalt für Naturschutz und Landschaftsökologie" bearbeitete Kartenwerk im Maßstab 1 : 200 000 sollte ursprünglich flächendeckend für die Bundesrepublik Deutschland erstellt werden (W. TRAUTMANN 1966), inzwischen ist das weitere Erscheinen dieses Kartenwerkes eingestellt worden. Da diese Karten nicht die reale/ aktuelle Vegetation darstellen, sondern durch Angabe der Klimax(Wald)gesellschaften das heutige biotische Wuchspotential abbilden, das wiederum als Ergebnis des Zusammenwirkens der abiotischen Geo-/Ökofaktoren zu sehen ist, müßte nach den theoretischen Ansätzen zwischen den Karten der Naturräumlichen Gliederung 1 : 200 000 und den Karten der potentiellen natürlichen Vegetation 1 : 200 000 weitgehende Identität bestehen. Im Vergleich zu den Karten der Naturräumlichen Gliederung, wo in der Regel nur die Grenzen dargestellt sind, erlauben die Karten der potentiellen natürlichen Vegetation eine Aussage über den Inhalt der Raumeinheiten und einen Vergleich untereinander nach dem Kriterium „biotisches Wuchspotential".

In der Planungspraxis hat allerdings das nur bruchstückhaft vorliegende Kartenwerk der potentiellen natürlichen Vegetation nicht den erhofften Erfolg verbuchen können. Für die Forstwirtschaft und für die Landespflege liefern die Karten zwar wertvolle Informationen bei der Artenwahl für eine standortgerechte Vegetation, jedoch spielen für die Agrar- und Forstplanung Informationen über einzelne Geofaktoren eine oft bedeutendere Rolle.

2.2.2.2.3 Bioindikatorenforschung/Immissionsökologie. Weitere, aus der

Sicht des *ökologischen Umweltschutzes* sehr wichtige Forschungsrichtungen der Biologie sind die sog. Immissionsökologie und die Bioindikatorenforschung, wobei die Immissionsökologie einen *Spezialbereich* der angewandten Bioindikatorenforschung darstellt. Anhand des verminderten oder gehäuften Auftretens tierischer und pflanzlicher Indikatorenorganismen (Bioindikatoren) kann eine bestimmte Belastung der Umwelt

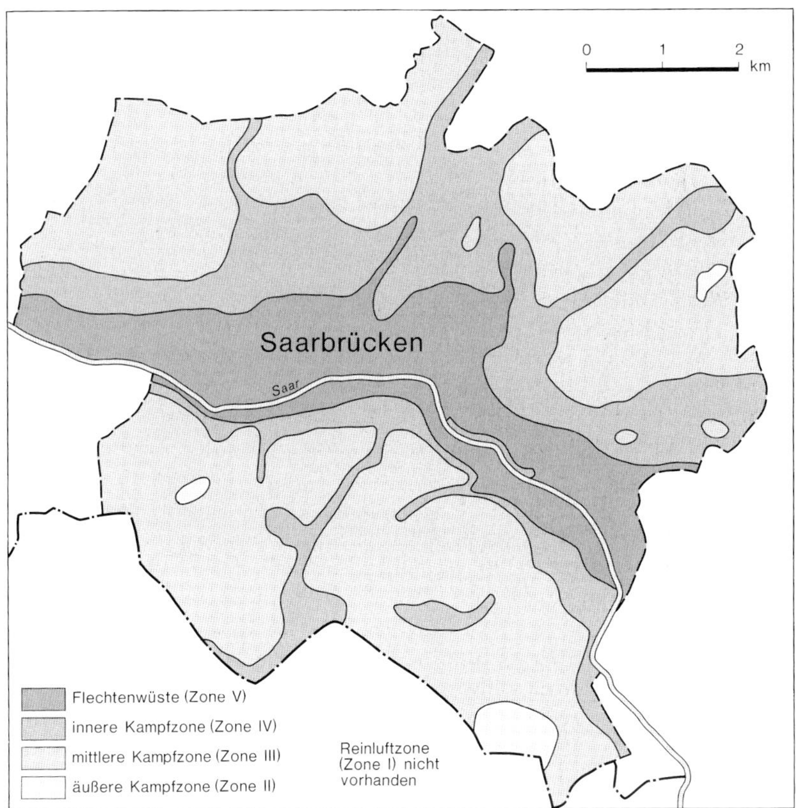

Abb. 9: Flechtenzonierung im Stadtgebiet von Saarbrücken (nach M. THOME *1976 in* P. MÜLLER *1977).*

nachgewiesen werden. Pflanzen haben, da ortsfest, gegenüber tierischen Organismen gewisse Vorteile, weshalb die Kenntnis über und der Einsatz von pflanzlichen Bioindikatoren vergleichsweise weiter entwickelt ist. Arbeiten zur Bioindikation mit Hilfe von Tieren liegen inzwischen ebenfalls zahlreich vor, z. B. von: E. BEZZEL und H. RANFTL (1974); E. BEZZEL (1976); H. BICK und D. NEUMANN (Hrsg., 1982); H. BLANA (1978, 1984);

H. und E. BLANA (1974); M. ERDELEN (1982); G. CH. KNEITZ (1983); P. MÜLLER (1980a); R. MULSOW (1980); J. PHILLIPSON (1983); E. R. SCHERNER (1977); W. ZENKER (1982), zusammenfassend siehe dazu U. ARNDT, W. NOBEL u. B. SCHWEIZER ([2]1993), R. SCHUBERT ([2]1991a). Insgesamt überwiegen Arbeiten zum bioindikatorischen Wert der Vögel, der wohl bestuntersuchten Tiergruppe überhaupt..

Eine Kartierung epiphytischer Flechten als Bioindikatoren führt heute üblicherweise zu einer Zonierung, wie sie beispielhaft Abb. 9 zeigt.

Generell ist festzustellen, daß mit Hilfe *geeichter Bioindikatoren* es überhaupt erst möglich geworden ist, Vorkommen und Wirkung von z. B. Luftschadstoffen flächenhaft auch außerhalb der sog. „Belastungsgebiete", wo in der Regel physikalisch-chemische Meßnetze bestehen, zu erfassen. Dennoch gilt auch heute noch (z. B. L. STEUBING 1972), daß nur für relativ wenige Arten bekannt ist, bei welcher Faktorenkonstellation die jeweils artspezifische Belastbarkeitsgrenze überschritten wird. Der Bioindikator hat gegenüber der Meßapparatur den großen Vorteil, daß er bereits die Wirkung eines oder mehrerer Schadstoffe als Kombinationsauswirkung anzeigt, was physikalisch-chemische Einzelmessungen allein nicht zu leisten vermögen.

Andererseits ist es oft schwierig, aus einer objektiv feststellbaren Wirkung, z. B. der Absterberate der Flechten-Thalli, auf die genaue Ursache rückzuschließen. Insofern müssen sich physikalisch-chemische und biotische Verfahren der Umweltüberwachung stets gegenseitig ergänzen. Durch das gezielte Ausbringen von Explantaten an Stellen, wo die als Schädiger vermuteten Stäube und Gase gleichzeitig gemessen werden, kann ein enger Bezug zwischen Schadensverlauf und -ausmaß und den Schadstoffen ermittelt werden.

Die *„Immissionsökologie"* ist bemüht, die Schäden von Umweltschadstoffen z. B. auf Waldbestände zu erfassen und zu bewerten. So gehören z. B. zum ständigen Arbeitsprogramm der Landesanstalt für Ökologie, Landschaftsentwicklung und Forstplanung des Landes Nordrhein-Westfalen Untersuchungen der Wirkung von Luftverunreinigungen auf den Wald (H.-J. BAUER 1980 und A. SCHMIDT 1981). Diese immissionsökologische Waldzustandserfassung basiert auf Ergebnissen entsprechender Grundlagenforschung, wie sie u. a. von R. GUDERIAN (1977) betrieben wird. W. KNABE (1982) hat für Nordrhein-Westfalen schon früh recht detaillierte Ergebnisse mitgeteilt. Daraus geht zumindest eines ganz deutlich hervor, daß nämlich als Folge der „Politik der hohen Schornsteine" Schadgase eine früher nicht vermutete räumliche Ausbreitung erfahren, so daß auch sog. „Reinluftbereiche" in Nordrhein-Westfalen, z. B. Sauerland, Eifel und Teutoburger Wald, als beachtlich immissionsbelastet anzusehen sind. Die Ergebnisse der Waldschadensforschung belegen, daß Schadstoffe – vor allem Säurebildner – im Trägermedium Luft aus den industriellen

Ballungsräumen in weit entfernte Regionen transportiert werden.

2.2.3 Landschaftsökologie in anderen Disziplinen

Außer in den bereits behandelten Disziplinen spielen landschaftsökologische Kriterien in nahezu allen raumwirksamen Fachplanungen heute per Gesetz eine wesentliche Rolle. Hier wären insbesondere zu nennen Landschaftsplanung, Wasserwirtschaft und Abfallbeseitigung.
Aber auch in anderen Fachplanungen, z. B. Verkehrsplanung, Energiewirtschaft, Abgrabung von Mineralien, Raumordnung, Landes-, Regional- und Stadtentwicklungsplanung haben ökologische Determinanten mehr und mehr an Bedeutung gewonnen, wenngleich innerhalb der sog. „planerischen Abwägung" und der politischen Durchsetzbarkeit konkurrierenden Belangen sehr häufig Priorität eingeräumt wird (L. FINKE u. a. 1993). Die Bedeutung und Beachtung der Landschaftsökologie im Rahmen räumlicher Planungen kann im Rahmen dieses Büchleins nicht im Vordergrund stehen, in Kap. 3 werden lediglich Anwendungsfälle als Beispiele vorgestellt.

2.2.3.1 Landschaftsökologie in der Agrarwissenschaft und Agrarplanung

Die landwirtschaftliche Bodennutzung ist unmittelbar auf die Ausnutzung *natürlicher Ressourcen,* speziell des biotischen Wuchspotentials, angewiesen. Jahrtausendelang hat die räumliche Differenzierung des natürlichen Nutzungspotentials, bestimmt durch z. B. Relief, Boden, Wasser, Geländeklima, unmittelbar das agrare Nutzungsmuster bestimmt. In der modernen Landwirtschaft sind diese naturräumlich bestimmten Produktionsbedingungen immer mehr in den Hintergrund getreten.
Durch den Einsatz von Bioziden, Düngemitteln und Ent- bzw. Bewässerungsmaßnahmen wird tendenziell ein mittelfeuchter, eutropher Standort erzeugt (U. HAMPICKE 1977), der zwar aus landwirtschaftlicher Sicht als optimal anzusehen ist, wodurch aber das oft auf kleinstem Raum stark variierende naturbedingte Nutzungspotential großflächig uniformiert wird. Daraus könnte man den Schluß ziehen, daß die landschaftsökologischen Verhältnisse eines Raumes und die Art seiner agrarischen Nutzung nichts mehr oder nur noch wenig miteinander zu tun haben. Hierzu gibt es eine seit Jahren andauernde Diskussion zwischen Naturschützern und Landwirten. Die Naturschützer werfen den Landwirten vor, eine Umweltzerstörung allergrößten Ausmaßes zu betreiben. Die landschaftsökologische Komponente dieser Kontroverse besteht darin, daß durch immer größere Schläge und das zunehmende Maß an Manipulation (Veränderungen der Standorte und ständige chemische Außensteuerung, die zudem sehr viel Energieaufwand erfordert) eine großflächige Uniformierung und

ökologische Verarmung stattfindet, ohne daß die landschaftsökologisch-funktionalen Beziehungen innerhalb des ursprünglichen Ökotopgefüges vorher
untersucht würden. Die heute bekannten Auswirkungen der Landwirtschaft auf die landschaftlichen Ökosysteme finden sich sehr gut im Überblick dargestellt im Umweltgutachten 1978 und im Sondergutachten „Umweltprobleme der Landwirtschaft" (SRU 1978 und 1985), bei H. Bick (1982), bei U. Hampicke (1977) und speziell aus der Sicht der Umweltbelastungen bei W. Odzuck (1982) sowie bei N. Knauer (1993). Von den Landbauwissenschaften sind bereits relativ früh ganz spezifische, im eigenen Fachinteresse begründete, landschaftsökologische Arbeitsweisen entwickelt worden. Im Bereich der *mesoklimatischen Erforschung* ist z. B. die Agrarmeteorologie mit mehreren Forschungsrichtungen (z. B. Pflanzenphänologie, Erfassung thermischer Extremlagen) als eine unmittelbar landschaftsökologisch relevante Forschungs- und Arbeitsrichtung zu bezeichnen. W. Eriksen (1975, S. 51) sieht in den sehr detaillierten Verfahren und Ergebnissen der ökologisch ausgerichteten Standorts- und Agrarmeteorologie entscheidende Beiträge zu Fragen des Energieumsatzes und des Wärmehaushaltes. Eine weitere, ausgesprochen landschaftsökologische Forschungs- und Arbeitsrichtung innerhalb der Agrarwissenschaft stellt die *landwirtschaftliche Standortskartierung* dar, die z. B. in Baden-Württemberg in gemeinsamer Arbeit von der Forschungsstelle für Standortskunde der Universität Hohenheim, der Abteilung Botanik und Standortskunde der Baden-Württembergischen Forstlichen Versuchs- und Forschungsanstalt und dem Geologischen Landesamt ihre methodische Grundlegung durch die Erarbeitung von Musterkarten gefunden hat (S. Müller, K.-F. Schreiber und F. Weller 1972). F. Weller, K.-F. Schreiber u. a. (1978) haben im Auftrag des Ministeriums für Ernährung, Landwirtschaft und Umwelt Baden-Württemberg eine agrarökologische Gliederung des Landes Baden-Württemberg 1 : 250 000 erarbeitet und daraus in einem weiteren Auswertungsschritt eine „ökologische Standorteignungskarte für den Erwerbsobstbau" abgeleitet (Kap. 3). Eine der wenigen landschaftsökologischen Raumgliederungen aus der Geographie mit der Zielsetzung einer praktischen Verwendbarkeit in der Agrarplanung stammt von G. Haase (1968a).

Als Vorläufer derartiger, heute üblicher kombinierter Verfahren kann die *Reichsbodenschätzung* verstanden werden, wo nach einem einheitlichen Schlüssel (W. Rothkegel 1950) die landwirtschaftliche Anbaufläche des gesamten damaligen Deutschen Reiches durch eine recht umfassende Analyse und Bewertung des natürlichen Produktionspotentials erfaßt wurde. Die Unterlagen vermögen auch heute noch wesentliche Aussagen speziell zur bodenkundlichen, darüber hinaus zur allgemeinen landschaftsökologischen Situation eines Gebietes zu geben (H. Arens 1960,

L. Finke 1971, H. Mertens 1964, 1968).

2.2.3.2 Landschaftsökologie in der Forstwirtschaft

Neben der Landwirtschaft ist die Forstwirtschaft die andere bedeutende Raumnutzung des primären Wirtschaftssektors, die unmittelbar auf die Ausnutzung des natürlichen, biotischen Ertragspotentials angewiesen ist. Innerhalb der forstlichen Fachplanung kommt der Ökologie eine besondere Bedeutung zu (H. Genssler 1981), wobei die forstliche Standortserkundung (z. B. K. Kreutzer und G. Schlenker 1980) als Teil der forstlichen Standortskunde einschließlich forstlicher Vegetationskunde, Pflanzenernährung und Düngung sowie des forstlichen Teiles der Landespflege als der engere Bereich der forstlichen Angewandten Landschaftsökologie zu sehen ist. Als eines der wesentlichsten Veröffentlichungsorgane sind die „Mitteilungen des Vereins für Forstliche Standortskunde und Pflanzenzüchtung in Stuttgart“ zu nennen.
Die Ökologie blickt innerhalb der Forstwirtschaft auf eine lange Tradition zurück, fußend auf den Erkenntnissen der zu Beginn dieses Jahrhunderts entstandenen forstlichen Hilfsdisziplinen wie forstliche Vegetationskunde und forstliche Bodenkunde. Bedeutende Lehrbücher führten oder führen den Begriff „ökologisch“ entweder im Titel (z. B. H. Leibungut 1966, K. Rubner 1953) (1. Aufl. 1923), A. Dengler (^{4}1971) oder sind sehr stark dem ökologischen Gedankengut verhaftet, wie z. B. der naturnahe Waldbau (J. Köstler 1950; H. Mayer 1977).
Nach dem II. Weltkrieg wurden in den Bundesländern die forstlichen Standortskartierungen energisch vorangetrieben, wodurch neue fundierte Erkenntnisse über die Waldstandorte und die ökologischen Ansprüche der Baumarten gewonnen wurden.
Die auf die Forstwirtschaft heute zukommenden Anforderungen gehen weit über einen auf Holzproduktion ausgerichteten Wirtschaftsbetrieb hinaus. Die sog. *Sozialfunktionen* (Schutz- und Erholungsfunktion) des Waldes stehen gleichrangig daneben. In manchen Regionen, z. B. in Ballungsgebieten und deren Randzonen, besitzen diese oft sogar Vorrang, so z. B. nach § 27(2) des Gesetzes zur Landesentwicklung (Landesentwicklungsprogramm -LEPro) des Landes Nordrhein-Westfalen. Alle diese Funktionen *„werden nur durch eine Forstwirtschaft auf ökologischer Grundlage zu erfüllen sein, die die gegebenen Naturkräfte nutzt und erhält“* (H. Genssler 1981, S. 29).
In der Bundesrepublik Deutschland werden zwei wesentliche Planungsgrundlagen für die forstliche Fachplanung erarbeitet:

- Die ökologischen Grundlagen in Form der bereits erwähnten forstlichen Standortskartierung,
- die Waldfunktionskartierung (Schutz- und Erholungsfunktionen).

Bei beiden Aufgaben handelt es sich um angewandte landschaftsökologische Forschungsbereiche.

2.2.3.2.1 Forstliche Standortskartierung. Die forstliche Standortskartierung wird in den deutschen Bundesländern überall nach der"kombinierten Methode" durchgeführt, d. h. daß alle waldbaulich-ökologisch wichtigen Faktoren erfaßt werden. Die angewandten Methoden differieren in den einzelnen Bundesländern, insbesondere hinsichllich der Klassifikationssystematik (Arbeitskreis Standortskartierung [3]1978). Im internationalen Vergleich bestehen nach K. KREUTZER und G. SCHLENKER (1980) jedoch durchaus Möglichkeiten, die verschiedensten Verfahren wie: Vegetationskundliche, physiographische und Kombinationsmethoden sowie ein- und mehrstufige Klassifikationssysteme in eine Globalgliederung terrestrischer Ökosysteme einzuordnen.
In den sog. *kombinierten Verfahren* werden forstökologisch relevante Erhebungen aus den Bereichen Klima, Lage, Vegetation, Boden, Wasserhaushalt und Waldgeschichte miteinander kombiniert, wobei sich vegetationskundliche und physio(geo)graphische Merkmalskombinationen sowohl ergänzen als auch bei Bedarf gegenseitig vertreten können.
Die im Gelände zu kartierenden ökologischen Grundeinheiten der forstlichen Standortskartierung werden als *Standortstypen* oder *Standortseinheiten* bezeichnet. In den mehrstufgen Verfahren (z. B. Nordrhein-Westfalen, Baden-Württemberg) gelangt man durch ein Vorgehen „von oben" über die Ausscheidung von Wuchsgebieten, Wuchsbezirken, Teilwuchsbezirken, Öko-Serien und Standortstypen zu einem hierarchischen System von ökologischen Raumeinheiten. Eine entsprechende regionale Gliederung für Baden-Württemberg zeigt Abb. 10.
Die Karte zeigt in kräftigen Umrandungen die ausgeschiedenen sieben Wuchsgebiete (1) Oberrheinisches Tiefland, (2) Odenwald, (3) Schwarzwald, (4) Neckarland (mit Kraichgau, Bauland und Taubergrund), (5) Baar-Wutach, (6) Schwäbische Alb und (7) Südwestdeutsches Alpenvorland. Jedes Wuchsgebiet ist weiter untergliedert in Einzelwuchsbezirke, Wuchsbezirksgruppen und Wuchsbezirke. Mehrere einander ähnliche Wuchsbezirke (WB) ergeben zusammen eine Wuchsbezirksgruppe (WBgr), während Einzelwuchsbezirke (EWB) keiner Wuchsbezirksgruppe angehören und diesen gleichrangig sind. In Einzelfällen werden auf dieser Stufe noch Teilbezirke (TB) ausgeschieden (zur genaueren Erläuterung s. G. SCHLENKER und S. MÜLLER 1973, 1975, 1978).
Wichtig erscheint der Hinweis, daß G. SCHLENKER und S. MÜLLER (1973,

Abb. 10: Regionale Gliederung nach Wuchsgebieten in Baden- Würtemberg 1968. ▷

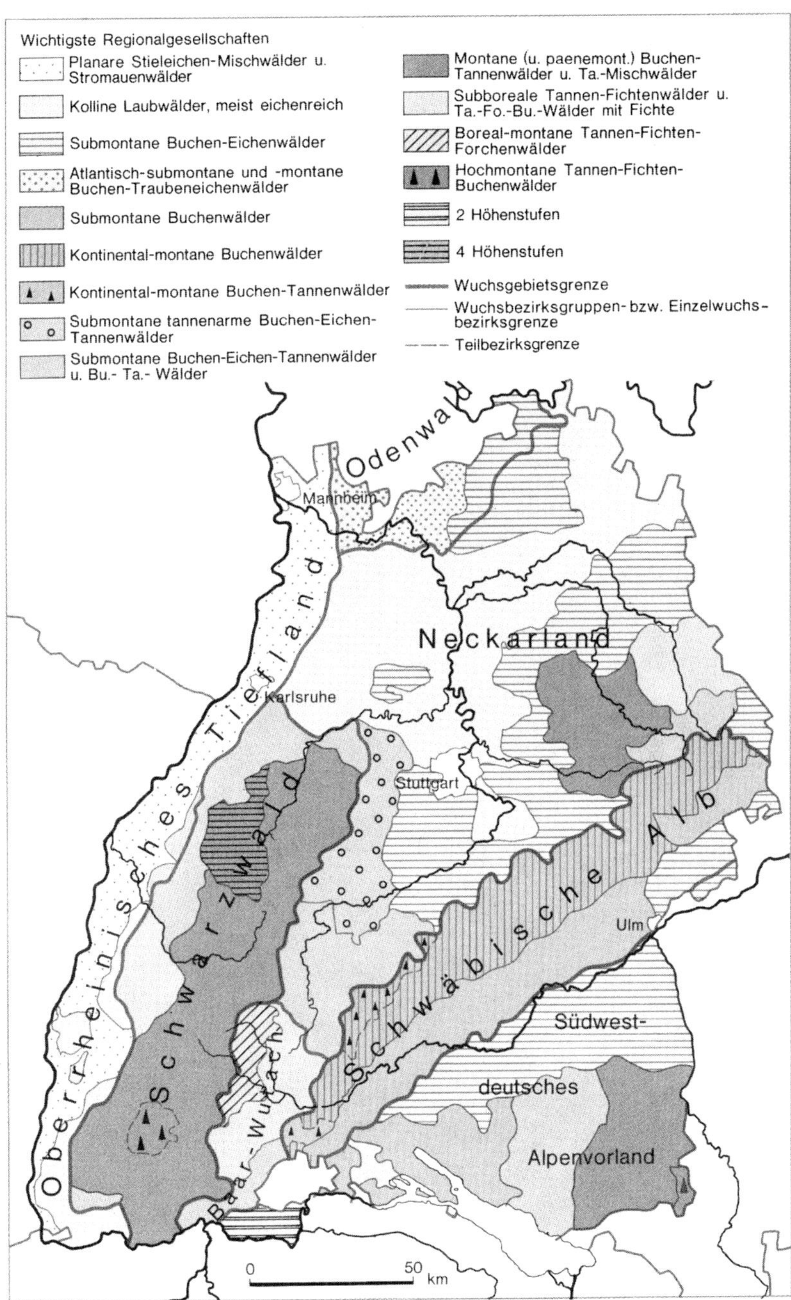
Wichtigste Regionalgesellschaften
Planare Stieleichen-Mischwälder u. Stromauenwälder
Kolline Laubwälder, meist eichenreich
Submontane Buchen-Eichenwälder
Atlantisch-submontane und -montane Buchen-Traubeneichenwälder
Submontane Buchenwälder
Kontinental-montane Buchenwälder
Kontinental-montane Buchen-Tannenwälder
Submontane tannenarme Buchen-Eichen-Tannenwälder
Submontane Buchen-Eichen-Tannenwälder u. Bu.- Ta.- Wälder
Montane (u. paenemont.) Buchen-Tannenwälder u. Ta.-Mischwälder
Subboreale Tannen-Fichtenwälder u. Ta.-Fo.-Bu.-Wälder mit Fichte
Boreal-montane Tannen-Fichten-Forchenwälder
Hochmontane Tannen-Fichten-Buchenwälder
2 Höhenstufen
4 Höhenstufen
Wuchsgebietsgrenze
Wuchsbezirksgruppen- bzw. Einzelwuchsbezirksgrenze
Teilbezirksgrenze
Odenwald
Mannheim
Neckarland
Karlsruhe
Stuttgart
Oberrheinisches Tiefland
Schwarzwald
Schwäbische Alb
Ulm
Baar-Wutach
Südwest-
deutsches
Alpenvorland
0
50
km

S. 3) meinen, daß in ihrer regionalen Gliederung *„die Grenzen oft anders gezogen werden mußten, als es in der Geographie üblich ist, weil für die Forstliche Standortskunde die klimatischen Unterschiede wichtiger sind als die geomorphologischen Zusammenhänge oder gar die Grenze der Wassereinzugsgebiete“.*
Dieses kommt deutlich in Gebieten mit sehr starken Höhenunterschieden

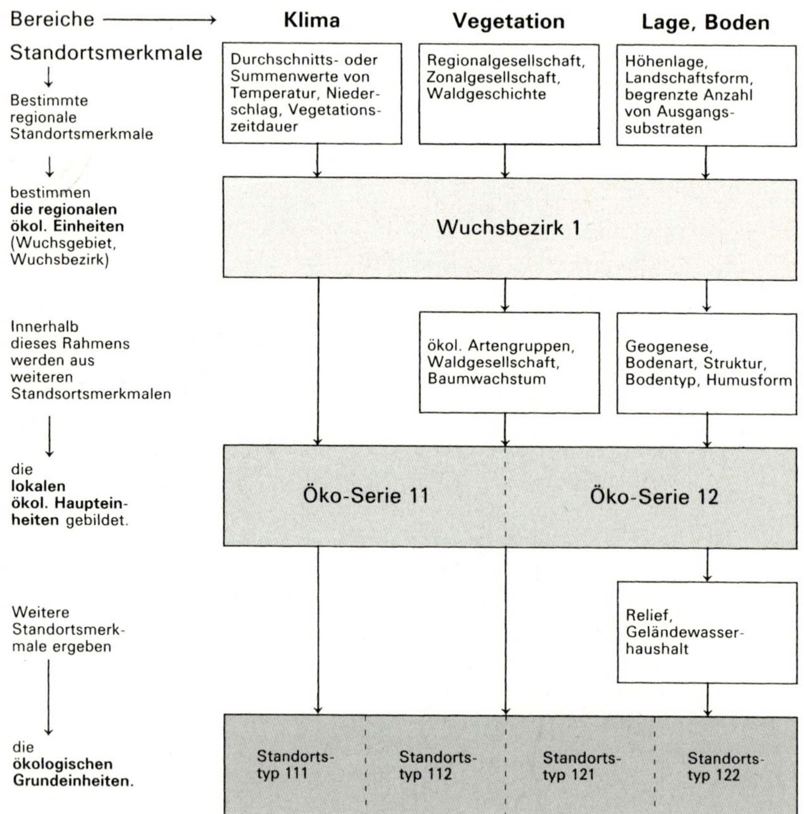

Abb. 11: Herleitung des Standortstyps im zweistufgen Verfahren (nach H. Genssler 1981, S. 39).

Die Abb. 11 verdeutlicht zunächst, wie im zweistufigen Verfahren die Herleitung des Standortstyps geschieht. In Abb. 12 wird dann das Kartierergebnis in Form einer Standortstypenkarte vorgestellt.

Abb. 12: Auszug aus der Standortstypenkarte, Forstamt Arnsberg, Betriebsbezirk Stemel. ▷

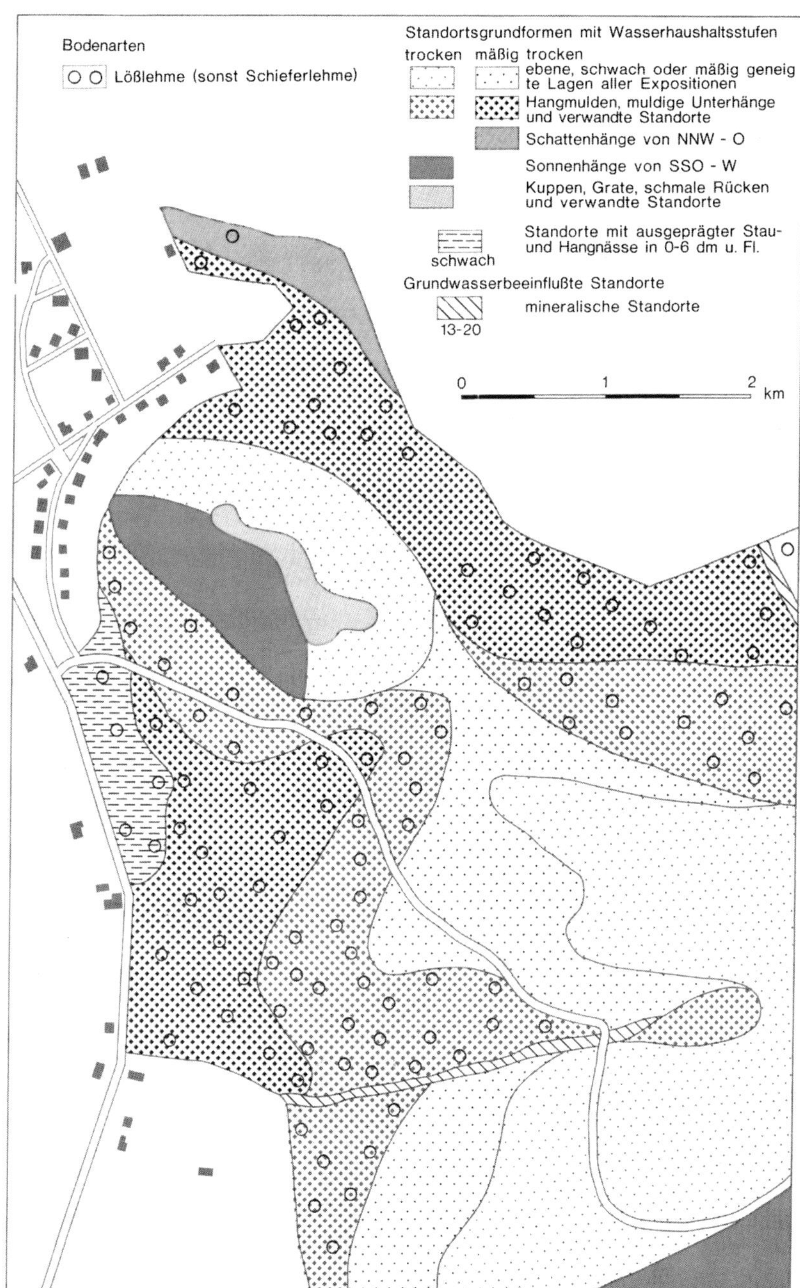
Bodenarten
Lößlehme (sonst Schieferlehme)
Standortsgrundformen mit Wasserhaushaltsstufen
trocken
mäßig trocken
ebene, schwach oder mäßig geneigte Lagen aller Expositionen
Hangmulden, muldige Unterhänge und verwandte Standorte
Schattenhänge von NNW - O
Sonnenhänge von SSO - W
Kuppen, Grate, schmale Rücken und verwandte Standorte
schwach
Standorte mit ausgeprägter Stau- und Hangnässe in 0-6 dm u. Fl.
Grundwasserbeeinflußte Standorte
13-20
mineralische Standorte
0
1
2
km

zum Tragen, wo dann mit Hilfe klimatisch bedingter Zonalgesellschaften Höhenstufen ausgeschieden werden.
Bei *zweistufigen Verfahren* erfolgt nach der Erarbeitung der regionalen Gliederung als erstes die Untergliederung der Wuchsbezirke in lokale Haupteinheiten. Dies sind z. B. in Nordrhein-Westfalen die Öko-Serien, Einheiten gleicher oder ähnlicher Pedogenese, mit für die Vegetation ähnlichem Substrat hinsichtlich Bodenart, Bodenartenschichtung und Struktur, so daß sie als Wurzelräume der Waldbaumarten als sehr eng verwandt anzusehen sind. Als letzter Schritt der Verfeinerung dieser Gliederung von oben erfolgt die Untergliederung der Öko-Serien in die Standortstypen, die ökologischen Grundeinheiten, indem die Öko-Serien nach dem Wasserhaushalt untergliedert werden. Abb. 11 gibt ein Beispiel für eine derartige Standortstypenableitung.

2.2.3.2.2 Waldfunktionskartierung. Die *Waldfunktionskartierung* erfolgt in den Bundesländern in etwa nach gleichen Grundsätzen (Arbeitskreis Zustandserfassung ... 1974). Sie hat die Aufgabe, die sog. Sozialfunktionen des Waldes zu kartieren.
Funktionsgruppe 1: Hierunter fallen solche, für die bis dato keine speziellen gesetzlichen Regelungen bestanden, dazu zählen:

- Waldflächen mit Klimaschutzfunktion;
- Waldflächen mit Sichtschutzfunktion;
- Waldflächen mit Immissionsschutzfunktion gegen Rauch, Gas, Staub, Aerosole, Gerüche und Lärm;
- Waldflächen mit Bodenschutzfunktion;
- Waldflächen zum Schutz wissenschaftlicher und kultureller Objekte;
- Waldflächen zum Schutz wertvoller Biotope bzw. Ökosysteme;
- Waldflächen zur Erhaltung des Landschaftsbildes und zur Sicherung der Landschaftsökologie;
- die Waldflächen mit Erholungsfunktion.

Funktionsgruppe 2: Alle dem Wasser- bzw. Naturschutzrecht unterliegenden Flächen werden aus anderen Kartenwerken oder nach Angaben der entsprechenden Fachbehörden nachrichtlich übernommen. Dazu zählen:

- Wasserschutzgebiete,
- Heilquellenschutzgebiete,
- Grundwasservorratsgebiete,
- Überschwemmungsgebiete,
- Naturschutzgebiete,
- flächenhafte Naturdenkmäler,
- Landschaftsschutzgebiete,
- Naturparks.

Die Funktionen werden in zwei Stufen unterschieden, und zwar wird in Funktionsstufe 1 die Wirtschaft von der Funktion bestimmt und in Funktionsstufe 2 die Wirtschaft von der Funktion lediglich beeinflußt.

2.3 Die landschaftsökologischen Partialkomplexe

Im folgenden werden die *landschaftsökologisch* relevanten *Partialkomplexe* (Subsysteme des jeweiligen realen Ökosystems) behandelt. Die Gegenstände scheinen zunächst weitgehend identisch mit denen der traditionellen physiogeographischen Teildisziplinen. Eine Selektion ergibt sich jedoch insofern, als hier Einzelfaktoren lediglich unter dem Aspekt ihrer Leistung als landschaftsökologisch wirksamer Geoökofaktor behandelt werden Im Sinne von H. LESER *(1984)* geht es darum, die einzelnen Subsysteme (abiotische Geosysteme und Biosysteme) unter landschaftsökologischen Aspekten vorzustellen. Nach H. LESER (1984) werden in der Geoökologie die „Geofaktoren“ Georelief, Boden, Wasser und Klima in bezug auf ihre Funktionsweisen untersucht und dann als Morpho-, Pedo-, Hydro- und Klimasystem charakterisiert.

Sowohl aus Platzgründen als auch aus Sicht der Praxisrelevanz wird im folgenden eine stark vereinfachte Vorgehensweise gewählt. Im Vertrauen darauf, daß die Studierenden sich mit diesen Subsystemen in speziellen Lehrveranstaltungen und anhand spezieller Literatur Grundkenntnisse erworben haben, werden hier lediglich die *landschaftsökologisch relevanten Funktionszusammenhänge* angesprochen. Dabei wird ein funktionaler Zusammenhang erst dann als ein landschaftsökologisch relevanter bezeichnet, wenn eine Bezichung zur biotischen Ausstattung, zum Biosystem, erkennbar ist. Dabei gehört für einen Anwender ökologischer Forschungsergebnisse der Mensch selbstverständlich mit zum Biosystem.

Der *Ökotop* als kleinste, landschaftsökologisch relevante Raumeinheit stellt die flächenhafte (topische) Ausbildung eines Ökosystems im Sinne der modernen Ökosystemforschung dar.

Aus der Komplexität derartiger Ökosysteme (Abb. 4 und 5) folgt, daß zu seiner Erforschung eine Vielzahl von Wissenschaftsbereichen einen Beitrag zu leisten haben, ohne daß eine einzelne traditionelle Wissenschaftsdisziplin den Anspruch erheben könnte, für das Gesamtsystem zuständig zu sein. Was für Ökosysteme gilt, das gilt erst recht für anthropogen überformte landschaftliche Ökosysteme, wodurch noch einmal deutlich wird, wie notwendig und realistisch es ist, Landschaftsökologie als *„interscience“ zu* begreifen und zu betreiben.

Die beteiligten Stammdisziplinen werden das einzubringen haben, was aus ihrem jeweils spezifischen ökologischen Bereich der Erforschung landschaftlicher Ökosysteme dient. Daraus ergibt sich gewissermaßen ein wenn auch kaum exakt zu definierender Relevanzfilter, d. h., daß nicht alles, was Bodenkunde, Vegetationskunde, Hydrologie, Klimatologic,

Biologie usw. anzubieten haben, unbedingt ökologisch relevant ist. Nicht all das, was im Rahmen unzähliger ökologischer Forschungen heute weltweit erarbeitet und an Erkenntnissen gewonnen wird, ist automatisch landschaftsökologisch von Bedeutung. Zumindest aus der Sicht der Planungspraxis lassen sich hierzu erste Kriterien benennen, die die Landschaftsökologie von der Allgemeinen Ökologie abgrenzen (z. B. L. FINKE 1978a).

Aus den *Erfordernissen der Planungspraxis* ergeben sich bestimmte Erwartungen und Forderungen an die Landschaftsökologie, die sich z. B. in Form von Fragen wie folgt formulieren lassen:

• Wie lassen sich landschaftliche Ökosysteme in Form ökologischer Raumgliederungen sinnvoll (im Sinne des Verwendungszweckes) abgrenzen?

• Welche Parameter bestimmen/begrenzen ökologische Eignungs-/Nutzungspotentiale?

• Wie wirken Belastungen (Emissionen) auf die landschaftlichen Ökosysteme, wie werden sie räumlich verteilt, wie ist ihre Langzeitwirkung über z. B. Kumulations- und Summationswirkungen zu veranschlagen?

Diese sehr allgemein gefaßten Fragestellungen lassen sich in konkreten Fällen sehr weitgehend präzisieren, wobei häufig Spezialfragen nicht zu beantworten sind, so daß dann in erster Annäherung mit Hilfsgrößen gearbeitet werden muß.

Im folgenden kann es nicht darum gehen, Methoden der ökologisch relevanten Nachbardisziplinen im Detail abzuhandeln, dazu sei auf die entsprechenden Handbücher dieser Disziplinen verwiesen. Es soll vielmehr versucht werden, landschaftsökologisch relevante Fragestellungen aus diesen Nachbardisziplinen aufzuzeigen und beispielhaft vorzuführen, durch welche Kräfte und naturgesetzlich bestimmte Verbindungen die einzelnen Subsysteme untereinander verknüpft sind.

Hier liegt das Zentrum landschaftsökologischer Fragestellungen, d. h. z. B. nicht in der möglichst exakten Analyse nur eines isoliert zu betrachtenden Geofaktors (z. B. Geländeklima), sondern in der Erforschung der systemaren Einbindung in den gesamten Geokomplex. Gerade dieses typisch landschaftsökologische Interesse am Gesamtzusammenhang der landschaftlichen Ökosysteme macht die Landschaftsökologie für die Praxis so wichtig, wo es beim heutigen Stand des Umweltbewußtseins stets darum geht, das mit einem Eingriff in die Landschaft verbundene ökologische Risiko vorher abzuschätzen und Fragen möglicher Kompensationsmaßnahmen (Ausgleich bzw. Ersatz) nach Art und Örtlichkeit rechtzeitig zu klären.

Erst die möglichst genaue Kenntnis von Querbezügen in den betroffenen Ökosystemen erlaubt eine ökologische Risikoanalyse als Bestandteil einer Umweltverträglichkeitsprüfung. Nach dem Grundprinzip einer Verursacher–Wirkung–Betroffenen–Matrix ist dabei stets danach zu fragen: Was passiert wie und wo, wer oder was ist betroffen?

2.3 1 Der geologische Untergrund

In der Literatur gelten die geologischen Verhältnisse in der Regel nicht als landschaftsökologischer Partialkomplex, da diese in andere wie Morphosystem, Pedosystem, Hydrosystem, Klimasystem und Biosystem mit einfließen.
Bei einer landschaftsökologischen Betrachtung stellen sich jedoch durchaus eigenständige Probleme dar, wie z. B. geologische Schwächezonen, geohydrologische Besonderheiten und Verteilung abbauwürdiger Rohstoffe. Bei H. LESER (^{3}1991) fließt zumindest der oberflächennahe Untergrund mit in die Reliefanalyse ein, W. HABER (1978) subsumiert den Boden in seiner Funktion als Rohstofflieferant und sogar die Oberflächengestalt und das Relief mit unter den Teilkomplex Boden. Aus der Sicht der Planungspraxis spricht jedoch vieles dafür, den Teilkomplex „Umweltgeologie“ gesondert zu betrachten (s. z. B. D. E. MEYER 1986 u. 1993) und in seinen für die *angewandte Landschaftsökologie* wichtigen Aspekten exemplarisch zu skizzieren. Der Einfluß der geologischen Verhältnisse erfolgt dabei häufig indirekt über Veränderungen landschaftlicher Potentiale.
Rohstoffe: Durch die geologischen Verhältnisse einer Region ist die räumliche Verteilung abbauwürdiger Rohstoffe (Mineralien) dem wirtschaftenden Menschen von der Natur vorgegeben. Landschaftsökologisch gewinnen diese *Rohstofflagerstätten* dadurch Bedeutung, daß sie vom wirtschaftenden Menschen ausgebeutet werden, wobei dann Fragen der Abbauweise, damit verknüpfte Auswirkungen auf andere Geofaktoren und die Möglichkeiten der Rekultivierung unmittelbar landschaftsökologisch relevant werden. Da es sich bei diesen Rohstoffen um nicht regenerierbare natürliche Ressourcen handelt, erfordert bereits eine rein ökonomische, zweckrationale Sicht einen möglichst sparsamen und pfleglichen Umgang. Der Anteil der Erdoberfläche, der durch Abgrabungen betroffen ist, wird häufig unterschätzt, da sehr viele kleinere Abgrabungen später wieder verfüllt wurden (M. HOFMANN 1979).
Weltweit spielen die Vorkommen der *nicht erneuerbaren Energieträger* sowie deren Zugänglichkeit und Gewinnbarkeit eine entsprechende Rolle (z. B. G. LÜTTIG 1980). In der Bundesrepublik Deutschland sind an die Lagerstätten wie Torf, Kohle, Braunkohle, Sand und Kies in den Regionen ihres Vorkommens gravierende Probleme, vor allem ökologischer Art, geknüpft. Für den Bereich des Oberrheins hat die Landesarbeitsgemeinschaft Baden-Württemberg der ARL (1980) hierzu eine umfangreiche Studie vorgelegt. Nach der Wiedervereinigung Deutschlands sind die

landschaftsökologischen Probleme in den Braunkohletagebaugebieten der ehemaligen DDR in ihren Dimensionen erkennbar geworden.
Eng verknüpft mit dem *Steinkohlenbergbau* ist eine Reihe unmittelbar landschaftsökologisch relevanter Begleiterscheinungen, z.B. die sog. Bergsenkungen, die Bergehalden, aber auch weitere Aus- und Folgewirkungen (B. WOHLRAB 1965; ITZ 1982, H. WIGGERING 1993). Vor allem die Umweltprobleme einer weiteren Nordwanderung des Steinkohlenbergbaus an der Ruhr haben in den Jahren 1985/86 zu harten und intensiven öffentlichen Auseinandersetzungen geführt – besonders über das von der Landesregierung herausgegebene „Gesamtkonzept zur Nordwanderung des Steinkohlenbergbaus an der Ruhr „ (MURL 1986), welches sich fachlich auf drei zuvor erstellte Gutachten der LÖLF (1985), des LAWA (1986) und der Forschungsgruppe TRENT (1985) stützte. Zu den sich aus dem Gesamtkonzept der Landesregierung ergebenden Fragen einer stärkeren Ökologisierung der Regionalplanung siehe FINKE (1988).
Geologische Schwächezonen: Geologische Schwächezonen wirken ebenfalls nicht unmittelbar landschaftsökologisch, indem sie aber zu Ausschlußkriterien bei der Standortsuche und -festlegung für bestimmte planerische Maßnahmen werden, gewinnen sie mittelbar ökologische Bedeutung. So stellen z. B. Kernkraftwerke, Forschungseinrichtungen mit hochempfindlichen Apparaturen, Staumauern, Brückenbauwerke, Hochhäuser usw. jeweils spezifische Anforderungen an die *Sicherheit des Untergrundes*. Im Rahmen eines großangelegten landschaftsökologischen Gutachtens zum Tagebau „Hambacher Forst" in der Ville bei Köln, spielten geophysikalische Fragen (Auftauchen der Ville bei gleichzeitigem Absinken des Rheintales im Bereich der Stadt Köln) eine ganz zentrale Rolle (W. PFLUG 1975). In diesem größten westdeutschen Braunkohletagebaugebiet – in der Ville westlich Köln – geht es seit Anfang der 80er Jahre um die Frage, ob und wie der mögliche Anschlußtagebau Garzweiler II realisiert werden kann. Die Landesregierung NRW hat im Jahre 1984 eine Reihe von Gutachten in Auftrag gegeben und diese später in Kurzfassung zusammen mit den fachlichen Bewertungen der zuständigen Landesbehörden – z. B. Landesanstalt für Ökologie, Landschaftsentwicklung und Forstplanung, Landesamt für Wasser und Abfall – veröffentlicht (MURL 1987). Die von der LANDESREGIERUNG NRW (1987) veröffentlichten „Leitentscheidungen zur künftigen Braunkohlepolitik" sprechen davon, daß Garzweiler II die ökologisch sensibelste Region des rheinischen Braunkohlegebietes betrifft.
Geohydrologie und Salzstöcke: Im Zeitalter des Umweltschutzes kommt *einer sicheren Entsorgung* eine zentrale Bedeutung zu, als Beispiel sei auf die Diskussion um Gorleben verwiesen. Während die Grundzüge ökologischer Wirtschaftsweisen sonst sich immer am Prinzip des Recycling orientieren, heißt es bei der Entsorgung toxischer und strahlender Sub-

stanzen, diese möglichst endgültig aus landschaftsökologisch relevanten biochemischen Stoffkreisläufen herauszunehmen. Eine der Lösungsmöglichkeiten besteht darin, geologisch geeignete Stellen im tieferen Untergrund (z. B. Salzstöcke) dafür auszuwählen. Für alle Fragen der oberirdischen Lagerung von Abfällen unterschiedlichen Gefährdungsgrades spielen Informationen zur Geohydrologie und Hydrogeologie des Untergrundes eine immer stärker zu beachtende Rolle, indem über räumliche Verlagerungsvorgänge im Medium Wasser Beeinträchtigungen anderenorts mit häufig gar nicht absehbarer zeitlicher Verzögerung auftreten können.
Fazit: Im Rahmen einer Landschaftsökologie mögen Ausführungen zum geologischen Untergrund überraschen, sie wurden auch bewußt kurz gehalten und auf wenige Beispiele beschränkt. In einer *angewandten Landschaftsökologie,* die einen Beitrag zur besseren Gestaltung und bewußteren Planung der Kulturlandschaft zu leisten hat, steht der Mensch im Zentrum der Überlegungen. Bei einem derart erweiterten Grundverständnis des Aufgabenbereiches von Landschaftsökologie müssen diese Fragen zumindest kurz angerissen werden, auch wenn sie nicht unmittelbar etwas mit der Verbreitung von Arten und Biozönosen in Abhängigkeit von der abiotischen Umwelt (den Standortbedingungen im Sinne der Geobotanik) zu tun haben.

2.3.2 Das Georelief

Die derzeit umfassendste und systematischste Reliefanalyse findet statt im Rahmen der Erarbeitung der Geomorphologischen Karten der Bundesrepublik Deutschland 1 : 25 000 (GMK 25). Auf dem Göttinger Geographentag hat es dazu eine Fachsitzung gegeben (s. Berliner Geogr. Abh., H. 31), auf der vor allem in der Diskussion den Fragen der Planungsrelevanz breites Interesse entgegengebracht wurde. Die *Praxisrelevanz* ist weitgehend identisch mit der *landschaftsökologischen Relevanz* dieser Karten. L. FINKE (1980b) hat im Rahmen dieser Fachsitzung aus der Sicht der Planungspraxis zu den damals (Pfingsten 1979) vorliegenden Karten Stellung genommen. Es zeigt sich, daß viele Informationen zwar aus der Sicht der Geomorphologie interessant und wichtig sind, aus der Sicht der Praxis jedoch als z.T. irrelevant bezeichnet werden müssen (s. hierzu Tab. 1). Die Autoren derartiger Karten sehen die Verwendbarkeit geomorphologischer Karten in der Regel optimistischer (z. B. H. LESER 1980b, H. KUGLER 1965).
Dem Relief kommt aus landschaftsökologischer Sicht eine zentrale Bedeutung zu. H.-J. KLINK (1966) spricht daher von einer vielfach wichtigen räumlichen Ordnungsfunktion. H. LESER (1977) sieht die ökologische Bedeutung des Reliefs in seiner Funktion als *Regelfaktor* für viele andere Funktionen der landschaftlichen Ökosysteme. Allerdings ist längst

Tab. 1. Verwendbarkeit der Inhalte der GMK 25 für verschiedene (fach)planerische Aufgabenfelder (aus L. FINKE *1980b, S. 79)*

Inhalte der GMK 25 laut Legende der Kartieranleitung / Verwendbarkeit in planerischen Bereichen	Agrarpl.	Forstpl.	Landschaftspl.	Verkehrspl.	Ver- und Entsorgungspl.	Wasserwirtschaft	Freizeit- und Erholungspl.	Naturschutz	Gewerbepl./ Standortpl.	Stadt-/ Siedlungspl.
1. Neigung der flächenhaften Reliefelemente	+	+	+	+	+	+	+	○	+	+
2. Wölbungslinien auf Reliefelementen	–	–	○	–	–	–	○	–	–	–
3. Wölbungen von Kuppen und Kesseln	–	–	○	○	–	–	○	–	○	–
4. Stufen, Kanten und Böschungen	+	○	+	+	+	–	+	○	+	○
5. Täler und Tiefenlinien	–	–	○	–	–	–	○	○	–	○
6. Kleinformen und Rauheit	○	–	+	○	○	–	○	+	–	+
7. Formen und Prozeßspuren	–	–	○	–	–	–	–	○	–	–
8. Körnung, Zusammensetzung und Charakterisierung des Lockermaterials	+	+	○	–	+	+	○	–	○	○
9. Lagerung des Lockermaterials	–	–	–	–	○	○	–	–	–	–
10. Schichtigkeit und Mächtigkeit des Lockermaterials	○	–	–	–	+	○	○	–	○	○
11. Gestein	–	○	–	○	○	+	–	○	○	○
12. Geomorphologische Prozesse	+	○	+	○	+	○	–	○	+	+
13. Geomorphologische Prozeß- und Strukturbereiche	–	–	–	–	–	○	–	○	–	–
14. Hydrographie	+	+	+	○	+	+	+	+	○	○
15. Ergänzende Angaben	○	–	+	○	○	+	+	○	○	○

+ Information ist wichtig, ○ Information evtl. nützlich, – Information nicht relevant

nicht alles, was in der Geomorphologie erforscht wird, gleichermaßen landschaftsökologisch bedeutsam.

H. LESER (1977, S. 125) sieht im „geoökomorphodynamischen" Ansatz, der sich auf die rezente Morphodynamik, die reale Reliefgestalt und den oberflächennahen Untergrund bezieht, einen Beitrag zur Lösung ökologischer Probleme, während nach geomorphogenetischen Forschungsergebnissen in der Regel kein Bedarf besteht. Es erscheint auf den ersten Blick jedermann einleuchtend, daß das Relief die visuellen Eigenschaften wesentlich bestimmt, d. h. für die Erfassung und Bewertung des *Landschaftsbildes* z. B., im Rahmen der Bestimmung des landschaftlichen Erholungspotentials, eine zentrale Bedeutung besitzt. Obwohl bis heute nicht systematisch untersucht, kann davon ausgegangen werden, daß sich Räume reliefbedingter visueller Vielfalt mit ökologisch vielfältigen Räumen weitestgehend decken.

Wenn geomorphologische Forschungsergebnisse außerhalb der Geomorphologie, z. B. in der Landschaftsökologie und vor allem in der Praxis stärker zum Tragen kommen sollen, dann muß sie neben der geomorphogenetischen Forschung der großmaßstäblichen morphographisch-rezentmorphodynamischen Forschung mehr Aufmerksamkeit widmen (H. LESER 1977) oder sich gar im Sinne H. KUGLERS (1974) zu einer geoökologischen Geomorphologie bekennen.

2.3.2.1 Die Steuerungsfunktion des Reliefs auf die räumliche Differenzierung des Landschaftshaushalts

Allein dieser Aspekt verdiente ein eigenes Lehrbuch; im folgenden soll beispielhaft die *steuernde Funktion des Reliefs auf die räumliche Verteilung landschaftsökologischer Potentiale* aufgezeigt und abschließend in einem Schema dargestellt werden.

In der *Geländeklimatologie* spielt das Relief, vor allem Exposition und Hangneigung, von jeher eine zentrale Rolle (z. B. K. KNOCH 1963, A. MORGEN 1957). In früheren landschaftsökologischen Arbeiten wurden häufig Morphotope kartiert, unter Zuhilfenahme weiterer Informationen inhaltlich gefüllt und dann als Physiotope oder Ökotope bezeichnet (z. B. H. FRAHLING 1950; C. TROLL 1943; H.-J. KLINK 1966, 1969).

Auch in der *Naturräumlichen Gliederung* nahm und nimmt das Relief für die Abgrenzung eine zentrale Stellung ein. Dies zeigen die Beispiele in der 1. Lieferung des Handbuches der Naturräumlichen Gliederung Deutschlands (E. MEYNEN und J. SCHMITHÜSEN, Hrsg., 1953-1962):

In der aktualmorphologischen Forschung ist dem Phänomen der *Bodenerosion* erhöhte Aufmerksamkeit gewidmet worden (G. RICHTER 1965). Die Erosion als völlig natürlicher Vorgang gewinnt in der Kulturlandschaft aus der Sicht des wirtschaftenden Menschen Bedeutung insofern,

Tab. 2. Steuerungsfunktion des Reliefs

1 Einfluß auf andere Geo-/Ökofaktoren (komplexe)	2 Einfluß auf räumliche Verteilung und Qualität ökologisch bestimmter Nutzungspotentiale
1.1 *Böden* Einfluß auf Bodenentwicklung (Erosion→Akkumulation)	2.1 *Forstwirtschaft* Wirkung indirekt über andere Geofaktoren
1.2 *Klima* Exposition und Neigung steuern Besonnung; Berg-Tal-Winde, Hangabwinde, Flurwinde, reliefbedingte Inversionen, Kaltluftschneisen	2.2 *Landwirtschaft* Erosion, Frostgefährdung, Differenzierung der Vegetationszeit
1.3 *Wasser* Steuert den Anteil des Sickerwassers, den Bodenwasserhaushalt und damit die Pedogenese	2.3 *Erholungspotential* Visuelle Vielfalt/Einförmigkeit
1.4 *Fauna und Flora* In der Naturlandschaft indirekte Wirkung über andere Standort- und Biotopfaktoren (z. B. Trokkenrasen, wärmeliebende Pflanzengesellschaften, Nistplätze)	2.4 *Bebauungspotential* Bebauung technisch zwar überall möglich, aus Kosten- und Sicherheitsgründen jedoch durch zu starke Neigung eingeschränkt
1.5 *Mensch* Beeinflussung der Ökologie in der Kulturlandschaft über Verteilungsmuster der Nutzungen (z. B. landwirtschaftliche Kulturarten, Verkehrstrassen, Industrie- und Gewerbegebiete, erholungsrelevante Infrastruktur)	2.5 *Entsorgungspotential* Hänge ungeeignet, Eignung von Kuppen und Hohlformen eingeschränkt, ebene Lagen gut, Führung von Entwässerungssystemen

als damit landschaftsökologisch eine räumliche Stoff- und Energieverlagerung verbunden ist. Die aus der Kulturlandschaftsgenese Mitteleuropas bekannten Rodungsperioden führten zu großflächigen Abtragungen z. B. der humosen Oberböden, deren Reste heute in den Auenböden unserer Flußtäler zu finden sind. Insgesamt gesehen handelt es sich dabei um einen heute in seiner wahren Größenordnung kaum abschätzbaren Austrag an Nährstoffen (Produktionskapital) aus der Nutzfläche, der über entsprechende Äquivalenzrechnungen zum jeweiligen Marktpreis für Dünger sogar monetär faßbar wäre.

Die Entwicklung der Kulturlandschaft im ländlichen Raum war in den

Abb. 13: Landschaftsökologische Regelfunktion des Georeliefs (aus H. LESER 1978). ▷

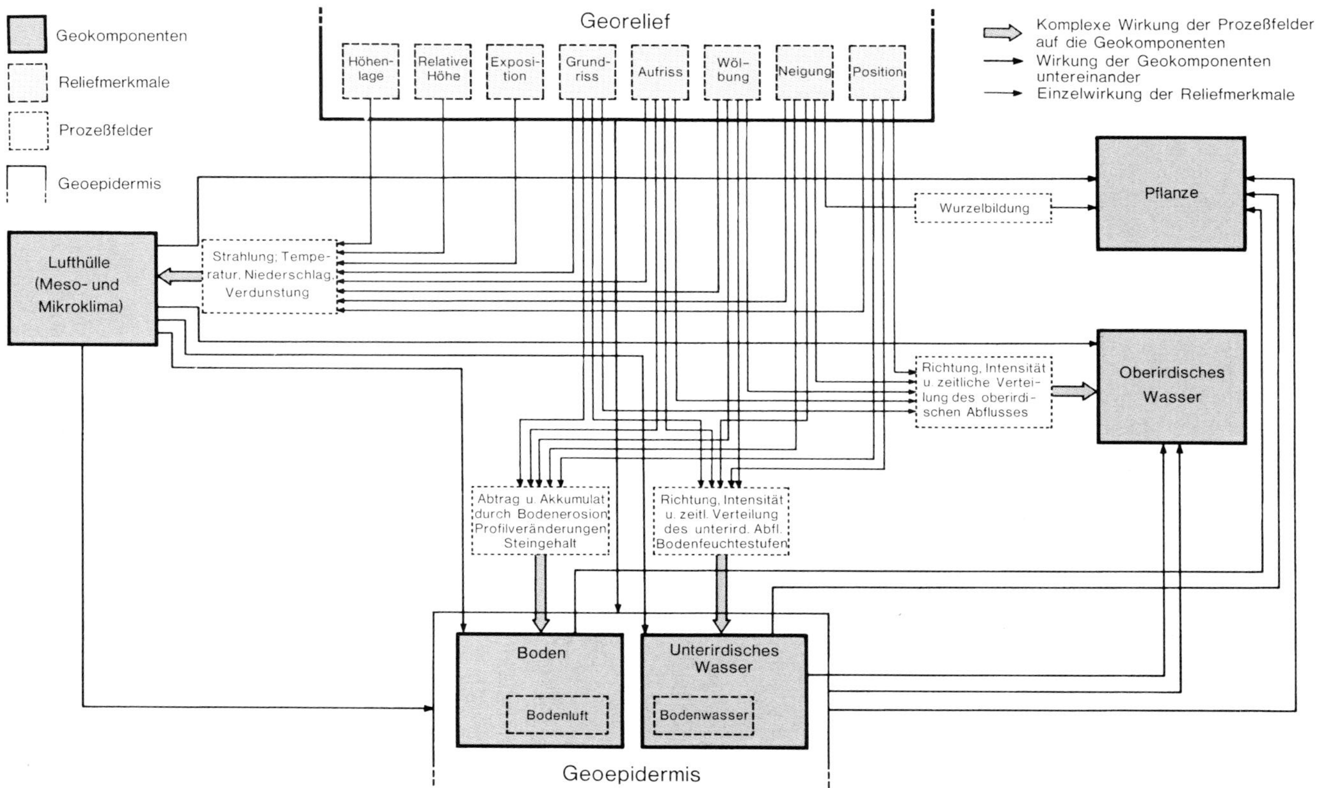

Geokomponenten
Reliefmerkmale
Prozeßfelder
Geoepidermis
Georelief
Höhen-lage
Relative Höhe
Exposi-tion
Grund-riss
Aufriss
Wöl-bung
Neigung
Position
Komplexe Wirkung der Prozeßfelder auf die Geokomponenten
Wirkung der Geokomponenten untereinander
Einzelwirkung der Reliefmerkmale
Pflanze
Wurzelbildung
Lufthülle (Meso- und Mikroklima)
Strahlung; Tempe-ratur, Niederschlag, Verdunstung
Richtung, Intensität u. zeitliche Vertei-lung des oberirdi-schen Abflusses
Oberirdisches Wasser
Abtrag u. Akkumulat durch Bodenerosion Profilveränderungen Steingehalt
Richtung, Intensität u. zeitl. Verteilung des unterird. Abfl. Bodenfeuchtestufen
Boden
Bodenluft
Unterirdisches Wasser
Bodenwasser
Geoepidermis

letzten 40 Jahren geprägt durch den Rückzug der Landwirtschaft aus der Fläche, wobei z.B. Hänge ab einer gewissen Neigung (abhängig vom technischen Stand der Mechanisierung in der Landwirtschaft) den Maschineneinsatz nicht mehr erlaubten und z.B. dadurch aus der Nutzung ausschieden.
Um die verbale Beschreibung derartiger Beispiele abzukürzen, soll in einer Schemadarstellung versucht werden, Stellung und Bedeutung des Faktors Relief im Landschaftsgefüge darzustellen (Tab. 2).
Die tabellarische Darstellung der *Steuerfunktion des Faktors Relief* im Gesamtgefüge des Landschaftshaushaltes und die dadurch verursachte räumliche Verteilung qualitativ unterschiedlicher Nutzungspotentiale erhebt keinen Anspruch auf Vollständigkeit, es sollen lediglich die wichtigsten Zusammenhänge aufgezeigt werden. Direkte und indirekte Wirkungen lassen sich häufig kaum voneinander trennen, was allerdings für ökosystemare Betrachtungen generell gilt. Detaillierte quantitative Analysen (C. Streumann und C. Richter 1966, G. Richter 1977) können häufig nur Beziehungen und Abhängigkeiten zwischen einigen wenigen Parametern untersuchen, während in der Realität eine hochkomplexe Vernetzung vorliegt.
Eine schematisierte Darstellung der landschaftsökologischen Regelfunktion des Reliefs gibt z.B. H. Leser ([2]1978, S.50/51), s. Abb. 13.

2.3.3 Der Boden

Der Analyse des landschaftsökologischen Teilkomplexes Boden kommt im Rahmen landschaftsökologischer Arbeiten seit langem eine zentrale Bedeutung zu. E. Neef, G. Schmidt und M. Lauckner (1961) bezeichnen den Bodentyp, neben dem Bodenfeuchteregime und der Vegetation, als *„ökologisches Hauptmerkmal“ (ÖHM)*. Der Bodentyp stellt, wie die anderen ÖHMs auch, einen hochintegralen Teilkomplex dar, d.h. er ist selbst bereits das Ergebnis des Zusammenwirkens einer Vielzahl von Geofaktoren. In Anlehnung an R. Ganssen ([2]1972) läßt sich zur Kennzeichnung dieses Zusammenhanges der Boden wie folgt formelhaft charakterisieren: B = f (K, R, G, V, T, W, Wi, Z). Darin bedeuten: K Klima, R Relief, G Gestein, V Vegetation, T Tierwelt, W Zuschußwasser, Wi Bewirtschaftung durch den Menschen, Z die zur Bodenbildung zur Verfügung gestandene Zeit. Nach O. Fränzle (1965) gilt die Funktionsgleichung dann auch für einzelne Bodeneigenschaften (z.B. pH-Wert, Tonmineralgehalt, Humus), wenn unter den Geofaktoren in der Gleichung R. Ganssens die jeweils bodeneigenen Ausprägungen verstanden werden.
Obwohl im Boden ein „hochintegrales Merkmal“ vorliegt, darf seine Aussagekraft nicht überinterpretiert werden. Gemessen z.B. an den beiden anderen „ökologischen Hauptmerkmalen“ Bodenfeuchtehaushalt und

Vegetation reagiert das landschaftsökologische Subsystem Boden (in Form des Bodentyps) sehr träge auf Änderungen in der Geofaktorenkombination. Heute im Rahmen des Umweltschutzes so überaus wichtige Teilaspekte wie Geländeklima, lufthygienische Situation und daraus resultierende Belastung der Böden, z. B. mit Schwermetallen, Kunstdünger- und Biozideinsatz in der Landwirtschaft usw., spiegeln sich im ÖHM Bodentyp nicht wieder, dazu bedarf es spezieller, physiochemischer Untersuchungen. Ausgedeichte Überschwemmungsbereiche in Flußtälern benötigen mehrere Jahrzehnte, ehe sich im Bodenprofil die neue Entwicklungsdynamik, z. B. vom Auenboden zur Braunerde, bemerkbar macht. Auch drainierte Gleye zeigen noch sehr lange die für diesen Bodentyp charakteristische Horizontabfolge. Die genannten, erst relativ kurze Zeit auf das Medium Boden einwirkenden Umweltbelastungen, werden von der heute üblichen bodentypologischen Ansprache ohnehin nicht erfaßt.

In einer *bodenökologischen Kennzeichnung* müßte künftig z. B. neben dem natürlichen Nährstoffpotential auch auf diese neuartigen Belastungen (Altlastenproblematik) eingegangen werden. Im Rahmen der z. Z. auf der politischen Ebene stark diskutierten Bodenschutzkonzepte (BMI 1985) nehmen diese neuartigen Belastungen des Trägermediums Boden eine zentrale Stellung ein.

Im Boden spiegeln sich dafür vor allem langfristige Klimaänderungen wieder, weshalb z. B. gut erhaltene Lößbodenprofile zur Rekonstruktion früherer landschaftsökologischer Verhältnisse, vor allem der klimatischen, herangezogen werden.

2.3.3.1 Boden als landschaftsökologischer Partialkomplex

Der Boden ist der originäre Forschungsgegenstand der Bodenkunde, die sich in jüngster Zeit selbst immer stärker ökologischen Fragen widmet, vor allem in bestimmten Anwendungsbereichen wie z. B. der forstlichen und landwirtschaftlichen Standortskunde, aber auch in der Entwicklung einer speziellen Bodenökologie (W. BURGHARDT 1993, U. GISI u.a. 1990). Es ist daher wenig sinnvoll, eine landschaftsökologische Bodenkunde von der allgemeinen Bodenkunde abgrenzen zu wollen, vielmehr sollte im konkreten Teil so verfahren werden, daß alle vorhandenen bodenkundlichen Informationen auf ihren landschaftsökologischen Aussagewert hin überprüft und dann in die Analyse mit übernommen werden.

Der Boden im engeren Sinne ist aus Sicht der Landschaftsökologie vor allem interessant und aussagefähig als biologisch wirksames und aktives System, wobei kritisch anzumerken ist, daß die *Bodenbiologie* noch immer vergleichsweise unterentwickelt ist und deswegen bis heute in landschaftsökologischen Arbeiten kaum eine Rolle spielt. Boden als *bio-*

öBP | Löss-Braunerde-Parabraunerde

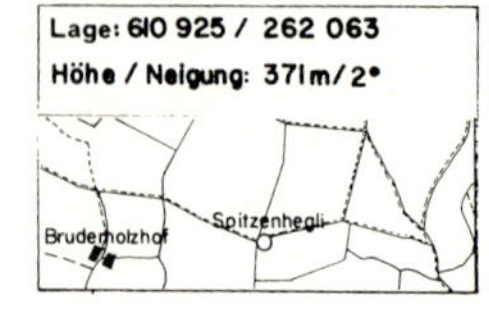

Standort

Oberflächenform: Schwach geneigter Hang, seitlicher Übergang zwischen Hochfläche und periglazialem Randtälchen
Ausgangsgestein: Würmlöss
Vegetation/ Nutzung: Glatthaferfettwiese mit Komponenten eines ehemaligen Kleesaatfeldes

Ap
Bv
Bt-Bv

Profilbeschreibung

Ap: Mittelbraun (10YR 4/2), nach unten etwas heller werdend, krumelig-subpolyedrisch, sehr gut aggregiert, mässig porös, stark durchwurzelt, sehr starke Wurmtätigkeit, Gefügelockerung durch Bodenwühler, Horizontgrenze nach unten scharf, Zersetzung des org.Mat. vollständig und rasch.

B_v: Hellbraun-schwach rötlich (10YR 4/4), unregelmässig subpolyedrisch, porös, mässig durchwurzelt, Regenwurmtätigkeit stark, 2-3 Kottaschen/dm^2, taschenartig verschleppter Humus bis 40 cm, bis 50 cm eine Wurzelbahn pro dm^2.

B_t-B_v: Hellbraun-rötlich (10YR 5/4), vereinzelt scharfkantig unregelmässig bröckelig-subpolyedrisch, mässig porös, sehr schwache Feindurchwurzelung, Dichteverteilung unregelmässig, Tonanreicherung teilweise schwach angedeutet, zwischen feinverteilten Fe- und Mn-Schlieren ganz schwache mittelbraun-hellbraune Marmorierung.

Physikalische und chemische Bodenuntersuchung

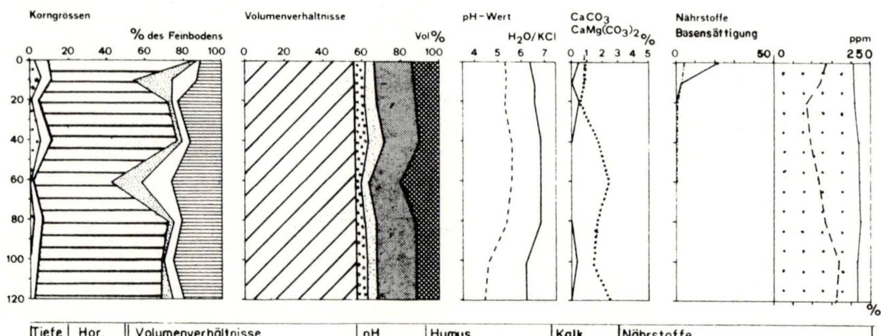

Tiefe cm	Hor.	Volumenverhältnisse % dL	SV	$\overline{GP}$	GP	MP	FP	pH H_2O	KCL	Humus % C	N	C/N	Kalk %	Dolomit	Nährstoffe ppm Mg	P	K	mval S	T	% V
5	Ap	—	—	-	—	—	—	6,3	5,2	4,4	0,58	7,5	0,4	0,8	135	21	4	5,1	5,3	81,0
10	Ap	1,46	56	6	5	19	14	6,5	5,3	4,4	0,43	10	0	0,8	120	3	3	4,7	5,7	82,4
20	Ap	1,49	57	5	6	20	12	6,5	5,2	2,4	0,4	6	0,4	0,6	78	0	0,5	4,1	4,9	83,0
40	Bv	1,52	57	7	8	18	10	6,8	5,5				0	1,8	93	0	0,5	7,5	8,5	88,2
60	Bv	1,50	57	3	4	16	20	6,8	5,4				0	2,3	115	0	0,5	7,7	8,7	89,5
80	Bt-Bv	1,52	57	5	6	20	12	6,8	5,3				0	1,6	132	0	0	5,0	5,4	91,8
100	Bt-Bv	1,51	57	6	5	20	12	6,1	4,5				0,2	1,4	169	0	0	5,2	6,0	86,0
120	Bt-Bv	1,51	57	6	5	20	12	6,1	4,3				0	2,3	160	0	0	—	—	—

Abb. 14: Boden als ökologisches Hauptmerkmal (ÖHM). Beispiel einer bodenökologischen Aufnahme an einem Leitprofil (aus T. MOSIMANN *1980).*

Profilskizzen

Substrat

Mittelsand 0,5 - 0,25 mm

Feinsand 0,25 - 0,063 mm

Grob- u. Mittelschluff 0,063 - 0,008 mm

Feinschluff 0,008 - 0,002 mm

Ton < 0,002 mm

Steine, Kies

Kalksteine

kalkreiches Substrat

Wurmrohren

Kottaschen

Gange von Bodenwühlern

Wurzelbahnen

Fe- und Mn-Konkretionen

Fe-Schlieren

Kalkkonkretionen

Substratdichte

Angabe durch Signaturenabstand zB

locker

mässig dicht

dicht

sehr dicht

Humus

schwach humoser Mull

stark humoser Mull

humoser Ackerboden (Ap)

Bodendynamik

Verbraunung

Tonauswaschung (Lessivierung)

Tonanreicherung

Staugley, Verfahlung

Staugley, Rostfleckung

kleine, feinverteilte Rostflecken

Grundgley, Reduktionshorizont

Grundgley, Oxydations- u. Reduktionshorizont

Hangwasseraustritt

Grundwasserschwankungsbereich

Kalkanreicherung

Diagramme

Korngrössen

mm

0,5 - 0,25	0,25 - 0,063	0,063 - 0,016	0,016 - 0,008	0,008 - 0,002	< 0,002

Volumenverhältnisse

Porengrossen (in μ)

Substanzvol	> 50	50 - 10	10 - 0,2	< 0,2

pH-Wert

H_2O

KCl

Kalk / Dolomit

$CaCO_3$

$CaMg(CO_3)_2$

Nährstoffe

Mg^{++}

P

K^+

dL Lagerungsdichte
SV Substanzvolumen
$\overline{GP}$ Gröbstporen
GP Grobporen
MP Mittelporen
FP Feinporen

Legende zu den Leitbodenformen-Formularen

logisch aktives Subsystem erfordert zu seiner vollständigen Analyse eine Vielzahl spezieller Untersuchungen, wovon im Rahmen landschaftsökologischer Arbeiten nur vergleichsweise wenige selbst erstellt werden können. Die Auswahl, Gewichtung und Bewertung der zu untersuchenden Parameter richtet sich bei praktischen Fragestellungen nach dem jeweiligen Problemkomplex. Die Fragestellung wird sich auf unterschiedliche *Funktionen des Bodens* richten, als solche wären – in Anlehnung an die Bodenschutzkonzeption der Bundesregierung (BMI 1985) – zu nennen: Funktion als Pflanzenstandort bzw. Standort pflanzlicher Produktion, als Regulator des Wasserhaushaltes, der Stoffumwandlung, der Filterung fester und gelöster Wasserinhaltsstoffe sowie technische Funktionen (z. B. als Baugrund).

Landschaftsökologische Grundlagenuntersuchungen mit rein wissenschaftlichem Interesse, d. h. ohne konkreten *Verwertungsbezug,* werden sich um eine mehr allgemeingültige Aussage zu bemühen haben, wobei dann die Kennzeichnung der den allgemeinen Landschaftshaushalt konstituierenden Faktoren und Kräfte im Blickpunkt des Forschungsinteresses steht.

Innerhalb typisch landschaftsökologischer Arbeiten *ohne* direkt erkennbaren oder gar definierten *Verwendungszweck* haben Landschaftsökologen aus der Schule E. NEEFS den Komplex Boden intensiv untersucht und zur Grundlage landschaftsökologischer Raumgliederungen gemacht (z. B. G. HAASE 1973; G. HAASE und R. SCHMIDT 1970, 1971; H. HUBRICH 1964, 1966, 1967; H. HUBRICH und R. SCHMIDT 1968; H. HUBRICH und M. THOMAS 1978). Daneben hat es, vor allem in der früheren DDR, recht früh Arbeiten mit definiertem Anwendungsbezug gegeben, so z. B. die landwirtschaftliche Standortskartierung von G. HAASE (1968a).

Die Landschaftsökologie strebt eine umfassendere, besser gesagt, eine querschnittsorientierte Sicht an im Vergleich zur Fachwissenschaft, hier der Nachbardisziplin Bodenkunde. Folgerichtig wird in den genannten Arbeiten der Boden als Bodenform nach den diagnostischen Merkmalen der Hauptbodenformenliste (nach L. LIEBEROTH u.a. 1971) kartiert, wobei zur Ausscheidung von Physiotopen lithogene, morphologische und hydrologische Merkmale mit herangezogen wurden. In der mit zwei Farbkarten sehr gut dokumentierten Arbeit von H. HUBRICH und M. THOMAS (1978) werden die ausgeschiedenen Einheiten dann auch konsequent in Anlehnung an die verwandten Kriterien „Pedohydrotope“ genannt.

Es werden zur Kennzeichnung der räumlichen Differenzierung des Landschaftshaushaltes zwei *ökologische Hauptmerkmale* (Boden und Bodenfeuchteregime) verwendet, wobei der Boden als Haupttransformationsbereich des Niederschlagswassers aufgefaßt wird. Dieser Transformations-

Abb. 15: Humusformen als ökologisches Hauptmerkmal. ▷

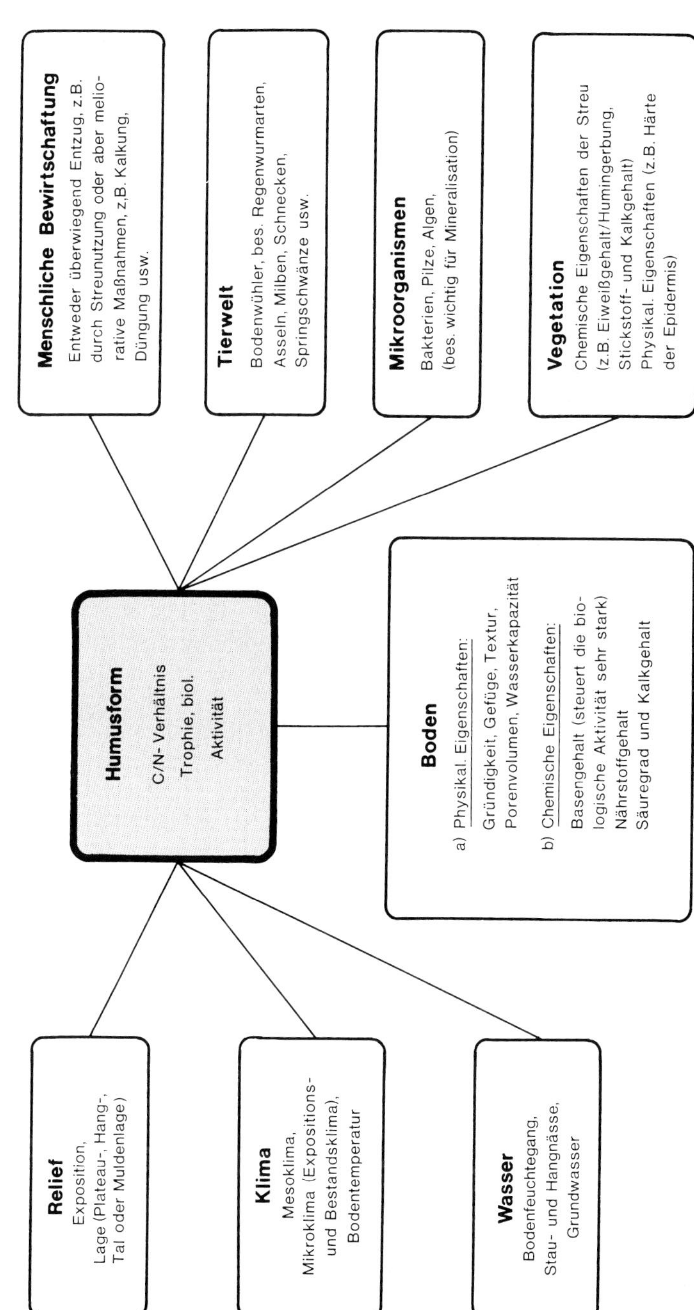
Menschliche Bewirtschaftung
Entweder überwiegend Entzug, z.B. durch Streunutzung oder aber meliorative Maßnahmen, z.B. Kalkung, Düngung usw.
Tierwelt
Bodenwühler, bes. Regenwurmarten, Asseln, Milben, Schnecken, Springschwänze usw.
Mikroorganismen
Bakterien, Pilze, Algen, (bes. wichtig für Mineralisation)
Vegetation
Chemische Eigenschaften der Streu (z.B. Eiweißgehalt/Humingerbung, Stickstoff- und Kalkgehalt)
Physikal. Eigenschaften (z.B. Härte der Epidermis)
Humusform
C/N-Verhältnis
Trophie, biol. Aktivität
Boden
a) Physikal. Eigenschaften:
Gründigkeit, Gefüge, Textur, Porenvolumen, Wasserkapazität
b) Chemische Eigenschaften:
Basengehalt (steuert die biologische Aktivität sehr stark)
Nährstoffgehalt
Säuregrad und Kalkgehalt
Relief
Exposition,
Lage (Plateau-, Hang-, Tal oder Muldenlage)
Klima
Mesoklima,
Mikroklima (Expositions- und Bestandsklima),
Bodentemperatur
Wasser
Bodenfeuchtegang,
Stau- und Hangnässe,
Grundwasser

prozeß meint das Verhältnis von Boden- und Grundwasserneubildung zum oberflächigen Abfluß und zur Verdunstung als den wesentlichen Faktoren des jeweiligen Wasserkreislaufes.

In modernen Arbeiten werden die Böden an repräsentativen Stellen naturwissenschaftlich-exakt physikalisch und chemisch untersucht; dazu ein Beispiel aus T. MOSIMANN (1980) in Abb. 14.

Aus der Bodenkunde stammt der Begriff *Catena* (G. MILNE 1936, P. VAGELER 1955), der in der Landschaftsökologie erweitert (z. B. H.-J. KLINK 1966, H. LESER ²1978) und zu einem zentralen methodischen und theoretischen Ansatz wurde. Der Begriff Catena meint innerhalb der Landschaftsökologie ein bestimmtes räumliches Ordnungsprinzip, eine häufig wiederkehrende, z. B. für eine naturräumliche Einheit typische Ablolge von Pedotopen, im erweiterten Sinne auch die von Physiotopen bzw. Ökotopen. In landschaftsökologischen Profilen durch das jeweilige Untersuchungsgebiet werden typische Catenen darzustellen versucht.

Geht man mit L. FINKE (1978a) davon aus, daß die zentrale Aufgabe der Landschaftsökologie in der Erfassung der *räumlichen Dimension* landschaftlicher Ökosysteme, Vergesellschaftung und des räumlich-funktionalen Zusammenwirkens besteht, dann ergibt sich eine weitgehende Identität mit dem Ziel der Erfassung der Catenen. Außer der räumlichen Erfassung und quantitativen Kennzeichnung der einzelnen Glieder einfacher und zusammengesetzter landschaftsökologischer Catenen (dazu H.-J. KLINK 1966, S. 49ff.) kommt es vor allem aus der Sicht der Praxis vordringlich darauf an, die Beziehungen der landschaftsökologischen Einheiten unterschiedlicher Aggregationsstufe untereinander zu klären. Damit bildet das Catena-Prinzip eine wichtige Grundlage für *ökologische Raumgliederungen.* Unter relativ ungestörten Bedingungen erlaubt eine Analyse der A-Horizonte und des Auflagehumus in Gestalt der Humusformenansprache, zumindest unter forstlicher Nutzung, ebenfalls weitgehende Schlüsse auf systemare Zusammenhänge, weshalb L. FINKE (1972) vorschlug, die Humusform als weiteres ökologisches Hauptmerkmal einzustufen (s. Abb. 15).

2.3.4 Der Wasserhaushalt

Im vorangegangenen Kapitel zum landschaftsökologischen Teilkomplex Boden ist bereits mehrfach auf den Wasserhaushalt, speziell den Bodenwasserhaushalt, hingewiesen worden. Dieser gilt nach E. NEEF, G. SCHMIDT und M. LAUCKNER (1961) ebenfalls als „ökologisches Hauptmerkmal“, wobei die Neefsche Schule eine Systematik von Bodenfeuchteregimetypen entwickelt hat (z. B. M. THOMAS-LAUCKNER und G. HAASE 1967/68). Neben dem festen Substrat spielt das Wasser die wichtigste Rolle im landschaftsökologischen Wirkungsgefüge, wobei seine Wirksamkeit abhängt von seiner jeweiligen Erscheinungsform, d. h. ob es sich um stehendes oder fließendes Oberflächenwasser, Boden- oder Grundwasser handelt. Darüber hinaus ist landschaftsökologisch die jeweils zur Verfügung stehende Menge sowie die physikalische und chemische Beschaffenheit des Wassers von Bedeutung. Die Menge steht in engem Zusammenhang mit den meteorologischen Verhältnissen, speziell dem thermisch-hygrischen Teilkomplex und seiner Schwankungen im Witterungsablauf. Über den Teilkomplex Wasser erschließt sich mit dem vertikalen und lateralen *Stofftransport* für die Landschaftsökologie einer ihrer wesentlichsten Aufgabenbereiche, nämlich die Erforschung der sog. *Nachbarschaftswirkungen*, zu unterscheiden als Nah- und Fernwirkungen. Letztere spielen vor allem in Tallagen eine entscheidende Rolle. So sind z. B. Überschwemmungen die Folge oft weit entfernter Witterungsabläufe.

In landschaftsökologischen Arbeiten geht es vornehmlich darum, den Zusammenhang zwischen dem Wasser und den übrigen Geofakten, vor allem dem Boden und dem oberflächennahen Untergrund, zu erforschen. Diese Zusammenhänge können nur an relativ wenigen, repräsentativen Punkten im Gelände gemessen werden, mit Hilfe von Analogieschlüssen und Plausibilitätsüberlegungen wird dann versucht, flächenhaft gültige Aussagen zu treffen.

Mit unterschiedlicher Zeitverzögerung und Genauigkeit zeichnet das Bodenwasser die Witterungsabläufe nach, jedoch weniger intensiv und z. B. im Grundwasser zeitlich erheblich verzögert. Zu messen ist dies in unterschiedlichen Bodenfeuchten, wechselnden Wasserständen und Abflußmengen. Für die Landschaftsökologie kommt es darauf an, nicht nur für einzelne Geländepunkte, sondern für abgegrenzte räumliche Einheiten Aussagen zu treffen. Dabei sind für die *Leistungsfähigkeit des Landschaftshaushaltes,* z. B. für das biotische Wuchspotential, als auch aus der Sicht der Praxis (z. B. für die Wasserwirtschaft), weniger die Durchschnittswerte, als vor allem die Extrema und die möglichen Amplituden von Bedeutung.

Im Gegensatz zu hydrologischen Untersuchungen, etwa im Rahmen der Vorarbeiten zu einem wasserwirtschaftlichen Rahmenplan, stehen in der Landschaftsökologie andere Erscheinungsformen des *Ökofaktors Wasser* im Mittelpunkt des Interesses. Von dem häufig in mehreren Stockwerken auftretenden Grundwasser ist aus landschaftsökologischer Sicht meist nur das oberste Stockwerk von Bedeutung, also der Bereich des Grundwassers, der durch seine Lage unter Flur unmittelbar das biotische Wuchspotential und damit auf extensiv genutzten Flächen die Zusammensetzung der Pflanzendecke beeinflußt. Je nach physikalischer (z. B. Sauerstoffgehalt, Temperatur) und chemischer (Nährstoffgehalt) Beschaffenheit ergeben sich aus landschaftsökologischer Sicht unterschiedliche Bewertun-

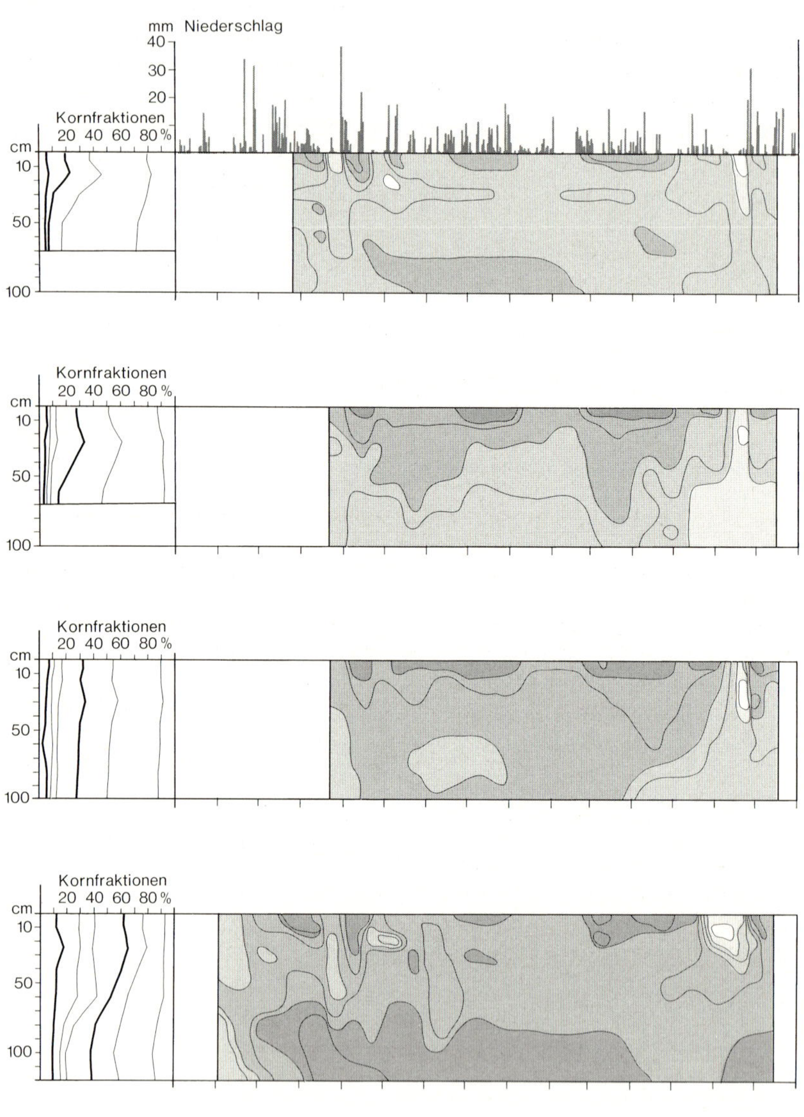
mm Niederschlag
40
30
20
Kornfraktionen
20 40 60 80 %
cm
10
50
100
Volumen in %
0-5
6-10
11-20
21-30
31-40

gen, wobei „Hangwasser" im Sinne von E. MÜCKENHAUSEN und H. ZAKOSEK (1961) sich oft durch einen höheren Sauerstoff- und Nährstoffgehalt auszeichnet.
Wegen seiner zentralen Bedeutung zur möglichst umfassenden landschaftsökologischen Kennzeichnung kommt der *Bodenwasserhaushalt* in einer Vielzahl von Arbeiten deutlich zum Ausdruck, häufig in Verbindung mit bodenökologischen Untersuchungen (z. B. H. HAMBLOCH 1967; R. HERRMANN 1971; E. JORDAN 1976; T. MOSIMANN 1980; E. NEEF 1960, 1964b; R. G. SCHMIDT 1979; W. SEILER 1983; U. TRETER 1970). Auch in

Tab. 3. Bodenfeuchteregimetypen (aus H. LESER *²1978, S. 125)*

A. Grundwasserbeeinflußte Bodenfeuchteregime (BFR)
I. Ganzjährig starke Durchfeuchtung aller Horizonte (Permanent-Grundwasser BFR)
II. Jahreszeitlich wechselnde Durchfeuchtung der oberen, durchwurzelten Horizonte (Perioden-Grundwasser-BFR)
B. Hangwasserbeeinflußte Bodenfeuchteregime
I. Ganzjährig starke Durchfeuchtung aller Horizonte (Permanent-Hangwasser BFR)
II. Jahreszeitlich wechselnde Durchfeuchtung der oberen, durchwurzelten Horizonte (Perioden-Hangwasser-BFR)
III. Ganzjährige Durchfeuchtung des Unterbodens (Permanent-Tiefhangwasser BFR)
IV. Jahreszeitlich wechselnde Durchfeuchtung des Unterbodens (Perioden-Tiefhangwasser-BFR)
C. Stauwasserbeeinflußte Bodenfeuchteregime
I. Ganzjährig starke Durchfeuchtung im Hauptwurzelraum oberhalb des Staukörpers (Permanent-Stauwasser-BFR)
II. Jahreszeitlicher Wechsel der Durchfeuchtung im Hauptwurzelraum (Perioden-Stauwasser-BFR)
III. Jahreszeitlicher Wechsel der Durchfeuchtung im Staunässeleiter (Tief-Stauwasser-BFR)
D. Sickerwasserabhängige Bodenfeuchteregime
I. Jahreszeitlich stark wechselnde Durchfeuchtung des Hauptwurzelraumes (Wechselfrisch-Sickerwasser-BFR)
II. Ganzjährig günstige Durchfeuchtung des gesamten Bodenraumes (Frisch-Sickerwasser-BFR)
III. Ganzjährig sprunghafter Wechsel der Feuchte zwischen den Horizonten bzw. Schichten (Schichten-Sickerwasser-BFR).

◁ *Abb. 16: Bodenfeuchte-Isoplethen-Diagramme ausgewählter Punkte in den Hüttener Bergen Schleswig-Holsteins 1966/77 (nach* U. TRETER *1970).*

Arbeiten zur Geomorphologie spielt der Faktor Wasser eine zentrale Rolle, speziell in Zusammenhang mit der Erosionsforschung (z. B. H. KURON, L. JUNG, und H. SCHREIBER 1956; G. RICHTER 1965).

In landschaftsökologischen Arbeiten mit hydrologischem Schwerpunkt standen, nachdem E. NEEF, G. SCHMITT und M. LAUCKNER (1961) die Bedeutung des Bodenfeuchteregimes zur Kennzeichnung des Landschaftshaushaltes erkannt hatten, Bodenfeuchtebestimmungen im weiteren Sinne lange Zeit im Vordergrund des Interesses. Im Gegensatz zu anderen Geo-/Ökofaktoren bringt die Bodenfeuchte die zeitliche Variabilitäit des Landschaftshaushaltes ganz besonders zum Ausdruck, mit dem Vorteil einer relativ leichten Erfaßbarkeit. E. NEEF, G. SCHMIDT und M. LAUCKNER benutzen ihn daher zur Kennzeichnung der *ökologischen Varianz,* d.h. die im stofflichen System des Standorts gegebene Unterschiedlichkeit des Bodenwasserhaushaltes in Abhängigkeit vom Witterungsverlauf. Diese kommt z. B. in Bodenfeuchte-lsoplethen-Diagrammen zum Ausdruck (Abb. 16). Es zeigt sich, daß die Bodenfeuchte in erster Linie von der Verteilung der Bodenarten im Bodenprofil bestimmt ist und daß eine deutliche Niederschlagsabhängigkeit besteht.

M. THOMAS-LACUKNER und G. HAASE (1967) haben eine Systematik von *Bodenfeuchteregimetypen* entwickelt, die für Mitteleuropa anwendbar sein dürfte (Tab. 3).

Für die Landschaftsökologie ist an der Bodenfeuchte der Anteil des *pflanzenverfügbaren Wassers* von besonderem Interesse, ebenso für die Land- und Forstwirtschaft, von denen die Methoden zur Bestimmung der nutzbaren Wasserkapazität auch im wesentlichen entwickelt wurden. Die im Rahmen derartiger Untersuchungen gemessenen Saugdrücke und deren zeitliche Änderung bezeichnet R. HERRMANN (1971) als ein wesentliches Glied im Wirkungsgefüge zwischen den Pflanzengesellschaften und ihrem Standort. Das gebräuchlichste Maß für diesen Saugdruck ist der pF-Wert, der log. $_{10}$ cm Wassersäule, wobei je nach Porenform und spezifischer innerer Oberfläche der Böden sich unterschiedliche pF-Werte ergeben (Abb. 17).

In dem für die zur *Wasserversorgung der Pflanzen* wichtigen Druckbereich (pF 1,8-4,2) kann der Sandboden am wenigsten Wasser halten, der größte Teil wird mit sehr geringem Druck gebunden. Ein Tonboden vermag weniger Wasser an die Pflanzen abzugeben als ein Lehmboden, da im Ton der größte Teil des Wassers sehr fest gebunden ist.

Neben diesen standortbezogenen Untersuchungen spielten unter der Zielsetzung der Quantifizierung landschaftshaushaltlicher Größen innerhalb abgegrenzter Einheiten Arbeiten zur Erfassung des Wasserhaushaltes eine immer größere Rolle. E. JORDAN (1976) konnte in einem idealtypischen Modellgebiet in der Hildesheimer Börde Pegel-, Abfluß-, Sinkstoff- und Nährstoffgehaltsmessungen durchführen und daraus flächenhaft Aussagen ableiten. Die Analyse des flächenhaft oft stark wechselnden Verhaltens des lokalen und regionalen Wasserkreislaufes ist zwar eine zentrale, aber nicht einfach zu lösende Aufgabe der Landschaftsökologie. Sie gelingt am ehesten innerhalb quasi homogener räumlicher Einheiten, innerhalb derer die den Wasserkreislauf bestimmenden meteorologischen, pedologischen, morphologischen und anderen Verhältnissen als homogen anzusehen sind.

Neben Untersuchungen zum Bodenwasserhaushalt gilt es, die Oberflächengewässer und das Grundwasser zu untersuchen, da hier die wesentlichen *Stoff- und Energietransporte* zwischen den landschaftlichen Ökosystemen untereinander ablaufen (R. Herrmann 1972; U. Streit 1973, 1975; W. Symader 1978). Aus ökosystemtheoretischer Sicht stellt R. Herrmann (1977) den Gegenstandsbereich der Wasserforschung dar.

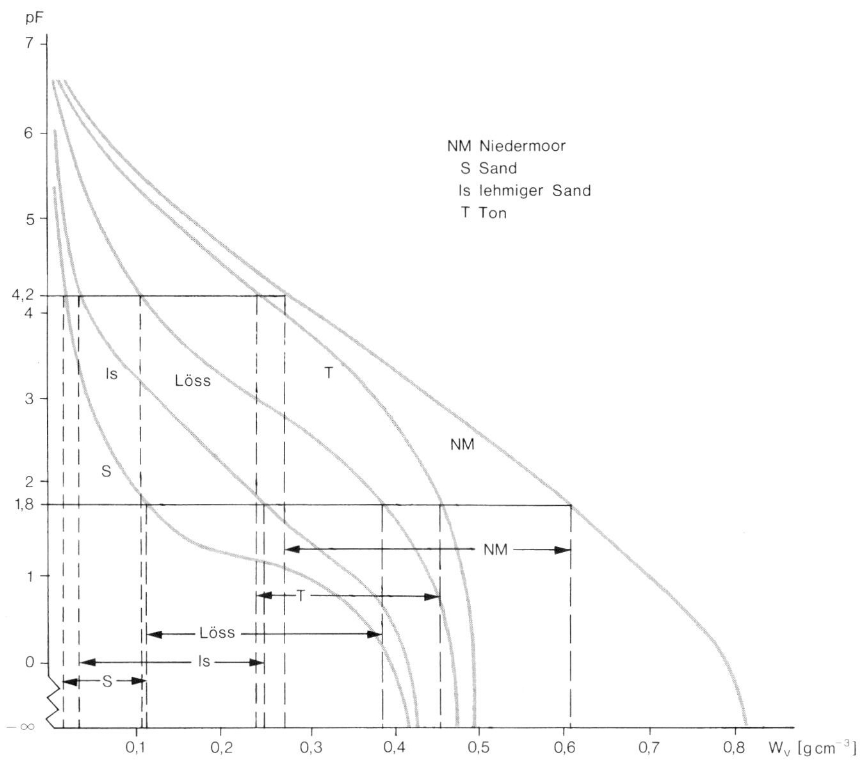

Abb. 17 pF-Kurven einiger Böden mit Darstellung des pflanzenverfügbaren Wassers (zwischen pF 1,8 und 4,2) (nach R. Herrmann *1971).*

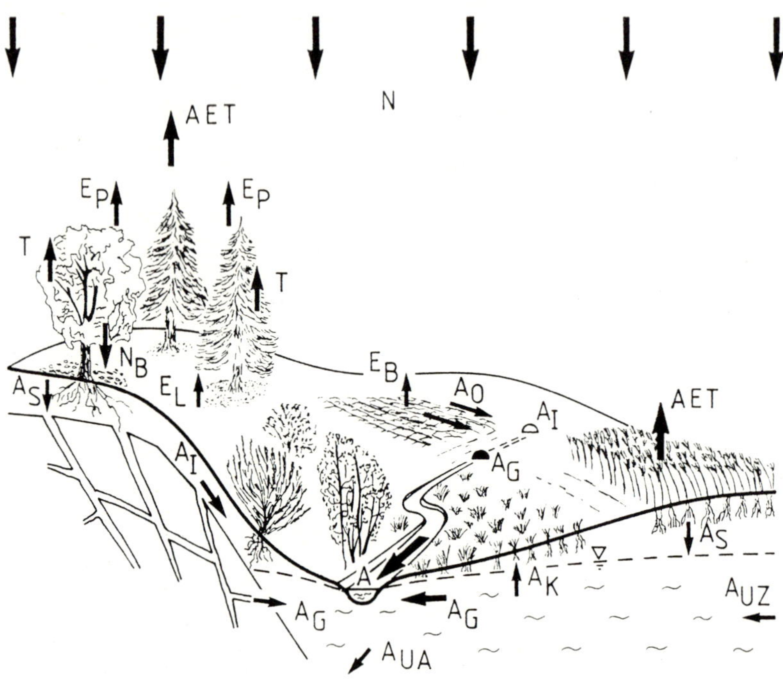

Abb. 18 Modell eines Einzugsgebietes (nach B. WOHLRAB *et al. 1992)*

Erläuterung der Abkürzungen:

Symbol	Einheit	Begriff	Erklärung
N	mm	Gebietsniederschlag, Freilandniederschlag	Niederschlagshöhe, gemittelt über ein bestimmtes Gebiet (unmittelbar über Pflanzenbestand bzw. über Boden).
N_B	mm	Bestandesniederschlag	Der Teil des Freilandniederschlags, der durch den Vegetationsbestand auf die Bodenoberfläche gelangt.
AET	mm	Aktuelle bzw. tatsächliche Verdunstung	Verdunstungshöhe von Oberflächen bei gegebenen meteorologischen Bedingungen bei standörtlich/vegetationsbezogen begrenztem Wassernachschub.
T	mm	Transpiration	Pflanzenverdunstung; teilweise biologisch gesteuerter Vorgang, bei dem Pflanzen Wasser, das sie aufgenommen haben, an die umgebende Luft abgeben.

E	mm	Evaporation	Physikalischer Vorgang, bei dem Wasserdampf an die umgebende Luft abgegeben wird, von:
Ep	mm	Pflanzeninterzeptions-evaporation	Pflanzenoberflächen,
E_L	mm	Streuinterzeptions-evaporation	Streuauflage (litter),
E_B	mm	Bodenevaporation	Mineralbodenoberflächen.
A	mm	Gebietsabfluß	Abflußhöhe; Quotient aus Abflußsumme (Wasservolumen (m^3, hm^3), das in einer bestimmten Zeitspanne abgeflossen ist) und Fläche des zugehörigen Einzugsgebietes; oberirdischer Abfluß (in Fließgewässern) und unterirdischer (über den Interflow und das Grundwasser).
A_O	mm	Oberflächenabfluß	Niederschlagswasser (ggf. Bestandesniederschlag), das nicht in den Boden einsickert (A_{S1}), sondern – außerhalb von Fließgewässern – auf der Bodenoberfläche abfließt.
A_{S1}	mm	Einsickerung, Infiltration	Niederschlagswasser, das von der Bodenoberfläche, ggf. aus der Streuschicht, in den Wurzel raum einsickert.
A_{S2}	mm	Absickerung	Sickerwasser, das aus dem Wurzelraum in die undurchwurzelte Zone absickert.
A_{S3}	mm	Zusickerung	Sickerwasser, das dem Grundwasser zusickert; Grundwasserneubildung.
A_I	mm	Zwischenabfluß, Interflowin	Wasser, das lateral im Boden und Deckschichten über dem Grundwasser abfließt.
A_G	mm	Grundwasserabfluß	Wasser, das im Grundwasserleiter abfließt (zum Vorfluter).
A_{UA}	mm	Unterirdischer Abstrom	Wasser, das unterirdisch aus dem untersuchten Einzugsgebiet abfließt.
A_{UZ}	mm	Unterirdischer Zustrom	Wasser, das dem untersuchten Einzugsgebiet, d.h. den verschiedenen Kompartimenten, unterirdisch zuströmt.
A_K	mm	Kapillarer Wasser-aufstieg	Aufwärts gerichtete Wasserbewegung von der Grundwasser- oder Stauwasseroberfläche.

Der systemare Zusammenhang zwischen dem Geofaktor Wasser und allen anderen Geofaktoren (Systemelementen) läßt sich am besten in Flußeinzugsgebieten bestimmen, da dem Niederschlag als Eingabe (input) in das hydrologische System der Abfluß und die Verdunstung als Ausgabe (output) gegenübergestellt werden müssen, wobei die Geofaktoren Gestein, Relief, Boden, Vegetation, bebaute (versiegelte) Flächen sowie Art und räumliche Anordnung aller anthropogenen Nutzungen die Verdunstung und den Abfluß beeinflussen. Die Anwendung der Systemanalyse soll dabei helfen, das Verhalten hydrologischer Systeme vorherzusagen,
wobei sich z. B. die Wasserwirtschaft für die zu erwartenden quantitativen und qualitativen Auswirkungen planerischer Maßnahmen im Rahmen ihrer Aufgabenbereiche Wassermengen- und Wassergütewirtschaft interessiert.
Die genaue Erfassung der den Gebietswasserhaushalt bestimmenden Faktoren ist noch mit erheblichen methodischen Schwierigkeiten behaftet. Da z. B. Verdunstungsmessungen auch heute noch erhebliche Meßungenauigkeiten aufweisen, wird auf die Gebietsverdunstung, z. B. eines Flußeinzugsgebietes, häufig als Resultierende geschlossen.
Kenntnisse der wesentlichen, den Landschaftswasserhaushalt steuernden Größen spielen in der Praxis in nahezu allen raumbedeutsamen Planungen und Maßnahmen eine Rolle – aus Sicht der Landeskultur haben B. Wohlrab und ehemalige Mitarbeiter (1992) ein Lehrbuch vorgelegt. Der Betrachtung und Zustandsbeurteilung des Wasserhaushaltes von Landschaften werden dort kleinere Einzugsgebiete (maximal einige km^2 Größe) nach einem Modell zugrundegelegt (s. Abb. 18).

2.3.5 Das Klima

Im Rahmen landschaftsökologischer Arbeiten stehen aus dem Geokomplex Klima das Gelände- und Mikroklima sowie das Stadtklima im Mittelpunkt des Interesses, wobei im Gegensatz zu rein klimatologischen Fragestellungen der Zusammenhang mit anderen Teilkomplexen des Landschaftshaushaltes zu analysieren ist. Derartige Zusammenhänge zwischen dem Geländeklima und anderen Komponenten des landschaftsökologischen Gesamtkomplexes bestehen zum Beispiel zu: Verwitterungsrate, Erosion, Bodenbildung, Andauer der Vegetationsperiode, Bodenwasserhaushalt, Jahresgang der Bodentemperatur u. v. a. m. Um die nur mit relativ großem apparativen und personellen Aufwand zu gewinnenden Meßdaten in landschaftsökologische Gesamtanalysen sinnvoll einfügen zu können, muß unbedingt ein enger räumlicher Bezug gefordert werden (H. Leser ²1978).
Gelände- und Mikroklima unterscheiden sich in der Dimension. Unter

Geländeklima versteht man das Klima größerer Landschaftsteile wie z. B. Täler, Hochflächen, Städte. Mikroklima meint dagegen kleinere räumliche Einheiten wie Hangbereiche, Kuppen, Tälchen, Dellen usw., wobei die Abgrenzung „nach unten" offen ist. Je nach Fragestellung und erwarteter Genauigkeit der Ergebnisse ist zu entscheiden, wie genau die räumliche Differenzierung des „Klimas der bodennahen Luftschicht" (im Sinne R. GEIGERS [4]1961) erfaßt werden soll.
Für den landschaftsökologischen Teilkomplex Klima ist festzustellen, daß sich die Landschaftsökologie hier sehr früh den vom Menschen geprägten, urban-industriellen Ökosystemen zugewandt hat, während diese Verschiebung der Interessenlage von eher naturnahen Systemen zu stark anthropogen geprägten für die übrige Landschaftsökologie erst später erfolgte. Gerade unter dem Aspekt der praktischen Verwertbarkeit landschaftsökologischer Forschungsergebnisse nimmt die Stadt- und Geländeklimatologie eine als beispielhaft zu bezeichnende Sonderstellung ein.
In Abhängigkeit von den unterschiedlichen Fragestellungen und dem jeweiligen Informationsbedarf stehen jeweils andere klimatologische Erscheinungen im Mittelpunkt des Interesses. In klassischen *landschaftsökologischen Arbeiten* werden aus der Gruppe der klimatischen Faktoren untersucht: Strahlung, Temperatur, Niederschläge, Luftfeuchtigkeit, Wind und die Luft selbst, vor allem hinsichtlich ihrer heute weitgehend anthropogen hedingten chemischen Zusammensetzung. Innerhalb pflanzenökologischer, geobotanischer, biogeographischer und vegetationsgeographischer Arbeiten haben klimatologische Untersuchungen seit langem ihren festen Platz (z. B. H. ELLENBERG [3]1982,G. SCHMIDT 1969, J. SCHMITHÜSEN [3]1968).
Einen umfassenden Überblick über Methoden und Ergebnisse von Untersuchungen über Energieumwandlungs- und -transportprozesse vermittelt immer noch das Standardwerk von R. GEIGER ([4]1961). Dort wird auch deutlich, welch apparativer Aufwand erforderlich ist. Im Rahmen des Solling-Projekts, des groß angelegten bundesdeutschen Beitrages zum Internationalen Biologischen Programm (s. H. ELLENBERG et al. 1986), ist mit einem gewaltigen technischen Aufwand und sehr verfeinerten Methoden der meteorologische Teil erforscht worden (z. B. O. KIESE 1972); ebenso in dem landschaftsökologischen Großforschungsprojekt „Naturpark Schönbuch" (s. G. EINSELE 1986). Gleichwohl bleibt festzustellen, daß Informationen zum Geländeklima häufig bei Planungen nicht zur Verfügung stehen – flächendeckende Kartierungen stehen immer noch weitgehend aus, wenngleich sich die Situation in den letzten 20 Jahren bedeutend verbessert hat. So kann z. B. dank der Tätigkeit des Kommunalverbandes Ruhrgebiet (KVR) dieser größte deutsche urban-industrielle Ballungsraum heute als klimatologisch gut erforscht angesehen werden (z. B. W. KUTTLER 1988, H.-J. KLINK 1990, KVR 1990).

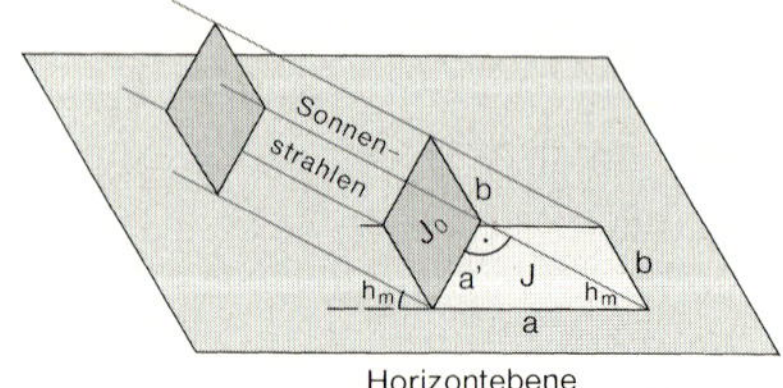

Abb. 19: Abhängigkeit der Strahlungsintensität vom Einfallswinkel (nach W. WEISCHET *1977).*

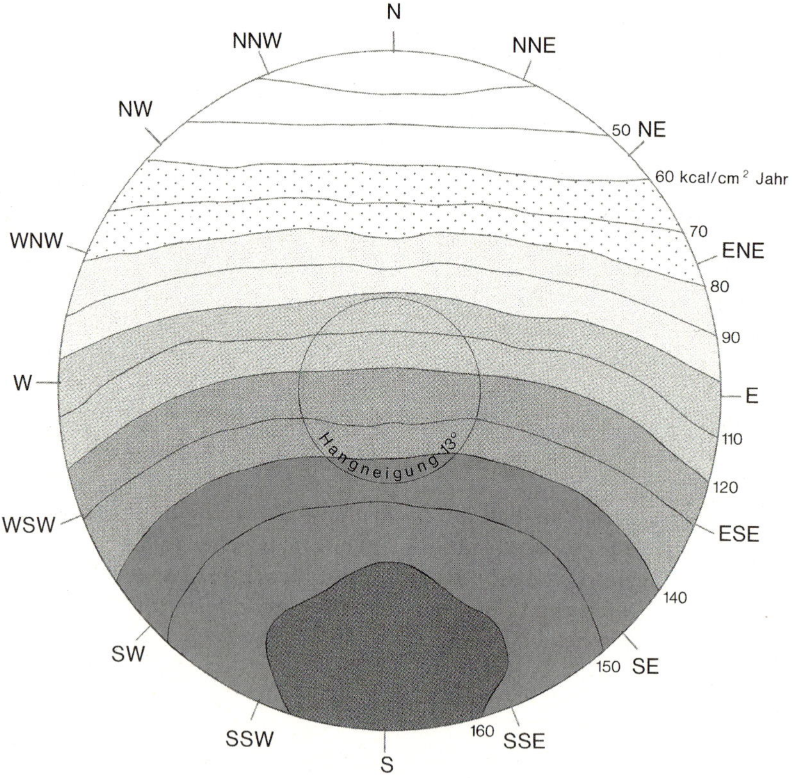

Abb. 20: Besonnung einer Kuppe im Jahresverlauf (nach K. KNOCH *1963).*

Abb. 21: Hangneigungs- und Besonnungsstufen im Bergischen Land (nach E. STIEHL *1981).* ▷

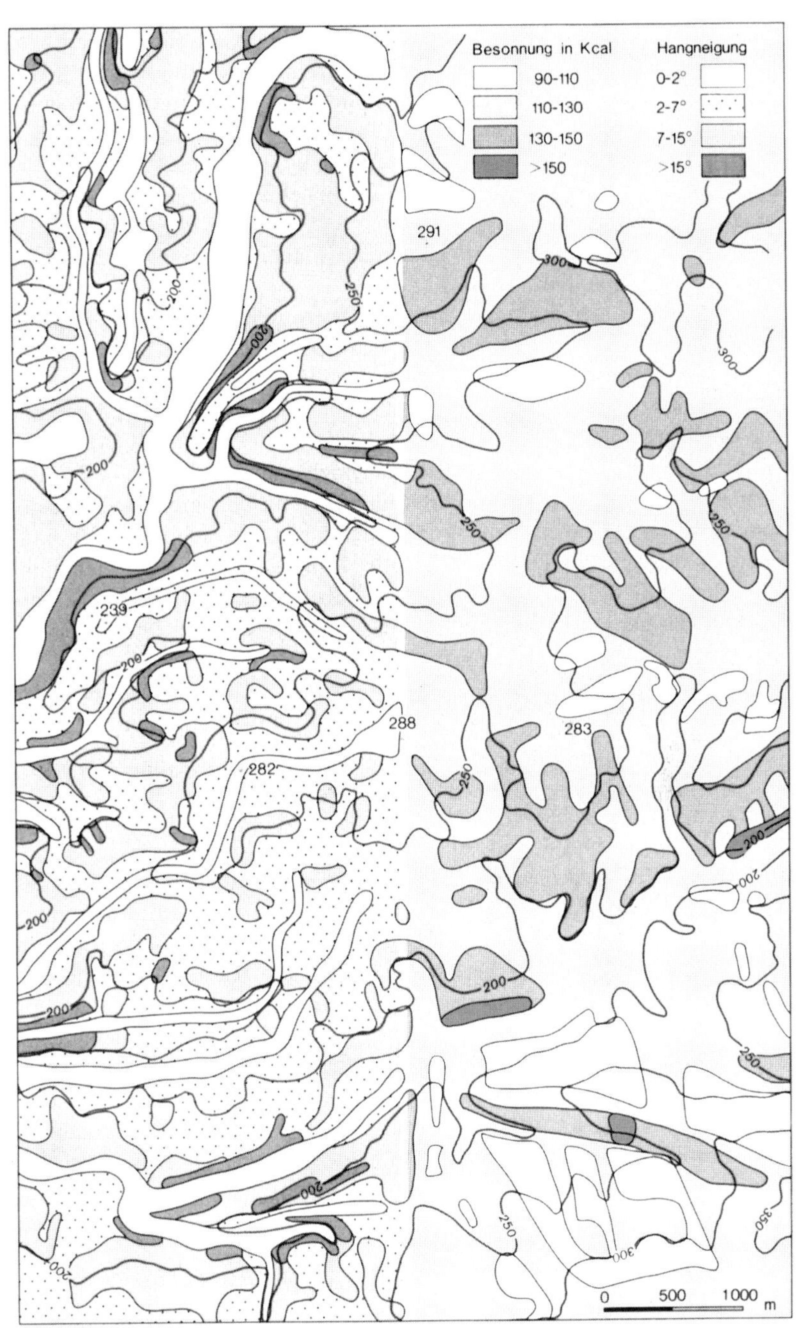

Hangneigung Besonnung

Untersuchungen zur *Stadtklimatologie* nehmen seit Jahren einen festen Platz innerhalb anwendungsorientierter, stadtökologischer Arbeiten ein (z. B. F. BECKER 1972; W. ERIKSEN 1975, 1978; F. FEZER 1976, 1981; F. FEZER und R. SEITZ 1977; M. HORBERT und A. KIRCHGEORG 1980; P. A. KRATZER ²1956; M. MIESS 1974; W. NÜBLER 1979; H. SPERBER 1976 sowie die Bibliographien von R. D. SCHMIDT 1980 und der WMO 1970a, b). Vor allem in Zusammenhang mit der Lufthygiene sind gerade in jüngster Zeit Sammelwerke und zusammenfassende Arbeiten mit explizitem Planungsbezug erschienen (VDI-Kommission 1988, W. KUTTLER 1993b, KRdL 1993, A.-B. BARLAG 1993).

Dennoch bleibt festzustellen, daß die flächenhafte Erfassung des Geländeklimas außerhalb der größeren Städte kaum erfolgt ist, eine Tatsache, die bei vielen Planungen als großer Mangel empfunden wird. Es stehen in der Regel nur die Daten des Deutschen Wetterdienstes zur Verfügung, die für konkrete planerische Fragestellungen meist zu wenig aussagekräftig sind.

K. KNOCH 1963 hat eindrucksvoll dargelegt, wie durch die Faktoren Besonnung und Luftmassenaustausch die Herausbildung lokaler Klimate gesteuert wird. Der grundlegende Faktor für die *kleinräumige Differenzierung* des Klimas ist zunächst einmal die Besonnung, die wesentlich von der Neigung und Ausrichtung einer Fläche abhängt, weshalb die Bezeichnung „Expositionsklima“ durchaus gerechtfertigt erscheint (Abb. 19).

Die Abb. 19 zeigt, daß die Strahlungsmenge pro Quadratzentimeter auf der senkrecht zu den einfallenden Sonnenstrahlen gedachten Fläche a x b der Solarkonstante Jo entspricht. Die Strahlungsmenge dieser Fläche (Jo x a x b) verteilt sich auf der Horizontebene a x b auf eine größere Fläche, d. h. pro cm^2 ist auf der Horizontebene die Strahlungsmenge geringer, ebenso die Strahlungsintensität (Strahlungsmenge pro cm^2 und min). Sonnenhöhe und Einstrahlungszeit (Tageslänge) lassen sich berechnen (z. B. W. WEISCHET 1977, S. 33 ff.) und in Diagrammen darstellen, aus denen sich dann die Strahlungssummen für beliebige Zeiträume bestimmen lassen.

Diese Zusammenhänge auf eine reale Fläche übertragen, zeigen die Abb. 20-22 beispielhaft.

Abb. 21 zeigt ausschnittsweise eine Kartierung im Rahmen einer Erholungseignungsuntersuchung für den Naturpark Bergisches Land. Ebenfalls in Zusammenhang mit dieser Fragestellung erschien eine Kartierung windoffener und kaltluftgefährdeter Gebiete (nach K. KNOCH 1963) sowie der Durchlüftung der Täler (nach E. KAPS 1955) sinnvoll (Abb. 22).

Die in Abb. 22 dargestellten Klimaelemente sind nicht nur in Zusammenhang mit der natürlichen Erholungseignung von großem Interesse, sondern auch bei vielen anderen Planungsfragen. An Standorten mit häufigem Nebel, geringer Durchlüftung oder Kaltluftgefährdung sollten möglichst keine Siedlungen entstehen bzw. falls bereits vorhanden, nicht erweitert oder gar emittierende Industrie- und Gewerbebetriebe angesiedelt werden.

Die von K. KNOCH (1963) in Anlehnung an E. KAPS (1955) für die Berechnung der Durchlüftungszahl von Tälern entwickelte Formel lautet $D = \frac{d}{d \times b} \times \frac{d}{t}$. Es bedeuten d Talweite, b Breite der Talsohle und t Taltiefe in m. Die als relative Werte zu ermittelnden Durchlüftungszahlen D schwanken zwischen 3 und 70, wobei solche > 15 bereits eine ausreichende Belüftung anzeigen. Diese einfach zu handhabende Formel erlaubt zumindest, nicht ausreichend durchlüftete Talabschnitte zu ermitteln. Aus der Sicht der Planung wäre es sehr zu begrüßen, gäbe es für den Siedlungsbereich ähnlich einfache Verfahren, die bei der Standortsuche für bodennahe Emittenten angewendet werden könnten. In Siedlungen ist aufgrund der hohen Rauhigkeit der Erdoberfläche (z. B. durch die Bebauung) die *Ventilation* im allgemeinen herabgesetzt, ohne daß in konkreten Planungsfällen bis heute eine sichere Prognose gegeben werden kann.

In der *Landwirtschaft* ist sehr früh erkannt worden, daß Kenntnisse z. B. von Kaltluftseen, Spät- und Frühfrostgebieten, Dürregebieten etc. eine wichtige Voraussetzung für einen langfristig erfolgreichen Anbau darstellen, besonders für empfindliche Sonderkulturen. Hierfür wurden beim Deutschen Wetterdienst eigene agrarmeteorologische Stationen eingerichtet (F. SCHNELLE 1950, S. UHLIG 1954).

Innerhalb des Städtebaus spielen Kenntnisse der lokalklimatischen Verhältnisse vor allem im Zusammenhang mit dem *Immissionschutz* eine große Rolle, wobei folgende Fragen zu beantworten sind:

- Wie häufig sind austauscharme Wetterlagen?
- Wo liegt die durchschnittliche Kaltluftobergrenze?
- Welche Bereiche der Stadt werden vom Umland über sog. Frischluftbahnen belüftet? a) bei bestimmten Schwachwindlagen? b) bei Windstille?
- Wie wirken sich die einströmenden Luftmassen auf die Immissionssituation aus?

Derartige Fragen sind seit Ende der sechziger Jahre intensiv im Bereich der Regionalen Planungsgemeinschaft Untermain (RPU) unter Einsatz von Thermalluftbildern untersucht worden (RPU 1970-1974). Als planerisches Ergebnis ist die Sicherung der Bereiche mit Hangabwinden am Taunus anzusehen. Ähnliche Studien liegen z. B. auch für Freiburg (Arbeitsgruppe Freiburg 1974) und für Mannheim-Ludwigshafen vor (R. SEITZ 1975, 1977).

Innerhalb des Forschungsbereiches „Stadtklima“ wird in jüngster Zeit immer stärker die Bedeutung derartiger Untersuchungen für die Stadtplanung und die Ökologie betont. Dabei wird am Beispiel Stadt exempla-

risch deutlich, daß unter ökologischem Verständnis von Stadtklimatologie recht verschiedene Dinge verstanden werden können. Bei den meisten Arbeiten geht es, sofern man sich nicht in einer bloßen Analyse bewegt, um die Bewertung klimaökologischer Fakten auf den Menschen, d. h. um eine bioklimatische Bewertung. Diese könnte man, da eindeutig auf die physischen Lebensbedingungen des Menschen bezogen, auch als eine humanökologische Bewertung bezeichnen. Wenn es gerechtfertigt ist, mit P. MÜLLER (1977b, 1992) von Schlüsselarten-Ökosystemen zu sprechen, dann mit Sicherheit bei der Stadt. In diesem Falle haben sich dann auch alle planerischen Bemühungen auf die Erforschung und Verbesserung der ökologischen Lebensbedingungen, in diesem Fall des Menschen, zu konzentrieren.
Wie bereits K. KNOCH (1963, S. 27) festgestellt hat, hängt die *Gütebeurteilung klimatischer Fakten* von den Ansprüchen ab, die an bestimmte Lagen, Standorte usw. mit ihrem speziellen Klima bzw. bestimmter Ausprägung einzelner klimatischer Parameter gestellt werden. Darüber sollte insbesondere bei der Bonitierung klimaökologischer Besonderheiten Klarheit herrschen. Eine geschützte Tallage mit im Verhältnis zur Umgehung höheren Temperaturen und höherer Luftfeuchte ist aus der Sicht des Landbaus positiv zu beurteilen, bioklimatisch mit Blick auf eine geplante Siedlung dagegen eher negativ. Erwähnt seien die Verhältnisse im Mainzer Becken oder in der südlichen Kölner Bucht.
Die Bedeutung des Partialkomplexes Klima innerhalb der Landschaftsökologie liegt nach H. LESER ([2]1978, S. 142) vor allem darin, daß er meßbar und in seiner Regelfunktion erkannt ist, wenngleich auch H. LESER sieht, daß gerade die Kennzeichnung dieser Steuerfunktion landschaftshaushaltlicher Prozesse noch vergleichsweise gering entwickelt ist. Ist man mit L. FINKE (1978a) der Meinung, daß eine ganz wesentliche Aufgabe der Landschaftsökologie in der Erforschung und flächenhaften Erfassung des räumlich-funktionalen Wirkungsgefüges der landschaftsökologischen Raumeinheiten unter- und miteinander liegt, dann kommt dem Geländeklima mit Blick auf die vertikalen und horizontalen Massen- und Energietransporte eine zentrale Bedeutung zu.
Diese Fragen führen dann auch sehr leicht in die Dimension des Regional- und Makroklimas, wie z. B. die Diskussion um das Phänomen *„Saurer Regen„* zeigt, dem ja z. T. sehr großräumige Stofftransporte im Trägermedium Luft zugrunde liegen (W. KUTTLER 1979). Aber bereits die Frage der Berücksichtigung des Klimas im Rahmen der Stadtplanung hat einen zum Teil weit außerhalb der Stadt gelegenen Bereich, in dem die

Abb. 22: Klimaelemente (nach E. STIEHL *1981), Ausschnitt aus Naturpark Bergisches Land.* ▷

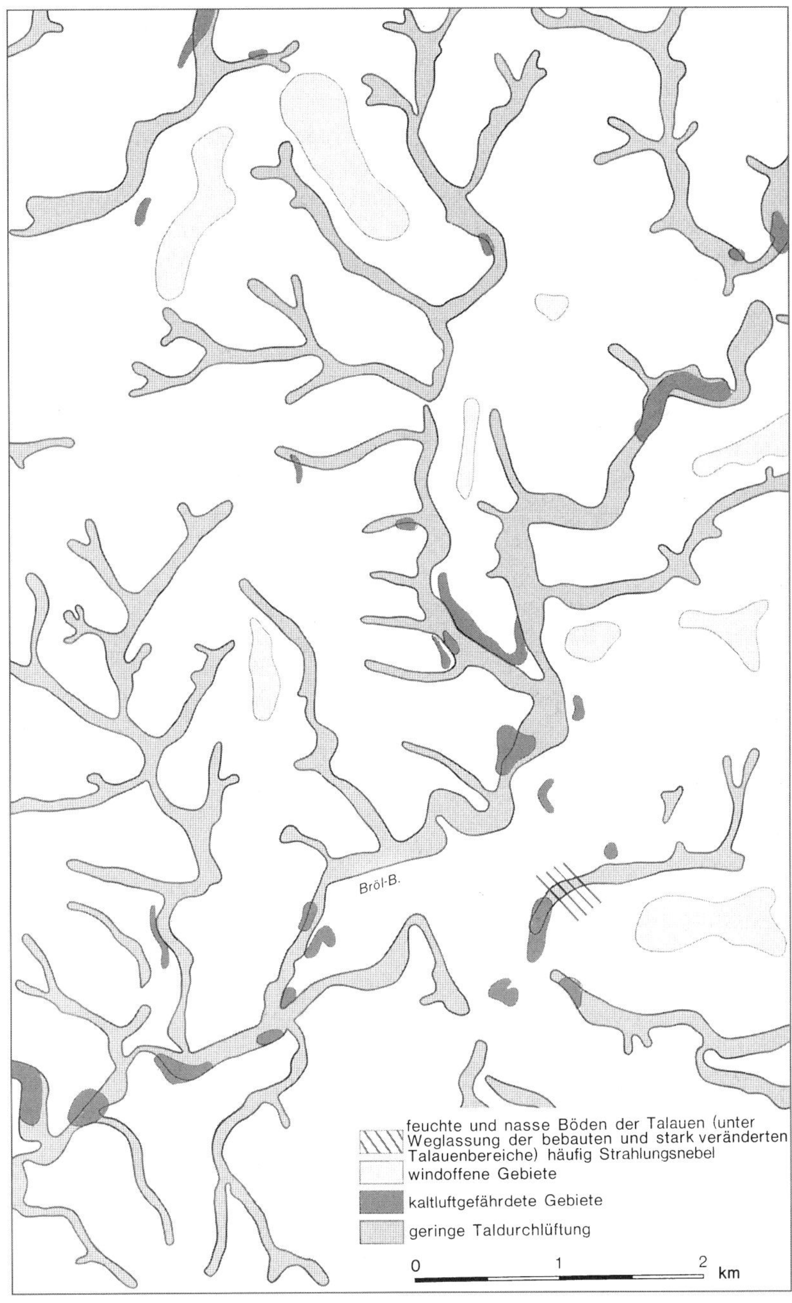
Bröl-B.
feuchte und nasse Böden der Talauen (unter Weglassung der bebauten und stark veränderten Talauenbereiche) häufig Strahlungsnebel
windoffene Gebiete
kaltluftgefährdete Gebiete
geringe Taldurchlüftung
0
1
2
km

einströmende Kaltluft erzeugt wird, zu beachten, wie die Arbeiten des INFU (1979), der RPU (1970-1974) und aus dem Freiburger Raum gezeigt haben (Arbeitsgruppe Freiburg 1974). Zur Sicherung bzw. Verbesserung der bioklimatischen Situation der Städte sind bis in das weitere Umland hinein Nutzungsverbote und -gebote erforderlich, z. B. um Kaltluftentstehungsgebiete zu sichern. Diese müßten zuvor erfaßt und bewertet werden, wobei Nutzung und Bewuchs unmittelbar die Kaltlufterzeugung beeinflussen.

Nach RPU (1972), R. GEIGER ([4]1961) und AG Freiburg (1974) lassen sich die Nutzungs- bzw. Bewuchsarten hinsichtlich ihrer Intensität der Kaltlufterzeugung folgendermaßen ordnen (Tab. 4):

Art und Ausmaß derartiger *klimaökologischer Ausgleichsleistungen* sind noch vergleichsweise wenig erforscht, in der INFU-Studie (1979) finden sich erste Ansätze einer an den Bedürfnissen der Regionalplanung orientierten Operationalisierung, den neuesten Diskussionsstand zusammenfassend KRdL (1993). N. STEIN (1979) vertritt die Meinung, daß unter ökosystemarer Betrachtungsweise der Stadt die bisher bearbeiteten Fragestellungen einer erneuten Bewertung bedürfen und fordert eine neue

Tab. 4 Intensität der Kaltlufterzeugung in Abhängigkeit von der Nutzungs-/Bewuchsart (nach RPU 1972 und R. GEIGER *1961)*

unbewachsener Boden	guter
Brachfeld	↑
Hackfrüchte	
Getreide	
trockene Wiese	Kaltluftproduzent
feuchte Wiese	↑
Schonung und Niederwald	
trockenes Moor	
Hochwald	schlechter

Schwerpunktsetzung stadtklimatologisch-ökosystemarer Forschung auf Strahlungs- und Energiehaushalt:

- Schichtungsverhältnisse in der urbanen Grenzschicht,
- städtisches Windfeld.

Die Forderung nach einer möglichst flächendeckenden, kleinräumig differenzierten Erfassung der Strahlungsströme und der -bilanz, unter Beachtung der Baukörperstruktur als den alle Vorgänge differenzierenden Faktor, hatte bereits W. WEISCHET (1969) erhoben und folgerichtig eine Baukörperklimatologie gefordert.

Die Zahl der direkt anwendungsorientierten klimaökologischen Arbeiten nimmt in jüngster Zeit stark zu (A.-B. BARLAG 1993, T. HERGERT,

T. MOSIMANN und P. TRUTE 1993, W. KUTTLER 1993b); dennoch bleibt festzustellen, daß für die tägliche Planungspraxis häufig noch elementare Grundlagen fehlen.
Angesichts der Tatsache, daß so simpel erscheinende Fragen wie die der *klimaökologischen Leistungsfähigkeit* innerstädtischer Grünflächen/Freiräume nicht hinreichend beantwortet, geschweige denn dafür sinnvolle planerische Konzepte begründet werden können, erscheinen aus der Sicht der Planungspraxis manche wissenschaftlichen Fragestellungen reichlich „abgehoben".

2.3.6 Flora und Fauna

Innerhalb der ökologischen Forschung nimmt der biotische Bereich eine zentrale Stellung ein, es bleibt daher die Frage zu klären, welche Bedeutung der Analyse dieses landschaftshaushaltlichen Teilkomplexes im Rahmen der Landschaftsökologie zukommt.
Folgt man H. LESER ([2]1978, S. 144), wonach das Hauptziel der Landschaltsökologie in der inhaltlichen Kennzeichnung und Erforschung des komplexen haushaltlichen Geschehens in den landschaftlichen Ökosystemen besteht, dann ist der Wert der Kartierung von Pflanzen- und Tiergesellschaften sicherlich zu relativieren. Derartige naturwissenschaftlich exakte Ergebnisse bezüglich einzelner Größen lassen sich mit entsprechend apparativem Aufwand zuverlässiger gewinnen. In der Biozönose eines Standortes (Biotops) liegt hingegen ein Meßinstrument vor, das besser als alle Apparaturen die biotische Standortqualität als Ergebnis des *synergistischen Zusammenwirkens* aller standortprägenden Faktoren widerspiegelt. Für den an exakt bestimmten Einzelkomponenten des Standortkomplexes Interessierten ergibt sich allerdings die Schwierigkeit, aus dem synergistischen Zeigerwert der Biozönosen, der Pflanzen- und Tiergesellschaften, auf einzelne Standortfaktoren zu schließen oder diese gar quantitativ zu kennzeichnen. Dies ist schon eher möglich für einzelne Arten, deren sog. *ökologische Valenz* durch entsprechende ökophysiologische Untersuchungen bekannt ist. Eine Gliederung z. B. der Vegetation nach ökologischen Artengruppen (im Sinne F. FUKAREKS 1964, H. ELLENBERGS [2]1979, [3]1982) stellt daher einen der wichtigsten Beiträge der Vegetationskunde für die komplexe landschaftsökologische Forschung dar. Dies gilt vor allem für anwendungsorientierte Fragen, da die Gruppierung der *„Zeigerpflanzen"* je nach interessierendem Standortfaktor erfolgen kann, z.B. nach dem Wasserhaushalt (A. KRAUSE 1978). Begreift man Landschaftsökologie als Haushaltslehre der Landschaft, dann steht unzweifelhaft fest, daß den Pflanzen und Tieren für den *Stoffhaushalt* und *Energiefluß* innerhalb der landschaftlichen Ökosysteme eine zentrale Bedeutung zukommt und daß sowohl von der Zahl als auch von der Mas-

se her die Lebewesen im Boden dabei dominieren. Gemessen an ihrer Bedeutung für den Stoff- und Energieumsatz sind vor allem die bodenbewohnenden Mikroorganismen bisher in landschaftsökologischen Arbeiten sehr stark unterrepräsentiert, so daß sich die Frage, wie weit man eigentlich noch von einer wirklich komplexen Erfassung des Landschaftshaushaltes entfernt ist, kaum beantworten läßt.
Beiträge zur Bodenbiologie lieferten z. B. L. BECK (1983); H. KUNTZE u. a. ([2]1981); M. MÜHLENBERG (1976); W. DUNGER u. H.J. FIEDLER ([2]1994), aber auch F.A. KLÖTZLI ([3]1992), D. SCHLEE ([2]1992) u.a. innerhalb ihrer Lehrbücher zu umfassenden oder speziellen ökologischen Themenkomplexen.
Es hat sich gezeigt, daß die Erhaltung der ökologischen Leistungsfähigkeit der Böden innerhalb des ökologischen Umweltschutzes eine zentrale Bedeutung bekommen hat, da die heute in den Boden gelangenden Stoffe (z. B. Dünger, Biozide, Schwermetalle, Säuren usw.) die Leistungsfähigkeit (im Sinne des biochemischen Abbaus) über direkte oder indirekte Beeinflussungen besonders der Mikroorganismen des Bodens negativ verändern. Diese Funktion der Böden als ökologischer Filter hängt weitgehend von den Bodenbiozönosen ab und ist längst nicht mehr nur innerhalb der Ballungsräume in Gefahr, sondern über die großräumige Verteilung von Schadstoffen heute ein zentrales Problem. Unter planerischen und umweltpolitischen Gesichtspunkten erscheint es daher dringend geboten, daß sich die vorwiegend biologisch arbeitenden Landschaltsökologen stärker als bisher dem Problem des Bodenschutzes zuwenden. Die Diskussion über Bodenschutzkonzepte zeigt, daß hier ein erheblicher Forschungsbedarf besteht (vgl. Der Bundesminister des Innern 1984, Bodenschutzkonzeption der Bundesregierung, H.J. FIEDLER 1990).
Im Rahmen des modernen Umweltschutzes spielen *Bioindikatoren,* d. h. Pflanzen und Tiere mit bekannter Reaktionsnorm gegenüber bestimmten Stoffen, z. B. epiphytische Flechten gegen SO_2-Belastung der Luft, eine besondere Rolle. Selbst wenn ihre ökologische Valenz noch nicht hinreichend erforscht ist, können Änderungen ihrer Vitalität, ihrer Bestandsdichte und andere Merkmale als biologisches Frühwarn-System sich ändernder Umweltbedingungen interpretiert werden, die dann langfristig auch zu einer Gefahr für den Menschen werden können (z. B. K.H. KREEB 1990, R. SCHUBERT [2]1991a, W. WENDLING 1991).

2.3.6.1 Erfassung und Bewertung von Pflanzen und -gesellschaften

Nach E. NFEF, G. SCHMIDT und M. LAUCKNER (1961) wird die Vegetation eines Landschaftsraumes als *ökologisches Hauptmerkmal* (ÖHM) bezeichnet, wobei besonders die Möglichkeit der sehr feinen räumlichen Differenzierung mit Hilfe pflanzensoziologischer Methoden hervorgehoben wird. H. DIERSCHKE (1969), C. TROLL (1966) und in recht scharfer Form K.-H. PAFFEN (1953) haben aus geographischer Sicht deutlich herausgestellt, daß die auf statistischem Wege, nach gesellschaftssystematischen Gesichtspunkten ermittelten *Pflanzengesellschaften* (Assoziationen, Verbände, Ordnungen, Klassen usw.), die nach Gesichtspunkten der floristischen Zusammensetzung, Artenbestand, Mengenanteil und Gesellschaftstreue ausgeschieden werden, nur selten einen ökologischen Raumbezug erkennen lassen. Dies wird besonders augenfällig, wenn ökologisch sehr nahestehende Pflanzengesellschaften, besonders dann, wenn sie auch noch räumlich benachbart vorkommen, in ganz verschiedene Ränge der pflanzensoziologischen Systematik eingeordnet werden.

Für die Landschaftsökologie besitzt eine nach pflanzensoziologischen Methoden erarbeitete *Vegetationskarte* dennoch aus verschiedensten Gründen hohen Wert, z. B.:

• Die Vegetation ist der beste und sichtbarste Ausdruck des Naturhaushaltes in seiner komplexen anorganischen wie biotischen Verflechtung (K -H. PAFFEN 1953).

• Die Vegetation ist Indikator des mittleren, langjährigen standörtlichen Wirkungsgefüges; dadurch wird das Problem von z. B. Extremjahren innerhalb auch mehrjähriger Meßreihen nahezu eliminiert (E. NIEMANN 1964).

Diesen *Vorteilen* stehen allerdings eine ganze Reihe nicht unerheblicher *Nachteile* gegenüber, wie z. B.:

• In der Kulturlandschaft ist der Artenbestand meistens durch anthropogene Beeinflussung mehr oder weniger stark verändert und erfordert eine entsprechende Ansprache, z. B. nach F. v. HORNSTEIN (21958) als entweder noch naturbetont (unberührt – natürlich – naturnah – bedingt naturnah) oder als kulturbetont (bedingt naturfern – naturfremd künstlich). Im Gegensatz zu W. HAFFNER (1968) bleibt daher festzustellen, daß die reale Vegetation nur dann als Indikator des standörtlichen biotischen Wuchspotentials zu deuten ist, wenn anthropogene Einflüsse nahezu auszuschließen sind.

o Es ist zwar grundsätzlich richtig, davon auszugehen, daß innerhalb eines Untersuchungsraumes gleiche Pflanzengesellschaften an verschiedenen Stellen auf ein sehr ähnliches oder gleiches Wirkungsgefüge schließen lassen. Es bleibt jedoch zu beachten, daß das biotische Wuchspotential, d. h. das Ergebnis des abiotischen Wirkungsgefüges in seiner pflanzenphysiologischen Wirksamkeit, durchaus gleich sein kann, ohne daß automatisch auch alle abiotischen Ökofaktoren gleich sein müssen.

Daher gilt, daß Vegetationskartierungen zwar sehr wichtige Hilfsmittel für die Landschaftsökologie darstellen, eine Analyse der übrigen Geofaktoren aber nicht ersetzen können (R. MARKS 1979, S. 13).

Neben abiotischen Faktoren (Standort im Sinne J. SCHMITHÜSENS

1968 und W. TRAUTMANNS 1966) bestimmen biotische Einflüsse, z. B. die Konkurrenz um Licht, Wasser und Nährstoffe, die Artenzusammensetzung. Im Gegensatz zu den abiotischen Standortfaktoren läßt sich diese nicht genau bestimmen, geschweige denn messen.

Nach diesen Ausführungen bleibt festzustellen, daß die vegetationskundlich-pflanzensoziologische Analyse *„keinen echten Zahlenersatz darstellt – von den fehlenden Kennwerten für die Haushaltsdynamik einmal ganz abgesehen“* (H. LESER [2]1978, S. 146). Es stellt sich allerdings die Frage, ob aus der Sicht der Praxis die komplexe Erfassung aller Teilkomponenten landschaftlicher Ökosysteme überhaupt immer erforderlich ist. Die Vegetation bietet zumindest den großen Vorteil, daß sie in ihrem *standörtlicher Zeigerwert* die Aggregation aller denkbaren analytischen Teilergebnisse zu einer synthetischen Gesamtaussage bereits vorgenommen hat, allerdings nur hinsichtlich des biotischen Wuchspotentials, was häufig übersehen wird (Kap. 3).

Eine Vegetationskarte läßt sich dann als *Standortkarte* lesen, wenn die Beziehungen der dargestellten Vegetationseinheiten zu ihrem Standort geklärt sind (W. TRAUTMANN 1963, S. 124).

Wie die Ergebnisse der *Sukzessionsforschung* zeigen, entwickelt sich die Vegetation, ausgehend von Pioniergesellschaften, sukzessiv zu mit den standörtlichen Verhältnissen im Einklang (Gleichgewicht) stehenden natürlichen Schlußgesellschaften. Dieses Stadium auf den heutigen Standorten entspricht der „potentiellen natürlichen Vegetation“ im Sinne R. TÜXENS (1957). Nach W. TRAUTMANN (1966, S. 17) liegt der Wert der heutigen potentiellen natürlichen Vegetation gerade darin, daß sie das heutige biotische Wuchspotential jedes Standortes bzw. jeder Standorteinheit (Physiotop) zum Ausdruck bringt. Die reale Vegetation stimmt in unseren Kulturlandschaften nur noch relativ selten mit diesen natürlichen Gesellschaften überein – in Mitteleuropa wären dies meist Waldgesellschaften – in der Regel finden sich anthropogen bedingte Ersatzgesellschaften. Letztere spielen für die Kartierung der potentiellen natürlichen Vegetation, neben z. B. Resten natürlicher Vegetation, speziell naturnaher Waldgesellschaften, Einzelgehölzen und Pflanzen der Bodenvegetation, eine wichtige Rolle (zu den Kartiermethoden W. TRAUTMANN 1966, S. 18ff.).

Die Tatsache, daß die Karten der potentiellen natürlichen Vegetation flächendeckend Waldgesellschaften darstellen, hat anfangs zu einiger Verwirrung geführt bzw. es wurde eingewandt, die Vorstellung, die menschliche Einflußnahme in der Kulturlandschaft könne aufhören, sei doch Utopie. Heute ist klar, daß diese Karten eigentlich keine Vegetationskarten sind, sondern das *biotische Wuchspotential* der heutigen Standorte in seiner räumlichen Differenzierung abbilden. Besonders in der Landespflege finden diese Karten Verwendung, wenn es darum geht, daß

ein Bestand aus möglichst standortgerechten Arten aufgebaut werden soll. Über die Frage, ob dies immer sinnvoll ist, geraten Pflanzensoziologen und Praktiker häufig aneinander, so z. B. bei der Frage des Aufbaus von Autobahnmittel- und -randstreifen im Spritzwasserbereich.
Mit der Angabe der natürlichen Waldgesellschaft nimmt der Pflanzensoziologe eine ökologische Bewertung des derzeitigen Standortpotentials vor, aber eben nur dieses biotischen Wuchspotentials. Damit ist nicht einmal eine Standortbewertung aus forstlicher und agrarischer Sicht überflüssig, ganz abgesehen von den vielen anderen Fragen der Praxis nach potentiellen Leistungen/Fähigkeiten des Landschaftshaushaltes.
Im Sinne einer flächenhaften Überwachung umweltrelevanter Parameter spielt heute die Erfassung und ständige Überwachung der Verbreitung einzelner Arten eine immer größere Rolle. Das ist deswegen erforderlich, weil die Standortanforderungen einzelner Arten und ihr Reaktionsmuster auf Änderungen im Standort selbst (z. B. durch einzelne Faktoren), aber auch auf externe, anthropogene Einflüsse (z. B. Luftschadstoffe), besser bekannt sind als die ganzer Pflanzengesellschaften. Die bisher nur von relativ wenigen Arten exakt bekannte Reaktionsnorm auf anthropogen bedingte Belastungen macht sie als Bioindikatoren verwendbar.
Die bestuntersuchte Gruppe sind die epiphytischen Flechten in ihrer Reaktion auf Luftverschmutzungen. Aber auch von einer ganzen Reihe anderer Pflanzen- und Tierarten ist über den Wert als *Bioindikator* für bestimmte Schadstoffe und andere Ökosystemeigenschaften berichtet worden (Verhandlungen der Gesellschaft für Ökologie, Bände II, III und IV, K.H. KREEB 1990, R. SCHUBERT [2]1991a u. a.). Die Bioindikatoren ermöglichen, wenn sie einmal „geeicht“ sind, ein rasches Erkennen von Veränderungen im Sinne eines *Frühwarnsystems.* Darüber hinaus gestatten sie bei minimalem Aufwand eine flächenhafte Erfassung der angezeigten Phänomene und ihrer Ursachen, was in Kombination mit punkthaften physikalisch-chemischen Komplexanalysen zu einer ganz beachtlichen Arbeitsersparnis führt. Gegenüber der physikalisch-chemischen Erfassung von Einzelkomponenten oder Komponentengruppen zeigen die Bioindikatoren auch gleich die Wirkung an, wodurch bereits erste Anhaltspunkte für eine Bewertung gegeben sind. Die Forschungsergebnisse der *Dosis-Wirkung-Beziehungen* ermöglichen zwar die Aussage, daß bestimmte physiologisch wirksame Grenzwerte erreicht oder überschritten sind, nicht aber eine exakte, quantitative Erfassung.
Für die klassische landschaftsökologische Kartierung mit dem Ziel der Erarbeitung einer ökologischen Raumgliederung besitzt die Vegetation in Form der realen, vor allem aber in Form der potentiellen natürlichen Vegetation indikatorischen Wert über den gesamten Landschaftshaushalt in Form des biotischen Wuchspotentials. Mit gewissen Einschränkungen wird von der gleichen Vegetationseinheit auch angezeigt, daß die abioti-

sche Faktorenkonstellation die gleiche ist. Damit ist die Vegetation hervorragend geeignet für die flächenhafte Kartierung, insbesondere für die Grenzziehung.
Im Rahmen angewandter Fragestellungen stehen oft auch noch andere landschaftliche Potentiale im Mittelpunkt des Interesses, dazu können häufig Bioindikatoren herangezogen werden. Den größten Wert haben Bioindikatoren heute allerdings im Rahmen der flächenhaften Erfassung und Überwachung von Umweltbelastungen, in Kombination mit apparativer Mehrfachkomponentenmessung (J. A. IZRAEL 1990, SRU 1990, UBA 1993).

2.3.6.2 Erfassung und Bewertung der Tierwelt

Das Ziel der Landschaftsökologie besteht in der Erfassung des räumlichen Verteilungsmusters der real in der Landschaft vorkommenden Ökosysteme. Die kleinsten dieser räumlichen Einheiten werden als Ökotope bezeichnet und stellen die Einheit von Biotop und zugehöriger Biozönose dar.
Beim Vergleich zwischen Flora und Fauna muß bedacht werden, daß zwischen Physiotop und Phytotop zwar eine weitgehende räumliche Kongruenz besteht (z. B. potentielle natürliche Vegetation), daß aber Tiere als Glieder von Biozönosen nicht streng an einen Biotop gebunden sind, da sie sich im Gegensatz zu den Pflanzen mehr oder weniger weit bewegen. Für einzelne Glieder einer Zoozönose gelten ganz unterschiedliche Beziehungen zwischen z. B. Brutbiotop und Nahrungsbiotopen (Abb. 23).
Gegenüber Pflanzen besitzen Tiere einen sehr viel höheren diagnostischen Wert für *landschaftsökologisch-raumfunktionale Zusammenhänge,* wenn z. B. ganz bestimmte Biotope nur zum Schlafen aufgesucht werden (z. B. von Krähen, Staren), ein bestimmtes Winterquartier benötigt wird usw.
Daraus kann gefolgert werden: Je geringer der räumliche Aktionsradius einer Tierart und je stärker die Bindung an einen ganz bestimmten Biotop ist, um so eher ist diese Art als Indikator für ein bestimmtes bioökologisches Wirkungsgefüge anzusehen. Deshalb ist längst nicht alles das, was z. B. die Biogeographie erforscht, für die Landschaftsökologie relevant, zumindest nicht in der topologischen Dimension. Arealsysteme als der zentrale Forschungsgegenstand der Biogeographie (P. MÜLLER 1980b, S. 64) sind mehr auf großräumige, globale Analysen der Raum-Zeit-Bindung einzelner Populationen angelegt. Die zentralen Fragen dabei lauten:

- Warum fehlt Art X in Raum Y?
- Warum kommt Art X in Raum Y vor?

Daraus ergeben sich sowohl Fragestellungen als auch die methodischen Ansätze der Tiergeographie (Abb. 24).

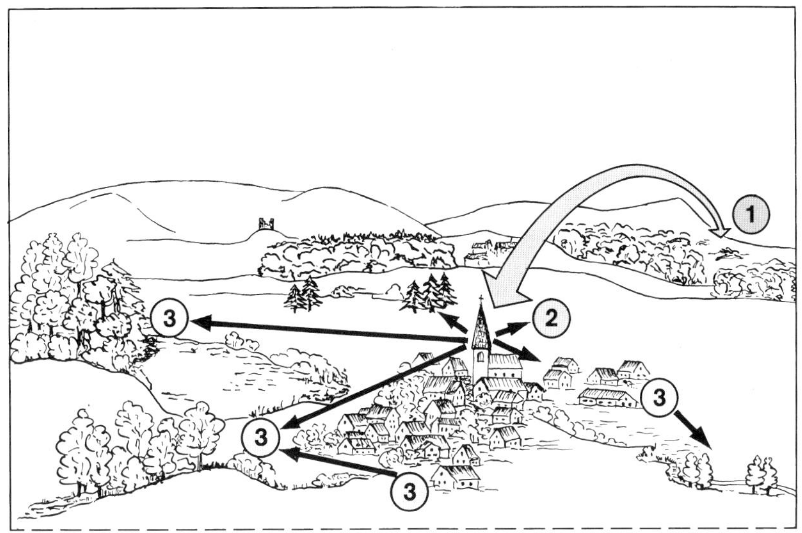

Es bedeuten: 1 = Winterquartier der Art, z.B. Felshöhlen. 2 = Wochenstube im Turm der Dorfkirche. Zwischen diesen beiden Teillebensräumen erfolgen die großen, jahreszeitlich gebundenen Überflüge (Wanderungen) im Frühjahr und im Herbst. 3 = Jagdbiotop des Wochenstubenverbandes, an das Dorf angrenzende Waldränder und Flurstücke umfassend.

Abb. 23: Modell eines Fledermausbiotops am Beispiel des Jahreslebensraumes einer Kolonie der Kleinen Hufeisennase (nach J. BLAB *1980).*

Für die inhaltliche, d.h. haushaltliche Kennzeichnung und Erfassung kleinster landschaftsökologischer Raumeinheiten vermögen Tiere nur unter den Voraussetzungen einen Beitrag zu leisten, daß ihre enge Bindung an ein bestimmtes Wirkungsgefüge aus abiotischen und biotischen Faktoren (Abb. 24) bereits bekannt ist. Die moderne *Tierökologie* ist dabei, dafür die Grundlagen zu schaffen (H. BICK 1980; H. BICK und D. NEMANN 1982; G. C. KNEITZ 1983; P. MÜLLER 1980a; B. KLAUSWITZER ^{2}1993; W.J. KLOFT und M. GRUSCHWITZ ^{2}1988).
Bis zu einer wirklich umfassenden Einbeziehung der Tierwelt in landschaftsökologische Arbeiten scheint es noch ein weiter Weg zu sein, dies gilt insbesondere hinsichtlich der tierischen Mikroorganismen (Mikrobenökologie nach E. P. ODUM 1980, S. 651 ff.). Angesichts der Bedeutung, die diese nach Zahl und Funktion für die biochemischen Stoffkreisläufe haben, steht die nach ganzheitlicher Erfassung trachtende Landschaftsökologie mit ihrem Teilbereich der Zooökologie noch fast am Anfang.
Einstweilen wird man sich daher mit der räumlichen Erfassung einzelner

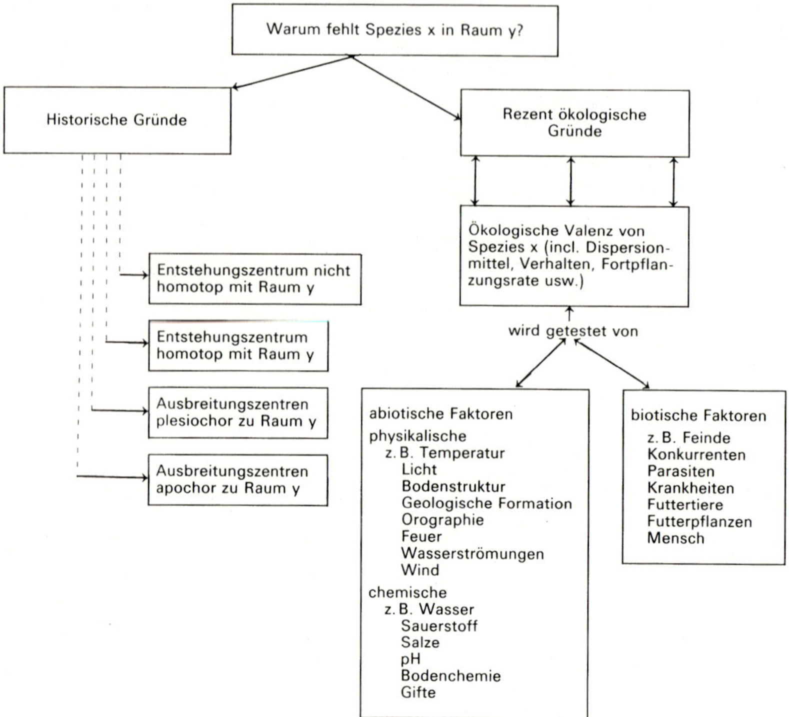

Abb. 24: Hauptfragestellungen der Biogeographie (nach P. MÜLLER 1980b).

Arten und Artengruppen begnügen müssen, die dann, sofern durch die zoologische Grundlagenforschung eine möglichst genaue Kenntnis der Valenzen bereitgestellt wird, einen Rückschluß auf die generelle Struktur und artspezifische Qualität der von ihnen besiedelten Biotope ermöglichen.

Vor allem langlebige Formen besitzen eine hohe indikatorische Aussagekraft der jeweiligen (zunächst artspezifischen) Umweltqualität. Der tierische Organismus, besonders dann, wenn er eine hohe Stufe in Nahrungsketten und -netzen einnimmt, ist als hochintegrales System anzusehen, der dadurch auch in geringsten Mengen vorkommende Fremdstoffe akkumuliert, wodurch diese visuell als Wirkung oder meßtechnisch überhaupt erst nachweisbar werden (Abb. 25).

Die Verwendung von *Tieren als Bioindikatoren* ist im Vergleich zur Verwendung von Pflanzen relativ jung, inzwischen liegen aber Erfahrungen vor. So gilt z. B. die Weinbergschnecke als Indikator für die Belastung mit Eisen, Zink und Blei oder die Anzahl der Trockenkiemen von Köcherfliegen als O_2-Indikator des Wassers. E. BEZZEL und H. RANFTL (1974) haben Vogelbestandsaufnahmen als Bioindikatoren für Landschaftsräume im Rahmen der Landschaftsplanung verwendet. D. BACKHAUS (1974) verwendet Fließwasseralgen als Bioindikatoren, A. SCHÄFER (1974) erforschte den Zusammenhang zwischen den Arealveränderungen von Mollusken- und Crustaceenpopulationen der Saar in Abhängigkeit von der Gewässerbelastung (besonders Erwärmung und Abwasserlast). P. MÜLLER u.a. (1975) verwenden die Änderung der Diversität von Biozönosen als Bewertungskriterium. Zusammenfassende Darstellungen geben u.a. R. SCHUBERT [2]1991. U. ARNDT, W. NOHL und B. SCHWEIZER [2]1993,

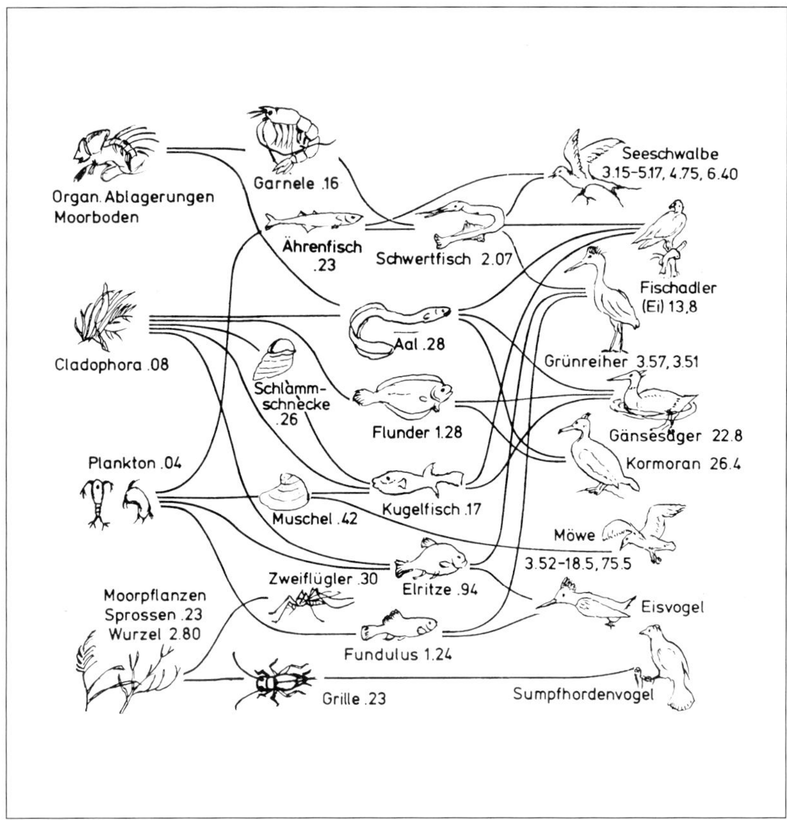

Abb. 25: Akkumulierung von Pestizidrückständen in Nahrungsketten, von Plankton mit 0,01 ppm bis zu Greifvögeln mit 70 ppm (nach KORTE, KLEIN *und* DREFAHL *1970 in* W. J. KLOFF *1978). Abdruck mit freundlicher Genehmigung des Eugen Ulmer Verlages.*

A. Kohler und U. Arndt 1992).

Soll im Rahmen landschaftsökologischer Untersuchungen der Bioindikator Tier eingesetzt werden, dann setzt dies eine möglichst genaue Kenntnis seiner *ökologischen Valenz* voraus. Diese Grundlagen hat zunächst die Zoologie mit Hilfe autökologischer Analysen zu erbringen, um die Habitatbindung einer Spezies kausal erklären zu können (D. Neumann 1974). In Anwendung dieser von der Physiologischen Ökologie („Ökophysiologie") bereitgestellten Kenntnisse über die Zusammenhänge zwischen einzelnen Organismen oder Organismengruppen und Faktoren (abiotische und/oder biotische) in deren jeweiliger Umwelt kann sich dann die Landschaftsökologie dieses biotischen Zeigerwertes bedienen. Dabei werden Tiere eher zur inhaltlichen Kennzeichnung landschaftlicher Ökosysteme zu verwenden sein. Zur Abgrenzung wird man besser auf andere Faktoren zurückgreifen.

Geht man davon aus, daß eine zentrale Aufgabe der Landschaftsökologie darin besteht, den räumlich-funktionalen Zusammenhang der einzelnen landschaftlichen Ökosysteme unter- und miteinander zu erforschen, dann dürften allerdings gerade hierzu entscheidende Beiträge von der Zooökologie zu erwarten sein.

2.3.6.3 Der Mensch als landschaftsökologischer Faktor

Wie bereits in früheren Kapiteln dargestellt, tat sich die Ökologie insgesamt schwer, den Menschen in ihre Forschung mit einzubeziehen oder gar in den Mittelpunkt zu stellen. Die Erforschung stark anthropogen geprägter Ökosysteme wie z. B. die der industriellen Ballungsräume erfolgt verstärkt erst seit etwa 15 Jahren. Inzwischen wurde zu Recht gefordert, die ökologische Forschung „auf den Menschen hin zu konzentrieren". Hier stellt sich die Frage, was der *Mensch als Ökofaktor* für die Landschaftsökologie eigentlich bedeutet und wie sie ihn zu berücksichtigen hat.

Die moderne Landschaftsökologie befaßt sich ganz zweifellos mit der Ökologie der Kulturlandschaft, d. h. das Ergebnis menschlichen Wirkens auf die Landschaft ist implizit immer enthalten. Es gehört zu den „Uralterkenntnissen" der Landschaftsökologie, daß der Mensch in der Regel sehr viel schneller und nachhaltiger als natürliche Bedingungen die physischen und biotischen Strukturen seiner Umwelt verändern kann. Die heutige Situation ist global und vor allem in Ballungsräumen dadurch gekennzeichnet, daß der Mensch seine natürliche Umwelt inzwischen derart verändert und laufend belastet, daß seine eigene Existenz gefährdet ist.

Für die Ökologie insgesamt, aber auch vor allem für die Landschaftsökologie folgt daraus, daß sie einen Beitrag zu der Frage zu leisten hat, wie

die natürlichen Lebensgrundlagen des Menschen langfristig erhalten und gesichert werden können. Dies setzt zunächst voraus, daß die Landschaftsökologie über die analytisch-beschreibenden und erklärenden Ansätze hinauskommen und *Prognosemethoden* entwickeln muß, gekoppelt mit Bewertungsmethoden, welche sich an den Bedürfnissen des Menschen auszurichten haben. Durch die Einbeziehung des Menschen in der Art, daß sich zumindest angewandte landschaftsökologische Forschung auf das Überleben des Menschen in einer ständig sich wandelnden Kulturlandschaft zu beziehen hat, gerät die Landschaftsökologie eventuell über die Grenzen einer exakten Naturwissenschaft hinaus.
Während die klassische Landschaftsökologie sich darauf beschränkte, im nachhinein die ökologischen Auswirkungen menschlichen Handelns zu analysieren und nicht zu werten, geht es heute darum, vorher Auswirkungen zu prognostizieren und auch aus der Wissenschaft heraus grundsätzliche Positionen für eine *Bewertung* zu liefern. Es muß gesagt werden, was als positiv begrüßt und gewollt und was andererseits als negativ oder gar verhängnisvoll abgelehnt wird. Der Naturschutz als eine politisch aktive Form angewandter Ökologie geht hierin heute mit gutem Beispiel voran (W. ERZ 1986).

2.4 Darstellung der Ergebnisse in Karten

Der Auffassung H. LESERS (^{2}1978, S. 179), wonach im Rahmen landschaftsökologischer Arbeiten der *räumliche Aspekt* im Vordergrund zu stehen habe, ist unbedingt zuzustimmen. Darin liegt für die Landschaftsökologie die Möglichkeit, aber auch eine Verpflichtung, ihre Daten für die räumliche Planung verwertbar aufzubereiten und darzustellen. Mit Blick auf den potentiellen Verwender geschieht dies am effektivsten in Form von Karten und landschaftsökologischen Profilen, um sowohl das horizontale Verteilungsmuster als auch die vertikale Struktur darzustellen. Den Fragen der Aufbereitung für die Praxis soll im Kap. 3 ausführlich nachgegangen werden. Hier wird zunächst ein knapper Überblick über die Entwicklung und den Stand der *landschaftsökologischen Raumgliederungen* gegeben, wie er sich vornehmlich in der Geographie als Raumwissenschaft entwickelt hat. Später wird dann (Kap. 3 und 6) aus der Sicht der räumlichen Planung dazu kritisch Stellung genommen, wobei im Sinne einer interdisziplinären Zusammenarbeit und angesichts der drängenden Umweltprobleme Forderungen an die Landschaftsökologie in Form eines Wunschkataloges aus der Sicht der Planungspraxis formuliert werden.

2.4.1 Die Naturräumliche Gliederung

Dem Gemeinschaftswerk vieler Deutscher Geographen, der Naturräumlichen Gliederung in den Maßstäben 1 : 1 000 000 und 1 : 200 000, wird heute vorgehalten, es habe die auf seiten der Praxis geweckten Erwartungen nicht erfüllt. Zur Theorie, Methodik und Geschichte der Naturräumlichen Gliederung Deutschlands sei verwiesen auf z. B. H. UHLIG (1967) und J. SCHMITHÜSEN (1953). Hier soll aus heutiger Sicht folgendes festgehalten werden: Ziel und Zweck des klassischen, in den Grundzügen bereits vor dem II. Weltkrieg begründeten Kartierungsprogramms waren zunächst rein wissenschaftsintern, nämlich für eine moderne Landeskunde Deutschlands erst eine naturräumliche, danach noch eine wirtschafts-, sozialräumliche und zentralörtliche Gliederung zu erarbeiten.

Die vielfach geäußerte Kongruenz zwischen dem *„Naturplan"* und dem *„Kulturplan"* der Landschaft, die bei bewußter Planung zu „harmonischen Landschaften" führen könnte (so K.-H. PAFFEN 1953), hat sich im Zuge der Kulturlandschaftsentwicklung immer weiter voneinander entfernt, indem der Mensch glaubte, sich durch Anwendung des technisch Möglichen immer stärker von den natürlichen „Begabungen" (Eignungen) der Teilräume unabhängig machen zu können. Nach der Theorie der Naturräumlichen Gliederung (z. B. J. SCHMITHÜSEN 1953) setzt sich der Naturraum aus kleinsten, physiogeographisch homogenen Raumeinheiten zusammen. Diese werden, sofern lediglich der abiotische Geofaktorenkomplex gemeint ist, allgemein als *Physiotop* bezeichnet (z. B. E. NEEF 1968). Sobald die zugehörige Biozönose mitgemeint ist, verwendet man in Anlehnung an C. TROLL (1939) den Begriff *Ökotop.* Zur Diskussion um die verschiedensten Begriffe wie Fliese, Zelle, Kulturökotop usw. siehe z. B. L. FINKE 1971; H. LESER [2]1978; H. UHLIG 1967.

Ein wesentlicher, schon sehr früh erkannter Nachteil der Karten der Naturräumlichen Gliederung besteht darin, daß sie lediglich die Grenzen unterschiedlichster Rangordnung abbilden und daß die Frage nach Wesen und Inhalt der ausgeschiedenen Einheiten mehr oder weniger offen bleibt (K. H. PAFFEN 1953, S. 131). Insofern ist H. UHLIG (1967) zuzustimmen, wenn er die Verwendung von Farbe für unterschiedliche Typen bei K. H. PAFFEN (1953) als einen der wichtigsten Fortschritte in der Naturräumlichen Gliederung bezeichnet. Durch G. HAASE (1964) u. a. ist dann am Beispiel Sachsens eine wesentlich in diese Richtung fortentwickelte Karte im Maßstab 1 : 200 000 vorgelegt worden, die allerdings bereits auf detaillierten landschaftsökologischen Erkundungen beruhte. Leider ist dieser Schritt, von der vorwiegenden Erfassung und Bewertung der Grenzen der naturräumlichen Einheiten zur Darstellung ihres Inhaltes (H. UHLIG 1967, S. 173) nicht konsequent weiter verfolgt worden.

Nach der Theorie der Naturräumlichen Gliederung müßte man, ausge-

hend von den kleinsten landschaftsökologisch homogenen Einheiten, zu Einheiten immer höherer Ordnungsstufe gelangen. E. NEEF (1964a) vertritt sogar die Meinung, daß erst die Ergebnisse einer auf kleinsten Testflächen erfolgten Komplexanalyse überhaupt zeigen können, was eigentlich kartiert werden soll. Die z. B. von H. MÜLLER-MINY (1962), dem lange Jahre verantwortlichen Referenten für die Naturräumliche Gliederung in der BfLR (Bundesforschungsanstalt für Landeskunde und Raumordnung), empfohlenen *deduktiven Arbeitsweise „von oben"* unter Verwendung von „Rohmaterial" der Nachbarwissenschaften betrachtet E. NEEF (1964a, S. 2) als bloße Kompilation und kommt zu folgendem Schluß:
„Tatsächlich sind die Kartierungsversuche naturräumlicher Einheiten, die vor mehreren Jahren vorgelegt worden sind (in Auswahl zusammengestellt durch J. SCHMITHÜSEN im Handbuch der Naturräumlichen Gliederung Deutschlands, 1. Lfg. 1953, S. 18-31), *morphographische Kartierungen, denen die Gedankenverbindung zugrunde liegt, daß diesen morphologischen Einheiten auch ein einheitlicher ökologischer Charakter zukomme. Das muß aber keinesfalls der Fall sein".*

Eine aus heutiger Sicht wesentliche Aussage vieler in der Naturräumlichen Gliederung engagierter Geographen bestand darin, daß behauptet wurde und auch von heutigen landschaftsökologischen Raumgliederungen teilweise noch behauptet wird, die ausgeschiedenen Einheiten beinhalteten eine bzw. *das* landschaftliche Potential. Aus der Sicht der Praxis ebenso wie aus der Sicht der heutigen Werttheorie ist unbestritten, daß es die von manchem vermutete ganzheitliche, universelle, wahre, für immer gültige und für alle Zwecke verwendbare Raumgliederung nicht gibt, sondern daß es nur *zweckbezogene* sinnvolle *räumliche Gliederungen* geben kann. Auf dieses Problem wird in den folgenden Kapiteln noch näher eingegangen. Bei der Naturräumlichen Gliederung bleibt letztlich unklar, wonach eigentlich gesucht und gegliedert werden soll, unabhängig von individuellen Eigenarten einzelner Kartierer.

Der in Kap. 2.4.3 behandelte Potentialansatz zeigt sehr deutlich, daß die Beachtung gleicher Fakten, nämlich des landschaftshaushaltlichen Geofaktorengefüges, je nach Fragestellung und Zielsetzung zu ganz unterschiedlichen Raumgliederungen führt. Nach den methodischen Grundsätzen (J. SCHMITHÜSEN 1953) steht zu vermuten, daß zwischen einer Karte der Naturräumlichen Gliederung und einer Karte der potentiellen natürlichen Vegetation eine weitgehende Identität (der Grenzen) besteht. Vergleicht man anhand vorliegender Karten beide Werke miteinander, stellt man fest, daß die Grenzen 1. bis etwa 4. Ordnung der Naturräumlichen Gliederung recht gut mit denen der Vegetationseinheiten korrelieren, daß aber die kleineren Einheiten, insbesondere die der 7. Ordnungsstufe, nur noch selten mit denen der Vegetationskarte übereinstimmen. Eine auffällige Übereinstimmung findet sich z. B. bei Blatt Minden zwischen den Grenzen der geologischen Karte 1:200000 und der Naturräumlichen Gliederung; die daraus zu ziehenden Schlüsse liegen auf der Hand (s. L. FINKE 1974c).

2.4.2 Landschaftsökologische Raumgliederungen

Die Kritik an den klassischen Karten der Naturräumlichen Gliederung führte sehr früh dazu, daß man sich in der Geographie bemühte, den vorwiegend physiognomischen und teilweise auch vegetationsgeographischen Ansatz zu erweitern um eine möglichst detaillierte *quantitative Analyse* besonders der abiotischen Geofaktorenkomplexe. Diese Arbeitsrichtung wurde vor allem in der DDR von E. NEEF und seinen Schülern entwickelt, nicht zuletzt deshalb, weil man dort sehr viel stärker einem Legitimationszwang ausgesetzt war und ist.

Voraussetzung dazu war ein geradezu radikaler Wandel in der Maßstäblichkeit der ausgewählten Untersuchungsgebiete. Je detaillierter das Vorgehen, um so kleiner wurden die Arbeitsgebiete. Dabei kommt es zunächst darauf an, an ausgewählten Örtlichkeiten den gesamten Geokomplex in seinen stofflichen, funktional-ökologischen und dynamisch-genetischen (G. HAASE 1967) Dimensionen zu erfassen, heute allgemein als *landschaftsökologische Erkundung* bezeichnet. Die spezifisch geographische Aufgabe besteht dann in der Erfassung der räumlichen Struktur des Geokomplexes, indem die als Ergebnis der landschaftsökologischen Erkundung ausgeschiedenen Landschaftshaushaltstypen in ihrer räumlichen Verbreitung kartiert werden. Dieser Arbeitsbereich knüpft an die ältere Naturräumliche Gliederung an und wird als chorologische Arbeitsweise bezeichnet (E. NEEF 1963).

Der Anspruch der Landschaftsökologie ist sehr hoch. So bezeichnet H. LESER ([2]1978, S. 163) die realen landschaftlichen Ökosysteme als den Gegenstand landschaftsökologischer Untersuchung. Angesichts der Tatsache, daß diese Aufgabe überhaupt nur interdisziplinär gelöst werden kann, wäre es geradezu vermessen, würde eine der landschaftsökologischen Teildisziplinen behaupten, sie könne diesen Bereich allein erforschen. Frühere Äußerungen in der geographischen Literatur zur Landschaftsökologie haben hier sicherlich etwas zu optimistisch formuliert (z. B. L. FINKE 1971).

Begriffe aus dieser Zeit, wie physisch-geographischer Gesamtzusammenhang, Gesamtkorrelation und Integration von Litho-, Pedo-, Hydro-, Bio- und Atmosphäre, legen Zeugnis davon ab, was als Aufgabe und als Zukunftsprogramm gesehen wurde. Da die Landschaftsökologie nie als ausschließlich geographischer Erbhof deklariert worden ist, liegt G. HARDS (1973, S. 79 ff.) Kritik am landschaftsökologischen Ansatz der Geographie letztlich neben der Sache. Die Tatsache, daß in einzelnen geographischen und auch anderen Arbeiten de facto immer nur *Teilbeiträge* zur Lösung des Gesamtproblems beigesteuert werden konnten, bestätigt dies eindeutig. Die der geographischen Tradition durchaus entsprechende, gelegentliche Verwendung „großer Worte für kleine Schritte" kann keineswegs die Sinnhaftigkeit des Aufgabenbereiches einer *„interscience" Landschaftsökologie* in Frage stellen. Zu einer realistischen Einschätzung des eigenen Tuns und einer darauf abgestellten Terminologie ist die ebenso scharfzüngige wie scharfsinnige Abhandlung G. HARDS jedoch jedem Landschaftsökologen zur Lektüre zu empfehlen.

Bis heute wichtige Merkmale der *Philosophie geographisch-landschaftsökologischer Raumgliederungen* sind zweifellos folgende, von G. HARD fast zynisch kommentierte Grundpositionen:

- Naturräumlich-landschaftsökologische Gliederungen werden von seiten der Geographie meist ohne explizit formulierte Zielsetzung, ohne erkennbaren Verwendungszweck vorgenommen. (Der Verfasser ist selbstkritisch genug, seine eigene Dissertation (L. FINKE 1971) derart einzustufen).
- Explizit formuliert oder aber implizit enthalten war den Gliederungsversuchen die Vorstellung, die Erdoberfläche nach der Totalität der abiotischen bzw. abiotischen und biotischen Merkmale zu gliedern, wobei das Ergebnis dann eine universell verwendbare, richtige, wahre Gliederung (in naturräumliche Einheiten, in Physiotope, Ökotope usw.) ergeben sollte. Aus heutiger Sicht und aus der Sicht der Praxis der räumlichen Planung bleibt festzustellen, daß eine derartige Vorgehensweise vielleicht sinnvoll sein mag aus disziplininternen Gründen (was freilich von G. HARD heftig angegriffen wird), daß aber die externe Wirkung oder gar Verwendungsmöglichkeit derartiger Gliederungen relativ gering ist, es sei denn im Rahmen einer allgemeinen landeskundlichen Beschreibung. Der Feststellung G. HARDS, daß eine räumliche Gliederung um der Gliederung willen sinnlos sei, ist aus der Sicht der Praxis nichts hinzuzufügen.

In neueren Arbeiten wird allerdings mehr und mehr deutlich gemacht, welcher Systemausschnitt genau betrachtet worden ist. Die Übernahme der *systemtheoretischen Ansätze* in die landschaftsökologische Arbeitsweise hat in diesem Sinne zu einer realitätsbezogenen Terminologie beigetragen (H. LESER 1984; H. KLUG und R. LANG 1983; K. TOBIAS 1991). Die typisch geographische Landschaftsökologie fußt bis heute insofern auf der Naturräumlichen Gliederung, als ihr häufig noch die Vorstellung zugrundeliegt, landschaftsräumliche Ordnungssysteme im Sinne A. v. HUMBOLDTS aufspüren zu können, d. h. eine Hierarchie naturräumlich-landschaftsökologischer Raumeinheiten von den kleinsten Bausteinen (Physiotope bzw. Ökotope) angefangen bis zu großräumigen Haupteinheiten (den Landschaftszonen, -gürteln und landschaftlichen Großräumen der Erde) ausscheiden zu wollen, als adäquates Abbild der Wirklichkeit.

Einen wesentlichen Beitrag zu dieser Diskussion leistete H. LAUTENSACH (1952) mit dem *Geographischen Formenwandel,* der von der Vorstellung ausging, es gäbe ein „natürliches System“, das allen Landschaftstypisierungen zugrunde zu legen sei. H. LESER ([2]1978, S. 192) hat bereits treffend festgestellt, daß die Arbeiten zur Hierarchie der Ordnungsstufen sich vor allem auf die Terminologie, weniger auf Inhalt und Methodik der Gliederungssysteme bezogen. Die klassische Naturräumliche Gliederung wird von ihm als deskriptiv und empirisch gekennzeichnet, die nicht zu einer naturwissenschaftlich begründeten Landschaftstypisierung führen könne.
Dieses Ziel soll über eine Bilanzierung der kleinsten naturräumlichen Einheiten erreichbar sein. Über die *Bilanzierung* der landschaftlichen Ökosysteme dürfte sich in Zukunft ein neuer Weg der Erdraumtypisierung eröffnen, der auch dem kleinsten „geographischen Vergleich“ neue Perspektiven eröffnet (H. LESER 1975a). Daß ein derartiger räumlicher Vergleich für zahlreiche andere Disziplinen eine Bedeutung haben soll, wie von H. LESER ([2]1978, S. 193) vermutet, wird später noch kritisch zu überprüfen sein.
Es bleibt festzustellen, daß in allen anderen Raumwissenschaften die Tatsache, daß jede Regionalisierung nur auf ein definiertes Ziel, eine Fragestellung, einen Verwendungszweck hin überhaupt erst einen Sinn gibt, längst Allgemeingut ist. Auf diese Problematik wird im folgenden noch mehrfach einzugehen sein. Da jedoch viele der heute in Nachbardisziplinen üblichen naturräumlich-landschaftsökologischen Gliederungen auf den theoretischen und praktischen Vorarbeiten geographischer Naturraumgliederungen beruhen, soll trotz der eigenen sehr kritischen Sicht dieser Bereich kurz dargestellt werden.

2.4.2.1 Dimensionsstufen landschaftsökologischer Raumeinheiten – Theorie und Arbeitsweise

In der klassischen Naturräumlichen Gliederung wurde der sog. *Weg von oben* (L. FINKE 1971) beschritten, d.h., von den naturräumlichen Haupteinheiten ausgehend, werden immer kleinere Einheiten ausgeschieden. Da eine inhaltliche Kennzeichnung der ausgeschiedenen Einheiten lediglich verbal beschreibend erfolgte, war eine nachträgliche Kontrolle der zugrundegelegten Theorie durch das praktische Kartierergebnis nicht mehr möglich. In der Praxis konnte bei genauer Nachprüfung durchaus der Fall auftreten, daß sich Physiotope bzw. Ökotope beiderseits von naturräumlichen Grenzen 1. oder 2. Ordnung ähnlicher waren als beiderseits von niederrangigeren Grenzen.
Durch die *landschaftsökologische Arbeitsweise,* vor allem durch E. NEEF

und seine Schule, ergab sich quasi von selbst, genau in entgegengesetzter Weise, d.h. *von unten* vorzugehen. Durch das Bestreben der Landschaftsökologie, den Forschungsgegenstand in Form der landschaftlichen Ökosysteme möglichst quantitativ-exakt zu erfassen, mußte man sich generell mit sehr viel kleineren Untersuchungsräumen befassen und versuchen, diese an repräsentativen Standorten durch eine möglichst umfassende Komplexanalyse (KSA) zu erfassen (Kap. 2.3). Daher kann heute festgehalten werden, daß das Schwergewicht landschaftsökologischer Arbeiten in der topologischen und chorologischen Dimension liegt (E. NEEF 1963).
Die Frage der *Hierarchie der naturräumlichen Einheiten* spielt innerhalb der Geographie eine zentrale Rolle. Für die Planungsdisziplinen als den Anwendern landschaftsökologischer Forschungsergebnisse ist die Hierarchie in der bisher diskutierten Form wenig interessant. Dort stehen die landschaftsökologisch bestimmten Nutzungspotentiale und die sog. ökologischen Nachbarschaftsbeziehungen im Mittelpunkt des Interesses, worauf noch mehrfach zurückzukommen sein wird.

2.4.2.2 Die topologische Dimension

Das Arbeiten an einzelnen Standorten und in den kleinsten räumlichen Einheiten kennzeichnet die topologische Dimension. Theorie und Methodik wurden vor allem von E. NEEF und G. HAASE entwickelt. Für diese kleinsten räumlichen Einheiten der Landschaftsökologie haben sich zwei Begriffe durchgesetzt, der des Physiotops (im Sinne von E. NEEF 1968) und der des Ökotops (im Sinne von C. TROLL 1950).
E. NEEF (1968, S. 23) definiert den *Physiotop* wie folgt: *„Der Physiotop ist die Abbildung einer landschaftsökologischen Grundeinheit mit Hilfe der auf der bisherigen Entwicklung gleiche Ausbildung zeigenden, relativ stabilen und in naturgesetzlicher Wechselwirkung verbundenen abiotischen Elemente und Komponenten. Er weist daher bestimmbare Formen des Stoffhaushalts auf; die seine ökologische Bedeutung (ökologisches Potential) bestimmen. Als homogene Grundeinheit kann er als Typus wie als Arealeinheit dargestellt werden“.*
Inhaltlich das gleiche meint J. SCHMITHÜSEN (1953, S. 16) mit seinem Begriff *Fliese,* unter der er folgendes versteht: *„Diese naturräumliche Grundeinheit ... ist der elementare Baustein der naturräumlichen Gliederung, ein topographischer Begriff mit einem bestimmten Eignungspotential, ohne Rücksicht auf seine möglicherweise sehr unterschiedliche Erscheinungsform ...“.* Die beiden Begriffe „Physiotop“ und „Fliese“ beinhalten lediglich den *abiotischen* (Gesamt)Komplex. Um auch die biotische Sphäre mit einzubeziehen, schuf C. TROLL (1950) in Anlehnung an das Ecosystem von A. G. TANSLEY (1939) und in Abwandlung des Bio-

topbegriffes der Biologen den Begriff *Ökotop.* K. H. PAFFEN (1953) verwendete im gleichen Sinne den Begriff *Landschaftszelle (s. Abb. 3).*
Entscheidend für die Entwicklung der Landschaftsökologie waren diese Begriffe insofern, als sie ein Arbeitsprogramm und die *Arbeitsmethodik* charakterisieren. Im Sinne der heutigen Systemtheorie, angewandt auf die Erforschung der inneren Struktur und Funktionsweise der Ökosysteme und ihrer Beziehungen untereinander, durch sog. *Nachbarschaftswirkungen,* war es erforderlich, dieses in der Geographie als „landschaftliches Wirkungsgefüge" bezeichnete Geflecht von Beziehungen und Abhängigkeiten meßtechnisch quantitativ-exakt zu erfassen. Dabei geht man am besten so vor, daß nach einer orientierenden Überblickskartierung Geländepunkte ausgewählt werden, an denen dann die heute im Vergleich zu früher sehr aufwendigen Apparaturen aufgebaut werden (z. B. T. MOSIMANN 1980, 1983, 1991).
Unabhängig davon, was nun im einzelnen punkthaft mit den Methoden der sog. Komplexanalyse im Sinne E. NEEFS oder T. MOSIMANNS erfaßt wird, ein ganz entscheidendes methodisches Problem besteht darin, diese punkthaft gewonnenen Daten auf die Fläche zu übertragen und den Bereich abzugrenzen, in dessen Grenzen die gewonnenen Daten Gültigkeit haben sollen. Hier spielt der Begriff der *Homogenität* eine entscheidende Rolle, den E. NEEF (1964a, S. 1) wie folgt definiert: *„Ein geographisches Areal kann dann als homogen betrachtet werden, wenn es die gleiche Struktur und das gleiche Wirkungsgefüge und deswegen einen einheitlichen Stoffhaushalt – mithin gleiche ökologische Verhaltensweisen – zeigt".*
Trotz vieler umfangreicher Ausführungen und praktischer Beispiele (z. B. E. NEEF, G. SCHMIDT und M. LAUCKNER 1961, G. HAASE 1968b, 1991, H.-J. KLINK 1966) bleibt festzustellen, daß die theoretischen Forderungen in der Praxis nur schwer einzulösen sind. Daher ist der von H. LESER (^{2}1978, 1984, ^{3}1991) vertretenen Meinung, die quantitative Kennzeichnung der Tope auch in die heterogen aufgebauten, aus den Ökotopen zusammengesetzten chorischen Einheiten übertragen zu können, weiterhin mit Skepsis zu begegnen.
Für das Arbeiten in der topologischen Dimension ist heute im Vergleich zu früher charakteristisch, daß sie stark technisiert betrieben wird, aber letztlich nur punkthaft möglich ist an Stellen, die nach der landschaftsökologischen Vorerkundung für repräsentativ befunden und festgelegt werden. An diesen repräsentativen Punkten werden von H. LESER (1983) und T. MOSIMANN (1983) Meßgärten oder Tesserae (sing. Tessera) zur *kom-*

Abb. 26: Aufbau einer Meßstation zur komplexen Standortanalyse (aus T. MOSIMANN *1983).* ▷

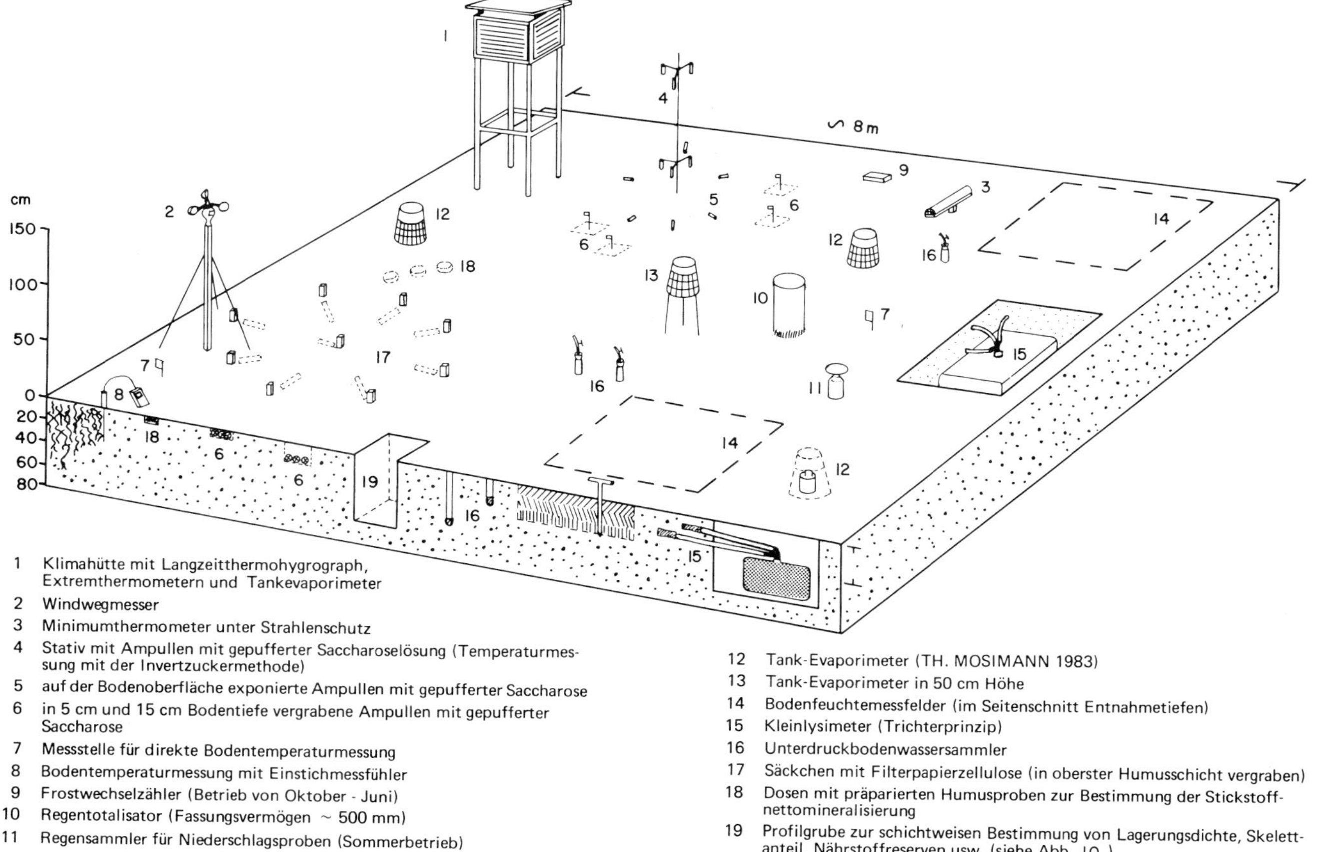

1 Klimahütte mit Langzeitthermohygrograph, Extremthermometern und Tankevaporimeter
2 Windwegmesser
3 Minimumthermometer unter Strahlenschutz
4 Stativ mit Ampullen mit gepufferter Saccharoselösung (Temperaturmessung mit der Invertzuckermethode)
5 auf der Bodenoberfläche exponierte Ampullen mit gepufferter Saccharose
6 in 5 cm und 15 cm Bodentiefe vergrabene Ampullen mit gepufferter Saccharose
7 Messstelle für direkte Bodentemperaturmessung
8 Bodentemperaturmessung mit Einstichmessfühler
9 Frostwechselzähler (Betrieb von Oktober - Juni)
10 Regentotalisator (Fassungsvermögen ~ 500 mm)
11 Regensammler für Niederschlagsproben (Sommerbetrieb)
12 Tank-Evaporimeter (TH. MOSIMANN 1983)
13 Tank-Evaporimeter in 50 cm Höhe
14 Bodenfeuchtemessfelder (im Seitenschnitt Entnahmetiefen)
15 Kleinlysimeter (Trichterprinzip)
16 Unterdruckbodenwassersammler
17 Säckchen mit Filterpapierzellulose (in oberster Humusschicht vergraben)
18 Dosen mit präparierten Humusproben zur Bestimmung der Stickstoffnettomineralisierung
19 Profilgrube zur schichtweisen Bestimmung von Lagerungsdichte, Skelettanteil, Nährstoffreserven usw. (siehe Abb. 10)

plexen Standortanalyse eingerichtet. Abb. 26 zeigt die von T. MOSIMANN (1983) an 40 Standorten eingesetzte apparative Ausstattung.
Selbst wenn man unterstellt, daß es durch mehrjährige (mindestens 2-3 Jahre) Messungen gelingt, den Funktionszusammenhang der untersuchten Ökofaktoren einschließlich ihrer Dynamik zu erfassen, stellt sich das methodisch schwierige Problem der *Extrapolation der* gewonnenen *Meßdaten* in die Fläche, in die zugehörige topische Einheit. Allein aus finanziellen, aber auch aus arbeitsökonomischen Gründen sind der Einrichtung derartiger Meßgärten Grenzen gesetzt. Die Lücke zwischen den Punkten, an denen Komplexe Standortanalysen (KSA) durchgeführt werden, müssen durch mobile Meßnetze und durch detaillierte Aufnahmen an Standortsabfolgen auszugleichen versucht werden. Ganz wesentlich für diesen Schritt der flächenhaften Kartierung der Ökotope ist immer noch der Rückgriff auf die stabilen Geoökofaktoren wie: Bodenform (Substrat- und Bodentyp), Relief und gegebenenfalls die Vegetation, d. h. auf Merkmale, die den Öko(top)-Typ zusätzlich visuell wahrnehmbar repräsentieren.
Im Sinne der *Homogenitäts-Prämisse* bedeutet dies, daß die Meßgärten mit den KSA zumindest alle Haupt-Ökosystemtypen erfassen müssen und daß dann die postulierte Homogenität aller beteiligten Ökofaktoren eine Vereinfachung erlaubt, um die räumliche Verteilung der Ökotypen in Form von Ökotopen mit nur wenigen, leicht wahrnehmbaren Kriterien zu erfassen. Hier stellt sich die Frage, ob die rein flächenhafte Erfassung der Ökotope nicht auch möglich wäre ohne die vorherige aufwendige Datenerhebung, dann allerdings unter Verzicht auf deren inhaltliche Kennzeichnung durch Maß und Zahl. Zumindest für größere Regionen oder gar ganze Länder wird überhaupt nur ein sehr stark vereinfachtes Verfahren zu realisieren sein, mit Hilfe der Vegetation ist dies rein qualitativ sehr wohl möglich. Bei Vorliegen einer Vegetationskarte oder einer modernen Bodentypenkarte können die Meßpunkte für die KSA relativ schnell und sicher ausgewählt werden, anderenfalls wird in der Regel zunächst der Boden kartiert.
Der Kernpunkt des gesamten landschaftsökologischen Arbeitens in der topologischen Dimension liegt genau an dieser Nahtstelle des Übergangs von der punkthaften KSA zu flächenbezogenen Aussagen für den Physiotop/Ökotop. Hierzu hat T. MOSIMANN (1980, 1984a, b) einen ganz wesentlichen Beitrag geleistet, indem als methodischer Kernpunkt die *Vergleichende Standortsanalyse* eingeführt wird. Durch dieses Vorgehen wird es möglich, das Verhalten einzelner Geoökofaktoren im Sinne von Systemelementen in Abhängigkeit von wechselnden Geosystemstruktur- und Lagevoraussetzungen durch vergleichende Analogieschlüsse hinreichend genau zu erklären. Wesentlich für diesen Arbeitsschritt ist der an die Ergebnisse gestellte Genauigkeitsanspruch.

T. Mosimann (1980, S. 236/37) kommt zu dem Schluß, daß für die Gesamtauswertung aller Untersuchungsergebnisse der *Standortsvergleich* weit wichtiger ist als die besonders genauen Einzelmessungen. Begründet wird dies damit, daß in der Dimension landschaftlicher Ökosysteme Kausalschlüsse nur innerhalb großer Wertegruppen gezogen werden könnten. Dieser Aussage wird jeder zustimmen müssen, der sich selbst um quantitative flächenhafte Aussagen für einzelne Ökofaktoren bemüht. Dies gilt um so mehr bei inhaltlich umfassenden Aussagen zu Ökosystemteilkomplexen. Ganz wichtig ist allerdings die „richtige" Auswahl der Standorte für die KSA, sollen die dort gewonnenen Ergebnisse repräsentativ und dem räumlichen Vergleich dienlich sein. Für den Fall, daß vom jeweiligen Untersuchungsgebiet kaum brauchbare Unterlagen vorliegen, die *landschaftsökologische Vorerkundung* quasi bei Null anfangen muß, empfiehlt T. Mosimann (1980) eine gezielte und präzise Standortswahl, selbst dann, wenn sich dadurch die Zeit für Messungen verkürzt. Hier wird der Qualität der Daten, nicht im Sinne letzter Genauigkeit, sondern im Sinne ihrer Repräsentativität und räumlichen Vergleichbarkeit eindeutig Priorität vor der Datenmenge eingeräumt.
Vor allem aus der Sicht des Anwenders landschaftsökologischer Forschungsergebnisse ist dieser Schritt der *Datenreduktion* auf möglichst wenige, aber repräsentative Daten, sehr zu begrüßen. Diese Feststellung verdient besondere Beachtung deswegen, weil heute die Bearbeitung auch großer Datenmengen durch den Einsatz von Rechnern immer einfacher wird und beliebig viele Stellen hinter dem Komma bestimmt werden können. Zuweilen scheint dabei übersehen zu werden, daß der Rechnereinsatz eine Scheingenauigkeit vortäuscht, denn dadurch läßt sich die Qualität der Eingabedaten ja nicht mehr verbessern. Manchmal drängt sich der Eindruck auf, daß es fruchtbarer gewesen wäre, mehr Zeit für die Auswahl der Meßpunkte, der Meßzeitpunkte und der Meßmethoden zu verwenden.
Theoretisch und methodisch schwierig ist die Festlegung des anzustrebenden *Genauigkeitsgrades,* der sinnvoll nur aus dem jeweiligen Untersuchungsziel und dem Verwendungszweck der Ergebnisse abzuleiten ist. Hier verwundert, daß die Vertreter der Baseler Schule (H. Leser 1975a, 1983; T. Mosimann 1983) betonen, daß die physiogeographischen Daten für die Raumplanung (z. B. Regionalplanung, Agrar-, Forst-, Landschaftsplanung) verwendbar sein sollen und daß sich aus dem dort nachgefragten Datenbedarf zum Stoffumsatz und seiner räumlichen Verbreitung die anzustrebende Genauigkeit ergäbe. In Kap. 2.2 wurde bereits erwähnt, daß zumindest die Agrar- und Forstökologie und auch der Naturschutz sehr wohl selbst in der Lage sind, ihre Daten zielgerichtet zu erheben. Auch dort wird je nach Zielsetzung und vor allem in Abhängigkeit vom späteren Planungsmaßstab mit ganz unterschiedlichen Genauigkeitsan-

sprüchen gearbeitet. In der Praxis besteht das Ziel immer darin, mit geringstmöglichem Meß- und Kartierungsaufwand ein Optimum an flächendeckender Aussage zu erreichen.

Wenn die komplexen Standort- oder Geosystemanalysen an sorgfältig ausgewählten Geländepunkten den umfassenden Charakter von *„Eichpunkten"* erfüllen sollen, um sie als Interpretationsbasis für alle Flächen mit vergleichbaren Lage- und Ausstattungsfaktoren zu verwenden (T. MOSIMANN 1980, S. 238), dann gibt es rein theoretisch zunächst keinen Grund, das Meßprogramm zu begrenzen. Durch interdisziplinäre Zusammenarbeit, wie sie z. B. im Rahmen des IBP und des MAB-Programms praktiziert wird (O. FRÄNZLE 1991), ließen sich an vielen Hochschulstandorten Untersuchungen mit „superkomplexen Meßfeldern" (H. LESER 1980a, V) realisieren. Der besondere Beitrag von Geographen in solchen Forschungsteams könnte im übrigen darin bestehen, neben eigenen Spezialmessungen den anderen Disziplinen die Augen für den erforderlichen Raumbezug ihrer Daten zu öffnen. Das Ziel, möglichst viele Meßdaten hinsichtlich ihres Beitrages zum ökosystemaren Funktionieren (vertikales Wirkungsgefüge) und gleichzeitig räumlich auszuwerten, darf nicht bedeuten, weniger genau zu messen. Je besser und je umfassender der Systemzusammenhang an repräsentativen Knotenpunkten (T. MOSIMANN 1980) durch die KSA erfaßt wird, um so sicherer können diejenigen Faktoren des Systemgefüges bestimmt und inhaltlich abgesichert werden, mit deren Hilfe die flächenhafte Kartierung durchgeführt werden soll.

In Kap. 2.3 ist hierauf bereits eingegangen worden. Wesentlich erscheint, daß sich nach T. MOSIMANN (1980) die Ausscheidung von Physiotopen auf ausgewählte Elemente aller drei Faktorengruppen (Lage-, Ausstattungs- und Prozeßfaktoren) stützen muß. Diese drei Faktorengruppen werden auch als Regler, Speicher und Prozesse des Geosystems bezeichnet (z. B. H. LESER 1980; H. KLUG und R. LANG 1983).

Hierzu haben sich bis heute die NEEFschen ÖHMs bewährt, wobei erwähnenswert scheint, daß H. LESER (1983) mit dem ÖHM Vegetation sehr hart zu Gericht geht und ihm genaugenommen diese Eigenschaft abspricht. Begründet wird dies damit, daß zwischen der (häufig anthropogen veränderten) Vegetation und physikalisch-chemischen Kenngrößen des Systems aufgrund der komplexen Reaktionsnorm bei häufig gleichzeitig großer ökologischer Varianz gegenüber Einzelgrößen kein Kausalzusammenhang herzustellen sei.

Bedenkt man, daß am Geographischen Institut Saarbrücken von P. MÜLLER und seinen Schülern die biotische Ausstattung der Räume absolut in den Mittelpunkt ihrer Arbeiten gestellt wird, dann scheinen sich hier allein innerhalb der Geographie bereits kaum überbrückbare Differenzen *im Verständnis von Landschaftsökologie* aufzutun. So deutlich wie von H. LESER (1983, 1984, [3]1991) ist bisher noch nie der Unterschied zwi-

schen *Geoökologie* und *Bioökologie* herausgestellt worden.
Es bleibt festzuhalten, daß es hierzu immer noch keine einheitliche fachinterne Meinung gibt. Nach H. LESERS (1984) Terminologie wären z. B. die ökologisch arbeitenden Geographen aus Saarbrücken (früher um J. SCHMITHÜSEN, heute um P. MÜLLER) als Bioökologen einzustufen. Ob sich die Auffassung H. LESERS (1984) durchsetzt, auch dann von Geoökologie zu sprechen, wenn man sich im Bereich rein abiotischer Systeme bewegt, bleibt abzuwarten. Zumindest W. KUTTLER (1993a) äußert sich hierzu in jüngster Zeit sehr kritisch.
Es fragt sich, ob weiterhin gelten soll, nur dann von Ökologie zu sprechen, wenn ein systemarer Zusammenhang vom Leben zu abiotischer Umwelt gemeint ist.
Wird die Biosphäre ausschließlich durch den Menschen repräsentiert, gerät die Ökologie sehr leicht in die Nähe zur Ökonomie. Verständlich wird die Auffassung H. LESERS dann, wenn man beachtet, daß für ihn der geochemische Ansatz J. A. C. FORTESCUES (1980), d. h. die Erfassung des physikalisch-chemischen Stoffumsatzes, also eine *„Geochemie der Landschaften"*, künftig zentraler Gegenstand der geoökologischen Forschung sein soll. Dann müßten aber doch wohl die Mikrolebewesen des Bodens an ganz zentraler Stelle stehen, angesichts der Bedeutung und vor allem der heutigen Gefährdung dieser Lebewesen. Dieses Verständnis von Geoökologie kündigte sich bei H. LESER (1980a, IV) bereits früher an, indem er die Erforschung von Energieumsätzen als der Bioökologie angemessen bezeichnete, wohingegen in der Geoökologie Stoffumsätze erforscht werden sollen, die sich auch besser bestimmen ließen.
Da in der Realität Stoff- und Energieumsaätze auch innerhalb rein abiotischer Systeme gar nicht voneinander zu trennen sind (z. B. beim Wasserkreislauf), stellt sich vor allem aus der Sicht der praktischen Verwertbarkeit geoökologischer Forschungsergebnisse die Frage nach der Sinnhaftigkeit derartiger Abgrenzungen. Da in der Tat nicht nur in Biosystemen ein Energieumsatz erfolgt, und innerhalb der globalen Umweltproblematik Energieprobleme zu den zentralsten Fragen überhaupt zählen, wäre eine auf Anwendbarkeit bedachte Landschaftsökologie äußerst schlecht beraten, wollte sie Energieumsätze und die biotische Raumausstattung aus ihrer Betrachtungsweise ausblenden.

2.4.2.3 Das Problem der Synthesebildung

Von den großangelegten interdisziplinären Projekten (Solling-Projekt, MAB-Projekte, BMFT-Projekte), ist bekannt, daß es bisher kaum gelungen ist, alle Einzelergebnisse zu einer Synthese zusammenzuführen. Die *Synthese* spielt in der Geographie seit langem eine zentrale Rolle – es sei nur an die Diskussion um die Synthese innerhalb der Landeskunde erinnert. E. Neef (1967c) hat hierzu ernüchternd festgestellt, daß die Methodik einer wirklich wissenschaftlichen Synthese erst noch entwickelt werden muß.

Auch innerhalb der Landschaftsökologie stellt sich die Frage, wie Einzeldaten zu einer sog. Synthese zusammengefaßt werden können. In der Naturräumlichen Gliederung war trotz der methodischen Grundsätze (J. Schmithüsen 1953) keineswegs geklärt, wie z. B. nicht deckungsgleiche Morphotope, Pedotope, Klimatope, Hydrotope, Biotope zum Physiotop bzw. Ökotop zusammengesetzt werden sollten (dazu L. Finke 1971). H. Leser (1983) äußert sich hierzu sehr kritisch, indem er der Geographie attestiert, lange Zeit von Synthese zwar gesprochen, in Wirklichkeit aber lediglich *Kompilation* betrieben zu haben. Demgegenüber erfolge nun in der Geoökologie eine echte Synthese, und zwar auf der Ebene der KSA und der Zuordnung der Daten zu den Raumeinheiten. ‚Synthese' heißt danach:

- Bestimmung des Funktionszusammenhanges der Geoökofaktoren;
- Zuordnung dieser Geoökosystemcharakterisierung auf die Fläche;
- Erfassen des räumlichen Zusammenhanges zwischen verschiedenen Ökotopen und Charakterisierung ihres Raummusters;
- Durchführung des geographisch-landschaftsökologischen Vergleichs auf quantitativer Basis und im Hinblick auf die Ökofunktion der Systeme im Raum.

Daraus wird deutlich, daß diese Art der Synthese sich in der Tat von derjenigen der klassischen Geographie unterscheidet, indem eine Synthese sowohl zum *vertikalen Geoökofaktorenkomplex* als auch die *horizontale* der Ökotope zu typischen *Ökotopmustern* angestrebt wird.

Nun läßt sich der Begriff Synthese, z. B. aus der *Sicht der Planungspraxis*, auch noch ganz anders interpretieren, nämlich in Zusammenhang mit der Bewertung einzelner Geofaktoren oder Geosystemteilkomplexe. Das, was dann als Qualität, Leistungsvermögen u. ä. des Ökosystems oder Teilkomplexen davon bewertet wird, bezeichnet man heute allgemein als „Landschaftspotentiale" (Kap. 2.4). Ein ganz hervorragender Indikator ist z. B. die Vegetation in Form der potentiellen natürlichen Vegetation, die das allgemeine biotische Wuchspotential anzeigt. In Kartierverfahren und Bewertungsmodellen z. B. der Agrarökologie wird versucht, anhand einiger Parameter, die anschließend zu einem Gesamteignungsurteil aggregiert („synthetisiert") werden, dieses für spezielle landbautechnische Fragen zu klären. Aus der Geographie haben vor allem die Arbeiten P. Müllers und seiner Schüler deutlich gemacht, welchen Zeigerwert Tiere und Pflanzen haben – gerade indem die Vegetation auf den gesamten Standortkomplex reagiert, nimmt sie dem Menschen die Mühe der Synthese unzähliger Einzeldaten ab – allerdings mit dem Nachteil, daß diese Synthese nicht nach rückwärts geführt und in Einzelbestandteile (Daten) auf-

gelöst werden kann.
Für die *Planung* gewinnen Informationen über *einzelne landschaftliche Potentiale* zunehmend an Bedeutung, wobei der Blick für das Gesamtsystem leicht verloren gehen kann; hierauf wird später noch zurückgekommen. Wenn die Ergebnisse landschaftsökologischer/geoökologischer Forschung in der Praxis Beachtung finden sollen, dann muß es möglich sein, den zunächst völlig wertneutralen hochkomplexen Landschaftshaushalt in jeweils interessierende *Teilhaushalte („Potentiale") zu* zerlegen. Für gezielte Fragestellungen ergibt sich dann auch recht eindeutig die Aggregationsvorschrift, wie die relevanten Daten zu der jeweils nachgefragten Aussage, d.h. zu einer Synthese, zusammengefaßt werden müssen. In diesem Sinne tat sich die innerhalb der Geographie betriebene Landschafts- bzw. Geoökologie lange Zeit schwer, indem ihr keine spezifische, anwendungsbezogene Fragestellung zugrunde gelegt wurde. Sie strebte sehr lange das Ziel der allumfassenden Erforschung des „Landschaftshaushaltes an sich" an. Gerade auf diesem Felde haben sich in den letzten Jahren bemerkenswerte Entwicklungen vollzogen. Vermutlich hat die breite Einführung des Diplom-Studienganges diese Hinwendung zur Praxis ebenso befördert wie die Mitarbeit inzwischen langjährig erfahrener Praktiker in den Institutionen, Gremien und Verbänden. Zunächst einmal ist die „Kartieranleitung Geoökologie" zu erwähnen, ein Gemeinschaftswerk von 14 Geographen aus Wissenschaft und Praxis (H. LESER u. H.-J. KLINK 1988). Diese Kartieranleitung dient der Vereinheitlichung für die Aufnahme der „Geoökologischen Karte 1:25000" (= KA GÖK 25), sie wurde in mehrjähriger Arbeit von dem „Arbeitskreis Geoökologische Raumgliederung und Naturraumpotential" (AK NRP) erarbeitet.
Insbesondere aus Sicht der „Anwender" landschaftsökologischer Befunde ist diesem geographisch-landschaftsökologischen Gemeinschaftswerk Respekt zu zollen, da es gelungen ist, den methodischen Stand der Erfassung des landschaftsökologischen Ist-Zustandes umfassend und auch für Außenstehende verständlich darzustellen. Der Schwerpunkt liegt eindeutig im geoökologischen Bereich, die biotische Raumausstattung läßt die Tierwelt unberücksichtigt, dafür wird der Mensch als Ökofaktor explizit behandelt. Gerade dieser letztere für die Raumentwicklungspolitik und Raumplanung so wichtige Aspekt ist inzwischen auch in anderen ökologisch arbeitenden Wissenschaften als bedeutsam erkannt worden (z.B. H.J. MÜLLER [2]1991, R. SCHUBERT [3]1991b).
Der Arbeitskreis „Geoökologie" hat – in sehr ähnlicher personeller Zusammensetzung – eine aus der KA GÖK 25 abgeleitete „Anleitung zur Bewertung des Leistungsvermögens des Landschaftshaushaltes (BAL-VL)" herausgebracht (R. MARKS et al. 1989), um speziell den Praktikern Arbeitshilfen für den Umgang mit landschaftsökologischen Daten an die Hand zu geben. Speziell durch diese erneute Gemeinschaftsarbeit zwi-

schen Praktikern und Wissenschaftlern ist es der innerhalb der Geographie betriebenen Landschaftsökologie ganz entscheidend gelungen, auf sich aufmerksam zu machen. Beide Werke – die KA GÖK 25 und die BA LVL – finden sich in planungswissenschaftlichen Veröffentlichungen und planerischen Gutachten, Expertisen etc. zunehmend zitiert.
Als „Äquivalent" für den Bereich der ehemaligen DDR läßt sich das von G. HAASE (1991) herausgegebene Werk bezeichnen, an dessen Zustandekommen insgesamt 33 Wissenschaftler mitwirkten. Neben Geographen waren daran auch Kartographen, Bodenkundler, Landwirte und Geologen beteiligt. Der entscheidende Unterschied liegt in der Maßstäblichkeit. Während die bundesdeutsche KA GÖK 25 sich auf die topologische Dimension konzentriert, geht es bei dem ostdeutschen Ansatz um die chorologische Dimension im Bereich der Maßstäbe 1:50000 bis 1:200000. Für die Planung, den entscheidenden Anwendungsbereich, stellen damit beide Werke eine sinnvolle Ergänzung dar, wobei die Methodik der geochorologischen Naturraum- und Landschaftserkundung sowie das Kartierverfahren zur „Naturraumtypen-Karte der DDR im mittleren Maßstab" besonders für die Landes- und Regionalplanung von Interesse sein dürften.

2.4.2.4 Die chorologische Dimension

In der chorologischen Dimension wird nach E. NEEF (1963) das Prinzip der strengen Homogenität der Tope (Physiotope/Ökotope) verlassen, d.h. die chorischen Einheiten zeichnen sich durch einen *geographisch heterogenen* Aufbau aus. Aus der Sicht der Nachbardisziplinen und der Praxis ist es immer schwierig zu erkennen gewesen, was eigentlich „geographisch homogen" oder „geographisch heterogen" genau meint. Insofern erscheint H. LESERS (^{2}1978, S. 220) Hinweis, daß auch den Choren oder Raumeinheiten anderer höherrangiger Dimensionen letzthin ein homogener Charakter zukommen, der aber auf einer jeweils anderen Abstraktionsstufe liege, recht hilfreich (K. HERZ 1968).
Es geht hierbei um eine typisch geographische Fragestellung, nämlich um die gefügetaxonomische *Rangordnung* landschaftsökologisch-naturräumlicher Einheiten vom Ökotop über das Ökotopgefüge bzw. die Ökotopgruppe zur Mikrochore, Mikrochorengruppe, Mesochore unterer Ordnung, höherer Ordnung usw., bis hin zur geosphärischen Dimension.
Im Sinne der sehr stark quantitativ ausgerichteten modernen Geoökologie stellt sich die für die Praxis interessante Frage, inwieweit die quantitativen Daten der topologischen Dimension in die chorologische überführt werden können. Interessant hierzu ist der Wandel im Abstand weniger Jahre. Während man noch Mitte der siebziger Jahre sehr optimistisch glaubte, die quantitativen Daten der topologischen Dimension in die

chorologische überführen zu können (z. B. H. LESER [2]1978, S. 221), wird heute die *„absolute" Quantifzierung* eines Geoökosystems als unsinnig bezeichnet (H. LESER 1983, S. 216). In der neuen Auflage seiner „Landschaftsökologie" widmet H. LESER ([3]1991) dem Problem landschaftsökologischer Daten ein eigenes Kapitel. Dort wird festgestellt, daß man „vom Idealbild einer quantitativen Ökosystemforschung weit entfernt sei" (a.a.O. S. 291), daß aber mit Blick auf die Praxis innerhalb der Landschaftsökologie sich insofern ein Wandel vollzogen habe, als heute sehr viel stärker die Datenbedürfnisse der Praxis zu problem- und aufgabenspezifischen Schwerpunktsetzungen der Forschungsvorhaben führten. Je breiter die Kenntnis über die ökosystemaren Beziehungen der Einzeldaten untereinander, desto eher wird es möglich sein, sie zu einer realitätsbezogenen Aussage über die landschaftlichen Ökosysteme zu verknüpfen.

Hier muß unbedingt zwischen der Grundlagenforschung und der eigentlichen Anwendung landschaftsökologischer Daten in der Praxis unterschieden werden. Innerhalb der umfassenden Ökosystemforschung ebenso wie im Bereich der Erforschung von Subsystemen hängt der *Genauigkeitsanspruch* vom jeweiligen Erkenntnisziel ab. Aus der Sicht der Anwender sollten alle Ökosystemtypen einer Region möglichst genau analysiert sein.

Nun liegen der ökosystemaren Forschung oft Erkenntnisziele zugrunde, die sich nicht unbedingt mit speziellen Fragestellungen der Praxis decken, so daß aus den Ergebnissen der Grundlagenforschung die Fragen der Praxis nicht unmittelbar zu beantworten sind. Dazu müssen die Daten interpretiert und auf den spezifischen Aussagegehalt reduziert werden, damit der Planer mit ihnen arbeiten kann. Die erwähnten Werke (G. HAASE 1991, KA GÖK 25 und BA LVL) werden hierzu sehr hilfreich sein können.

Geht man davon aus, daß es in absehbarer Zeit keinen „Geoökologischen Dienst" (H. LESER 1983, S. 217) geben wird, dann ist der *Praktiker* auf Methoden angewiesen, die ihm erlauben, Daten über ökosystemare Funktionszusammenhänge mit Hilfe von Analogieschlüssen auf seinen Planungsraum zu übertragen. Von daher besteht auf seiten der Praxis auch weiterhin großes Interesse an der weiteren Entwicklung von *Methoden der Extrapolation* sowohl von Daten aus gut untersuchten Repräsentativgebieten in die topologische Dimension als auch von dieser in die chorologische Dimension. Immer wieder – v. a. von H. LESER ([3]1991, 1991b) – vorgetragene Behauptungen über und gegen „die" Politiker und Planer sind wenig hilfreich. Wenn z. B. für eine Umweltverträglichkeitsprüfung lediglich 6-12 Monate zur Verfügung stehen, dann kann nur auf vorhandene Daten zurückgegriffen werden – die Planer wollen die Datenerhebung weder umgehen noch vereinfachen, sie wissen auch sehr gut, wel-

che Daten sie eigentlich benötigen – leider gibt es diese Daten in der Regel nicht. Statt hier weitere Gräben aufzuwerfen, sollte man H. LESER's ([3]1991/ S. 290) Vorschlag folgen, durch intensives Miteinander bestehende Kommunikations – und Tranformationsprobleme schleunigst abzubauen – darauf wird in Kap. 7 noch zurückgekommen.
Wichtig, innerhalb der Geographie jedoch lange Zeit zu wenig beachtet, erscheint der Hinweis G. HAASES (1967), daß es in der Landschaftsökologie keine festlegbaren Größen von Kartierungseinheiten gibt, sondern daß allein der ökologische Inhalt, d. h. die jeweils definierten Homogenitätsbedingungen, über die jeweiligen *Minimalareale* entscheiden. In der Planung war man sich immer bewußt, daß räumliche Gliederungen so vielfältig sind, wie die zugrundegelegten Fragestellungen. Dabei hat dann die gewünschte Differenzierung der räumlichen Aussage durch festgelegte Schwellenwerte zu erfolgen.
Die Bedeutung landschaftsökologischer Forschungsergebnisse in der chorologischen Dimension für die *Praxis* wird z. B. von E. NEEF (1979b) in der Tatsache gesehen, daß der Praktiker der Regional- und Landesplanung in Maßstäben zwischen 1 : 25 000 und 1 : 100 000 arbeitet, also dem der chorologischen Dimension. Hier werden Planungsmaßstab und Informationsbedarf gleichgesetzt und unterstellt, daß die Landesplanung nur sehr vage, die Regionalplanung mittelmäßig genaue und erst die Kommune zur Flächenutzungsplanung exakte Informationen über die landschaftsökologischen Verhältnisse im Plangebiet benötige.
Bereits bei der Bundesfernstraßenplanung oder der Standortplanung für Kraftwerke, industrieller Großvorhaben etc. müßten im Idealfall flächendeckende Aussagen mit der *Exaktheit* der topologischen Dimension vorliegen. Dies bestärkt die These, daß aus der Sicht der Planungspraxis Daten über den Naturhaushalt gar nicht früh genug, exakt genug und räumlich deckend vorliegen können. Ideal wären flächendeckende Aussagen in der Genauigkeit der topologischen Dimension. Zum materiellen Gehalt dieser Aussagen/Informationen s. Kap. 6.

2.4.3 Zur „Philosophie" ökologischer Raumgliederungen ohne expliziten Verwendungszweck

Obwohl in einer Vielzahl geographisch-landschaftsökologischer Arbeiten immer wieder die Bedeutung für die Praxis betont wurde, bleibt festzuhalten, daß den meisten älteren Arbeiten kein explizit formulierter *Verwendungszweck* zugrunde gelegt wurde. Wichtig erscheint die Tatsache, daß es seit Beginn des 19. Jh. in der Geographie eine Auseinandersetzung gibt zwischen Vertretern einer ganzheitlichen, wahren, universell verwendbaren Raumgliederung auf der einen und den Vertretern einer zweckbezogenen Raumgliederung auf der anderen Seite.

A. G. ISAČENKO (1965) vertritt folgende Meinung: „*Das wichtigste Prinzip der naturräumlichen Gliederung ist die Anerkennung ihres objektiven Charakters. Das System der Gliederungseinheiten ist ein Ausdruck der objektiven Gesetzlichkeiten und hängt von den Zielen und Aufgaben der Gliederung ab. Die Ziele und Aufgaben der Gliederung der Erdoberfläche können sehr verschieden sein, aber die Grenzen der Naturregionen sind nicht von dieser Tatsache abhängig*". Sinngemäß äußert sich auch E. OTREMBA (1969).

Die Gegenposition – z. B. vertreten von O. BOUSTEDT und H. RANZ (1957) – besagt, daß es unbegrenzt viele Möglichkeiten der *Bildung von Raumeinheiten* gibt, die vom verfolgten Zweck der Gliederung und der jeweiligen Konzeption abhängen. Für E. NEEF (1956) stellte sich die Suche nach der absoluten Raumgliederung bereits sehr früh als Fiktion dar, so daß es einen absoluten Landschaftsraum als für die Praxis gültige Grundlage seiner Meinung nach nicht geben kann.

Heute sollte auf der Grundlage der Werttheorie eigentlich über folgendes Einigkeit bestehen (z. B. E. BIERHALS 1980, S. 90): Jeder Raumgliederung liegt letztlich eine *Bewertung* durch ein Subjekt zugrunde, auch wenn dies nicht immer exakt definiert ist oder gar dem bewertenden Subjekt selbst nicht bewußt wird. Wenn in einer landschaftsökologischen Untersuchung Physiotope oder Ökotope voneinander abgegrenzt werden, dann doch deshalb, weil jenseits der Grenze eine andere ökologische Struktur oder Qualität erkannt wurde.

Nach den methodischen Grundsätzen der Naturräumlichen Gliederung (J. SCHMITHÜSEN 1953) war davon auszugehen, daß das sog. *Wirkungsgefüge der Geofaktoren* unter ökologischen Aspekten gesehen werden sollte, d. h. es stand letztlich die Frage des biotischen Wuchspotentials in Form der (potentiellen) natürlichen Vegetation im Raume. Daß dann in der Realität häufig nach ganz anderen, oft nicht nachvollziehbaren Kriterien gegliedert wurde, ist symptomatisch für das Fehlen eines klar definierten Zieles und eines daraus abgeleiteten Bewertungsmaßstabes. Daher stellt sich die Frage, wonach eigentlich in landschaftsökologischen Arbeiten, speziell im Bereich der Geographie, die räumliche Gliederung vorgenommen wird.

Nach H. LESER (1983) und T. MOSIMANN (1980, 1983) darf geschlossen werden, daß die geoökologische Raumgliederung zunächst einmal rein beschreibend sein soll, allerdings durch Meßdaten naturwissenschaftlich-exakt. Obwohl zur Kartierung, d. h. zur Erfassung der räumlichen Verteilung der topologischen Einheiten (Physiotope bzw Ökotope) nur bestimmte Geo(öko)faktoren verwendet werden, wird doch unterstellt, daß der funktionale Zusammenhang der Geofaktoren (Relief, Bodenwasserhaushalt, Bodenform, Mikroklima, Fauna und Flora) innerhalb der Einheiten „homogen", d. h. innerhalb geringer Schwankungsbreiten und vor allem auch hinsichtlich des zeitlichen Ganges gleich ist. Ziel ist eine Aussage darüber, wie die Geoökofaktoren nach Art und Maß korreliert sind, wie sie miteinander „funktionieren" und dadurch den jeweiligen *landschaftshaushaltlichen Zusammenhang,* kurz Landschaftshaushalt genannt, bilden.

Je nachdem, was jetzt im Einzelfall untersucht wird, ist der Landschaftshaushalt durch eine Vielzahl von Daten erfaßbar. Im Zeitalter der *Systemtheorie* und der *Systemtechnik* wird es unter Einsatz moderner Rechner wahrscheinlich bald gelingen, gut untersuchte Ökosysteme als komplexe Gesamtsysteme zu erfassen und im *Modell* prognostizieren zu können, was im Gesamtsystem abläuft, wenn einzelne Elemente oder Teilsysteme durch anthropogene Eingriffe verändert werden.

Bei der landschaftsökologischen/geoökologischen Grundlagenforschung kommen zur Erfassung *haushaltlicher Zusammenhänge* nach H. LESER (1983) dem Bodenwasser- und dem Nährstoffhaushalt zentrale Funktion zu – wahrscheinlich deswegen, weil sich über diese Teilsysteme am besten landschaftshaushaltliche Prozesse und Umsätze erfassen lassen. Derartige Untersuchungen erfolgen zunächst aus rein wissenschaftlichem Interesse heraus, sie leisten damit einen wichtigen Beitrag zur generellen Kenntnis über ökosystemare Zusammenhänge.

Im Rahmen *praktischer Fragestellungen* ist meistens gar nicht die Kenntnis des gesamten Systems Landschaftshaushalt erforderlich, es kommt auf bestimmte Teilsysteme an, die dann allerdings möglichst exakt erfaßt sein müssen, für manche Fragen auch mit hoher flächendeckender Aussageschärfe. Deshalb sollte die Landschaftsökologie die Verwendbarkeit ihrer Karten in der Praxis nicht überschätzen, sowohl was den Inhalt als auch was die flächenbezogene Schärfe der Aussagen betrifft. Bedenkt man, welche Probleme allein bei der Korrelation klimatologischer Daten mit Vegetationsanalysen auftreten (F. WILMERS 1975), dann wird verständlich, weshalb es so lange Zeit erforderte, die Vielzahl der Teiluntersuchungen des Solling-Projektes zu einer Gesamtsystembeschreibung zusammenzufassen. (H. ELLENBERRG, R. MAYER und J. SCHAUERMANN 1986). Allein aus Gründen der Praktikabilität müssen in der Praxis daher einfachere, d.h. leicht anwendbare Methoden gewählt werden. Unter diesen Aspekten sind auch das Handbuch zur KA GÖK 25 und die BA LVL kritisch zu sehen – aus folgenden Gründen:

Auf der Basis einer großmaßstäbigenAufnahme einzelner (Geo-)Ökofaktoren – dem Herzstück der Bestandsaufnahme – werden anschließend „Geoökotope" ausgeschieden. Diese werden als räumliche Repräsentanten der realen (Geo-)Ökosysteme angesehen, aus denen sich die Kulturlandschaft zusammensetzt. Laut KA GÖK 25 geht es darum, „naturwissenschaftlich begründete geographische Raumeinheiten" (a.a.O. S.227) auszuscheiden. Die einzelnen Typen (=Ökosystemtypen) werden nach

funktionalen Aspekten ausgeschieden, d. h. danach, wie der Landschaftshaushalt/Naturhaushalt des Wirkungsgeflechtes der Ökofaktoren (Subsysteme) funktioniert. Dieses Funktionieren eines Ökosystems hängt unmittelbar mit seinem strukturellen Aufbau zusammen, so daß unter natürlichen Bedingungen aus gleicher bis ähnlicher Struktur zweier Raumeinheiten auf gleiche Funktionsweise, d. h. gleichen Landschaftshaushalt geschlossen werden kann.
Eine ganz andere Sicht wäre eine räumlich-funktionale Betrachtung landschaftsökologischer Zusammenhänge, z. B. im Bereich des sogenannten klimaökologischen Ausgleichs, d. h. des funktionalen Zusammenhangs zwischen Kaltluftentstehungsgebiet, Kaltluftbahn und Wirkraum. Derartige, an die Trägermedien Luft und Wasser gebundene raumfunktionale Zusammenhänge spielen innerhalb der geographischen Geoökologie immer noch eine vergleichsweise geringe Rolle. In landschaftsökologischen Arten mit bioökologischem Schwerpunkt – z. B. im Rahmen der wissenschatlichen Begründung für Biotopverbundsysteme – stehen die an Lebewesen (v. a. Tiere) und deren Aktionsradien und Verhaltensweisen gebundenen räumlich-funktionalen Beziehungen im Zentrum des Interesses. Allerdings existiert dort auch ein explizit formulierter Verwertungszweck, dem die landschaftsökologischen Untersuchungen später dienen sollen.

2.4.4 Die landschaftsökologische „Komplexkarte"

Sobald eine naturräumliche oder landschaftsökologische Raumgliederung nicht nur einzelne Geofaktoren oder Partialkomplexe berücksichtigt, also z. B. Morphotope, Pedotope, Klimatope ausweist, handelt es sich letztlich immer um eine Komplexkarte im Sinne einer Synthesekarte. Der Nachteil derartiger *Synthesekarten* besteht darin, daß die Zusammenfassung vieler Einzeldaten zu Typen mit einem hohen Informationsverlust verbunden ist. Wenn dann im Zusammenhang mit praktischen Fragestellungen Informationen über Basisdaten Bedeutung erlangen, läßt sich die Synthesekarte als Informationsbasis deshalb kaum noch verwenden, weil auf einzelne Daten nicht mehr rückgeschlossen werden kann (hierzu L. FINKE 1974c; E. HEIDTMANN 1975).
In diesem Zusammenhang verdient auf die von E. NEEF und J. BIELER (1971) vorgestellte „Komplexkarte" besonders hingewiesen zu werden. Diese *Mikrochorenkarte* 1:200 000 stellte eine bedeutende Weiterentwicklung der üblichen Karten der Naturräumlichen Gliederung dar, und zwar von der Konzeption her. In ihr wurde erstmalig der Versuch unternommen, in einer einzigen Karte Informationen über Substrat, Wasserhaushalt, Relief und über die gesteinsbedingten sowie von den sonstigen geologischen Verhältnissen verursachten Varianten des Substrates zu

geben. Die abgebildeten Merkmale sind entweder ökologische Hauptmerkmale, zumindest aber Partialkomplexe, die bereits Auskunft über eine Vielzahl miteinander verknüpfter Eigenschaften geben.
Worauf es dabei ankommt, ist die Vorstellung, daß beim kundigen Benutzer dieser Karte über die simultane Darstellung der wichtigsten Strukturmerkmale eine Vorstellung des Ganzen auf der Grundlage einer gedanklichen Assoziation erzeugt wird, so daß zu den abgebildeten Informationen die semantischen hinzutreten, wodurch die Gesamtheit der Informationen größer ist als die der dargestellten.
Um eine derartige Karte lesen und auswerten zu können, muß unbedingt beim Anwender ein erhebliches *Vorwissen über ökologische Funktionszusammenhänge* vorhanden sein. Allerdings bietet die Karte dann den großen Vorteil, daß die abgebildeten zusammen mit evtl. zusätzlichen Informationen zu jeweils ganz spezifischen Aussagen, z.B. über Nutzungseignungen, verknüpft werden können. Auf jeden Fall besitzt die von E. NEEF und J. BIELER (1971) entwickelte Karte den großen Vorteil, z.B. gegenüber den Karten der Naturräumlichen Gliederung und denen der potentiellen natürlichen Vegetation, daß die eigentliche Synthesebildung erst beim Kartenlesen geschieht.
Im Ansatz ähnlich ist H. LESER (1971a, b) vorgegangen, indem er die ökologisch wichtigen Partialkomplexe auf einer Nebenkarte in kleinerem Maßstab darstellt. Vergleichbar aufgebaut sind auch die Karten der *potentiellen natürlichen Vegetation* 1:200 000. Als aus der Sicht der Praxis gut gelungene Art der Darstellung ist die Arbeit T. MOSIMANNS (1980) zu nennen, wo außer einer Komplexkarte im Sinne von E. NEEF und J. BIELER (1971) in Form einer Karte der Physiotope auch Karten gleichen Maßstabes über das Substrat, die Bodenform und das Mikroklima vorgelegt wurden. Wem bei einer solchen Arbeit die ausgeschiedenen Physiotope entweder nicht einleuchten oder aber seine spezielle Fragestellung eine andere Typenbildung verlangt, der kann sich diese selbst erarbeiten.
Die Grundidee der *Komplexkarte* von E. NEEF und J. BIELER (1971), alle wichtigen Grundinformationen in eine einzige Karte zu bringen, steht nach wie vor als erstrebenswert im Raum. Letzten Endes taucht dieses Prinzip wieder auf im EDV-gestützten Geographischen Informationssystem (GIS), im Umweltinformationssystem (UIS) o.ä., wobei sich dann noch zusätzlich die Möglichkeit anbietet, die Daten nicht nur einzeln oder in bestimmten Kombinationen z.B. ausdrucken zu lassen, sondern sie vom Rechner bei Bedarf auch durch vorzugebende Aggregationsvorschriften aggregieren lassen.

2.4.5 Der Potentialansatz – Karten der Naturraumpotentiale

Einen ganz anderen Typ von landschaftsökologischen Karten stellen die

sog. *Potentialkarten dar,* d. h. Karten einzelner Naturraumpotentiale.
Für E. BIERHALS (1980, S. 91) sind aus der Sicht der Landschaftsplanung derartige Naturraumpotentialkarten überhaupt erst *„ökologische Raumgliederungen"*, er will diesen Begriff nur für solche Gliederungen der Landschaft gelten lassen, *„die mit dem Ziel einer Wertung der einzelnen Raumeinheiten für Nutzungsansprüche der Gesellschaft durchgeführt wurden"*, d. h. lediglich für Gliederungen, die im Sinne A. BECHMANNS (1977) *„die Beurteilung der Natur im Hinblick auf die Aneignung und Nutzung eben dieser Natur durch die Gesellschaft zum Inhalt haben"*. Rein fachwissenschaftliche Klassifikationen mit rein naturwissenschaftlicher Zielsetzung werden nicht darunter gezählt. Erst dann, wenn die Kartierung etwas aussagt über den räumlich differenzierten Wert der Umwelt für die jeweilige Organismengruppe (Pflanze, Tier oder Mensch), spricht E. BIERHALS von einer „ökologischen Raumgliederung".
Einerseits werden durch diese Definition die meisten physiogeographischen Raumgliederungen ausgegrenzt, aber auch z. B. rein bodengenetische, geologische usw. – andererseits wird eine Wechselwirkung zwischen Leben und Umwelt ausdrücklich gefordert. Dabei spielt allerdings die Organismengruppe „Mensch" im Gegensatz zum klassischen Ökologieverständnis der Biologie, das auch von vielen Landschaftsökologen vertreten wird (Kap. 1), eine herausragende Rolle. Demgegenüber ist seit langem in den Arbeiten H. LESERS (1983) und seines langjährigen Mitarbeiters T. MOSIMANN (1983) in dem dort verwendeten Begriff „Geoökologie" diese Grundbedingung einer Beziehung zwischen abiotischer Umwelt und Biosphäre nicht mehr unbedingte Voraussetzung.
Durchaus nicht unproblematisch hinsichtlich der Verwendbarkeit komplexer *physiogeographischer Raumgliederungen* in der Praxis ist die von E. BIERHALS (1980) in Anlehnung an W. ALONSO (1969) vertretene Meinung, daß zur Kartierung der Naturraumpotentiale möglichst solche Kriterien/Variablen/Geofaktoren herangezogen werden sollten, die nicht miteinander korrelieren. Damit verlören aus der Sicht der Praxis komplexe Kriterien wie Bodenform, potentielle natürliche Vegetation usw., d. h. die gesamte Theorie der ökologischen Hauptmerkmale, ihren Sinn. Diese Frage erscheint jedoch noch längst nicht ausdiskutiert, da folgendes zu beachten ist:

- Ökosysteme insgesamt, aber auch ökologische Teilsysteme, durch die ja auch einzelne Nutzungs- bzw. Eignungspotentiale bestimmt sind, zeichnen sich ja gerade dadurch aus, daß alle beteiligten Faktoren systemar zusammenhängen, d.h. es wäre eine schlichtweg unrichtige Annahme, zu glauben, man könne überhaupt voneinander unabhängige Ökofaktoren erfassen.
- In nahezu allen in diesem Zusammenhang seit Jahren üblichen Bewertungsverfahren kommen nutzwertanalytische Bewertungsmethoden zur

Anwendung. Nach der Theorie der Nutzwertanalyse (C. ZANGENMEISTER 1971; A. BECHMANN 1978) wird Kriterienunabhängigkeit gefordert, um nicht durch einzelne Kriterien letztlich die gleiche Eigenschaft mehrfach zu erfassen und zu bewerten.

Hier muß die Frage gestellt werden, ob denn die Nutzwertanalyse dann überhaupt eine geeignete Bewertungsmethode für ökologische Potentialbewertungen darstellt.

In Anlehnung an E. NEEF (1966), K. D. JÄGER und K. HRABOWSKI (1976), E. BIERHALS (1978, 1980), G. HAASE (1978, 1991), K. MANNSFELD (1978, 1979, 1990), D. GRAF (1980), J. D. BECKER-PLATEN und G. LÜTTIG (1980), K.-F. SCHREIBER (1980a), L. FINKE (1984a), ARL (1990) u. a. lassen sich z. B. folgende Potentiale benennen, die zu kartieren sehr sinnvoll wäre:

(1) Naturschutzpotential/biotisches Regenerationspotential. Hierunter sind Flächen und Einzelobjekte zu verstehen, die nach den Zielen z. B. des Bundesnaturschutzgesetzes, entsprechender Ländergesetze oder auch nach internationalen Standards als schutzwürdig bzw. wertvoll einzustufen sind. Hierzu gehören der *Arten- und Biotopschutz,* aber auch der Schutz von Erscheinungen im abiotischen Bereich, wie z. B. *geologische, geomorphologische und bodenkundliche Besonderheiten.* Die Erfassung erfolgt ziel- und zweckgerichtet, dadurch ist die Voraussetzung einer Bewertung gegehen. Nach § 13(1) BNatSchG erfolgt der Schutz aus wissenschaftlichen, naturgeschichtlichen oder landeskundlichen Gründen oder wegen der Seltenheit, besonderen Eigenart oder hervorragenden Schönheit der Fläche/des Objektes. Insgesamt hat dieser Schutz gemäß § 1(1) BNatSchG zum Ziel: die Leistungsfähigkeit des Naturhaushalts, die Nutzungsfähigkeit der Naturgüter, die Pflanzen und Tierwelt sowie die Vielfalt, Eigenart und Schönheit von Natur und Landschaft als Lebensgrundlagen des Menschen und als Voraussetzung für seine Erholung in Natur und Landschaft nachhaltig zu sichern. Besonders das *„Prinzip der Nachhaltigkeit"* erfordert, möglichst wenig Flächen irreversibel zu schädigen und auch solche Flächen unter Schutz zu stellen, die anthropogen entstanden sind (Naturschutzgebiet aus Menschenhand) und die bei extensiver oder Nichtnutzung sich zu einem schutzwürdigen Gebiet entwickeln können.

Als das größte und berühmteste Beispiel in Deutschland ist hier die unter Naturschutz gestellte Lüneburger Heide zu nennen. Die früher viel ausgedehnteren Heideflächen sind Reste eines durch anthropogene Nutzung entstandenen Landschaftstyps, d. h. hier wird eine historische Form der Landnutzung durch Pflegemaßnahmen künstlich erhalten.

(2) Rohstoffpotential. Darunter sind *oberflächennahe mineralische Rohstoffe* zu verstehen, die a) wirtschaftlich nutzbar und b) im Tagebau zu gewinnen sind. Die bergmännische Gewinnung tiefliegender Rohstoffe

durch Schächte, Stollen, Sohlbohrung usw. ist nur dann von Bedeutung, wenn ihre Gewinnung mit Beeinträchtigungen anderer Potentiale oder Nutzungen verbunden ist, wie z. B. durch die Bergsenkungen infolge des Bruchbaues im Steinkohlenbergbau, (vgl. H. WIGGERING 1993). Das bedeutendste Problem stellt die Kiesgewinnung in der Form der Naßbaggerung dar.

(3) Wasserdargebotspotential. Nutzbare *Grund- und Oberflächenwässer* sind nach Menge und Qualität zu erfassen und zu bewerten und ergeben zusammen das Wasserdargebotspotential. Außer den bereits bestehenden Wasserschutzgebieten gewinnt die Erfassung grundwasserhöffiger Gebiete, die Erfassung und Bewertung von Flächen mit hoher Eignung (sowohl quantitativ als auch qualitativ) für die Grundwasserneubildung im raumplanerischen Zusammenhang immer mehr an Bedeutung, angesichts der Tatsache, daß selbst im Rheintal diese *regenerierfähige Ressource* bereits zu einem knappen Gut geworden ist.

Für die räumliche Planung sind vor allem Informationen über den oberirdischen Abfluß, die Grundwasservorkommen, die vorhandenen Verunreinigungen (Belastungen) und die potentiell mögliche Belastbarkeit von Interesse. Beim Grundwasser stehen unter dem qualitativen Aspekt vor allem die oberflächennahen Grundwasservorkommen im Mittelpunkt des Interesses, da beim Tiefengrundwasser in der Regel davon ausgegangen werden kann, daß sie gegen qualitätsmindernde Einflüsse geschützt sind. Ein aus landschaftsökologischer Sicht ganz wesentliches Kriterium ist die jährliche Grundwasserneubildung, an der sich nach den Prinzipien der Nachhaltigkeit und der Minimierung ökologischer Negativwirkungen auf andere Potentiale und auf Nutzungen die Förderung durch die Wasserwirtschaft ausrichten sollte.

(4) Biotisches Ertragspotential. Hiermit ist die *standordsabhängige, natürliche Ertragsfähigkeit* für die land- und forstwirtschaftliche Produktion gemeint. Je nach Art der Nutzung ergeben sich sowohl für die land- als auch für die forstwirtschaftliche Standortserkundung und -bewertung recht unterschiedliche räumliche Gliederungen, wobei auch verschiedene Geoökofaktoren zu berücksichtigen und zur Potential-/Eignungsansprache zu aggregieren sind.

Außer bei Sonderkulturen spielt das natürliche Ertragspotential in der modernen, industriell betriebenen Landwirtschaft bei hohem Düngereinsatz eine immer geringere Rolle. Auch die Forstwirtschaft hat sich mit ihren großflächigen Fichtenmonokulturen zunehmend von einer standortsgerechten Bewirtschaftung entfernt. Im Zuge einer stärker ökologisch zu orientierenden Raumnutzung insgesamt steht zu vermuten, daß auch für diese Bereiche des primären Wirtschaftssektors in absehbarer Zeit die Kenntnis der Standortsbedingungen wieder stark an Gewicht gewinnen wird. In vielen Teilregionen wird es sich dabei nicht mehr um

„natürliche Standortsbedingungen" im Sinne von naturbürtig handeln können, sondern die Belastung der Böden z. B. mit Schwermetallen und Pestizidrückständen ist zu berücksichtigen. Auch die bodengenetischen Veränderungen, wie Verdichtungs- und Podsolierungserscheinungen, müssen ebenso wie die derzeitigen bodenbiologischen Zustände in die Potentialansprache eingehen.
Da Nutzpflanzen in unterschiedlichem Maße Fremdstoffe aus dem Boden aufnehmen und inkorporieren, sind allein für den Bereich der landwirtschaftlichen Nutzung mehrere sehr unterschiedliche standortsökologische Gliederungen erforderlich. Es ergibt sich daher von selbst, daß es *das* biotische Ertragspotential nicht gibt, denn jeder Ackerstandort kann allemal forstlich genutzt werden, während z. B. erstklassige Forststandorte (z. B. die Edellaubbestände in den Schluchtwäldern der nördlichen Mittelgebirge) für die Landwirtschaft absolute Grenzertragsböden darstellen.
(5) Klimatisches Potential. Auch hierunter sind sehr unterschiedliche Teilpotentiale zu verstehen. Unter dem „klimatischen Regenerationspotential" eines Raumes ist dessen Fähigkeit zu verstehen, in Abhängigkeit von Lage, Topographie und Vegetationsstruktur der Luft Fremdstoffe wie Stäube und Gase zu entziehen, sie zu regenerieren. Es handelt sich streng genommen mehr um ein *lufthygienisches Verbesserungspotential.* Ein anderes ist das *klimaökologische Ausgleichs- oder Sanierungspotential* für benachbarte, meliorationsbedürftige Räume. Dieses als klimaökologische Ausgleichsfunktion bezeichnete Phänomen spielt in der Planung eine große Rolle, wenngleich häufig der Zusammenhang zwischen Geländeklima und Lufthygiene nicht im erforderlichen Maß beachtet wird.
Längst nicht jeder in eine Siedlung einströmende Kaltluftstrom ist als Frischluft anzusprechen. Eine rein bioklimatische Bewertung des Schwülefaktors verkennt, daß die Kaltluft häufig bereits schadstoffbeladen ankommt oder aber z. B. in der Siedlung zu häufig auftretenden topographisch bedingten *Inversionslagen* führen kann. Hier liegt ein geradezu klassisches Beispiel dafür vor, daß ein rein naturwissenschaftlich feststellbares Phänomen – wie Kaltluftentstehung und -abfluß – unbedingt einer Bewertung unterzogen werden muß, bevor es in planerische Konzepte und Maßnahmen umgesetzt werden kann.
(6) Erholungspotential. Damit ist die Eignung der Landschaft für Freizeit und Erholung gemeint, wobei außer landschaftsökologischen Fakten auch die informationsästhetischen Qualitäten des *Landschaftsbildes* und vor allem die *Freizeitrelevante Infrastruktur* mit erfaßt und bewertet werden müssen. Selbst im Freizeit- und Erholungsbereich zeichnet sich als immer dringlicher das Erfordernis ab, diese Potentialansprachen mit Tragfähigkeits-/Belastbarkeitsanalysen zu kombinieren, um die weitere Zerstörung der attraktivsten Regionen durch Übernutzung zu stoppen.

Auch für diesen Bereich gibt es eigentlich nicht *das* Potential, sondern je nach Aktivitäten, für die geeignete Flächen gesucht werden, sehr unterschiedliche Bewertungsansätze.
(7) Entsorgungspotential. Gemeint ist die Eignung von Flächen/Standorten zur Aufnahme von festen *Abfallstoffen.* Für Sonderabfälle kommen spezielle geologische Körper auch in tieferen Schichten in Frage, z. B. Salzstöcke. Aus der Sicht einer stärker von den Regionen getragenen Raumordnung spielt das an das *Medium Wasser* gebundene Entsorgungspotential zunehmend eine Rolle, als ein das regionale Entwicklungspotential limitierender Faktor (Beirat für Raumordnung, Empfehlung vom 18. 03. 1983).
Generell müssen Wassermangelgebiete, wozu heute alle Ballungsräume zählen, mit Wasser aus Überschußgebieten versorgt werden. Dieses muß dann, häufig sehr stark verschmutzt, aus den Ballungsräumen wieder exportiert werden, wozu Fließgewässer (z. B. Emscher) oder auch – oft unbeabsichtigt – Grundwasserströme (Rheintal) benutzt werden. Dadurch, daß die Flüsse und Grundwasservorkommen in der Regel der Trink- und Brauchwasserversorgung dienen (sollen), entsteht ein Konflikt zwischen *Ent- und Versorgungsfunktion,* d. h. das theoretische Entsorgungspotential für flüssige Abfallprodukte kann nicht voll genutzt werden.
(8) Bebauungspotential. Angesprochen sind Flächen, die geeignet sind, z. B. durch Siedlungen, Industriekomplexe, Verkehrswege etc. bebaut zu werden. Je nach Art der Bebauung sind sehr unterschiedliche Voraussetzungen erforderlich, ganz abgesehen davon, daß bei dieser Potentialansprache ein „normaler" Kostenrahmen zugrundezulegen ist, da sonst unter dem Aspekt des technisch Möglichen überall ein Potential vorhanden wäre, allerdings qualitativ stark differenziert.
Die vorgenannten Potentiale sind lediglich die wichtigsten, die Liste kann nach Bedarf beliebig erweitert oder verändert werden. Gesichtspunkte für eine *Typisierung* könnten sein:

- Erneuerbare/regenerierfähige Ressourcen;
- nicht erneuerbare (im Rahmen menschlicher Zeitrechnung) natürliche Hilfsquellen;
- standortgebundene (z. B. Rohstoffe, Teile des Naturschutz- und Wasserdargebotspotentials) Potentiale;
- nicht standortgebundene, d. h. anthropogen relativ leicht beeinflußbare Potentiale, z. B. Erholungs-, biotisches Ertrags-, teilweise auch klimatisches Potential; vor allem aber das Bebauungs- und Entsorgungspotential;
- unmittelbar vom Landschaftshaushalt geprägte Potentiale;
- bei einer eventuellen Nutzung den Landschaftshaushalt stark prägende, ja verändernde Potentiale (vor allem Rohstoffpotential).

Je weniger standortgebunden ein Potential, d. h. je leichter die Standortvoraussetzungen von Menschen z.B. mit technischen Mitteln geschaffen werden können, um so eher kann auf eine flächenhafte Erfassung dieser Potentiale verzichtet werden. Unter dem Ziel des Schutzes, der Pflege und der Entwicklung der natürlichen Hilfsquellen/Lebensgrundlagen des Menschen erscheint eine sog. *Negativplanung* für die Bebauung und Entsorgung zunächst völlig ausreichend, d.h. es müssen auf der Grundlage einer guten Kenntnis der übrigen Potentiale solche Gebiete ausgewiesen werden, die möglichst nicht überbaut und/oder als Deponiestandort genutzt werden sollten. Weiterhin könnten geländeklimatische und zu erwartende lufthygienische Aspekte zu einer Negativ-Aussage für die Nutzungsformen Wohnen, Industrie und Gewerbe sowie Erholung führen. Da diese an den Landschaftshaushalt bzw. bestimmte landschaftliche Strukturen gebundenen Potentiale nicht fein säuberlich getrennt, räumlich nebeneinander vorkommen, sondern häufig am gleichen Standort übereinander auftreten, kann die Kenntnis der Fakten nicht unmittelbar in eine ökologisch sinnvoll erscheinende, *konfliktfreie Nutzungsplanung* umgesetzt werden. Dies bedeutet, daß die erhobenen Daten zu bewerten sind, in Kategorien unterschiedlicher Schutzwürdigkeit, Leistungsfähigkeit oder Eignung räumlich erfaßt und vom Wissenschaftler und Planer den politischen Entscheidungsträgern begründete, rational nachvollziehbare Empfehlungen als Entscheidungsgrundlage zur Verfügung zu stellen sind. Hierauf wird in Kap. 3 und 6 noch näher eingegangen.

Es muß darauf hingewiesen werden, daß einige Autoren es vorziehen, den Terminus „Naturraumpotential" zu meiden, wegen seiner durch Geologen, z.B. C. H. v. Danies und G. Lüttig (1982) bestimmten, an Aspekten ökonomischer Verwertbarkeit orientierten Inhaltsbestimmung.

Das Autorenkollektiv der BA LVL verwendet stattdessen die Formulierung „Leistungsvermögen des Landschaftshaushaltes" (a.a.O. S.32), E. Bierhals, H. Kiemstedt und S. Panteleit (1986) sprechen von „Leistungen des Naturhaushaltes", H. Langer, C. v. Haaren und A. Hoppenstedt (1985) hingegen von „ökologischen Landschaftsfunktionen".

Solange deutlich bleibt, daß es bei den unterschiedlichen Begriffen letztlich immer um bestimmte Leistungen, ein Leistungsvermögen des Landschaftshaushaltes für etwas geht, können die Begriffe synonym verwendet werden. Die Tatsache, daß die geogenen Potentiale (Minerale, Wasser) aus anthropozentrisch-utilitaristischer Sicht definiert sind, spricht nicht generell gegen den Potentialbegriff. Anderen Potentialen steht ein ökonomischer Verwertungsaspekt relativ fern – z.B. dem landschaftlichen Erholungspotential – anderen ist er sogar ganz fremd (z.B. dem Naturschutzpotential).

Da der Begriff „Naturraumpotential gut eingeführt ist (Arbeitskreis „Karten des Naturraumpotentials" der ARL 1990, G. Lüttig 1985), vor allem aber in der früheren DDR viel verwendet wurde, besteht eigentlich kein

Anlaß, ihn wegen der bloßen Gefahr mißverständlicher Verwendung aufzugeben. Ein derartiger Grund könnte sonst angesichts des vielfachen Mißbrauches des Ökologie-Begriffes dazu verleiten, das gesamte terminologische System der Ökologie neu zu definieren.

3 Aufbereitung landschaftsökologischer Forschungsergebnisse für die Praxis

Die bisherigen Ausführungen haben sich bereits mehrfach, zuletzt in Kap. 2.4.5 damit befaßt, daß landschaftsökologische Forschungen entweder direkt *anwendungsbezogen* zu erfolgen haben, wie dies z. B. in der Agrarund Forstökologie der Fall ist, oder aber entsprechend aufbereitet, interpretiert und bewertet werden müssen. Mit Blick auf die Verwendbarkeit in der räumlichen Planung ist zu fordern, daß die Landschaftsökologie „prognosefähig" wird, um im Vorfeld planerischer Entscheidungen, wo noch Alternativen zur Wahl stehen, die wahrscheinlich eintretenden Veränderungen prognostizieren und bewerten zu können.
Hierzu werden immer häufiger *Modelle* verwendet, von relativ einfachen graphischen Modellen bis hin zu hochkomplexen mathematischen Modellen. Letztere sind ohne den Einsatz von EDV-Anlagen nicht handhabbar. Durch immer leistungsfähigere Kleinrechner wird die Möglichkeit der Datenspeicherung und rechnergestützten Verknüpfung sich weiter verbessern. Hierbei spielt die Systemtheorie und Systemtechnik eine wesentliche Rolle.

3.1 Ökologische Raumgliederungen in der Praxis

In Kap. 2.2 wurden bereits agrar- und forstökologische Gliederungen erwähnt, die aus ihrer fachspezifisch-wertenden Sicht als Potentialkarten zu gelten haben, da aus dem Gesamtsystem „Landschaftshaushalt" ein spezifischer Aspekt (Subsystem) herausgegriffen und hinsichtlich seiner Eignung für bestimmte *anthropogene Nutzungen* bewertet wird.
Ganz allgemein ist zunächst festzuhalten, daß im Rahmen von Untersuchungen mit definiertem Verwendungszweck auch heute noch Methoden angewandt werden, die sich im Vergleich zu modernen wissenschaftlichen Untersuchungen mit einem sehr viel einfacheren Instrumenteneinsatz begnügen. Da in der Praxis in oft relativ kurzer Zeit große Flächen zu kartieren sind, wird es auch in absehbarer Zeit nicht möglich sein, den in der Grundlagenforschung der Hochschulen üblichen (z. B. T. MOSIMANN 1980, 1983) meßtechnischen Aufwand zu betreiben. E. BIERHALS (1980, S. 95 ff.) hat allein 63 Verfahren zur Erfassung einzelner *Naturraumpotentiale,* ohne Berücksichtigung solcher zur Erfassung des Erho-

lungspotentials, zusammengestellt und nach folgenden vier Betrachtungsstufen typisiert:

- Verfahren bis zur Stufe „Leistungsfähigkeit";
- Verfahren bis zur Stufe „Empfindlichkeits-Ermittlung";
- Verfahren bis zur Stufe „Ökologische Auswirkungen";
- Verfahren bis zur Stufe „Ökologische Konflikte".

Dabei haben sich von den untersuchten 63 Verfahren 36 mit der Erfassung eines Potentials, 27 mit der Erfassung mehrerer Potentiale befaßt. Wichtig ist jedoch, daß die meisten Verfahren zur Erfassung mehrerer Potentiale diese getrennt erfassen, so daß erkennbar ist, wo welche Potentiale einzeln räumlich nebeneinander und wo sie übereinander, auf der gleichen Fläche, vorkommen. In Kap. 6 wird auf derartige Verfahren eingegangen. Hier sollen zunächst zwei Verfahren vorgestellt werden, die an die Tradition der geographisch-landschaftsökologischen Raumgliederungen anschließen.

3.1.1 Ein Beispiel anwendungsbezogener Raumgliederungen

Auf die Gruppe von W. PFLUG verdient deshalb eingegangen zu werden, weil sie am konsequentesten die typisch geographische *landschaftsökologische Raumgliederung* aufgegriffen und zur planerischen Anwendungsreife weiterentwickelt hat. Die von dieser Gruppe angewandte Methodik wurde mehrfach kritisiert (z. B. F.. BIERHALS 1972; E. BIFRHALS u. a. 1974; L. FINKE 1974c; E. HEIDTMANN 1975, implizit auch E. BIERHALS 1980), wobei offenbar die Zielsetzung dieser Arbeiten nicht immer richtig erkannt wurde.

Die bemerkenswerteste Arbeit dieser Gruppe betraf die landschaftsökologische Begutachtung (W. PFLUG 1975) der zu erwartenden Auswirkungen des damals *größten Braunkohlentagebaus der Welt* Hambach I, wodurch sich der Beginn des Tagebauaufschlusses um etwa zwei Jahre verzögerte. Die Methodik ist ausführlich im landschaftsplanerischen Gutachten Aachen dargestellt (W. PFLUG u.a. 1978; H. WEDECK 1980). Als wichtigstes Kriterium für die Abgrenzung wird die Vegetation verwendet, und zwar sowohl die reale als auch die heutige potentielle natürliche Vegetation. Für die inhaltliche Kennzeichnung der ausgeschiedenen Einheiten werden dann Angaben über das Relief, den Boden, das Gestein, den Wasserhaushalt, das Geländeklima und, falls möglich, die freilebende Tierwelt gemacht.

Es wird so weit wie möglich auf vorhandenes Kartenmaterial zurückgegriffen, wobei die Angaben durch gezielte eigene Untersuchungen ergänzt werden. Dabei wird die Meinung vertreten, daß für die meisten Planungen auf landschaftsökologischer Grundlage die Kenntnis der relativen Unterschiede der verschiedenen Eigenschaften des Landschaftshaushalts ausreichend sei (W. PFLUG; und H. WEDECK 1980, S. 67). Unter Berücksichtigung von Relief, Boden, Wasserhaushalt und Geländeklima werden „Bereiche mit einer mehr oder weniger gleichartigen ökologischen Struktur (W. PFLUG und H. WEDECK 1980, S. 69; H. WEDECK 1980, S. 23) ausgeschieden, die als *landschaftsökologische Raumeinheiten bezeichnet* werden.

Aus der Sicht des *Homogenitätsprinzips* ist zu kritisieren, daß die Aussage, die Einheiten wiesen „eine mehr oder weniger" gleichartige ökologische Struktur auf, für das Arbeiten in der chorologischen Dimension ausreichen mag, aber nicht für die topologische. Innerhalb der mit Hilfe der Vegetation abgegrenzten Einheiten erfolgt die abiotische Standortcharakterisierung nur dann, wenn sich diese auf die potentielle natürliche Vegetation, d. h. auf das biotische Wuchspotential, niederschlägt. So hat z. B. H. WEDECK (1980, S. 31) wegen verhältnismäßig geringer Standortunterschiede bei einigen Gesellschaften (z. B. Melico-Fagetum luzuletosum, dem Fago-Querquetum molinietosum, dem Carici elongatae- und dem Carici laevigatea-Alnetum sowie dem Pruno-Fraxinetum) abweichend vom übrigen Vorgehen nicht nach Formen des unteren und mittleren Berglandes unterschieden. Beim Fago-Quercetum molinietosum wurde sogar trotz z.T. erheblicher Reliefunterschiede keine Untereinheit ausgewiesen.

Zur räumlichen Kongruenz zwischen Vegetationseinheiten und Bodeneigenschaften stellt H. WEDECK (1980, S. 31 ff.) fest, daß die Grenzen lediglich hinsichtlich Bodenfeuchte, Nährstoffversorgung und Gründigkeit recht gut übereinstimmen, in anderen Eigenschaften und Merkmalen aber durchaus voneinander abweichen können. Hierin zeigt sich, daß die ökologische Struktur der Raumeinheiten nur insoweit „gleich" ist, als Varianten nicht zur Ausscheidung einer anderen potentiellen Schlußgesellschaft der Vegetation zwingen. H. WEDECK (1980, S. 31) deutet selbst an, daß man vielfach auch eine weit *stärkere Differenzierung* hätte vornehmen können, daß dies aber in Hinblick auf die angestrebte Bewertung der Raumeinheiten für verschiedene Nutzungsansprüche als nicht notwendig erachtet wurde.

Gerade aus der Sicht einer Vielzahl von Nutzungen bleibt allerdings festzustellen (L. FINKE 1974c), daß oftmals gerade jene Faktoren von Interesse sind, die im Rahmen der Standortansprache für eine potentielle natürliche Vegetationsgesellschaft nicht differenzierend wirken. Insofern ist E. BIERHALS (1980) zuzustimmen, daß die Ausscheidung von räumlichen Einheiten in jedem Falle einen Bewertungsakt voraussetzt – in diesem Falle einen bioökologischen -, wobei die Schule W. PFLUGS diese Einheiten dann einem weiteren Bewertungsverfahren unter *Nutzungseignungskriterien* unterzieht. Ein nicht zu leugnender Nachteil besteht darin, daß die einmal ausgeschiedenen Einheiten als räumliches Bezugssystem insofern festliegen, als zwar durch Zusammenfassen ähnlicher Einheiten größere gebildet, aber ohne Hinzunahme weiterer Kriterien keine kleineren mehr entstehen oder ganz neue Grenzen ausgeschieden werden können.

Neben der Tatsache, daß genau genommen doch letztlich keine strukturelle Gleichheit, sondern innerhalb recht großer Schwankungsbreiten lediglich eine *ökologische Gleichartigkeit* im Wuchspotential besteht, ist festzuhalten, daß auch hinsichtlich der Qualität der Aussage zu den untersuchten *Ökofaktoren* Unterschiede bestehen. Insgesamt wurden 32 Eigenschaften berücksichtigt (H. WEDECK 1980, S. 32 ff.):

1. Potentielle natürliche Vegetation
2. Reale Vegetation bei Grünlandnutzung
3. Reale Vegetation bei Ackernutzung (Halmfrüchte)
4. Eignung für strapazierfähige Rasenflächen
5. Eignung für leistungsfähige Gehölze
6. Notwendigkeit ingenieurbiologischer Maßnahmen
7. Relief
8. Bodentyp
9. Bodenart
10. Bodentemperatur
11. Nährstoffversorgung
12. Durchlüftung
13. Durchlässigkeit
14. Gründigkeit
15. Biologische Aktivität
16. Schichtdicke des belebten Bodens
17. Bearbeitbarkeit
18. Dränbedürftigkeit
19. Erosionsgefährdung
20. Baugrundeignung
21. Staunässe- bzw. Grundwassereinfluß
22. Dauer der Feucht- und Naßphasen
23. Wasserversorgung des Bodens
24. Flurabstand des Grundwassers
25. Empfindlichkeit gegen eine Verschmutzung des Grund- und Oberflächenwassers
26. Lufttemperatur
27. Windgeschwindigkeit
28. Luftaustausch
29. Häufigkeit von Früh- und Spätfrösten
30. Nebelhäufigkeit
31. Schwülehäufigkeit
32. Immissionsgefährdung

Auf mehrere dieser Eigenschaften wurde aus den Befunden der Vegetationsaufnahmen rückgeschlossen, ohne daß durch komplexe Standortanalysen an Tesserae die Zulässigkeit dieser Analogieschlüsse durch Messungen erfaßt worden wäre. Dies gilt z. B. für die Faktoren Nährstoffversorgung, Durchlüftung, biologische Aktivität, Durchlässigkeit und Dränbedürftigkeit. Weiterhin wurde z. B. auf den Grundwasserflurabstand aus den Vegetationsaufnahmen und aus Bodenkarten (Bodentypen) geschlossen. Damit entsprachen auch neuere Arbeiten aus der Schule W. PFLUGS hinsichtlich ihres methodischen Standes dem durchschnittlichen Standard geographisch-landschaftsökologischer Arbeiten. Es besteht dazu aber der wesentliche Unterschied, daß im weiteren Verfahren bei W. PFLUG die Einheiten einer Vielzahl von *Eignungsbewertungen* unterzogen werden und als Ergebnis eine Karte landschaftsökologisch begründeter Nutzungsempfehlungen erstellt wird. Hierauf wird im Kap. 3.2 noch zurückzukommen sein. Zunächst soll noch auf ein in Nordrhein-Westfalen im Rahmen der Landschaftsplanung angewandtes Verfahren eingegangen werden.

3.1.2 Methodik der ökologischen Raumgliederung im Rahmen der Landschaftsplanung in Nordrhein-Westfalen

In Nordrhein-Westfalen sind seit Inkrafttreten des Landschaftsgesetzes am 1. 4. 1975 ein bestimmter Inhalt, Verfahrensgang und eine festgelegte Systematik der Landschaftsplanung vorgeschrieben, die von Verwaltungsangehörigen, freien Planern und Wissenschaftlern in Form eines *„Handbuches"* (MELF ^{3}1980) auf der Grundlage des Gesetzes erarbeitet wurden. Nach § 17 des Landschaftsgesetzes NW – in der novellierten Fassung vom 20. 06. 1989 – sind für die Landschaftsplanung folgende Grundlagen zu erheben:

„Der Landschaftsplan wird erarbeitet auf der Grundlage

1. einer Analyse des Naturhaushalts, insbesondere der Erfassung der natürlichen Lebensräume mit ihren Wechselbeziehungen,
2. der Erfassung der für das Landschaftsbild bedeutsamen gliedernden und belebenden Elemente und
3. der Aufnahme besonderer Landschaftsschäden."

Dies ist so zu interpretieren, daß sehr stark auf die Naturräumliche Gliederung zurückgegriffen wird, speziell auf die Einheiten 5. oder 4. Ordnung, ergänzt durch weitere Informationen aus z. B. den forstlichen Wuchsgebietskarten, dem Biotopkataster etc.

Nach dem „Handbuch" hat sich bewährt, im Plangebiet flächendeckend sog. *planungsrelevante ökologisch begründete Landschaftseinheiten* abzugrenzen, und zwar auf der Grundlage der Karte der potentiellen natürlichen Vegetation, der Bodenkarte oder Karten mit Darstellungen anderer physiogeographischer Gegebenheiten. Per Gesetz obliegt diese Aufgabe zwar der Landesanstalt für Ökologie, Landschaftsentwicklung

und Forstplanung (LÖLF), de facto wird sie aber auch von den Landschaftsverbänden (Rheinland und Westfalen), vom Kommunalverband Ruhrgebiet (KVR) und auch von freien Planern erfüllt. Laut Handbuch sind die planungsrelevanten ökologisch begründeten Landschaftseinheiten zu numerieren und unter Darlegung der *Funktionsbeziehungen* zu beschreiben. Als Hilfsmittel dazu werden genannt:
(a) Geologische Karte, (b) Bodenkarte, (c) Hydrologische Karte, (d) Klimakarte, (e) Potentielle natürliche Vegetation, (f) Waldfunktionskarte, (g) Geomorphologische Karte, (h) Biologische Karte, (i) Luftbilder.
Darüber hinaus sind gebietsspezifische Besonderheiten hervorzuheben, wie z. B.: Wassereinzugsgebiet, Bodendurchlässigkeit, besonders schutzwürdige Lebensräume und -gemeinschaften mit ihren wichtigsten Umweltbeziehungen sowie die ökologisch als entwicklungsfähig erkannten Lebensräume. Schutzwürdige und entwicklungsfähige Biotope werden inzwischen allerdings in einem speziellen Kartierprogramm erfaßt und im landesweiten Biotopkataster bei der LÖLF gespeichert und ausgewertet.
Die *Methodik* zur Erarbeitung der Karten dieser planungsrelevanten ökologisch begründeten Landschaftseinheiten ist zwischen der LÖLF und dem KVR weitestgehend abgestimmt. Im folgenden wird exemplarisch auf das beim KVR zur Anwendung kommende Verfahren eingegangen.
Die Grundzüge der vom Kommunalverband Ruhrgebiet (KVR) angewandten Methodik bei der Erstellung sog. planungsrelevanter, ökologisch begründeter Landschaftseinheiten finden sich bereits ausführlich dargestellt bei R. MARKS (1979), verkürzt auch bei L. FINKE und R. MARKS (1979). Es muß erwähnt werden, daß diese Karten früher als sog. „Grundlagenkarte IIa“ (Geopotential und ökologische Raumgliederung) im Rahmen der Landschaftsplanung NRW erarbeitet wurden.
Interessant am Vorgehen des KVR (in Übereinstimmung mit der LÖLF) ist, daß durch die Angabe von Schwellenwerten deutlich und rational nachvollziehbar dargelegt wird, innerhalb welcher Schwankungsbreite sich das so häufig bemühte Kriterium der *„geographischen Homogenität“* bewegt. Die Einheiten werden schwerpunktmäßig mit Hilfe der ökologisch wirksamen Faktoren des abiotischen Landschaftskomplexes ausgeschieden, der als Lebensgrundlage für die Tier- und Pflanzenwelt sowie als Träger natürlicher Ressourcen und ökologischer Raumfunktionen verstanden wird. Es gilt folgende methodische Grundüberlegung:
(a) In der topologischen Dimension wird die Kartierung ökologisch weitgehend homogener, d. h. strukturell einheitlicher Areale angestrebt.
(b) Die Ausscheidung der Einheiten erfolgt anhand der abiotischen Geoökofaktoren (Gestein, Relief, Boden etc.), wobei mit Hilfe quantitativer Schwellenwerte eine Typenbildung erfolgt.
(c) Es wird davon ausgegangen, daß die innerhalb der definierten Schwellenwerte als „gleich“ anzusehende Struktur der abiotischen Geoö-

kofaktoren auch innerhalb der ausgegrenzten Typen gleiche Biotopqualitäten für die Pflanzen- und Tierwelt bedeutet. Diese Voraussetzung wird, vor allem von der LÖLF, durch stichprobenhafte Kartierungen der aktuellen und der potentiell natürlichen Vegetation überprüft.

(d) Die realen Pflanzen- und Tiergesellschaften werden zur Abgrenzung nicht herangezogen, diese werden, soweit bekannt, verbal behandelt. Ebenfalls nicht berücksichtigt wird die jeweilige Nutzungsstruktur, also z. B. die tatsächliche Flächennutzung und sog. „gliedernde" und „belebende" Landschaftselemente. Auf diese Faktoren, die sich ja sehr kurzfristig innerhalb eines Ballungsraumes ändern können, wird erst im Planungsteil eingegangen.

Folgende Landschaftsfaktoren gehen in die Karte der ökologisch begründeten Landschaftseinheiten ein (siehe Tab. 5).

An einigen wenigen Beispielen dieser ökologischen Kenngrößen sei aufgezeigt, wie sie definiert und klassifiziert werden; weiteres siehe KVR (1983).

(a) Geofaktor RELIEF. Die Hangneigung wird flächenhaft in vier Klassen erfaßt, bei Bedarf – in überwiegend schwach geneigtem Gelände werden sechs Klassen ausgewiesen.

Hangneigung und Hangrichtung (Exposition) bedingen zusammen u. a. den potentiellen Strahlungsgenuß, d. h. sie sind unmittelbar geländeklimatisch bedeutsam. Es werden insgesamt acht Typen unterschieden: Nord-hang, Nordosthang, Osthang, Südosthang, Südhang, Südwesthang, Westhang, Nordwesthang.

(b) Geofaktor GELÄNDEKLIMA. Ausgehend vom Basiswert von 121 kcal/cm^2 Jahr für 51° N auf einer ebenen Fläche werden fünf Besonnungsklassen ausgeschieden.

Durch Umrechnung der Besonnungstafeln von A. MORGEN (1957) ergibt sich aus der Kombination der vier Hangneigungsklassen mit vier Richtungen (S, SW/SE, E/W und NE/NW/N) eine fünfstufige Besonnungsskala.

Auf der Basis einer pflanzenphänologischen Kartierung durch K.-F. SCHREIBER (1981, 1985a) ist es möglich, die Wärmeverhältnisse in Form der Wärmestufen der Wuchsklimakarte des KVR-Gebietes zu entnehmen und in eine sechsstufige Skala einzuordnen.

Speziell zu den Wärmeverhältnissen können weitere Informationen den Klimafunktionskarten des KVR (P. STOCK 1981, 1992) entnommen werden, wonach eine standörtlich-klimatische Ansprache in die Kategorien Cityklima, Stadtklima (im engeren Sinne), Stadtrandklima, Waldklima usw. möglich ist.

(c) Geofaktor WASSER/Ökologischer Feuchtegrad. In Ablehnung an R. MARKS (1979) werden die langjährigen durchschnittlichen Feuchteverhältnisse eines Standortes, die sich aus dem Zusammenwirken von Was-

Tab. 5: In die Kartierung eingehende Landschaftsfaktoren und Art der Erhebung (nach Angaben des KVR)

Landschaftsfaktor	Art der Erhebung	
	quantitativ	qualitativ
Untergrundgestein und stratigraphische Zuordnung	x	x
Relief		
Hangneigung	x	
Hangrichtung	x	
Hangrichtung	x	
Oberflächenform		x
Boden		
Bodenart	x	
Bodentyp	x	x
Gründigkeit	x	
Natürliches Nährstoffangebot	x	
Wasserkapazität	x	
Wasserdurchlässigkeit	x	
Luftkapazität	x	
Bodenwertzahl	x	
Wasserhaushalt		
Wasserhaushalt des Untergrundes (Grundwasser)	x	
Grundwasserflurabstand	x	
Ökologischer Feuchtegrad	x	x
Geländeklima		
Durchlüftung		x
Wärmeverhältnisse	x	x
Strahlung (Besonnung)	x	
Luftfeuchtigkeit und Nebel		x
Vegetation		
Potentielle natürliche Vegetation		x

serkapazität und -durchlässigkeit des Bodens, Grundwasserflurabstand, evtl. Staunässe und Klima bestimmen, in sieben Klassen des ökologischen Feuchtegrades eingeteilt.

Sofern pflanzensoziologische Bestandsaufnahmen vorliegen oder selbst erstellt werden, wird nach R. MARKS (1979) unter Verwendung der Feuchtezahlen H. ELLENBERGS ([2]1979) eine achtstufige Einteilung vorgenommen.

Für den Fall, daß keine Vegetationskarte vorliegt, wird nach R. MARKS (1979) auf den ökologischen Feuchtegrad näherungsweise aus der Bodenart und dem Grundwasserflurabstand geschlossen, wobei Bodenverdichtung, Stauwasser, Skelettgehalt des Bodens, hohe Niederschläge und/ oder niedrige Temperaturen modifizierend wirken. Im Bergischen Land,

Tab. 6: Definierter Zusammenhang zwischen Grundwasserflurabstand, Bodenart und ökologischem Feuchtegrad innerhalb des beim KVR angewandten Verfahrens (nach KVR, Hrsg., 1983)

Grundwasserflur-abstand in cm	Bodenart I-IV	V-VI	VII	VIII-IX
	Ökologischer Feuchtegrad			
0- 40	V	V	IV-V	IV-V
40- 80	IV	IV	III-IV	III-IV
80-130	III-IV, IVa	III, IIIa	III, IIIa	II-III, IIIa
130-200	III, III-IVa	III, IIIa	II, IIa	I-II, IIa
>200	III, III-IVa	II-III, IIIa	II, IIa	I, IIa

im Südbereich des Verbandsgebietes, wird z. B. jeweils 0,5 Klassen feuchter eingestuft, da die Niederschläge über 950 mm und die Jahresdurchschnittstemperatur unter 9° C liegen.

Es ergibt sich als Zusammenhang zwischen Grundwasserflurabstand, Bodenart und ökologischem Feuchtegrad die Tab. 6.

Auf der Grundlage einer solcherart gestalteten, präzisen Kartieranleitung wird vom KVR innerhalb des gesamten Verbandsgebietes der ökologische Fachbeitrag zum Landschaftsplan (früher Grundlagenkarte IIa genannt) erarbeitet. Einen Ausschnitt aus einer solchen Kartierung aus dem Südbereich der Stadt Essen zeigt Abb. 27.

Karten in diesem *Detaillierungsgrad* und mit derartigem Inhalt, in denen der Naturhaushalt auf der Basis von weitgehend Bekanntem in der Zusammenschau dargestellt ist, aus denen mit Hilfe der Erläuterungstabellen aber auch Informationen zu Einzelfaktoren bzw. Eigenschaften jeder Einheit abgelesen werden können, stellen nicht nur für die Landschaftsplanung eine *wichtige Planungsgrundlage* dar. Daß andere Fachplanungen und auch die Stadtentwicklungsplanung auf derartige Grundlagen noch nicht im erforderlichen Maße zurückgreifen, darf nicht verwundern, angesichts der Tatsache, daß selbst Landschaftsplaner gelegentlich ihre Planungs- und Entwicklungskarten mehr intuitiv, ohne strikte Beachtung der ökologischen Grundlagen, erarbeiten bzw. entwerfen.

3.2 Bewertungsproblematik

Im Gegensatz zu einer sich an rein wissenschaftlichen Kriterien orientierenden landschaftsökologischen Grundlagenforschung, so wie sie überwiegend in der Hochschul-Geographie betrieben wird, erfolgt im Rahmen explizit praxisorientierter Arbeiten bereits eine bewußte Auswahl der zu erhebenden Daten. Damit einher geht eine auch aus Zeit- und Kostengründen notwendige Beschränkung auf das Wesentliche. Ein ganz wichtiger Schritt der Aufbereitung dieser Daten für die Verwendung in der Planung hat sich in Form der *Bewertung* erst daran anzuschließen. Keineswegs ergibt sich die Eignung einer Fläche für eine bestimmte Nutzung automatisch und von selbst aus den naturwissenschaftlich ermittelten Fakten. Erst recht darf die tatsächliche Nutzung einer Fläche, vor allem wenn diese am ökologisch falschen Standort erfolgt (Der Rat von Sachverständigen für Umweltfragen 1978), nicht mit schlichter Unkenntnis über den ökologischen Wert einer bestimmten Fläche erklärt werden. Heute fallen Entscheidungen gegen ökologische Grundsätze trotz im Einzelfall guten Wissenstandes immer wieder deshalb, weil andere Belange als vorrangig angesehen werden.

Innerhalb der ökologisch arbeitenden Wissenschaften hatten die Fachgebiete mit unmittelbarem Praxisbezug wie z. B. Landwirtschaft, Forstwirtschaft, Naturschutz u. a. bereits sehr ausgefeilte *Eignungsbewertungsverfahren* entwickelt, als in der Geographie noch überwiegend die Meinung vertreten wurde, eine gesonderte Bewertung sei überflüssig oder gar unsinnig. P. MÜLLER (1977a) und seine Schüler, z. B. P. NAGEL (1978), vertraten die Meinung, den Informationsgehalt lebender Systeme für die Bewertung von Räumen nutzbar machen zu können, ohne darauf einzugehen, daß dieser *Informationsgehalt* zunächst nur eine naturwissenschaftliche, bioökologische Information über den Raum darstellt, die mittels eines Bewertungsverfahrens hinsichtlich ihres humanökologischen oder nutzungsspezifischen Aussagegehaltes geprüft und beurteilt werden muß. H. LESER (1983) urteilt ebenfalls aus der Sicht des Naturwissenschaftlers über Landschaftsbewertungen, ohne seinerseits darzulegen, wie die allen heute bekannten Schwächen derartiger Bewertungsverfahren denn nun zu überwinden seien und welchen spezifischen Beitrag hierzu Landschafts- bzw. Geoökologie zu leisten in der Lage ist.

Einer der wesentlichen Kritikpunkte H. LESERS (1983, 1991b) besteht in der Feststellung, daß die Bewertungsverfahren sehr selektiv ansetzen und die Gesamtraumfunktion weder erfassen noch darstellen können. Dieses ist den „Bewertern“ nicht nur bewußt, sondern sogar ausdrücklich angestrebt. Es wird nur das erfaßt, bewertet, gewichtet und zu einer Gesamtaussage aggregiert, was im Sinne der jeweiligen Fragestellung relevant erscheint. Verbesserte Kenntnisse über den gesamten Systemzusammenhang werden benötigt zur Auswahl der *richtigen Indikatoren* und zu deren Verknüpfung zu einem Urteil über Eignung, Schadwirkung, Gefährdung, Schutzwürdigkeit usw.

Aus der Sicht der Planungspraxis ist sogar festzustellen, *„daß eine ökologische Orientierung der Raumplanung im Sinne einer umfassenden Steuerung ökologischer Gesamtsysteme den Handlungsrahmen unserer gesellschaftlich-politischen Verhältnisse überschreiten würde“* (H. KIEM-

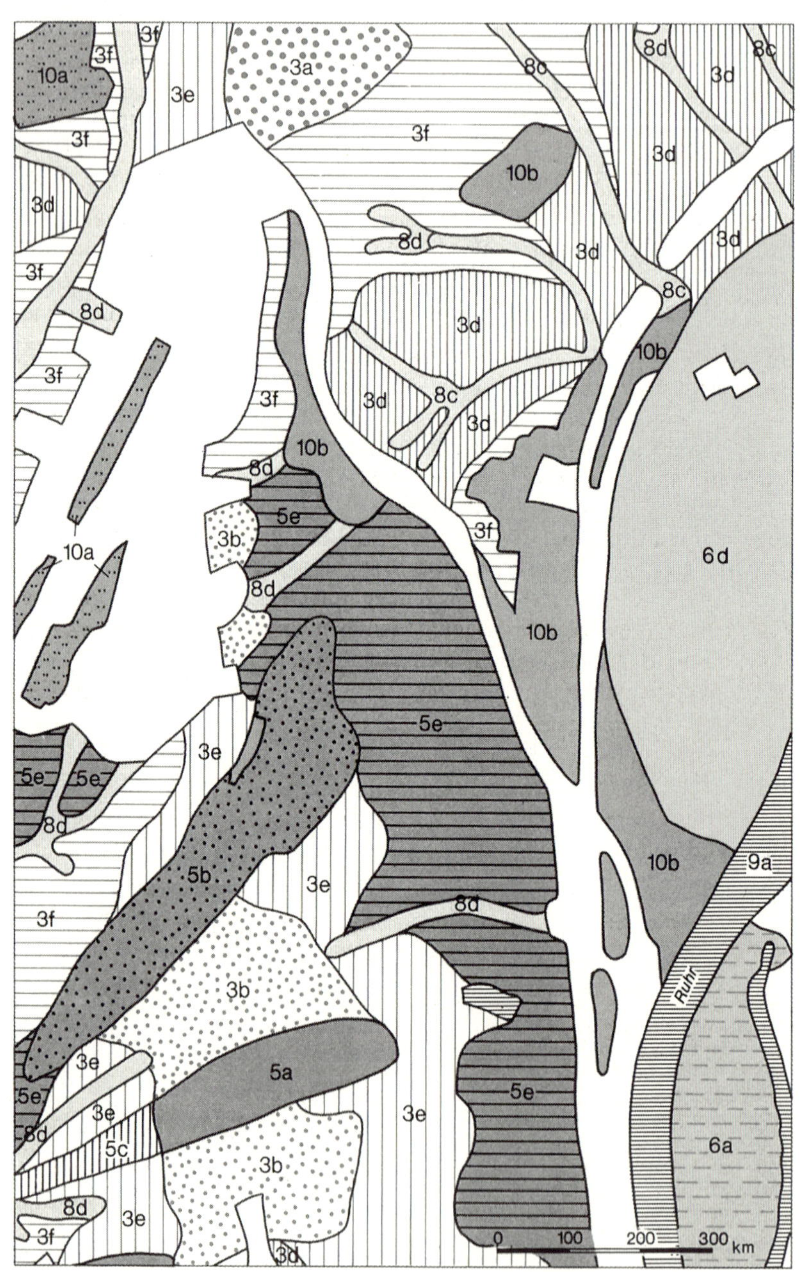
10a
3f
3e
3a
3f
8c
8d
3d
8c
3d
10b
3d
8d
3d
3d
8c
10b
3d
8c
3d
3f
10b
8d
5e
3b
3f
10a
8d
6d
10b
5e
3e
5e
5e
8d
10b
9a
5b
3e
8d
3f
Ruhr
3b
3e
5a
5e
3e
3e
8d
5c
6a
3b
8d
3e
3f
3d
0
100
200
300
km

STEDT 1979, S. 48). Eine realistische Einschätzung der Möglichkeiten einer stärker *ökologisch orientierten Raumordnung* muß sehr bald zu einer eher nüchternen Einschätzungen gelangen, daß z. Z. im wesentlichen nur ein „ökologisches Krisenmanagement (H. KIEMSTEDT 1979) zu betreiben ist (K.-J. DURWEN u. a. 1978). Daraus folgt, daß auf absehbare Zeit eine generelle Umorientierung der Raumplanung auf gesamtökosystemarer Grundlage nicht zu erwarten ist. Diese Einschätzung wird von neueren Untersuchungen durch L. FINKE et al. (1993) und H. KIEMSTEDT et al. (1993) für die Ebene der Regionalplanung bestätigt.

Unter Spezialisten für *Bewertungsfragen* sind die Mängel und Schwächen heute üblicher Verfahren durchaus bekannt, insbesondere wächst die Kritik an der in der Ökonomie entwickelten *Nutzwertanalyse,* die streng methodisch auf ökosystemare Zusammenhänge gar nicht angewendet werden dürfte (C. ZANGEMEISTER 1971; A. BECHMANN 1978).

In der Praxis stellt sich immer deutlicher dar, daß Bewertungsverfahren möglichst einfach und nachvollziehbar sein müssen, damit auch der interessierte Bürger die Ergebnisse rekonstruiercn und damit begründete Entscheidungen nachvollziehen kann. In diesem Sinne ist das von W. PFLUG und seinen Mitarbeitern angewandte Verfahren als zwar verbesserungswürdig, aber nachahmenswert zu bezeichnen. Nach H. WEDECK (1980) wird wie folgt vorgegangen:

(1) Zunächst werden die ökologischen Raumeinheiten gemäß dem in Kap. 3.1.1 geschilderten Verfahren ausgewiesen.

(2) Beschreibung der Typen der landschaftsökologischen Raumeinheiten,

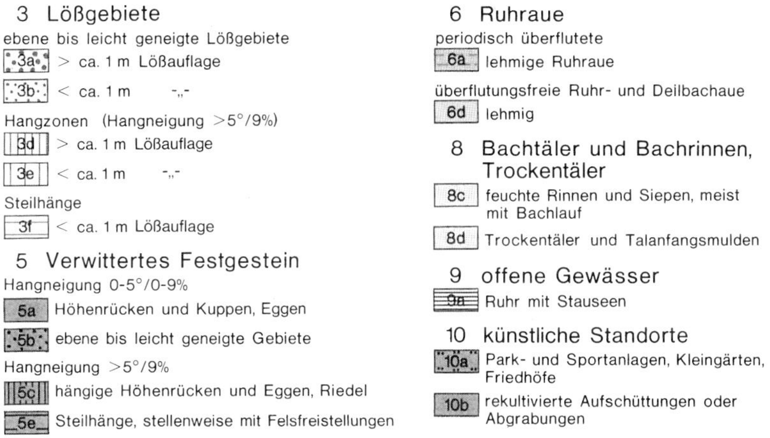

◁ *Abb. 27: Ökologische Raumgliederung Stadtbereich Essen-Süd (KVR 1983).*

Tab. 7: Kurzcharakteristik der ökologischen Raumeinheiten (nach H. Wedeck 1980)

Nr. der landschaftsökologischen Raumeinheiten		1	2	10
Eigenschaften				
Vegetation	Potentielle natürliche Vegetation	Betuletum pubescentis mittleres Bergland	Fago-Quercetum typicum Tiefland	Querco-Carpinetum typicum Tiefland
	Reale Vegetation bei Grünlandnutzung	–	Lolio-Cynosuretum, typische Subassoziation	Lolio-Cynosuretum, typische Subassoziation
	Reale Vegetation bei Ackernutzung (Halmfrüchte)	–	Alopecuro-Matricarietum, typ. Subass.	Alopecuro-Matricarietum, typ. Subass. mit Feuchtezeigern
	Eignung für strapazierfähige Rasenflächen	gering	gering-mittel	gering-mittel
	Eignung für leistungsfähige Gehölze	gering	gering	mittel
	Notwendigkeit ingenieurbiologischer Maßnahmen	hoch	gering	gering
Relief		Rinnenlage	überwiegend ebene Lage bei mittleren Hängen	überw. ebene Lage
Boden	Bodentyp	überwiegend Niedermoortorfe und Gleye	überw. podsolige Braunerden	überw. Pseudogleye und pseudovergleyte Parabraunerden
	Bodenart	überwiegend Lehm bis Ton und Torf	überw. Lehm bis Ton, stark steinig	überw. Lehm, z. T. Ton
	Bodentemperatur	niedrig	mittel-hoch	niedrig-mittel
	Nährstoffversorgung	schlecht	schlecht	mittel
	Durchlüftung	schlecht	mittel-gut	mittel
	Durchlässigkeit	groß	mittel-hoch	gering-mittel
	Gründigkeit	mittel	gering-mittel	mittel
	Biologische Aktivität	gering	gering	mittel
	Schichtdicke des belebten Bodens	gering	gering	gering-mittel

Tab. 7 – Fortsetzung

Nr. der landschaftsökologischen Raumeinheiten		1	2	10
Eigenschaften				
Boden	Bearbeitbarkeit	schlecht	schlecht-mittel	mittel
	Drainbedürftigkeit	hoch	gering-mittel	mittel-hoch
	Erosionsgefährdung	gering	gering	gering
	Baugrundeignung	gering	gut	mittel
Wasser-haus-halt	Staunässe- bzw. Grundwassereinfluß	hoch	gering	mittel-hoch
	Dauer der Feucht- bzw. Naßphasen	lang	kurz	mittel-lang
	Wasserversorgung des Bodens	großer Überschuß	mittleres Defizit	mittlerer Überschuß
	Flurabstand des Grundwassers	klein	groß	mittel
	Empfindlichkeit gegen Grundwasserverschmutzung	hoch	mittel	mittel
Gelände-klima	Lufttemperatur	niedrig	mittel-hoch	mittel-hoch
	Windgeschwindigkeit	klein	klein-mittel	klein-mittel
	Luftaustausch	gering	gering-mittel	gering-mittel
	Häufigkeit von Früh- und Spätfrösten	hoch	gering-mittel	mittel
	Nebelhäufigkeit	hoch	gering-mittel	mittel-hoch
	Schwülehäufigkeit	hoch	gering-mittel	mittel-hoch
	Immissionsgefährdung	groß	gering-mittel	mittel

Abstufung jeder erfaßten Eigenschaft in fünf Stufen. Übersichtliche Darstellung in Tabellenform.
Die tabellarische Kurzcharakteristik aller im Untersuchungsraum ausgeschiedenen landschaftsökologischen Raumeinheiten dient dazu, die vorher ermittelten und ausführlich beschriebenen Ergebnisse in übersichtlicher Form für die anschließende Bewertung zusammenzufassen.
(3) Bewertung der landschaftsökologischen Raumeinheiten für verschiedene Nutzungen, und zwar für: Forstwirtschaft, Grünlandnutzung, Acker-

Tab. 8: Bewertung der Eigenschaften der landschaftsökologischen Raumeinheiten für den Acherbau (aus H. WEDECK *1980)*

Nr. der landschaftsökologischen Raumeinheiten	1	2	3	4	5	6	7	8	9	10	11	12	13	14	15	16	17	18	19	20	21	22	23	24	25	26	27	28	29	30	31	32	33	34	35	36	37	38
Eigenschaften																																						
Potentielle natürliche Vegetation	1	2	2	2	2	2	1	1	1	2	2	2	1	1	2	1	2	3	1	2	5	4	3	3	2	2	2	2	2	2	2	2	2	2	2	2	3	2
Reale Vegetation bei Ackernutzung (Halmfrüchte)	-	3	3	-	-	-	-	-	-	3	-	-	-	-	-	-	2	3	-	-	5	4	3	4	-	-	-	-	-	-	-	-	-	-	3	3	3	3
Relief	2	4	4	4	1	4	2	2	2	5	5	5	2	2	2	2	2	2	2	2	5	4	3	4	3	5	1	1	3	4	5	1	5	1	5	3	4	4
Bodentyp	1	2	2	1	2	2	1	1	1	2	2	2	1	1	1	1	1	3	1	1	5	4	3	3	3	2	2	2	2	2	2	2	2	2	2	2	3	2
Bodenart	1	3	3	3	1	3	1	1	1	3	3	3	3	3	3	3	5	5	3	3	5	5	3	5	5	3	3	1	1	3	3	3	3	3	3	3	3	3
Bodentemperatur	1	4	2	2	5	1	1	1	1	2	2	2	1	1	1	1	1	1	1	1	3	3	4	3	3	3	4	3	4	3	2	3	2	2	3	4	3	2
Nährstoffversorgung	1	1	1	1	2	1	3	3	5	3	3	2	3	2	2	3	5	5	5	5	4	4	3	4	4	1	1	2	1	2	1	1	1	1	3	3	4	4
Durchlüftung	1	4	1	1	5	1	1	1	2	2	3	1	2	3	3	2	2	3	2	3	5	4	5	3	3	5	5	5	5	3	5	5	3	3	5	5	3	2
Gründigkeit	3	2	3	2	5	3	3	3	3	3	4	3	3	3	3	3	4	4	3	3	5	5	3	5	5	1	1	5	5	2	1	1	2	2	2	1	4	4
Biologische Aktivität	1	1	1	1	1	1	1	1	2	3	3	1	2	2	2	2	2	3	2	3	5	4	3	2	2	1	1	2	1	1	1	1	1	1	3	3	3	2
Schichtdicke des belebten Bodens	1	1	1	1	1	1	1	1	2	2	2	1	1	1	1	2	2	3	2	3	5	4	3	2	2	1	1	2	1	1	1	1	1	1	2	2	2	2
Bearbeitbarkeit	1	2	2	1	5	2	1	1	1	3	3	2	1	1	2	1	1	3	1	2	5	5	4	2	2	1	1	1	5	1	1	1	1	1	1	1	1	1
Dränbedürftigkeit	1	4	1	1	5	1	1	1	1	2	2	1	1	1	1	1	1	1	1	1	5	4	5	2	2	5	5	5	5	3	5	5	3	3	5	5	3	2
Erosionsgefährdung	5	5	5	5	1	5	5	5	5	5	5	5	1	5	5	5	3	3	5	5	3	5	3	5	4	5	4	2	1	5	5	4	5	4	5	4	5	5
Staunässe- bzw. Grundwassereinfluß	1	5	2	2	5	2	1	1	1	2	2	2	1	1	1	1	1	1	1	1	5	3	5	2	2	5	5	5	5	3	5	5	3	3	5	5	3	2
Dauer der Feucht- bzw. Naßphasen	1	5	1	1	5	1	1	1	1	2	2	1	1	1	2	1	1	2	1	2	5	3	5	2	2	5	5	5	5	3	5	5	3	3	5	5	3	2
Wasserversorgung des Bodens	1	4	3	3	4	3	1	1	1	3	3	3	1	1	1	1	1	1	1	1	5	3	4	3	3	2	2	4	4	3	2	2	3	3	4	4	3	3
Lufttemperatur	1	4	2	3	4	2	2	1	1	4	3	3	2	2	2	1	2	2	1	1	4	4	5	3	3	3	3	2	4	3	2	2	2	2	3	4	3	3
Summe der Punkte	24	56	39	34	54	35	27	26	31	51	49	39	27	31	34	31	38	48	33	39	84	72	67	57	50	50	46	49	54	44	48	44	42	37	61	59	56	48
Umrechnung in Zahlenwerte von 1 bis 5	1,4	3,1	2,1	2,0	3,2	2,1	1,6	1,5	1,8	2,8	2,9	2,3	1,6	1,8	2,0	1,8	2,1	2,7	1,9	2,3	4,7	4,0	3,7	3,2	2,9	2,9	2,7	2,9	3,2	2,6	2,8	2,6	2,5	2,2	3,4	3,3	3,1	2,7

bau, Erholen, Wohnen, Gewerbe und Industrie, Abfallagerung, Anlage von Straßen und für Straßenverkehr, Schutzfunktion gegen die Verschmutzung von Grund- und Oberflächenwasser.
Aus der Tabelle der Eigenschaften werden jeweils die für die gerade untersuchte Nutzungsform relevanten Parameter herausgegriffen und in einer fünfstufigen Skala bewertet:
1 ungünstig – 2 ungünstig bis durchschnittlich – 3 durchschnittlich oder mäßig – 4 durchschnittlich bis günstig – 5 günstig.
Als Ergebnis ergeben sich Eignungstabellen, in denen für jede ausgeschiedene landschaftsökologische Raumeinheit die relative Eignung für eine bestimmte Nutzung bestimmt wird (Tab. 8).
Zur weiteren Verarbeitung werden die Tabellen in entsprechende Karten der räumlich differenzierten Einzelpotentiale umgesetzt. Durch eine Überlagerung der Einzelkarten gelangt H. WEDECK (1980) zu einer Karte, die ein bestimmtes Nutzungsmuster aus landschaftsökologischer Sicht empfiehlt (Abb. 28).
Dabei ist zu beachten, daß es sich lediglich um eine *Empfehlung* handelt und der Planungsträger z. B. dann, wenn einzelne Raumeinheiten für mehrere Nutzungen gleich gut geeignet sind, den größten Entscheidungsspielraum hat. Im übrigen ist jeweils zu beachten, inwieweit die betreffende Raumeinheit selbst und benachbarte Raumeinheiten durch eine Nutzung betroffen sein können, d. h., daß für den gleichen Typ von landschaftsökologischer Raumeinheit je nach Lage und Benachbarung zu anderen und den dort geplanten oder bereits vorhandenen Nutzungen recht unterschiedliche Empfehlungen auszusprechen wären.
Auf jeden Fall wird diese Entscheidung der *Nutzungsverteilung*, die zentrale raumplanerische Aufgabe, durch ein derartiges Verfahren transparent und nachvollziehbar. Entscheidend sind die Tabellen und Karten für die Eignung von Einzelnutzungen, die je nach Forschungsstand immer mehr verfeinert werden könnten. Die Abschlußkarte als Synthese der Empfehlung künftiger gesamträumlicher Entwicklung aus landschaftsökologischer Sicht muß unbedingt noch weitere Informationen verarbeiten, wie z. B. reale Nutzung, vorhandene Belastungen der Luft, des Wassers, des Bodens u. a. Der strategische Wert derartiger Bewertungen und daraus abgeleiteter Nutzungsempfehlungen liegt vor allem darin, daß im Vorfeld konkreter Nutzungsanforderungen ein aus ökologischer Sicht als sinnvoll erkanntes Nutzungsmuster entworfen werden kann, wodurch die Ökologie aus ihrer üblichen reagierenden Stellung in Planungsprozessen herauskommt.
Hiermit sind jedoch ganz *wesentliche Grundsatzfragen* verknüpft, die sich aus der Ökologie als Wissenschaft gar nicht herleiten lassen und zu denen die landschaftsökologische Forschung bisher auch wenig beigetragen hat. In Anlehnung an J. DAHL (1983) läßt sich hierzu folgendes fest-

0
1
2
km

stellen:

• Die Ökologie als Wissenschaft beschreibt das, was ist und was vor sich geht, gar nicht das, was sein soll.

• Aus der Ökologie ist keine Auskunft darüber zu erlangen, was falsch oder richtig, gut oder schlecht ist, jedes Urteil darüber ist von den Wünschen und Wertsetzungen desjenigen abhängig, der ein Urteil abgibt.

• Die Ökologie beschreibt die Vielfalt, welche unser Globus derzeit noch zu bieten hat, in ihren Zusammenhängen und Abhängigkeiten – daß diese erhaltenswert sei, ist aus der Ökologie selbst nicht herzuleiten, sondern nur aus gesetzten Normen in Form politischer Zielvorgaben.

• Jedes Ökosystem spielt sich früher oder später in einen Zustand ein, den man gern das „ökologische Gleichgewicht" nennt, d.h. es ist „intakt". Lediglich aus der Sicht des Menschen erscheinen bestimmte Ökosystemzustände als „nicht intakt", bestimmte Veränderungen als unerwünscht.

• Der als „ökologisches Gleichgewicht" bezeichnete Zustand von Ökosystemen hat den Charakter einer paradiesische und harmonische Verhältnisse suggerierenden Zauberformel bekommen und erscheint heute in der öffentlichen Diskussion als das Hauptziel aller Ökologie – während die Ökologie selbst gar kein Hauptziel kennt.

• Die so häufig beschworene Stabilität ist kein ökologischer Grundwert per se, als der sie oft ausgegeben wird. Damit erscheint auch die These über den Zusammenhang zwischen Artenvielfalt und Stabilität der Ökosysteme in einem anderen Licht.

Für alle diese Thesen führt J. DAHL (1983) einleuchtende Beispiele an, so daß deutlich wird, daß die Erkenntnisse der Ökologie, sollen sie in *politisch-planerisches Handeln* umgesetzt werden, zunächst als *Normen* formuliert werden müssen. Da dies ein überwiegend politischer Vorgang ist, dem lange Diskussionen über naturwissenschaftliche Tatsachen und den

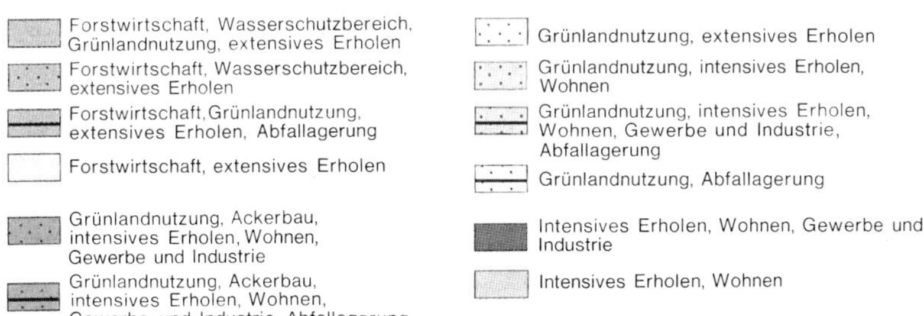

◁ *Abb. 28: Nutzungsempfehlung auf der Grundlage landschaftsökologischer Raumeinheiten. Ausschnitt aus Karte 11 (nach* H. WEDECK *1980).*

Zusammenhang mit sozialen, ökonomischen u. a. Bereichen vorausgehen, gewinnen rational nachvollziehbare Bewertungsmethoden eine grundlegende Bedeutung. Vor allem ist die Erkenntnis wichtig, daß gesellschaftliche Wertvorstellungen über ökologische Soll-Zustände keineswegs mit naturwissenschaftlich noch so exakten Analysen von wenigen Spezialisten herausgefunden und begründet werden können, sondern gesellschaftlich als Ziel formuliert werden müssen. Aus philosophischer Sicht hat sich jüngst L. HONNEFELDER (1993) mit Grundsatzfragen ökologischer Wertmaßstäbe und Ziele befaßt, insbesondere mit der Rolle der Naturwissenschaften.

Die Funktion der Ökologie als Wissenschaft besteht in diesem Zusammenhang darin, auf der Grundlage möglichst umfassender Ökosystemanalysen eine Antwort auf die Frage „*Was passiert wenn?*“ zu geben. Die Beispiele des Waldsterbens, der Zerstörung des Ozonschildes, der globalen Klimagefährdung, die weitere Ausdehnung der Wüsten etc. zeigen sehr deutlich, wie leicht Wissenschaft als Alibi für zögerliches Handeln mißbraucht werden kann und macht zugleich klar, daß selbst dramatische Veränderungen nicht notwendigerweise zu entsprechendem Handeln führen. Bei allen Bewertungsfragen landschaftsökologischer Fakten spielt letztlich der Mensch die entscheidende Rolle, er ist sowohl Bezugspunkt des Wertmaßstabes, quasi die Meßlatte, als auch der Bewerter selbst.

Die Geographie hat sich aus dieser Diskussion lange Zeit herausgehalten, erst mit der BA LVL (Anleitung zur Bewertung des Leistungsvermögens des Landschaftshaushaltes) ist es gelungen, durch Kooperation von Hochschulgeographen mit in der Praxis tätigen Diplom-Geographen ein lange Jahre vorhanden gewesenes Defizit abzubauen. Insbesondere die Diplom-Geographen, die über wünschbare und anzustrebende Zustände der Kulturlandschaft fachlich begründbare, nachvollziehbare Vorstellungen entwickeln können müssen, brauchten ganz dringend dieses Werk. Was immer noch fehlt, sind Vorstellungen der Landschaftsökologie zu der Frage, welche Umwelt wir den nach uns folgenden Generationen hinterlassen wollen, welche naturraumspezifischen Umweltqualitätsziele verfolgt werden sollten. Dazu hätte die an den Hochschulen betriebene Landschaftsökologie Vorschläge zu erarbeiten. Der bisher von der Geographie dazu gelieferte Beitrag (z. B. H. LESER 1991b) vermag nicht zu befriedigen. Auf diese Fragen wird in Kap. 7 noch einmal im Zusammenhang eingegangen.

Es lassen sich mehrere, nach L. FINKE (1981a, b) mindestens zwei grundsätzlich verschiedene Raumordnungskonzepte ökologisch begründen. Eines aus anthropozentrischer, humanökologischer Sicht, ein anderes – durchaus entgegengesetztes – aus streng naturschützerischer, also ökozentrischer Sicht. Angesprochen ist hier die Frage der Zuordnung und

Mischung bebauter Flächen zu Freiflächen und der Funktion dieser Freiräume im gesamträumlichen Nutzungsverbund.

3.3 Modelle in der Landschaftsökologie

In der Literatur der ökologischen Grundlagenwissenschaften findet sich in der Regel der Typ der Simulations- bzw. Funktionalmodelle, wo meist durch graphische Darstellungen versucht wird, den ökosystemaren Funktionszusammenhang abzubilden sowie Änderungen der Systemstruktur zu simulieren.

In den letzten Jahren wurden zunehmend Arbeiten auf der Grundlage des *systemanalytischen Forschungsansatzes* und der *Kybernetik* publiziert. Einen guten Überblick für den Bereich der Geowissenschaften publizierten H. KLUG und R. LANG (1983), aber auch H. LESER ([3]1991) geht in einem eigenen Kapitel (Kap. 3) innerhalb seiner „Landschaftsökologie" sehr ausführlich darauf ein. Unter Bezug auf R. CHORLEY und B. A. KENNEDY (1971) werden bei H. KLUG und R. LANG Korrelationssysteme, Prozeßsysteme, Prozeß-Reaktionssysteme (PRS) und Kontrollsysteme unterschieden. Diese Systeme stehen für unterschiedliche Integrationsstufen, d. h. vom Subsystem bis hin zum Geosystem.

Von besonderem Interesse für die Praxis wird die Weiterentwicklung der *Prozeß-Reaktionssysteme* sein, wo anthropogene Einwirkungen als Impuls in die Untersuchungen mit einbezogen werden. In der nächst höheren Integrations- und Betrachtungsstufe, der der *Kontrollsysteme,* wird versucht, durch die Integration anthropogener Teilsysteme Fragen der Belastung, Optimierung und Fremdregulierung naturnaher und quasinatürlicher Systeme zu lösen (H. KLUG und R. LANG 1983, S. 50).

Der für die Praxis so eminent wichtige Schritt der Aufbereitung ökologischer Daten mittels *Bewertungs-* und *Entscheidungsmodellen* wird von Grundlagenwissenschaftlern nur selten gewagt, dies geschieht in der Regel durch Bewertungsspezialisten und Fachleute der Planungs- und Entscheidungstheorie.

Der Kategorie von *Funktionalmodellen* liegt ein theoretisches Erkenntnisinteresse zugrunde. Sie sollen den Systemzusammenhang der untersuchten (Teil-)Ökosysteme rein beschreibend oder wenn möglich auch quantifiziert entweder graphisch oder mathematisch abbilden. Die Planung benötigt ebenso wie die Wissenschaft neben sektoralen Teilmodellen (z. B. die Fachplanung Wasserwirtschaft) ökologische Gesamtmodelle. Für die räumlichen Gesamtplanungen (Orts-, Regional- und Landesplanung) sind auch bereits *ökonomisch-ökologische Gesamtmodelle* (R. THOSS 1975 u. a.) zu entwickeln versucht worden (Der Rat von Sachverständigen für Umweltfragen 1974, Anhang 1).

Aus dem Bereich der Landschaftsökologie sind zunächst rein graphische Modelle erstellt worden, um den generellen Funktionszusammenhang innerhalb landschaftlicher Ökosysteme aufzuzeigen. Bei H. LESER (^{2}1978) finden sich Abbildungen und Erläuterungen so bekannter Modelle wie:

• Das allgemeine Modell der Vertikalstruktur der Landschaft von K. HERZ (1968),
• des Systems der möglichen Prozeßabläufe im primären Milieu nach W. WÖHLKE (1969),
• ein Modell der Einwirkungen natürlicher und gesellschaftlicher Prozesse auf die Komponenten der Landschaft nach H. BARSCH (1971),
• Strukturmodelle des homogenen und des heterogenen Naturraums nach H. RICHTER (1968b),
• das Modell einer „Fazies“ (Ökotop) aus der zentralasiatischen Steppe nach V. B. SOĈAVA (1971),
• Modelle nach H. RICHTER (1968a), z. B. zum Energie-, Wasser- und Substanzumsatz im homogenen Geokomplex,
• ein Modell der Territorialstruktur und der darin ablaufenden Prozesse nach H. BARSCH (1971).

Eines der bekanntesten graphischen Ökosystemmodelle ist zweifellos das von H. ELLENBERG (1973a) vorgestellte Modell eines „vollständigen“ Ökosystems (Abb. 4), das z. B. von H.-J. KLINK (1983) leicht und von K.-F. SCHREIBER (1980b) stark verändert übernommen wurde. Hier wäre auch das von T. MOSIMANN (1978, 1980; verändert auch in H. LESER 1983) entwickelte geoökologische Modell des Standortregelkreises zu nennen. Diese Modelle charakterisieren eine Entwicklungsreihe von der rein graphischen Abbildung erkannter Korrelationen bis hin zu quantifizierten Modellen (T. MOSIMANN 1980, 1984).

Ansätze zu einer genaueren bzw. verfeinerten Quantifizierung finden sich auch bei B. ULRICH (1974) und B. ULRICH u. a. (1973), allerdings unter Beschränkung auf das Subsystem Boden. Von P. DUVIGNEAUD (1975) stammt ein Versuch, das Ökosystem Stadt am Beispiel Brüssel in einem quantifizierten Modell abzubilden.

Wie bereits erwähnt, ist durch die systemtheoretischen Betrachtungsweisen die Modellbildung auch in der Landschaftsökologie/Geoökologie stark vorangetrieben worden, vor allem durch die Anwendung *mathematisch-kybernetischer Verfahren.* V. B. SOĈAVA (1974) hat diesen Vorgang als die Ablösung des Landschaftsparadigmas durch das Systemparadigma bezeichnet.

Aus der Vielzahl derartiger Arbeiten können hier nur einige beispielhaft genannt werden, z. B.: Der Versuch einer mathematisch-kybernetischen Beschreibung von Ökosystemen durch H. J. BAUER u. a. (1973); R. CHORLEY und B. A. KENNEDYS (1971) Werk über die Anwendung der System-

theorie in der physischen Geographie; O. FRÄNZLES (1978) Darstellung der Struktur und Belastbarkeit von Ökosystemen; die Arbeit von Ch. KAYSER und O. KIESE (1973) über Energiefluß und -umsatz in Ökosystemen; die frühen Arbeiten von R. MARTENS (1968, 1970) über Gestalt, Gefüge und Haushalt der Landschaft. In der DDR insbesondere die Arbeiten H. NEUMEISTERS (1971; 1978a, b; 1979; 1981) und von G. SCHMIDT (1979), ähnlich das Vorhersagemodell zur Nährstofffracht von Fließgewässern (U. STREIT 1973).
Einen zusammenfassenden Überblick aus der Sicht der Verwertbarkeit ökologischer Modelle im Rahmen einer stärker ökologisch ausgerichteten Planung gibt D. KAMPE (1980).
Verfahren zur Modellierung ökologischer Systeme vorwiegend aus dem angelsächsischen Sprachraum, die geeignet erscheinen, die ökologischen Voraussagemöglichkeiten zu verbessern, hat R. A. MÜLLER (1983) im Überblick dargestellt. Dabei geht es um die Verknüpfung von ökologischen Problemstellungen mit neueren methodischen Entwicklungen in der Voraussagetechnik.
Innerhalb der planungswissenschaftlichen Literatur finden die Arbeiten von F. VESTER (1976, 1980), vor allem das sogenannte *Sensitivitätsmodell* (F. VESTER und A. VON HESLER 1980) häufig Erwähnung, ohne daß allerdings bis heute jemals damit konkret geplant worden ist. Bezüglich der quantitativen Absicherung hält dieses Modell einem Vergleich mit anderen Arbeiten (T. MOSIMANN 1980; H. KLUG und R. LANG 1983) nicht stand, es hat aber durchaus andere Qualitäten. Dieser Wert liegt eher auf der Ebene eines Erklärungs- und Handlungsmodells, mit dessen Hilfe den politischen Entscheidungsträgern verdeutlicht werden kann, in welch kompliziertes Gefüge von Zusammenhängen und Abhängigkeiten eine geplante Maßnahme eingreift. Diese müßten dann durch Spezialuntersuchungen genauer zu erfassen versucht werden.
In den Jahren nach 1986, seit Erscheinen der 1. Auflage, ist eine Vielzahl neuerer, mehr oder weniger stark modifizierter Modelle mit landschaftsökologischer Bedeutung publiziert worden. Die neueste Entwicklung ist dadurch gekennzeichnet, daß numerische Modelle immer stärker hervortreten, so z.B. innerhalb der Projekte des MAB-Programms (z.B. O. FRÄNZLE 1991, O. FRÄNZLE et al. 1989, MAB-Mitteilungen). Parallel dazu wird versucht, oberhalb der Kausal- oder Prozeßebene (W. GROSSMANN et al.) in einer zweiten Modellebene die dynamischen Zusammenhänge in Rückkoppelungsmodellen abzubilden. Wegen der dabei auftretenden relativ hohen Datenunsicherheit kommen bestimmte Szenario- oder Simulationsmethoden zur Anwendung (DEUTSCHES NATIONALKOMITEE MAB 1986). Zusammenfassend bleibt festzustellen, daß es auf der Basis guter Daten immer besser gelingt, über unterschiedlich komplexe Ökosystemkompartimente (= Subsysteme) mathematische Mo-

delle über deren Energie-, Stoff- und Informationsflüsse zu erstellen. Selbst auf der unteren, der Kausalebene, bereitet jedoch die Entwicklung integrierter Modelle, d.h. die Kopplung der Partialmodelle, immer noch Schwierigkeiten. O. FRÄNZLE (1991) sieht mathematische Ursachen für das weitgehende Scheitern von Bemühungen, komplexe Simulationsmodelle in einem Zuge entwickeln zu wollen. Andererseits erscheint gerade die in jüngster Zeit erkannte Bedeutung von Nichtlinearität komplexer Ökosysteme überhaupt nur in mathematischen Modellen faßbar. Gerade innerhalb der MAB-Projekte werden diese Dinge mit viel Erfolg vorangetrieben, so auch im MAB-6-Projekt Berchtesgaden (vgl. J. SCHALLER u. L. SPANDAU 1987, L. SPANDAU 1988, K. TOBIAS 1991).

3.4 Einsatz der EDV in der Landschaftsökologie

Die Anwendung der Systemanalyse und -technik mit dem Ziel der mathematischen Modellbildung ist ohne den Einsatz der EDV heute gar nicht mehr vorstellbar. Deshalb gelangt sowohl in der landschaftsökologischen Forschung als auch im Bereich der ökologischen Planung die EDV immer stärker zum Einsatz.
Ein Überblick über bestehende oder geplante Informationssysteme und Datenbanken des Bundes und der Länder zu Umweltobjekten findet sich bei BLAK-UIS (1992) und bei B. SCHEELE (in DU BOIS und OTTO-ZIMMERMANN 1992). Dort sind auch *Fallbeispiele von Umweltinformationssystemen* in der kommunalen Praxis beschrieben (KIS/Würzburg, Ökologisches Planungsinstrument Berlin, UMWISS/Frankfurt/Main, UDO/Dortmund). Eine weitere Zusammenstellung von Umweltanwendungen findet sich bei DIFU (1990). Wegen der raschen technischen Entwicklung ist es nahezu unmöglich, einen umfassenden Überblick über EDV-gestützte Umweltanalysen zu geben. Eine Übersicht über den aktuellen Stand der Diskussion ist beispielsweise R. BILL und D. FRITSCH (1991), O. GÜNTHER und K.-P. SCHULZ (1992) sowie M. ASHDOWN und J. SCHALLER (1990) zu entnehmen, weiterhin der Zeitschrift Geo-Informations-Systeme des HERBERT WICHMANN VERLAGES und Konferenzbänden zu dem Themenbereich (wie z.B. AMERICAN SOCIETY FOR PHOTOGRAMMETRY AND REMOTE SENSING, 1992 sowie J. HARTS und H. OTTENS, 1993).
Hier soll nur auf einige der bekanntesten Arbeiten und der gesetzlich fixierten Aufgabenbereiche, die ohne EDV-Einsatz gar nicht zu leisten wären, eingegangen werden. Im übrigen sei auf das *Umweltplanungs- und Informationssystem* (UMPLIS) des Umweltbundesamtes verwiesen (UBA 1986), das einen umfassenden Überblick über Forschungsprojekte im Umweltbereich vermittelt, wobei deutlich wird, daß die meisten Projekte die EDV einsetzen.

Zunächst erscheint wichtig, daß die sich immer stärker auf Quantifizierung ausrichtende landschaftsökologische Grundlagenforschung in allen ökologisch arbeitenden Teildisziplinen die Vielzahl der gewonnenen Einzeldaten überhaupt nur noch rechnergestützt verarbeiten kann und daß vor allem die *mathematische Modellbildung* anders gar nicht zu leisten ist. So ist z.B. das am Geographischen Institut der Universität Hannover von T. MOSIMANN und Mitarbeitern seit 1990 entwickelte geoökologische Informationssystem (GOEKis) ohne EDV-Einsatz gar nicht vorstellbar, vor allem mit Blick auf die Methoden einer prozeßorientierten Typisierung und Abgrenzung ökologischer Raumeinheiten (s. R. DUTTMANN 1993; R. DUTTMANN, M. FRANKE und R. STELZER 1993). Im Rahmen des nationalen Beitrages zum MAB-6-Projekt „Einfluß des Menschen auf Hochgebirgsökosysteme im Nationalpark Berchtesgaden" wurde die Fortentwicklung von Methoden und Instrumentarien der Ökosystemaren Umweltbeobachtung (ÖUB) sowie Anforderungen und Möglichkeiten zur Einbindung von EDV untersucht (vgl. M. ASHDOWN und J. SCHALLER 1990, J. SCHALLER und J. DANGERMOND 1991).

Von herausragender Bedeutung sind die Umweltinformationssysteme (UIS), die derzeit zahlreiche Anwendungen finden, auf kommunaler Ebene wie bei Bund und Ländern, aber auch international. Ein UIS kann beschrieben werden als EDV-Instrumentarium für den Umweltschutz, das koordinatenbezogene, numerische und Textdaten über alle Umweltbereiche, bezogen auf unterschiedliche Räume und Ebenen, bereithält und das eine Auswertung der Daten hinsichtlich umweltrelevanter Fragestellungen ermöglicht. Die technische Umsetzung von UIS erfolgt mit Hilfe von *Geographischen Informationssystemen* (GIS), UIS stellen dabei eine Konkretisierung allgemeiner GIS dar. Nach R. BILL und D. FRITSCH (1991, S. 5) ist GIS „ein rechnergestütztes System, das aus Hardware, Software, Daten und den Anwendumgen besteht. Mit ihm können raumbezogene Daten digital erfaßt und redigiert, gespeichert und reorganisiert, modelliert und analysiert sowie alphanumerisch und graphisch präsentiert werden." Weitere häufig verwendete Begriffe für EDV-Anwendungen in der Landschaftsökologie sind Landinformationssysteme (LIS) und Landschaftsinformationssysteme, wobei die Begriffe jeweils aus den Nutzungszielen der Syteme abgeleitet sind. Ein Standardsystem für UIS gibt es dabei nicht, der Aufbau eines UIS ist vom Einsatzbereich und von der jeweiligen Fragestellung abhängig. Schwerpunkte liegen derzeit vor allem auf den Bereichen der Datenerfassung und -darstellung und damit vor allem bei der Umweltbeobachtung.

Bei UIS-Anwendungen kann man unterscheiden zwischen räumlich übergeordneten Anwendungen und kommunalen UIS. Als international bedeutsame Anwendungen sind das UNEP Umweltbeobachtungssystem GEMS, das die Sammlung von globalen, regionalen und nationalen

Umweltdaten und ihre Aufbereitung zum Ziel hat (BLAK-UIS, 1992), sowie das CORINE Programm der EG zu nennen. Bei CORINE wird neben dem Sammeln von Informationen über den Zustand der Umwelt insbesondere das Ziel verfolgt, durch Schaffung einheitlicher Nomenklaturen und Definitionen die Vergleichbarkeit von Daten zur Umwelt innerhalb der EG zu ermöglichen (siehe KOMMISSION DER EURPÄISCHEN GEMEINSCHAFTEN 1991).
Auch auf der Ebene des Bundes und der Länder gibt es derzeit eine Reihe von Datenbanken und Informationssystemen, deren Daten einzeln, verknüpft oder auch bereits bewertet abgerufen werden können, meist auch in Form von Computerkarten. Eine Übersicht liefert BLAK-UIS (1992). Das oben erwähnte UMPLIS kann dabei als zentrales Umweltinformationssystem zur Aufarbeitung und Verfügbarmachung von Umweltzustandsdaten bezeichnet werden, es umfaßt derzeit u. a. Datenbanken und Informationssysteme zum Bereich Luft (LIMBA, SMOG, EMUKAT) und Binnengewässer (HYDABA). Für die Landschaftsökologie von besonderer Bedeutung ist das *Landschaftsinformationssystem* LANIS, das beim Bundesamt für Naturschutz (BfA) entwickelt wurde. Dieses Fachinformationssystem umfaßt u. a. die Bundesflächendatenbank für Naturschutz und Landschaftspflege (BDNL), die bei der früheren Bundesforschungsanstalt für Naturschutz und Landschaftsökologie (BFANL) betrieben wurde, sowie Fachdatenbanken mit Daten zu Artenlisten der Tiere und Pflanzen, Naturschutzgebietsbeschreibungen, Biotoptypenlisten u. v. m.. Weitere bedeutsame Fachinformationssysteme anderer Bundesbehörden sind das statistische Bodeninformationssystem (STABIS) des Statistischen Bundesamtes und das Informationssystem „Laufende Raumbeobachtung“ der Bundesforschungsanstalt für Landeskunde und Raumordnung (BfLR). Hervorzuheben ist noch das *Amtliche Topographisch-Kartographische Informationssystem* (ATKIS) der Arbeitsgemeinschaft der Vermessungsverwaltungen der Länder der Bundesrepublik Deutschland (AdV). Auf der Grundlage von digitalen Landschaftsmodellen (DLM) und Digitalen Kartographischen Modellen (DKM) stellt ATKIS topographisch-kartographische Informationen in digitaler Form in drei Maßstäben zur Verfügung und liefert damit eine einheitliche topographische Grundlage. Die zahlreichen Aktivitäten der Länder sind in BLAK-UIS (1992) aufgelistet. Einen Überblick vermittelt Abb. 29.
Von zunehmender Bedeutung sind auch die kommunalen UIS, die insbesondere in Großstädten zur Wahrnehmung der zahlreichen Verwaltungsaufgaben der Kommunen im Umweltschutz eingesetzt werden. Beispiele

Abb. 29: Bestehende oder geplante Informationssysteme und Datenbanken zu Umweltobjekten (aus: B. SCHEELE *1992, S. 29).* ▷

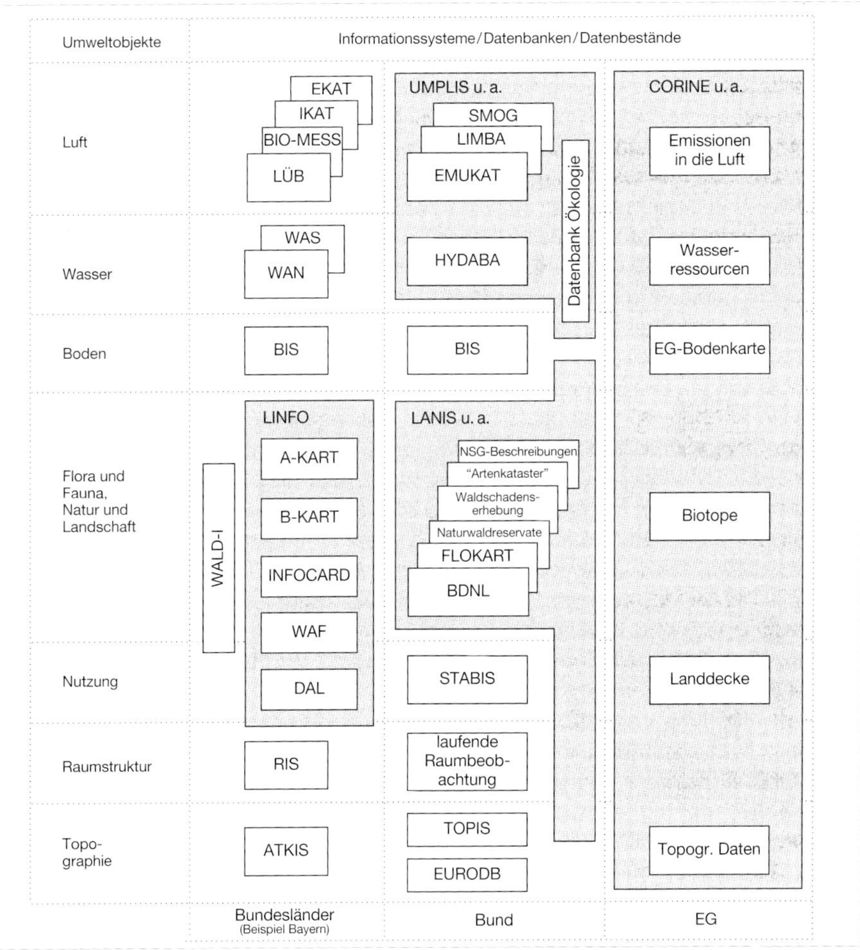

Abkürzungen:

A-KART	Artenschutzkartierung
AKTIS	Amtliches Topographisch-Kartographisches Informationssystem
B-KART	Biotopkartierung
BDNL	Bundesflächendatenbank für Naturschutz und Landschaftspflege
BIO-MESS	Bioindikatormeßnetz
BIS	Bodeninformationssystem
CORINES	Coordination of Information on the Environment
DAL	Digitaler Agrarleitplan
EKAT	Emissionskataster
EMUKAT	Emissionsursachenkataster
EUROOB	Weltkarte 1 : 1 000 000, Datenbestand Westeuropa
FLORKART	Datenbank Florenkartierung
HYDABA	Hydrologische Datenbank
IKAT	Immissionskataster
INFOCARD	Landschaftskartei
LANIS	Landschafts-Informationssystem
LIMBA	Luftimmissionsdatenbank
LINFO	Landschaftsinformationssystem
LÜB	Luftüberwachung
RIS	Rauminformationssystem
SMOG	Smog-Frühwarnsystem
STABIS	Statistisches Bodennutzungsinformations system
TOPIS	Topographisches Informationssystem für die Bundeswehr
UMPLIS	Umweltplanungs- und Informationssystem
WAF	Waldfunktionsplan
WALD-I	Informationssystem für Waldschadensforschung
WAN	Informationssystem für Wasserforschung
WAS	Wasserwirtschaftliches Informations- und Meßsystem

sind KIS/Würzburg, UMWISS/Frankfurt/Main, UDO/Dortmund und Ökologisches Planungsinstrument Berlin. W. DU BOIS und K. OTTO-ZIMMERMANN (1992) leiten aus den kommunalen Umweltaufgaben drei grundlegende Datenkategorien ab: Daten über die Schutzgüter, über die Belastungsfaktoren und ihre Wirkungen sowie über Verursacher von Belastungen, die in den Kommunen von Bedeutung sind.

Beim Einsatz von EDV in der Landschaftsökologie gibt es zahlreiche offene Fragen und Problemstellungen, die hier nicht im einzelnen diskutiert werden können. Im folgenden sollen deshalb nur kurz einige wichtige Problembereiche angesprochen werden.

1.) Leistungsfähigkeit von Umweltinformationssystemen

Auch wenn hier die Meinungen sehr weit auseinandergehen, kann man nicht umhin, auf die Kritik von P. KNAUER (1992, S. 174) hinzuweisen, der ausführt „die Verfechter von UIS'n bewegen sich oft hart am Rande der Unseriosität, wenn sie (oft stillschweigend) versprechen, ihre UIS'en wären in absehbarer Zeit in der Lage, die natürlichen Ökosysteme abzubilden und damit besser steuerbar zu machen.“ Auch wenn durch die Nutzung der EDV die Weiterentwicklung insbesondere numerischer Modellansätze in den letzten Jahren auf breiter Basis betrieben wurde, so beispielsweise im Zusammenhang mit verschiedenen MAB-Projekten, so ist doch in Frage zu stellen, ob eine *modellhafte Abbildung von Ökosystemen* grundsätzlich überhaupt möglich ist. Offene Fragen liegen dabei beispielsweise in der Integration von Modellen zu den verschiedenen Umweltmedien oder hinsichtlich der Übertragbarkeit von Erkenntnissen über Ökosystemfunktionen auf andere raum-zeitliche Maßstäbe (vgl. hierzu E.-W. REICHE und R. ZÖLITZ-MÖLLER 1992).

2.) Prognosefähigkeit von Umweltinformationssystemen

Im Zusammenhang mit den Grenzen modellhafter Abbildung von Ökosystemen ist die *Prognosefähigkeit von UIS* kritisch zu beurteilen. Gerade die Möglichkeit der Prognose ist eine bedeutsame Aufgabe von UIS, sowohl in der Grundlagenforschung als auch in der ökologischen Planung. Die bei der Prognose zur Anwendung kommenden numerischen Simulationsmodelle können nur dann eine hinreichende Genauigkeit erreichen, wenn der Modellansatz genügend abgesichert ist. Je komplexer das simulierte Ökosystem ist – wenn beispielsweise mehr als ein Umweltmedium untersucht wird – desto höher sind dabei die Anforderungen an die Modellbildung. E.-W. REICHE und R. ZÖLITZ-MÖLLER (1992, S. 233) weisen darauf hin, daß „durch einen UIS-Einsatz und den Versuch einer (nachträglichen) Harmonisierung von Umweltdaten eine echte Datenintegration für Zwecke der Wirkungsanalyse und Prognose“ nicht „unmittelbar erreicht wird“ und sehen auf diesem Gebiet noch Forschungsbedarf.

3.) Bewertung mit Hilfe von Umweltinformationssystemen

Wegen der oben angesprochenen noch offenen Fragestellungen ist beim Einsatz von UIS für Bewertungen, wie beispielsweise bei der Durchführung einer UVP, das Ergebnis besonders kritisch zu hinterfragen. Es ist festzustellen, daß die vorgenommenen, rechnergestützten Verknüpfungen der Daten zu oft hochaggregierten Urteilen, Werten oder Indices auf zum Teil recht vagen Informationen über örtliche Verhältnisse und ebenso vagen Annahmen über deren ökofunktionalen Zusammenhang beruhen. Darüberhinaus ist die Frage zu stellen, wie die Richtigkeit einer rechnergestützten Beurteilung, z. B. eines Eingriffes, überprüft werden kann, wenn die durchgeführten Rechenvorgänge so aufwendig und komplex sind, daß sie nur mit Rechnerunterstützung nachvollziehbar sind. Auch ist fraglich, wie die *Transparenz* von rechnergestützten Bewertungsverfahrens gerade gegenüber den betroffenen Bürgern und der Öffentlichkeit hergestellt werden kann, um damit die *Akzeptanz* von Entscheidungen zu verbessern.

4.) Bearbeitungsaufwand und Anforderungen an die Nutzer von UIS

Fast übereinstimmend wird in der Literatur (siehe z. B. O. GÜNTHER und K.-P. SCHULZ 1992) auf den erheblichen Aufwand hingewiesen, der sowohl in finanzieller als auch in personeller Sicht für die Entwicklung, Einrichtung und Pflege von UIS erforderlich ist. D. GRÜNREICH (1992) schätzt dabei die Kostenrelation zwischen den Hauptkomponenten Hardware, Methoden und Daten mit etwa 1 : 5 : 25 ab. Insbesondere die Datenbeschaffung und die Aktualisierung von Datenbeständen sind, bedenkt man die große Anzahl von in der Regel erforderlichen Daten, mit enormem Aufwand verbunden. Nicht zu unterschätzen sind auch die Anforderungen an die *Ausbildung der Anwender*. Auch wenn sich, vor allem durch den vermehrten Einsatz graphischer Benutzeroberflächen, die Bedienung von UIS oft wesentlich vereinfacht hat, bleiben die Anforderungen an die Nutzer weiterhin hoch. Wenn der künftige Planer mit derartigen Informationssystemen sinnvoll umgehen können soll, dann setzt dies eine entsprechende Ausbildung während des Studiums voraus.

Aus diesen Fragen darf keineswegs der Schluß gezogen werden, daß UIS nichts taugen. Es muß lediglich gefordert werden, daß sie – und insbesondere die zugrundegelegten Modelle – dem jeweiligen Kenntnisstand der Ökosystemforschung angepaßt werden. Daraus folgt, daß Ökosystemforschung mit der Zielsetzung einer möglichst vollständigen Erfassung des stofflichen und energetischen Geschehens als Funktionszusammenhang an möglichst allen repräsentativen Ökosystemen der Bundesrepublik Deutschland weiter vorangetrieben werden muß, um EDV-gestützte *Analyse-, Bewertungs- und Entscheidungsmodelle* ständig verbessern zu können. Da die Planung jedoch nicht einige Jahrzehnte auf ökologische Forschungsergebnisse warten kann, ist es erforderlich, mit EDV-gestützten Modellen auf der Grundlage des heutigen lückenhaften Wissens das Best-

mögliche an Entscheidungshilfen bereitzustellen.
Wenn eines Tages Landschaftsdatenbanken mit einer hohen räumlichen Dichte an Informationen existieren, die jederzeit Karten beliebigen Inhaltes (als Kombination von Einzelinformationen) ausdrucken können, wird sich das Problem der *planungsrelevanten ökologischen Raumgliederung* von selbst erledigen. Dann wird auch der alte Streit um den Sinn einer aufwendig als Farbkarte erstellten, universell verwendbaren Raumgliederung durch die technische Entwicklung und den Fortgang wissenschaftlicher Erkenntniss überflüssig.

4 Beispiele für die Bedeutung landschaftsökologischer Forschungsergebnisse in der Praxis

Im folgenden sollen wichtige ökologische Grundprinzipien und Theorieansätze vorgestellt und Arbeitsbereiche der ökologischen Wissenschaft skizziert werden, die leider noch wenig Anwendung in der *Planungspraxis* finden. Hier wäre zuallererst das Arbeitsgebiet der *Stadtökologie* zu nennen, das immer mehr in das öffentliche Bewußtsein rückt, in der Planungspraxis zwar einige lobenswerte Beispiele hervorgebracht, bisher jedoch noch zu keiner nennenswerten Umorientierung hin zu einer ökologischen Stadtentwicklungsplanung geführt hat.

4.1 Stadtökologie

Unter allen mensch-organisierten Ökosystemen stellen Städte, speziell große Industriestädte und industrielle Ballungsräume, einen Ökosystem-Typ dar, in welchem der anthropogene Einfluß am deutlichsten hervortritt. Im Laufe seiner Evolution haben sich Stellung und Funktion des Menschen innerhalb der von ihm genutzten Ökosysteme entscheidend verändert, was in den *urban-industriellen Ökosystemen,* nach H. ELLENBERG (1973b) einer von fünf MEGA-Ökosystem-Typen der Erde, inzwischen so weit gerührt hat, daß zumindest zeitweise die eigene Existenzfähigkeit in Bedrängnis gerät (z. B. während sog. Smog-Wetterlagen).
In Anlehnung an U. KATTMANN (1978) ist hierzu festzustellen, daß der Mensch im Laufe seiner Evolution die von ihm besetzte *„ökologische Nische"* ständig erweitert hat. Das geschah vor allem durch den Einsatz von Werkzeugen, Kleidung, Nutzorganismen (z. B. Haustiere, landwirtschaftliche Anbauprodukte), Technik (angefangen vom Hausbau bis zur heutigen Großtechnologie) und besonders durch den Einsatz von zusätzlicher Energie. Verbunden mit den verschiedenen Formen des sozialen Zusammenlebens, hat sich der Mensch zunehmend von seiner ursprünglichen Umwelt gelöst. Spätestens seit Anfang der siebziger Jahre unseres Jahrhunderts ist durch die weltweite Umweltschutzdiskussion jedoch klar geworden, daß der Mensch sich nicht aus der Biosphäre lösen kann. Für urban-industrielle Ökosysteme bedeutet dies, daß sie als *„Ökoparasiten"* über ökofunktionale Zusammenhänge durch funktionsfähige landschaftliche Ökosysteme in ihrer Umgebung am Leben gehalten werden.

Ein Blick auf das Modell eines sich selbst regulierenden Ökosystems zeigt (siehe Abb. 4), daß die Produzenten in der Stadt absolut unterrepräsentiert sind, daß auch die Zersetzer mit den anfallenden Abfallstoffen nicht fertigwerden können und daß die Konsumenten bei weitem überwiegen. Dabei wird die Gruppe der Konsumenten in diesem Schlüsselarten-Ökosystem (P. MÜLLER 1977b, 1992) durch den fast in Monokultur vorkommenden Menschen repräsentiert, der in der Individuenzahl in unseren Städten nur noch von den Ratten übertroffen wird. Ohne daß aus dem Umland Luft, Wasser, Nahrungsmittel und Energie in die Stadt gelangen oder transportiert werden, wären Großstädte heutigen Zuschnitts ökologisch gar nicht lebensfähig. Quasi als „Gegenleistung" gelangen schadstoffbeladene Luftmassen, Abwässer, feste Abfälle und andere Abprodukte des *städtischen Stoffwechsels* in das Umland.
Spätestens am *urban-industriellen Schlüsselarten-Ökosystem Stadt* stellt sich die Frage, inwieweit planungsrelevante ökologische Forschung sich nicht als *Humanökologie* zu verstehen hat, d.h. die Analyse, Bewertung und Verbesserung der ökologischen Lebensbedingungen des Menschen zu ihrem Hauptziel zu erklären hätte. Die zentrale Frage ist, wie das zur Selbstregulation nicht mehr befähigte Ökosystem Stadt derart in ein großräumig funktionsfähiges System landschaftlicher Ökosysteme eingebunden werden muß, daß durch diese ökologischen Stadt-Umland-Beziehungen die Lebensfähigkeit der Stadtbewohner, deren „Vitalsituation", langfristig und nachhaltig gesichert wird.
Heute bereits erscheint sicher, daß hierzu wirksame Maßnahmen im Bereich des *technischen Umweltschutzes,* d.h. Emissionsverminderungsmaßnahmen, dringend erforderlich sind. Darüber hinaus muß, wo irgend möglich, auch in der Stadt versucht werden, zur Selbstregulation befähigte kleinräumige Systeme wieder herzustellen. Letzteres hat im Rahmen der städtischen Freiraumplanung zu geschehen.
Um die Stadt- und Stadtentwicklungsplanung künftig stärker ökologisch auszurichten, bedarf es seitens der *stadtökologischen Grundlagenforschung* noch sehr vieler Analysen des Ist-Zustandes, dessen Erklärung und Bewertung und darauf aufbauend des Entwurfes ökologisch begründeter, rational nachvollziehbarer Stadtmodelle.
Inzwischen ist die *stadtökologische Forschung,* die ja im Bereich des Stadtklimas schon auf eine recht beachtliche Tradition zurückblicken kann, auch im Bereich der bioökologischen Stadtforschung zu vielen interessanten Ergebnissen gekommen. Dabei taucht das Problem auf, daß die Stadt inzwischen für viele Tier- und Pflanzenarten die Funktion eines Rückzugbiotops bekommen hat, besonders auf innerstädtischen Brachflächen und in locker bebauten Stadtrandbereichen, aber auch auf sog. Altlasten (W. SCHULTE 1992). Diese Erkenntnisse könnten auch von konkurrierenden, mehr ökonomisch orientierten Nutzungen in ihrem Sinne

interpretiert und angewandt werden. H. ELLENBERG (1973b) hat bereits vorgeschlagen, den nach Art und Ausmaß unterschiedlichen Einfluß des Menschen auf die natürlichen Ökosysteme in eine Klassifikation der Ökosysteme unbedingt aufzunehmen, da eine Nichtberücksichtigung des räumlich-funktionalen Zusammenhanges graduell unterschiedlich vom Menschen beeinflußter Ökosysteme *„praktisch wenig brauchbar sein wird"* (H. ELLENBERG 1973b, S. 238).

Die Rolle des Menschen spielt sowohl für die Entstehung der heutigen Ökosysteme (auch für Naturschutzgebiete, z. B. Lüneburger Heide) als auch für deren heutige Stoffkreisläufe, vor allem aber den Energiehaushalt, eine entscheidende Rolle. Vor allem aus energetischer Sicht nimmt der Mensch durch den Einsatz von fossilen Brennstoffen, Kernenergie usw. innerhalb der urban-industriellen Ökosysteme eine Sonderstellung ein. Der *Einfluß des Menschen* auf die *Ökosysteme* läßt sich nach H. ELLENBERG (1973b, S. 238) wie folgt systematisieren:

(1) Entnahme organischen und anorganischen Materials (Mineralien, Wasser), die für den Haushalt des jeweiligen Ökosystems wichtig sind.

(2) Zufuhr von organischen und anorganischen Materialien, wie z. B. Dünger, Abfälle usw., aber auch das Einbringen neuer oder das Konzentrieren von Lebewesen.

(3) Vergiftung der Lebewesen oder einzelner Organismengruppen von Ökosystemen durch Zufuhr von Stoffen, die unter natürlichen Bedingungen im Haushalt des Ökosystems nicht vorkommen, auf welche die Biozönose sich im Verlauf der Evolution nicht hat einstellen können.

(4) Veränderungen des Artengefüges durch Einführung fremder Arten oder, was heute weitaus häufiger vorkommt, durch Behinderung und schließlich Ausrottung vorhandener Arten.

Diese *Typen menschlichen Einflusses* auf natürliche Ökosysteme können einzeln oder in Kombination, wie z. B. im Ökosystem Stadt, vorkommen. Sie dienen zunächst einer rein wissenschaftlichen Klassifikation von Ökosystemen nach funktionalen Gesichtspunkten, sie stehen weder für eine Bewertung noch lassen sich Handlungsstrategien oder gar als notwendig erscheinende Gegensteuerungsmaßnahmen daraus ableiten. Die grundlegende Frage besteht darin, zu klären, ob wann der steuernde Einfluß des Menschen auf die Ökosysteme ein solches Maß erreicht, daß die Fähigkeit des Ökosystems zur Selbstregulation, nach H. ELLENBERG (1973a) das wesentliche Definitionskriterium, außer Kraft tritt und dann der Mensch ständig steuernd einzugreifen hat. Diese *„Außensteuerung"* durch den Menschen ist ungeheuer energieaufwendig, besonders in urban-industriellen Ökosystemen. Mittlerweile gilt dies jedoch auch für Agroökosysteme.

Um diesen Unterschied deutlich herauszustellen, haben U. KATTMANN (1978) und F. ZACHARIAS und U. KATTMANN (1981) selbstorganisierende (naturnahe) und mensch-organisierte Ökosysteme unterschieden und darür sehr klare graphische Modelle entwickelt (Abb. 30 und 31).

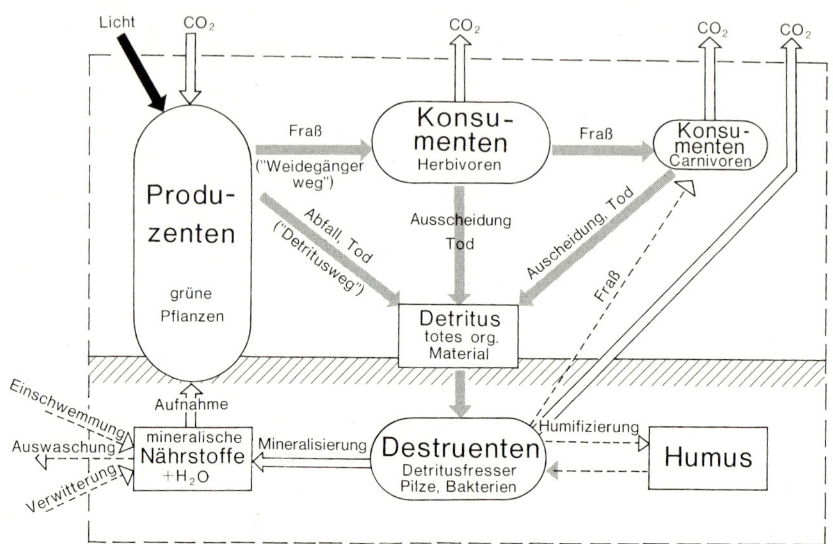

Abb. 30: Modell eines selbstorganisierenden Landökosystems (nach A. GIGON *1974 und* F. ZACHARIAS *und* U. KATTMANN *1981).*

Für die Entstehung dieser *mensch-organisierten Ökosysteme* – dies gilt vor allem für Städte und industrielle Ballungsräume – machen F. ZACHARIAS und U. KATTMANN (1981a, b) die Auslagerung (Dislokation) menschlicher Populationen als Hauptkonsumenten aus dem ehemals engen Raumzusammenhang mit den Produzenten verantwortlich. Große Städte werden aus dieser Sicht ökologisch als *„Konsumentenexklaven"* bezeichnet. Diese extreme Dislokation der Systemteile mensch-organisierter Ökosysteme ist überhaupt nur möglich durch einen ständigen und hohen Einsatz externer Energie (Abb. 31, Energieeinsatzpunkte).
Damit ist das *Prinzip der räumlich-funktionalen Arbeitsteilung* auch in der Terminologie der Ökosystemlehre faßbar: Den überwiegend agrarisch und forstlich genutzten ländlichen Räumen als Produzentenbereiche stehen die Ballungsräume als Konsumentenbereiche gegenüber, und zwar räumlich getrennt. Im Gegensatz zu üblichen Darstellungen, die von der räumlichen Integrität eines Ökosystems ausgehen, wird hier ganz bewußt die räumliche Trennung des agrarisch-forstlichen vom urban-industriellen Bereich als ökofunktionale Einheit ein und desselben mensch-organisierten Ökosystems erkannt.

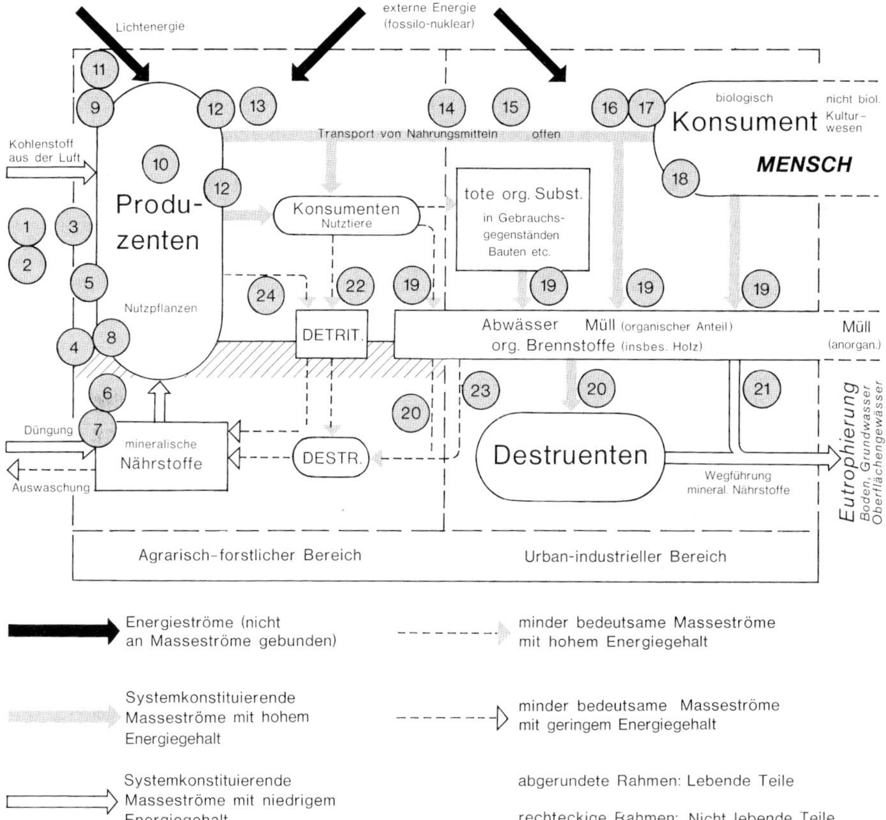

Abb. 31: Modell eines mensch-organisierten Landökosystems mit sog. „Energiepunkten" (nach F. ZACHARIAS *und* U. KATTMANN *1981).*

Dieser Ansatz ist zunächst sicherlich nur von heuristischem Wert, er könnte jedoch die landschaftsökologische Raumgliederung entscheidend befruchten, indem dadurch eine sinnvolle Leitlinie für eine stärker auf den Menschen bezogene *landschaftsökologisch-funktionale Raumgliederung* gegeben ist. Insbesondere für die Verwendung in der Planungspraxis zeichnen sich hier Möglichkeiten ab, Raumordnungskonzepte aus ökologischer Sicht bewerten und ökologisch idealtypische räumliche Nutzungsverteilungskonzepte entwickeln zu können. In diesem Zusammenhang sei auf die Theorie der ökologischen Landnutzungsplanung nach W. HABER (1972) hingewiesen.

Wenn man feststellt, daß Städte ohne einen *ökologischen Ergänzungs- oder Ausgleichsraum* nicht lebensfähig sind, dann gilt es zunächst ein-

mal, das (Teil-)Ökosystem Stadt zu erfassen, den dort vorhandenen Bedarf nach ökologischen Leistungen aus der Umgebung zu ermitteln und zu versuchen, diesen ökologischen Leistungsaustausch planerisch zu sichern. Hier muß die stadt- und landschaftsökologische Grundlagenforschung ansetzen, um aus einer detaillierten Analyse den planungspolitischen Handlungsbedarf abzuleiten.
Zur Darstellung weiterer stadtökologischer Phänomene, z.B. Stadtklimatologie und Stadtbiota, kann auf den Band „Stadtgeographie" (B. HOFMEISTER 1993, Kap. 8) dieser Reihe verwiesen werden. Seit Erscheinen der 1. Auflage dieses Buches hat sich gerade im Bereich der Stadtökologie viel bewegt, in der Praxis angezeigt durch Schlagwörter wie: ökologische Stadterneuerung, ökologischer Stadtumbau, ökologische Stadt der Zukunft (MURL und MSV 1993), ökologisches Bauen, ökologisches Gewerbegebiet u.v.a.m.. Alle diese sehr wichtigen Strömungen können hier aus Platzgründen lediglich erwähnt werden – ihre seriöse Behandlung erforderte einen eigenen Band „Stadtökologie". Die wichtigsten Entwicklungslinien seien wie folgt skizziert.
Es sind einige sehr wichtige zusammenfassende Werke neu bzw. wieder erschienen: B. KLAUSNITZERS ([2]1993), Werk zur Großstadtfaune als wichtige Ergänzung der Großstadtflora von R. WITTIG (1991), der zusammenfassenden Stadtökologie Berlins durch H. SUKOPP (1990) und das von H. SUKOPP und R. WITTIG (1994) herausgegebene Lehrbuch „Stadtökologie" markieren einen deutlichen Zugewinn an wissenschaftlicher Erkenntnis.
P. MÜLLER (1992), der sich seit vielen Jahren am Beispiel Saarbrücken mit Stadtökologie befaßt, hat einen noch viel zu wenig beachteten Beitrag zu der Frage geliefert, inwieweit das System Stadt bzw. der Ballungsraum eines eigenen, spezifischen Ökosystem- und Forschungsansatzes bedarf. Er spricht von „einer falschen Synonymisierung von Stadtökologie und urbaner Ökosystemforschung" und fordert für eine urbane Ökosystemforschung eine Hinwendung zu dem Forschungsziel, „die bisher häufig genug getrennt behandelten, getrennt beforschten und getrennt beplanten Ebenen der Produktion, der Konsumation und der Destruktion (= Entsorgung) in einem systemaren Verbund zu sehen, wieder zusammenzuführen und in ihren innerstädtischen Kreisläufen aber auch Widersprüchlichkeiten aufzuklären sowie ihre subtilen Verbindungen zum Stadtumland und der Welt zu analysieren" (a.a.O. S. 131).
Aus der Sicht der Planungspraxis ist dem nichts hinzuzufügen. Es ist im Gegenteil äußerst begrüßenswert, daß P. MÜLLER neuerdings sogar die Meinung vertritt, „daß zur Erforschung der die Stabilität und Dynamik urbaner Ökosysteme bestimmenden Faktoren die naturwissenschaftlichen Disziplinen allein nicht ausreichen" (a.a.O. S. 131). Immerhin hat gerade dieser profilierte Bioökologe früher die Gefahr gesehen, daß naturwissenschaftlich-ökologische Forschung durch geisteswissenschaftliche Speku-

lation ersetzt werden könnte (P. MÜLLER 1973) und selbst häufig den Eindruck erweckt, als spielten die Interessen der Menschen in der Stadt bestenfalls eine Nebenrolle. Ganz aus der Sicht eines an herausgehobener Stelle politisch Handelnden versteht E.-H. RITTER (1989) Stadtökologie als einen Wissenschaft, Verwaltung und Politik umspannenden Begriff. Je stärker der Mensch in das Zentrum der Forschung und einer ökologischen Stadtentwicklungspolitik rückt, um so schwieriger wird es, diesen Wissenschaftsbereich überhaupt noch gegen „nicht ökologische" Aspekte im Forschungsfeld Stadt abzugrenzen. L. FINKE (1993a) hat versucht, ausgehend von einem ausgesprochen anthropozentrischen Verständnis, aufzuzeigen, wie bereits heute generelle Ziele für eine stärker ökologisch ausgerichtete Stadtentwicklung zu formulieren wären. Diese Expertise hat der Kommission „Zukunft Stadt 2000" vorgelegen und ist mit eingeflossen (BMBau 1993b).

4.2 Agrar- und Forstökologie

In der agrar- und forstwirtschaftlichen Forschung und Praxis gibt es bereits sehr lange einen angewandt-ökologischen Zweig. Hier können nur einige der wichtisten Fragestellungen skizziert werden.

4.2.1 Agrarökologie – Agrarplanung

In Kap. 2.2.2.2.1 ist in Zusammenhang mit der Ökosystemforschung anhand des Modells eines Landökosystems (Abb. 5, S. 32) bereits dargelegt worden, daß zur Minimalausstattung eines *funktionsfähigen Ökosystems* lediglich autotrophe Pflanzen und abfallverzehrende bzw. mineralisierende heterotrophe Organismen erforderlich sind. Zur Aufrechterhaltung der Funktionsfähigkeit kann sogar die Zahl der beteiligten Pflanzenarten stark verringert werden, solange die Zahl der bestandsabfallverarbeitenden Arten nur groß genug ist, daß die vollständige Remineralisierung garantiert bleibt.

Mit dem Typ des *Agroökosystems* liegt ein Fall vor, wo der Mensch ganz gezielt das System verändert, indem die Zahl der pflanzlichen Systemteile z. B. durch Hacken, Herbizideinsatz etc. zugunsten der jeweiligen Kulturpflanzen stark verringert wird. Im Extremfall liegt, wie bei vielen unserer heutigen Maisfelder, eine Monokultur vor. Eine eher ungewollte Nebenwirkung der *„chemischen Außensteuerung"* der Agroökosysteme ist, daß auch die Zahl der Destruentenarten abnimmt.

Da dem Agroökosystem durch die Ernte ständig Energie und Nährsalze entzogen werden, kann der *Nährstoffrückfluß* aus der Remineralisierung nicht ausreichen, um langfristig gleichbleibende Erträge zu sichern- es ist also in jedem Falle eine Düngung erforderlich. Über die Art der Düngung, reine Kunstdüngerzugabe oder Recyclingwirtschaft mit Gülle und Stallmist, wird immer noch sehr kontrovers diskutiert (H. BICK 1982). Heute interessieren insbesondere die *(ökologischen Aus- und Nebenwirkungen* der modernen, hochtechnisierten, in starkem Maße chemisch

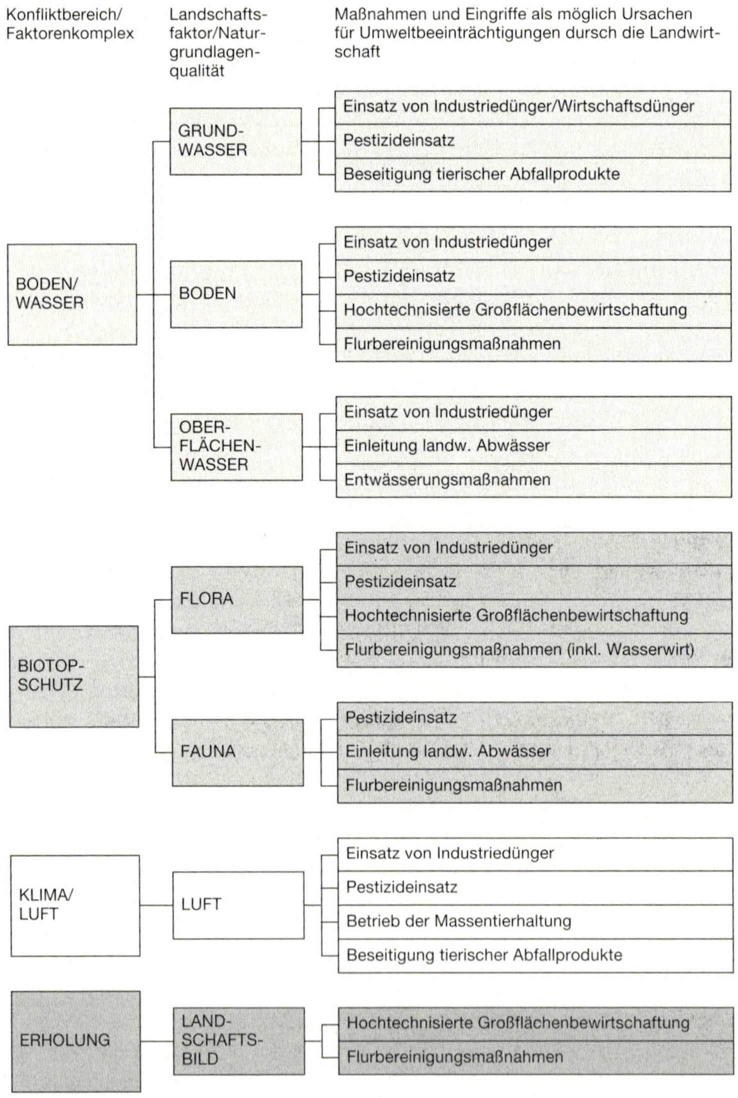

gesteuerten, industriell betriebenen Landwirtschaft. Die Destabilisierung der Agroökosysteme erfordert ein immer größeres Maß an energieaufwendiger Außensteuerung durch den Menschen. Da das direkte Umfeld der meisten Ballungsräume zu den agraren Intensivzonen gehört, ergibt sich die Situation, daß die als „ökologische Lasträume" (H. LESER 1975b) zu bezeichnenden Ballungsräume vom ökologisch selbst destabilisierten ländlichen Raum gar nicht mehr all die ökologischen Leistungen erwarten können, die diese nach dem Konzept der funktionsräumlichen Arbeitsteilung eigentlich für die Ballungsräume erbringen sollten. Die Belastung des ländlichen Raumes hat im Gegenteil bereits dazu geführt, daß Tiere und Pflanzen sich von dort in die Stadt zurückgezogen haben (Kap. 4.1).
Zu den offiziellen Zielen der bundesdeutschen Agrar- und Ernährungspolitik zählen u. a. die „Erhaltung und Sicherung der Funktions-, Leistungs- und Nutzungsfähigkeit von Natur und Landschaft". Aus der Vielzahl der einschlägigen Publikationen (z. B. G. W. COX und M. D. ATKINS 1979; Der Rat von Sachverständigen 1978, vor allem aber das Sondergutachten 1985, H. BICK 1982) muß als Fazit diese ökologische Zielsetzung der Agrarpolitik als nur noch in Ansätzen existent angesehen werden.
Unter ökologischen Aspekten stehen heute folgende Fragen im Mittelpunkt des wissenschaftlichen und öffentlichen Interesses:

- Wie können die offensichtlichen Nachteile, die dem modernen *„konventionellen" Landbau* anhaften, durch stärkere Anwendung ökologischer Prinzipien und Gedankengänge zumindest gemildert werden? Das besonders vom Umweltgutachten 1978 herausgestellte Problem der noch sehr lückenhaften Rückstandsanalytik unserer Nahrungsmittel besteht im Grundsatz nach wie vor. Der Beitrag der Landschaftsökologie zu diesem sehr umfassenden Problem könnte darin bestehen, die räumlich-landschaftsökologischen Bedingungen für eine verstärkte Anwendung des sog. *„integrierten Pflanzenschutzes"* zu erforschen, um den Pestizideinsatz insgesamt deutlich zu verringern; dies ließe sich sehr gut koppeln mit den heute so aktuellen Diskussionen um Biotopverbundsysteme. Ein weiteres Aufgabenfeld der angewandten Landschaftsökologie könnte darin bestehen, aus bodenökologischer Sicht standorttypische Hinweise für Düngung und Pestizideinsatz zu erarbeiten.
- Die bisherigen Erfahrungen mit Formen des sog. *„alternativen Landbaus"*, z. B. der biologisch-dynamischen Wirtschaftsweise R. STEINERS, des organisch-biologischen Landbaus nach M. und H. MÜLLER u. a., geben zu der Vermutung Anlaß, daß sich die Belastungen der Umwelt

◁ *Abb. 32: Mögliche Beeinträchtigungen und Konfliktbereiche, verursacht durch „konventionelle", moderne Landwirtschaft (nach* W. HARFST *1980).*

und die von Anbauprodukten, sofern sie überhaupt landwirtschaftlicher Herkunft sind, erheblich verringern lassen, ohne daß die Versorgung der Bundesrepublik Deutschland in Gefahr geriete.
Insgesamt muß festgestellt werden, daß durch *Transmissionsvorgänge*, vor allem im Medium Luft, aber auch durch Wasser, auf die landwirtschaftlichen Nutzflächen Immissionen niedergehen und sowohl Boden als auch die Kulturpflanzen direkt belasten. Daraus folgt, daß Belastungsquellen nicht landwirtschaftlicher Herkunft eine erhebliche Bedeutung am Zustandekommen von Rückständen in landwirtschaftlichen Produkten haben. Dies gilt grundsätzlich für alle Flächen, besonders jedoch für solche in Lee von Emittenten, also auch für „alternativ" bewirtschaftete Flächen. Die möglichen Beeinträchtigungen und Konfliktbereiche, wie sie durch „konventionelle", moderne Landwirtschaft verursacht werden können, zeigt zusammenfassend noch einmal Abb. 32.
Für die Raumplanung der Zukunft, in der das Konzept des Voranggebietes wahrscheinlich eine bedeutende Rolle spielen wird, gilt es, darauf zu achten, daß ökologische Aspekte bei der Herausbildung und Ausweisung von Gebieten mit *landschaftlicher Vorrangfunktion* gebührend beachtet werden. Besonders durch die heutige räumliche Benachbarung von Ballungsräumen und landwirtschaftlichen Intensivzonen besteht hier ein besonders schwieriges Problem für die ökologische Planung, dem aber auch große Chancen gegenüberstehen. Es ist davon auszugehen, daß sehr bald große Anteile der heutigen landwirtschaftlich genutzten Flächen stillgelegt und einer Folgenutzung zugeführt werden müssen. Wo bleiben die Vorschläge der Landschaftsökologie – vor allem aus der Sicht der Geoökologie – zum Umgang mit diesen Flächen? Nach welchen Leitbildern sollte die künftige Flurbereinigung diese Flächen ordnen und wie sollten sie genutzt werden – auch für Siedlungszwecke?

4.2.2 Forstökologie – Forstplanung

Die ökologisch sinnvollste, da am ehesten dem *„Prinzip der Nachhaltigkeit"* entsprechende Art der forstlichen Nutzung, wäre die heute in der Regel nur noch in kleineren Bauernwäldern übliche *Plenterwirtschaft*, wo aus einem standortgerechten artenreichen Bestand jeweils nur hiebreife Einzelexemplare entnommen werden. Ökologisch problematisch an der heute üblichen Forstwirtschaft sind insbesondere die im Sinne der potentiellen natürlichen Vegetation nicht standortgerechten Fichtenmonokulturen, da sie in der zweiten, spätestens aber in der dritten Generation über die Rohhumusbildung zu einer Podsolierung, d.h. Degradierung der Standorte, führen.
In diesem Zusammenhang stellt die Elektrizitätswirtschaft (IZE 1983, 9. Jg., Nr. 12) sicherlich nicht ganz zu Unrecht die Frage, ob an den der-

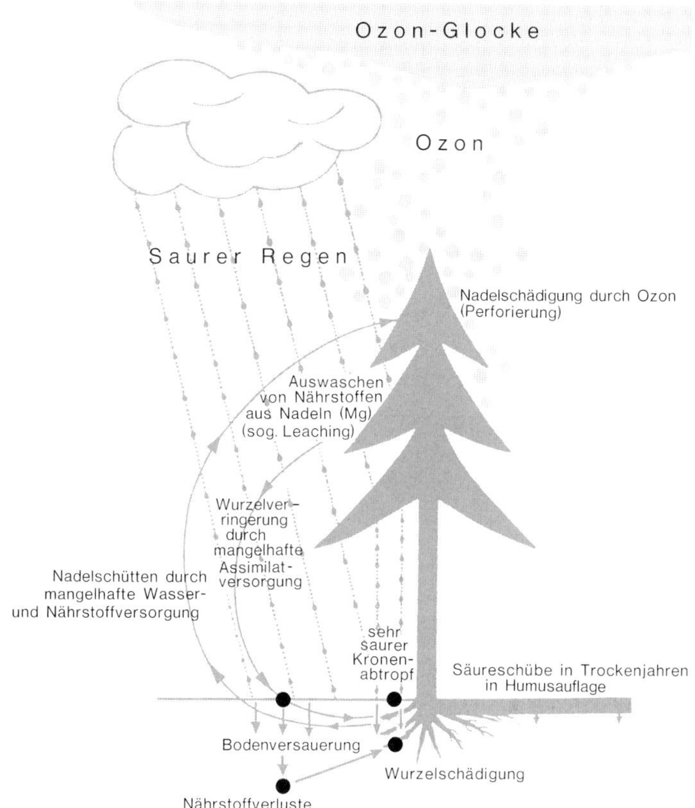

Abb. 33: Modell der Wirkungsweise von Luftschadstoffen auf Waldökosysteme (nach H. GENNSLER *1983b).*

zeit alarmierenden Waldschäden nicht auch der Betroffene selbst wegen seiner *Waldbaumethoden* ein gerütteltes Maß an eigener Schuld trägt. Wie auch immer die genaue Erforschung des Waldsterbens ausgehend wird, der seit Erscheinen von Global 2000 international als „Saurer Regen" bezeichnete Wirkungszusammenhang wird sich mit Sicherheit als sehr komplex herausstellen, wobei auch klimatische Besonderheiten wie trockene Sommer oder besonders kalte Winter mit am Ursachenkomplex beteiligt sein dürften. Den gesamten Wirkungskomplex faßt Abb. 33 zusammen.

Über den rein forstökologisch-forstpolitischen Bereich hinaus gewinnt diese Erscheinung eine allgemeine landschaftsökologische Bedeutung dadurch, daß auf den geschädigten Standorten neue Bestände begründet werden müssen, die auch die bekannten Wohlfahrtswirkungen oder Sozialfunktionen des Waldes erfüllen sollen. In Norddeutschland hat man, gemessen an der Art der Wiederaufforstung, auf die Feuer- und die Brandkatastrophen in den *Nadelholzmonokulturen* offensichtlich nicht mit der erforderlichen Konsequenz reagiert. Da die Forstwirtschaft nach der Landwirtschaft die bedeutendste Art der Flächennutzung darstellt (zusammen nahezu 84% der Fläche des Bundesgebietes, davon 54,7% Landwirtschafts- und 29,1% Waldflächen; (BMBau, Baulandbericht 1993c), muß angesichts der ökologischen Destabilisierung der landwirtschaftlichen Nutzflächen darauf geachtet werden, daß wenigstens das Ökosystem Wald als ein sich selbst regulierendes System erhalten bleibt und ohne ständige energieaufwendige Außensteuerung auskommt. Es wird im Gegenteil erwartet, daß der Wald auch in Zukunft ökologische Ausgleichsleistungen erbringt.

Im Kap. 2.2.3.2 ist bereits dargestellt worden, daß dem Waldbau in Form der forstlichen Standortskartierung eine recht gute ökologische Grundlage zur Verfügung steht. Diese *forstökologische Standortskartierung* hatte recht früh einen vergleichsweise hohen methodischen Stand erreicht (L. FINKE 1971). Die methodische Weiterentwicklung der Landschaftsökologie, wie sie etwa in Form der Geoökologie in Basel oder in Form der Biogeographie in Saarbrücken an Hochschulen betrieben wird, ist in der Forstökologie in diesem Maße nicht erfolgt. Die Weiterentwicklung der forstlichen Standortsaufnahmemethodik (Arbeitskreis Standortskartierung) konzentriert sich auf eine Verbesserung der Geländemethoden. Das vorrangige Ziel besteht in einer möglichst große Räume erfassenden Kartierung, weniger in der umfassenden Analyse einzelner Ökosysteme; hiervon hat das sog. Solling-Projekt eine Fülle von Daten geliefert (H. ELLENBERG, R. MAYER und J. SCHAUERMANN 1986).

5 Ökologische Grundprinzipien und ihre Bedeutung für die Raumplanung

Hier sollen einige wichtig erscheinende ökologische Erkenntnisse, Prinzipien und Theorieansätze angesprochen werden. Dabei geht es letztlich um die „Philosophie" einer *ökologisch orientierten räumlichen Planung.* Bevor sich Landschaftsökologen oder andere ökologisch arbeitende Fachleute zu Fragen der Organisation der menschlichen Umwelt äußern, sollten sie sich darüber im klaren sein, ob sie sich als Fachspezialist oder aber als Normalbürger zu Worte melden. Spezialisten wird im allgemeinen von der Öffentlichkcit ein entsprechend großer Vertrauensvorschuß entgegengebracht. Das verpflichtet diese dazu, nachvollziehbar darzulegen, daß ihre Stellungnahme fachlich begründet ist. Davon bleibt das Recht, auch eine fachlich nicht begründbare, rein normative Meinung zu tagespolitischen oder ähnlichen Problemen zu äußern, selbstverständlich völlig unberührt. Nur sollte dies dann auch für jedermann erkennbar verdeutlicht werden.

5.1 Ökologisches Gleichgewicht – Stabilität – Belastbarkeit – Prinzip der Selbstregulation

In der Literatur spielen seit etwa 1970 Begriffe wie „Ökologisches Gleichgewicht", „Stabilität", „Belastbarkeit", „Fähigkeit zur Selbstregulation" usw. eine bedeutende Rolle. Es ist aber festzustellen, daß es dazu unter Fachleuten zu keiner einheitlichen Meinung gekommen ist. Dabei konzentrieren sich die hohen und oft noch nicht einlösbaren Erwartungen an die Ökologie darauf, daß z. B. von seiten der Planung eine Antwort auf die Frage erwartet wird, wo die *Grenze oder Belastbarkeit* landschaftlicher Ökosysteme liegt, d. h. konkret, welche zusätzliche Belastung einzelne Regionen noch verkraften, ohne aus dem sog. „Gleichgewicht" zu geraten. Es ist daher erforderlich, den Diskussionsstand hierzu zu skizzieren und zu versuchen, daraus ableitbare Prinzipien einer ökologischen Planung aufzuzeigen (Kap. 5.2).
Unter natürlichen Bedingungen sind Ökosysteme durch innere und äußere *Gleichgewichtszustände* charakterisiert. Das innere Gleichgewicht, auch biozönotisches Gleichgewicht genannt (z. B. G. OSCHE [9]1981), bezieht sich auf die über längere Zeiträume hinweg relativ konstante Indivi-

duendichte aller an einer Biozönose beteiligten Arten. Für jede Art liegt eine bestimmte Kapazität oder „Planstelle" vor, d.h. sie besetzt innerhalb des Ökosystems eine bestimmte ökologische Nische. Je mehr derartiger ökologischer Nischen ein Lebensraum zur Verfügung stellt, um so mehr entsprechend angepaßte Arten werden die Biozönose bilden, wobei stets hohe Artendichte mit relativ geringer Individuenzahl der beteiligten Arten gekoppelt ist.
Ist der Lebensraum hingegen durch einseitige, evtl. extreme Lebensbedingungen charakterisiert, wird er von einer artenarmen Biozönose besiedelt, in der dann die relativ wenigen sie bildenden Arten in großen Individuenzahlen vorkommen, z.B. die Queller-Gesellschaft *(Salicornia europaea/S. herbacea)* im Schlickwatt der Nordseeküste oder die Salinenkrebschen (Artemia-Arten) in extrem salzhaltigen Gewässern.
Jede einzelne an einer Biozönose beteiligte Art bildet eine Population, die in der Zahl der sie zusammensetzenden Individuen um einen langfristig stabilen Mittelwert schwankt. In einem natürlichen Ökosystem erreichen alle beteiligten Arten dieses *„Populationsgleichgewicht"*, d.h. die gesamte Biozönose pendelt sich im Laufe der Zeit über verschiedene Sukzessionsstufen in eine durchschnittliche Ausgeglichenheit, in ein *biozönosisches Gleichgewicht* ein. Es ist bekannt, daß in der Natur regelmäßig Populationsschwankungen vorkommen, wobei zwei Grundmuster dieser Populationsdynamik zu unterscheiden sind, nämlich die r-Strategen von den k-Strategen (z.B. P. MÜLLER 1980a, S. 78ff.). Die *r-Strategen* weisen ein expotentielles, die *k-Strategen* ein logistisches Wachstum auf, wobei einige Arten in Abhängigkeit von den jeweiligen Außenfaktoren sowohl zur r- als auch zur k-Strategie befähigt sind. In Ökosystemen mit häufigen Sukzessionen sind die r-Strategen begünstigt, da deren expotentielles Wachstum eine rasche Besiedlung eines bisher unbesiedelten Lebensraumes oder einer neu entstandenen oder freigewordenen ökologischen Nische ermöglicht. In Ökosystemen, die ein relativ stabiles Endstadium erreicht haben (z.B. der tropische Regenwald), d.h. die sich auf ein biozönotisches Gleichgewicht eingependelt haben, sind die k-Strategen mit ihrer sigmoiden Wachstumskurve begünstigt. Auf jeden Fall gilt, daß es durchaus zur Anpassungsstrategie einer Art an ihren Lebensraum gehören kann, mal seltener und mal häufiger vorzukommen, so daß ihre Verwendung als Bioindikator, als Gefährdungskriterium sich als vorschnell oder gar unsinnig erweisen kann (P. MÜLLER 1980a, S. 82).
Da dieses innere oder biozönotische Gleichgewicht eines Ökosystems nur innerhalb eines großen Zeitintervalles „gleich" bleibt, es sich also um kein statisches Gleichgewicht handelt, wird es auch als *Fließgleichgewicht* oder *dynamisches Gleichgewicht* bezeichnet.
Neben dem inneren gibt es das *äußere Gleichgewicht.* Damit ist folgendes gemeint: Wie jedes System sind auch Ökosysteme dadurch räumlich

abgrenzbar, daß die beteiligten Elemente untereinander eine engere Bindung (im Sinne gegenseitiger Beziehungen) haben als zu Elementen in der Umgebung, d.h. zu benachbarten Ökosystemen. Jedes Ökosystem besitzt eine spezifische Art der Organisation, ein je spezifisches Netzwerk von Wechselwirkungen (H. KLUG und R. LANG 1983, S. 22). Da nun alle Ökosysteme mit ihrer Umgebung in einem ständigen Austausch von Energie und Materie stehen, bezeichnet man sie als *offene Systeme.*

Bleiben diese Energie- und Materieinputs und -outputs, die das System aufbauen und aufrechterhalten, über längere Zeiträume gleich (stabil), dann kann nach E. NEEF (1967c) von einem *Stoffgleichgewicht* gesprochen werden, bei dem ebensoviel Substanz in das System hinein- wie hinausgeführt wird und wo sich Energiegewinn und -abgabe die Waage halten. Wichtig ist, daß auftretende Ungleichgewichte, z.B. im Tages- oder Jahresgang klimatischer Parameter, ausgeglichen werden – jedenfalls solange, als nicht neue Stoffe oder bisherige in stark veränderter Konzentration eingeführt werden. Durch einen solchen Fall würde das bisherige äußere Gleichgewicht gestört, die Gesamtkapazität des Ökosystems würde sich ändern. Solange diese Störung von außen einmalig oder wiederholt kurzfristig auftritt, reagiert das Ökosystem mit einer Veränderung der Artenzusammensetzung, um in der Regel nach einer gewissen Zeit, wenn die Störung abgeklungen ist, in das ursprüngliche, innere biozönotische Gleichgewicht zurückzukehren.

Diese Fähigkeit, in den ursprünglichen Zustand zurückzukehren, wird als *Regenerationsfähigkeit* bzw. *Fähigkeit zur Selbstregulation* bezeichnet und ist das entscheidende Merkmal von Ökosystemen. Die Grenze derartiger Störungen, bis zu der das Ökosystem sich gerade noch wieder regenerieren kann, markiert die Grenze der Belastbarkeit, bzw. den *Stabilitätsbereich* (Abb. 34).

Die *Belastbarkeit,* d.h. der Stabilitätsbereich eines Ökosystems, läßt sich demnach durch die Menge von Systemzuständen charakterisieren, in denen durch limitierte Inputs von Stoffen und/oder Energie hervorgerufene Störungen ohne dauernde Änderungen des Systemzustandes kompensiert werden können (P. MÜLLER 1980b, S. 116).

Ganz wesentlich für die künftige Planung der Umwelt des Menschen ist die Tatsache, daß nur naturnahe Systeme diese Fähigkeit der Selbstregulierung besitzen, wo alle Regelungsvorgänge vom System selbst durchgeführt werden, wohingegen vom Menschen künstlich geschaffene Systeme einer ständigen Steuerung von außen nach dem Modell des Regelkreises bedürfen.

Stärkere Beachtung ökologischer Prinzipien innerhalb der räumlichen Planung heißt deshalb immer: Größtmögliche Erhaltung der *Selbstregulationsfähigkeit.* Jede ständige Außensteuerung ist mit erheblichem zusätzlichem Energieaufwand verbunden (Kap. 4.1).

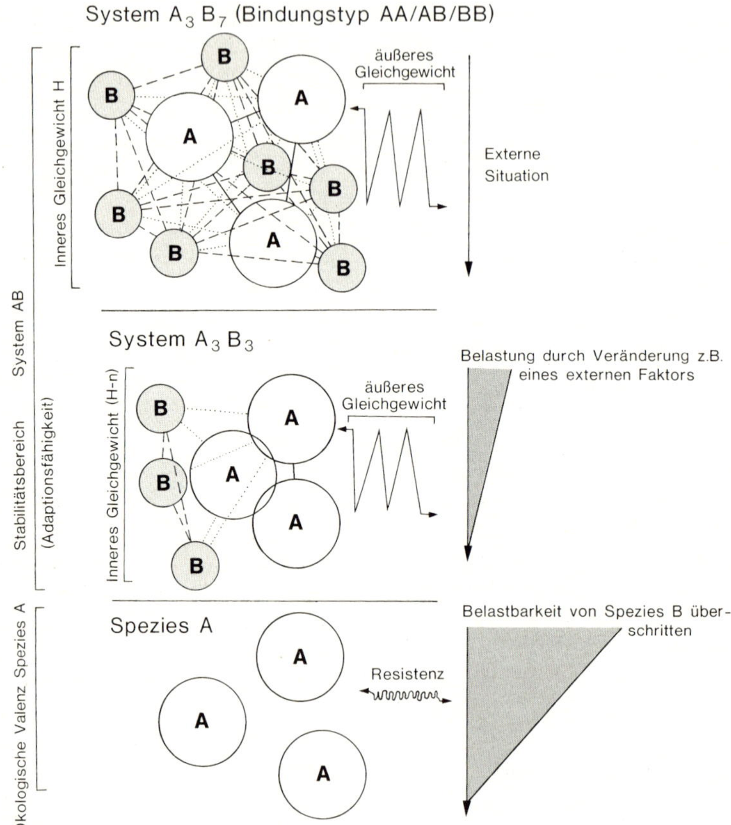

Abb. 34: Funktionsschema eines ökologischen Systems zur Interpretation der Begriffe Gleichgewicht, Stabilitätsbereich und Belastbarkeit (nach P. MÜLLER *1980b).*

Das System A_3B_7 besitzt zwischen den Einzelelementen der Gruppen A und B die Bindungstypen AA, AB und BB. Durch diese Beziehungen der Elemente untereinander besitzt das System einen (theoretischen) inneren Gleichgewichtszustand (H), der gleichzeitig in einem äußeren Gleichgewicht zur externen Situation steht. Verändert sich die externe Situation – z. B. ein oder gleich mehrere Faktoren -, dann verändert sich auch das innere Gleichgewicht, im dargestellten Fall durch Reduktion des empfindlicher reagierenden Elementes B. Geht die externe Störung wieder zurück, kann sich das System aufgrund der Vermehrungsfähigkeit des Elementes B wieder regenerieren. Nimmt die Störung hingegen weiter zu, kann das Element B ganz ausfallen, d. h. die Regenerationsfähigkeit des Systems ist ausgeschlossen. Die Anpassungsfähigkeit (Adaptationsfähigkeit) bzw. der Stabilitätsbereich des Systems AB ist überschritten, es verbleibt lediglich das gegenüber der veränderten externen Situation resistente Element A. Nach diesem Grundschema werden aus artenreichen hochvernetzten Biozönosen im Laufe der Zeit immer artenärmere, es sei denn, die Zeit reicht aus, daß sich neue Arten einfinden, denen die jeweilige externe Situation Lebensbedingungen bietet.

In der Ökologie wurde lange Zeit die Auffassung vertreten, daß artenreiche Ökosysteme, d.h. solche mit hoher Vielfalt an Lebensformen und großer Arten-Diversität, gleichzeitig sehr viel stabiler und damit belastbarer wären als artenärmere. Zur Bestimmung der Diversität s. z.B. P. MÜLLER (1980b), P. MÜLLER u.a. (1975), E. P. ODUM und J. REICHHOLF ([4]1980), W. ODZUCK (1982), P. NAGEL (1976, 1978). Für die z.B. nach der SHANNON-WIENER-Formel zu ermittelnde *Speziesdiversität* eines Systems ergibt sich, daß die Diversität dann am größten sein wird, wenn alle beteiligten Arten möglichst gleich häufig und in großen Artenzahlen vorkommen. Nach P. MÜLLER (1980b) besitzt ein System mit zwei gleich häufigen Arten eine größere Speziesdiversität, als ein 11-Arten-System, in dem aber eine Art 90% aller Individuen liefert.
Die lange diskutierte *Diversitäts-Stabilitäts-Hypothese* ging davon aus, daß zwischen der Diversität (genauer der Speziesdiversität) und der Stabilität eines Ökosystems eine positive Korrelation bestehe. W. HABER (1979b) hat sich aus der Sicht der ökologisch orientierten Umweltplanung kritisch mit der Diversitäts-Stabilitäts-Hypothese auseinandergesetzt und folgendes herausgearbeitet:
Neben der α- oder Spezies-Diversität gibt es die β-Diversität, auch als strukturelle Vielfalt oder *Biotop-Diversität zu* bezeichnen. Daneben könnten noch weitere Diversitäten unterschieden werden. Z.B.: Vielfalt der Anpassungsstrategien oder Vielfalt der Interdependenzen zwischen den Systemelementen. Für die räumliche Planung am bedeutendsten hält W. HABER (1979b, S.21) die γ- oder *Raum-Diversität, „das räumliche Gefüge oder Mosaik (pattern) unterschiedlicher, aber in sich gleichartiger Raumeinheiten oder -zellen in einer Landschaft"*. Aus landschaftsökologischer Sicht, speziell unter dem Aspekt des ökologischen Ausgleichspotentials der Landschaft, hat sich P. LUDER (1980) mit der Raum-Diversität befaßt.
Bezogen auf die geographisch-landschaftsökologische Terminologie bedeutet dies, daß vielfältig zusammengesetzte Physiotop- und/oder Ökotopgefüge = Mikrochoren eine größere Raum-Diversität darstellen als großflächige Physiotope/Ökotope und aus wenigen Physio-/Ökotypen zusammengesetzte, relativ homogene Mikrochoren. Wird dann auch noch die zeitliche Diversität abiotischer Faktoren (z.B. klimatische Parameter) und die Variabilität der Änderungen mit einbezogen, dann ergibt sich insgesamt ein sehr umfassender und differenziert zu betrachtender Inhalt des Begriffes Diversität.
Entsprechend differenzierter wird heute auch der Begriff *Stabilität* verstanden. W. HABER (1979b) stellt hierzu fest, daß man sich in diesem Zusammenhang früher zu einseitig mit den biotischen Elementen der Ökosysteme beschäftigt habe, was verständlich sei angesichts der Tatsache, daß viele Ökologen, die sich mit dem Stabilitäts-Problem befaßt

haben, von Hause aus Biologen seien. Aus seiner Sicht sind zwei Haupttypen von Stabilität zu unterscheiden:
(1) Persistente Stabilität (oder Persistenz) als Bezeichnung für ein über längere Zeiträume mehr oder weniger stabiles (unverändertes) ökologisches Gleichgewicht, das durch äußere Störungen nicht auf Dauer aus seinem inneren Gleichgewicht gebracht wird. Dies trifft vor allem für „reife" Ökosysteme zu, in denen die k-Strategen überwiegen, so daß auch von *„k-Stabilität"* gesprochen werden kann. Die Stabilität ist in diesen Systemen vorwiegend biotisch bestimmt, d.h. systemeigene Regelungen bestimmen das ökologische Gleichgewicht, welches ein von den Organismen getragenes Gleichgewicht des Stoffhaushaltes und des Energieumsatzes umschließt (H. BICK 1981a, S. 63).
(2) Elastische Stabilität (Elastizität, Resilienz) als Bezeichnung für ein über längere Zeiträume mehr oder minder ungleichmäßiges Existieren (der Biozönose), wobei je nach Dauer der äußeren Einflüsse (Störungen) die jeweiligen Systemzustände zeitlich andauern. Hören die Störungen wieder auf, kann das System wieder in seinen „Normalzustand" zurückkehren, sofern es während der Zeit der Störung nicht zu irreversiblen Änderungen der Systemstruktur (abiotischer und/oder biotischer Elemente) gekommen ist. In diesem Fall würde es zu einer geänderten Zusammensetzung der Biozönose, z.B. zu einem neuen Sukzessionsstadium, führen. In derartigen Systemen überwiegen die r-Strategen, die sich veränderten Bedingungen durch expotentielles Wachstum sehr viel schneller anpassen können, d.h. daß das gesamte System entweder schneller regenerieren oder in ein neues ökologisches Gleichgewicht gelangen kann. Man kann bei diesen Systemen daher auch von *„r-Stabilität"* sprechen.
Nach H. KLOMP (1977) und W. HABER (1979b) ist die elastische Stabilität wichtiger und auch typischer, zumindest aus ökologischer Sicht. Derartige Systeme sind gegen äußere (natürliche und anthropogene) Eingriffe und Störungen unempfindlicher als persistente Ökosysteme.
Durch starke Störungen, die meist anthropogener Art sind, wie z.B. die Brandrodung des tropischen Regenwaldes, können persistente Ökosysteme stark gestört oder gar zerstört werden. Wenn sie sich danach überhaupt wieder regenerieren können, dann erfolgt dies über lange *Sukzessionsreihen,* die stets mit elastisch-stabilen Ökosystemen beginnen. Demnach gäbe es streng genommen gar keine instabilen Ökosysteme, lediglich solche mit unterschiedlich stabilen und empfindlichen Biozönosen. Neuerdings werden diese Fragen unter dem Aspekt der „Beständigkeit von Ökosystemen" diskutiert (vgl. W. HABER 1993).
Durch die globalen direkten und indirekten Eingriffe des Menschen in alle Ökosysteme, vom Abholzen des Amazonas-Regenwaldes über die Zerstörung des Ozon-Schildes, die Anreicherung sog. Treibhausgase bis zum Waldsterben in Mitteleuropa, ist zu erwarten, daß die persistenten

stabilen Ökosysteme global gesehen einer geradezu gigantischen Veränderung ausgesetzt sind. Daher wird für die künftige Umweltplanung die Kenntnis der *Steuerungsmöglichkeiten* elastisch-stabiler Ökosysteme *große praktische Bedeutung* bekommen. Für die Praxis der Landnutzung/ Raumplanung stellt dabei die aktuelle Dynamik landschaftlicher Ökosysteme, d. h. deren Kurzzeitverhalten in nutzungsrelevanten Zeiträumen (H. NEUMEISTER 1981), eine entscheidende Größe dar, wobei Verhalten und Dynamik der jeweiligen Biozönose nur ein Indikator unter vielen sein kann. Im Sinne des von H. NEUMEISTER (1979) vorgestellten *Schichtkonzeptes* stellt die biotische Ausstattung eines Systems nur eine Schicht dar, die eben nichts Umfassendes über die Stabilität oder Instabilität des Gesamtsystems aussagen kann. Im übrigen zählt z. B. die Vegetation in der landschaftsökologischen Literatur seit langem zu den weniger stabilen Elementgruppen, im Gegensatz z. B. zum Boden.

Die Frage der Stabilität von Ökosystemen oder Ökosystem-Komplexen läuft auf diejenige nach der Stabilität der abiotischen Bedingungen am Standort bzw. im Standortkomplex hinaus.

Unter Berücksichtigung der *Relationstheorie* von C. G. VAN LEEUWEN (1966, 1970) und der theoretischen Vorstellung über Ordnungszustände oder Negentrophie lebender Systeme von R. RIEDL (1972, 1976) kommt W. HABER (1979b, S. 23) zu folgendem Ergebnis:

„Je stabiler ein Standort ist, umso länger und umso störungsfreier kann sich dort eine Biozönose entwickeln und mit bzw. an ihm ein Ökosystem bilden, das dann einen hohen und dauerhaften Ordnungszustand und somit eine persistente Stabilität erreicht. Je instabiler – und je ungünstiger – dagegen ein Standort ist, umso größer sind die Beanspruchungen (Streß) für die sich ansiedelnde Biozönose, und umso niedriger ist der erreichbare Ordnungsgrad des entsprechenden Ökosystems. Unter solchen Bedingungen kann keine persistente, sondern nur eine elastische Stabilität erwartet werden, die auch zweckmäßiger erscheint."

Auch daraus ergibt sich, daß die *Stabilität* eines Ökosystems nicht durch seine Speziesdiversität(en) allein, sondern zunächst einmal durch die *abiotischen Bedingungen* bestimmt wird. Da hierbei in globaler Sicht dem Klima eine besondere Bedeutung zukommt, sollte man unter Stabilitätsgesichtspunkten nur Ökosysteme der gleichen Klimazone miteinander vergleichen. Sehr kritisch äußert sich auch W. TISCHLER ([2]1979, S. 133) zum Begriff des biologischen Gleichgewichtes und den Vorstellungen über Stabilität, wobei der Begriff angesichts der in Sukzessionen ablaufenden Prozesse als recht relativ eingestuft wird.

Angesichts der Tatsache, daß in der mitteleuropäischen Kulturlandschaft persistente Stabilität der Biozönosen kaum noch vorkommt und der Mensch nicht nur die biotische sondern in immer größerem Stil auch die abiotische Ausstattung der Räume verändert, erscheint ein künftig sehr enges Zusammenarbeiten zwischen Bioökologen und Geoökologen (H. Leser 1983,[3]1991) unbedingt erforderlich.

Hierzu bieten die vorliegenden Forschungsergebnisse der *geosynergetischen Landschaftsforschung* der Geographie sehr gute Ausgangsbedingungen. Durch die Übernahme des Ökologiekonzeptes der Biowissenschaften in das Landschaftskonzept der Physiogeographie und die daraufhin erfolgte Entwicklung des Geosystemkonzeptes ist es möglich, *„die Wirkungszusammenhänge der im Geokomplex verbundenen Komponenten und Prozesse zu ermitteln, ihre Determinierung zu erkennen und in Gesetzesaussagen zu fassen“* (G. Haase 1979, S. 7). Erleichtert wird dies dadurch, daß für genau untersuchte Teilgebiete inzwischen systematisch gewonnene Meßdaten vorliegen.

In der ehemaligen DDR steckte auch dahinter wieder ein direkter Praxisbezug, nämlich die Frage nach Regelung und Steuerung von Prozessen im Rahmen der *Landeskultur.* Darunter wurde heute die Gesamtheit aller Maßnahmen zur planmäßigen Erhaltung und Verbesserung der natürlichen Lebens- und Produktionsgrundlagen verstanden. Früher bezog sich der Begriff auf den engeren Bereich der technischen Melioration (E. und V. Neef 1977).

Zumindest von Interesse für die Praxis ist die entwickelte Theorie der geographischen Dimensionen, die sich in der Geotopologie und Geochorologie darstellt und von G. Haase (1979) als entscheidender Fortschritt der physischen Geographie der vergangenen 20 Jahre gesehen wird.

Aus der *Sicht der Praxis, z.* B. der Anwendung in der ökologischen Planung, lassen sich hierzu folgende Erwartungen formulieren:

- Wird es gelingen, über Dynamik und Variabilität der Geokomplexe (Geosysteme) hinreichend exakte Aussagen zu treffen? Die in der früheren DDR verwendeten Kriterien zur Kennzeichnung und Typisierung von Geokomplexen (G. Haase 1979) hätten bei vollständiger Übertragbarkeit auf ein System das erfüllen können, was die Planung im Normalfall benötigt.
- Wird es gelingen, aus der Analyse der Arealstruktur chorischer Einheiten Gesetzmäßigkeiten über den horizontalen/lateralen ökofunktionalen Zusammenhang abzuleiten? Für die ökologische Planung wäre dies sehr wichtig zur Abschätzung des räumlichen Auswirkungsbereiches von Eingriffen in bestimmten Ökotopen.

Für die *räumliche Planung* erscheint an dieser geosynergetischen Landschaftsforschung der Geographie außerdem die Feststellung G. Haases (1979) von Bedeutung, daß es nicht zweckmäßig sei, die Gesamtheit aller ein Geosystem (im Sinne H. Richters 1968b) bestimmenden Relationen als „ökologische” zu bezeichnen. Dagegen bezeichnet H. Leser (1983, 1984, [3]1991) alle Beziehungen als „geoökologische“, ohne dabei schwerpunktmäßig biologische Stoff- und Energieumsätze im Auge zu haben. Nur für diese Relation, die über physiologische Prozesse im *Organismus-Umwelt-System* ablaufen, möchte G. HAASE (1979, S. 9) den Ausdruck „landschaftsökologische" verwendet wissen, während geophysikalisch-geochemische Stoff- und Energieumsätze und technogene Eingriffe in den Naturhaushalt, die über die anderen Umsatzformen wirksam werden, nicht als ökologische Relationen gelten sollen (Abb. 35).

Wie aus der Abb. 35 hervorgeht, ist der Mensch selbstverständlich auch an den *geophysikalisch-geochemischen Wirkungsbeziehungen* in seiner Umwelt interessiert, häufig zunächst aus rein ökonomischem Nutzungsin-

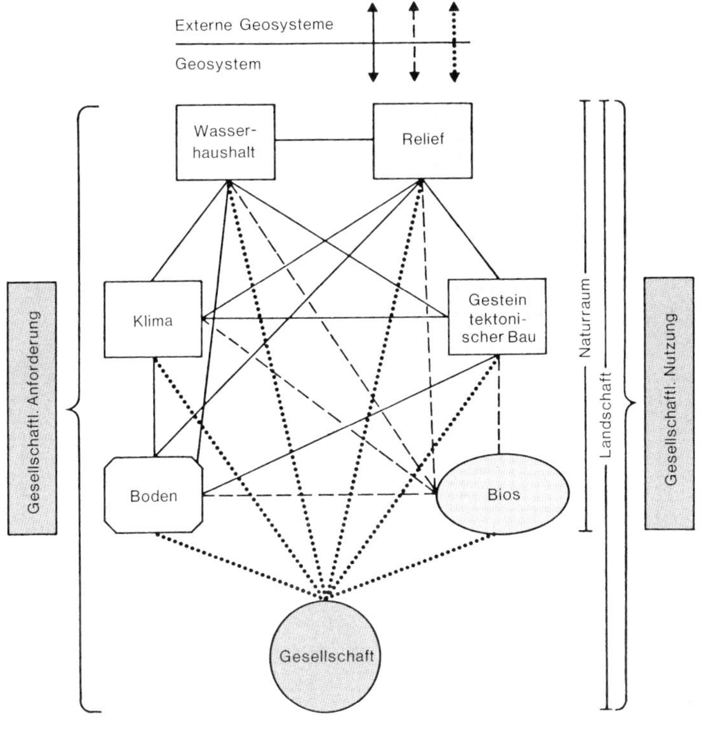

Abb. 35: Grundstruktur der Hauptkomponenten, Wirkungsbeziehungen und Betrachtungsperspektiven des Geosystem-Konzepts (nach G. HAASE *7978, 1979,* H. BARSCH *1975,* H. KLUG *und* R. LANG *1983).*

teresse, wobei die ökologischen Nebenwirkungen häufig nicht rechtzeitig bedacht werden. Daß die Auswirkungen anthropogen verursachter technogener Eingriffe sowohl unter physikalisch-geochemischen, als auch unter biologisch-ökologischen Aspekten betrachtet werden, ist mittlerweile allgemein üblich.
Eine moderne, auf die umfassende *Sicherung der menschlichen Umwelt* verpflichtete Planung hat auch die rein geophysikalisch-geochemischen Zusammenhänge, z. B. zwischen Klima und Wasserhaushalt oder Klima und Boden, zu beachten. Dies sowohl hinsichtlich der bioökologischen, als auch vor allem hinsichtlich der humanökologischen Folgen. Die Stellung der menschlichen Gesellschaft in Abb. 32 und die dort dargestellten Wirkungsbeziehungen verdeutlichen, warum G. HAASE (1979, S. 12) glaubt feststellen zu müssen, daß für die geosynergetische Landschaftsforschung zunehmend sozio-ökonomische Fragestellungen Bedeutung erlangen werden.
Unter *humanökologischen Aspekten* wäre die Gesellschaft mit in die Komponente Bios zu integrieren gewesen. Für die räumliche Planung scheinen diese Unterscheidungen insofern von Interesse, als die Geosystemlehre (H. KLUG und R. LANG 1983) sich bemüht, auch etwas über Variabilität, Rhythmizität, Diversität und Stabilität = Persistenz rein abiotischer Subsysteme auszusagen. Insofern dürfte eine interdisziplinäre Zusammenarbeit zu einer besseren Kenntnis der abiotischen Bedingungen insgesamt führen, die dann unter ökologischen Aspekten zu bewerten und zu beplanen wären, um auf diese Weise im Sinne W. HABERS (1979b) zu einer Stabilisierung der abiotischen Bedingungen beizutragen, die als Grundvoraussetzung stabiler Ökosysteme zu sehen ist.

5.2 Theorie und ökologische Prinzipien der Raumplanung

Noch ganz im Zeichen der *Diversität-Stabilität-Hypothese* hat W. HABER (1971, 1972) bereits sehr früh und als erster im deutschsprachigen Raum den damaligen ökologischen Grundsatz „Stabilität durch Vielfalt" (W. TOMAŜEK und W. HABER 1974) auf die Vielfalt der Bodennutzung verallgemeinert und Grundzüge einer *„ökologischen Theorie der Raumplanung"* entworfen. Diese sind zwar nicht nennenswert weiterentwickelt worden, sind aber nach wie vor so ziemlich das einzige an Greifbarem und Handfestem, was die Ökologie der Planung bereitgestellt hat. Die Grundzüge dieser nur skizzenhaft entworfenen Theorie besagen:
Vier wesentliche Eigenschaften von Ökosystemen erscheinen für die Raumordnung besonders interessant: *Produktiuität, Stabilität, Diversität* und *Regelungsfähigkeit (W.* HABER 1979a). Es gilt daher zu klären, wie diese Prinzipien in die räumliche Struktur der Kulturlandschaft übertra-

gen werden können, um über eine ökologische Stabilisierung des gesamträumlichen Nutzungsverbundes einen Beitrag zur Sicherung der menschlichen Umwelt zu leisten.

E. P. ODUM (1969) hat mit seinem Artikel „The strategy of ecosystem development" *„einen der grundsätzlich wichtigsten Beiträge zur Zukunft der Bodennutzung"* (W. HABER 1971, S. 22) geleistet, wobei von folgenden theoretisch-ökologischen Überlegungen ausgegangen wird:

- In jungen, unreifen Ökosystemen wird ein großer Teil der eingestrahlten Energie zur *Erzeugung* verbraucht, die den Eigenverbrauch (durch Atmung) erheblich übertrifft. In reifen Ökosystemen halten sich hingegen Erzeugung und Atmung ungefähr die Waage. Für die Energieflüsse in Ökosystemen kann daher festgestellt werden, daß diese im Laufe der Sukzession immer mehr von der Erzeugung zur Erhaltung verschoben werden.
- Die *Entwicklungsrichtung* eines Ökosystems (Strategie nach E. P. ODUM) ist darauf gerichtet, innerhalb der physikalisch-chemischen Bedingungen eine möglichst große und vielfältige innere Differenzierung durch Besetzen aller „ökologischen Nischen" zu erreichen, wodurch im Laufe der Sukzession bei äußerer Ruhe (keine externen Störungen) über verschiedene Sukzessionen „reife" Ökosysteme entstehen, in denen die wesentlichsten Nährstoffe – wie Stickstoff, Phosphor und Kalzium – immer besser im System gehalten und im Kreislauf geführt werden.
- Gemessen an diesen Eigenschaften natürlicher Ökosysteme und den Nutz-Ökosystemen des Menschen fällt auf, daß der Mensch daran interessiert ist, seine agrarisch und forstlich genutzten Ökosysteme auf einen Stand gleichbleibend hoher *Produktivität* zu halten, wobei durch die Ernte den Systemen die Biomasse größtenteils entnommen wird. Die Strategie natürlicher Ökosysteme geht dahin, dieses Stadium hoher Produktivität über Sukzessionen zu verlassen zugunsten einer Steigerung zu Biomasse, die dann allerdings sehr vielfältig und daher schlecht zu nutzen ist.

Die *Zusammenhänge* zwischen *Diversität* und *Stabilität* von Ökosystemen werden heute anders gesehen als um 1970 (Kap. 5.1). So artenarme natürliche Ökosysteme wie z. B. die natürlichen Buchen- und Fichtenwälder Mitteleuropas oder der Schilfgürtel des Neusiedler Sees geben Beispiele für natürliche Schlüsselarten- oder Dominanz-Ökosysteme, die dennoch stabil sind. Im Vergleich zu den vom Menschen künstlich geschaffenen Monokulturen ist in diesen Systemen jedoch keine hohe und gleichbleibende Produktion garantiert.

Mit W. HABER (1971, S. 27) können sechs Hauptansprüche des Menschen an die Nutzungssysteme der von ihm geschaffenen Kulturlandschaft unterschieden werden, nämlich Erzeugung – Erhaltung Wachstum Stabilität Menge – Qualität.

Bezogen auf die Eigenschaften natürlicher Ökosysteme bedeutet dies, daß die Ansprüche der linken Spalte den Eigenschaften junger Ökosysteme niederer Sukzessionsstufe entsprechen, während die Eigenschaften der rechten Spalte in der Regel reiferen, ausdifferenzierten Ökosystemen entsprechen. Daraus folgt, daß die Kulturlandschaft insgesamt nicht alle Ansprüche gleichzeitig auf der Gesamtfläche erbringen kann. Für W. HABER (1971) ergeben sich daraus zwei *Lösungsmöglichkeiten:*
(1) Als Kompromißlösung die Anwendung des Prinzips der Mehrfachnutzung, wofür dann alle Ansprüche nur suboptimal erfüllt werden.
(2) Aufteilung des Raumes in Bereiche unterschiedlicher Schwerpunktnutzung, ohne dabei die anderen Ansprüche gänzlich auszuschalten.
Die Menschen haben in der Vergangenheit beide Strategien angewandt, allerdings eher unbewußt, ohne Überlegung oder gar theoretisch abgesicherte Konzeption. HABER (1971, 1978, 1979a, b) hat – aufbauend auf diesen Überlegungen – als erster daraus ein Konzept der differenzierten Bodennutzung entwickelt, das dann auch noch von G. KAULE (1981) und H.-J. SCHEMEL (1976) aufgegriffen und weiter ausgeführt worden ist.

5.2.1 Das Konzept der differenzierten Bodennutzung

Dieses auf ökologischen Grundprinzipien aufbauende Konzept geht von der Zielvorstellung aus, durch geschickte Zuordnung und Mischung von ökologisch unterschiedlich stabilen Nutzungstypen eine *ökologische Stabilisierung* der gesamten Kulturlandschaft erreichen zu wollen. Als *Teilziele* wären zu nennen:
Die Erhaltung und Förderung des Regenerations-/Regulationspotentials.
• Die Erhaltung bzw. bewußte Verbesserung (Herstellung) gegenseitiger funktionaler Beziehungen der Systeme untereinander, d. h. Optimierung der Nachbarschaftsbeziehungen, der Fernleistungen.
• Erhaltung der Stabilität im Sinne einer dauerhaften Funktionsfähigkeit, vor allem der anthropogen geprägten Ökosysteme.
• Der Einsatz biologischer Wirkungs- und Regelungskräfte, d. h. Regelung (im Sinne von Selbstregulation) statt Steuerung.
Der kompensatorsiche Ausgleich der Labilitätssymptome intensiver Nutz-Ökosysteme durch Stärkung naturnaher Systeme.
Wie in Kap. 5.1 dargelegt, kommt im Rahmen der räumlichen Planung der „Raum-Diversität“ (y-Diversität) – womit die ökologische *Heterogenität von Physiotopgefügen (Mikrochoren)* gemeint ist – eine besondere Bedeutung zu. Es ist davon auszugehen, daß eine Landschaft insgesamt ökologisch um so stabiler ist, je heterogener, d. h. kleinräumig differenzierter die abiotischen Bedingungen sind.
Über Jahrtausende hat sich der Mensch diesem *räumlich differenzierten Naturraumpotential* in hohem Maße angepaßt, so daß aus heutiger Sicht

die mittelalterliche bäuerliche Kulturlandschaft als ökologisch äußerst stabil anzusehen ist. Die Entwicklung der letzten 150 Jahre und ganz besonders die nach dem II. Weltkrieg, ist hingegen gekennzeichnet von einer immer weitergehenden und großräumigeren Funktionsentmischung und der Herausbildung monostrukturierter Räume. Dieser heute als „funktionsräumliche Arbeitsteilung" gekennzeichnete Vorgang ist durch die Herausbildung der urban-industriellen Ballungsräume heutigen Ausmaßes bei gleichzeitiger Entleerung des sog. „ländlichen Raumes" andererseits gekennzeichnet.

Der ländliche Raum hat bis zum heutigen Tage eine immer krasser hervortretende *Funktionsentmischung* erfahren. Die prägnantesten Erscheinungen sind die Herausbildung agrarer Vorranggebiete mit hohem Spezialisierungsgrad und die Fichtenmonokulturen in den Mittelgebirgen. In den jeweiligen Vorranggebieten wird dabei auf kleinräumige landschaftsökologische Differenzierungen keine Rücksicht genommen, so daß *großflächige Dominanz-Ökosysteme* entstehen. Diese vom Menschen künstlich geschaffenen Dominanz-Ökosysteme besitzen jedoch nicht die elastische Stabilität der für Mitteleuropa typischen natürlichen Dominanz-Ökosysteme (z. B. Buchen- und Fichtenwälder), so daß der Mensch, da es sich ja um Nutz-Ökosysteme handelt, ständig steuernd eingreift.

Während unter natürlichen Bedingungen die Flächenausdehnung des jeweiligen Dominanz-Ökosystems durch die *räumliche Heterogenität* der abiotischen Standortbedingungen begrenzt wird, hat sich der Mensch mit seinen künstlichen Dominanz-Systemen von diesen natürlichen Grenzen gelöst und damit zu einer Uniformierung beigetragen. In der Sprache der Landschaftsökologie ausgedrückt bedeutet dies, daß ein sehr heterogenes Physiotop- oder gar Mikrochorengefüge in einen den Gesamtbereich einnehmenden Kultur-Nutz-Ökotop überführt worden ist. Nach dem, was die wissenschaftliche Ökologie heute unter Stabilität und deren Bedingungen versteht, bedeutet dies eine *ökologische Destabilisierung* der gesamten Kulturlandschaft.

Genau an diesem Punkt setzt das *Konzept der differenzierten Bodennutzung* an und versucht, ökologisch-theoretische Grundsätze zunächst noch abstrakt in die räumliche Organisation der Kulturlandschaft umzusetzen.

Das ökologische Landnutzungsmodell (H.-J. SCHEMEL 1976) unterscheidet in Anlehnung an E. P. ODUM (1969) folgende vier Typen von sog. Schwerpunktnutzungen:

1. Typ des Erhaltungsschwerpunktes (Protektiv-Typ),
2. Typ des Erzeugungsschwerpunktes (Produktiv-Typ),
3. Typ des städtisch-industriellen Schwerpunktes,
4. Typ der Kompromiß- oder Mehrfachnutzung.

Diese Nutzungstypen lassen sich auch als „unter dem langen menschlichen Einfluß entstandenen Haupt-Ökosystem der mitteleuropäischen Kulturlandschaft (W. HABER 1979a, S. 19) auffassen, wobei W. HABER wegen der Abgrenzungsschwierigkeiten später auf den unter 4. aufgeführten Typ der Kompromiß-Ökosysteme verzichtete und sich auf folgende drei Typen beschränkt:

1. Naturnahe, nur extensiv (oberflächlich) oder nicht genutzte Ökosysteme,
2. Intensiv genutzte Agro-Ökosysteme,
3. urban-industrielle Ökosysteme.

In Abwandlung schematischer Darstellungen des Konzeptes der differenzierten Bodennutzung bei W. HABER (1971) und H.-J. SCHEMEL (1976) lassen sich diese drei nach dem Grad des anthropogenen Einflusses unterschiedenen Ökosystem-Typen wie in Abb. 36 darstellen. Diese Ökosystem-Typen entsprechen bestimmten Landnutzungstypen. Es besteht folgender Zusammenhang:

Typ 1: Naturnahe oder nicht genutzte Ökosysteme. Diese wurden früher Erhaltungs- oder Protektiv-Typ genannt und umfassen alle landschaftlichen Ökosysteme vom nicht genutzten Vollnaturschutzgebiet bis zu gelegentlich genutzten Bereichen. In diesen Ökosystemen überwiegen die *natürlichen Wirkungskräfte.* Sie wurden auch Regenerationszonen, ökologische Zellen und ökologische Ausgleichsräume genannt, wobei letzteres bereits die vom Menschen erwartete Leistung kennzeichnet, einen Beitrag zur ökologischen Stabilisierung der gesamten Kulturlandschaft zu leisten. Gleichzeitig sollen diese Systeme aber auch noch Belastungen kompensieren. Diesem Typ entsprechen in seiner klassischen Form heute höchstens einige der größeren Naturschutzgebiete und nach den Maßstäben der IUCN die Nationalparke. Schwierigkeiten kann die Zuordnung von Forsten machen. „Holzplantagen" (im Sinne W. HABERS 1979a) gehören zwar zum Typ 2 der intensiv genutzten Systeme, andererseits erbringen sie aber wegen ihrer Langlebigkeit höhere Träger-, Informations- und Regelungsleistungen als die Systeme des Typs 2. Naturnah bewirtschaftete Wälder gehören jedoch eindeutig zum Typ 1.

Typ 2: Intensiv genutzte Agro-Ökosysteme (und bestimmte Forst-Ökosysteme). Dieser Typ wurde früher treffend als „Erzeugungsschwerpunkt" bezeichnet, d. h. hier hat die *Produktion* konkurrenzfähiger Lebensmittel und Hölzer Vorrang vor allen anderen Ansprüchen an die Fläche. Es herrschen zwar – im Gegensatz zu Typ 3 – biotische Strukturelemente vor, jedoch in künstlichen Dominanz-Ökosystemen ohne Fähigkeit zur Selbstregulation. Großflächige Monokulturen herrschen vor. In Agroökosystemen ist heute ein hoher Düngemittel- und Pestizideinsatz üblich, dazu kommt eine auf Massenproduktion eingestellte Sortenzucht.

Typ 3: Der städtisch-industrielle Schwerpunkt. Dieser am weitesten vom Menschen umgestaltete und bestimmte Typ zeichnet sich vor allem durch *Verbrauch natürlicher Ressourcen* im weitesten Sinne aus. Es überwiegen

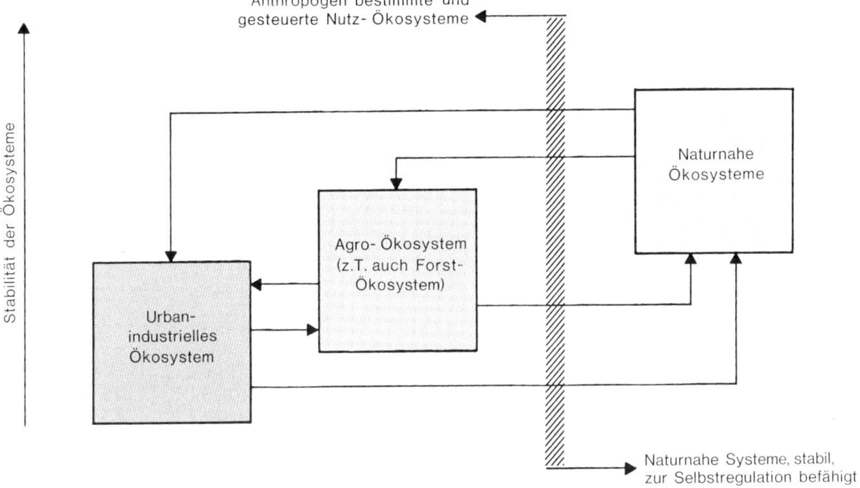

Abb. 36: Schema der differenzierten Bodennutzung (nach W. HABER *1971 und* H.-J. SCHEMEL *1976).*

technische Strukturen. Mechanismen zur Selbstregulation sind häufig bereits ganz beseitigt. Die ökologische Existenzfähigkeit muß von der Umgebung sichergestellt werden. Die städtische Grün- und Freiraumplanung ist bereits seit langem bemüht, durch Freiräume mit unterschiedlichem ökologischen Leistungsvermögen einen Eigenbeitrag dieser Systeme zur Sicherung der Vitalsituation zu leisten.

Die *„Theorie der differenzierten Bodennutzung"* ist als Steuerungs- und/oder Korrektur-Prinzip für die überwiegend ökonomisch orientierte Raumplanung zu verstehen. Auch W. HABER (1979b) möchte sie nicht mehr wie früher als Planungskonzept verstanden wissen. Dies erschien ohnehin nie einfach, da über Dimensionierung, Zuordnung und Mischung der genannten, an Nutzungen gebundenen Ökosystem-Typen keine über einfache Modellvorstellungen hinausgehenden, direkt umsetzbaren Planungskonzepte entwickelt worden waren. W. HABER (1979a, b) möchte das Konzept der differenzierten Bodennutzung in der Ebene der Regionalplanung angesiedelt sehen, während H.-J. SCHEMEL (1976) Realisierungschancen durchaus auf allen Planungsebenen sieht.

Eine ganz entscheidende Frage ist die der *Dimensionierung* der Typen 2 und 3, wohingegen der Typ 1 gar nicht häufig genug und gar nicht groß genug sein kann. Nur im Einzelfall zu klären ist das Ausmaß der bereits vorhandenen bzw. bei geplanter räumlicher Ausweitung des zu erwartenden ökologischen Regelungsbedarfes der Typen 2 und 3. Für diese beiden Typen stellt sich das Problem der ökologisch sinnvollen maximalen

Größe, bei der ökologische Defizite durch eingestreute Bereiche des Typs 1 oder aus der Umgebung noch ausgeglichen werden können.

H. J. SCHEMEL (1976) stellt hierzu fest, daß sich der Forschung hier ein weites Feld öffne, angefangen von der Feststellung des „ökologischen Bedarfes" bzw. des Bedarfes an Regenerationspotential bis hin zur Ermittlung des tatsächlichen Leistungsvermögens naturnaher Systeme, um die benachbarten Nutz-Ökosysteme und damit letztlich den gesamten Raumverband ökologisch zu stabilisieren.

An die *Leistungsfähigkeit* der natürlichen Umwelt werden vom Menschen erhebliche Anforderungen gestellt. Nach P. L. DAUVELLIER (1977) lassen sich diese wie folgt kategorisieren:

(1) Produktionsleistung (HOLZ, Lebensmittel, Wild);

(2) Trägerleistungen, d. h. Trägerfunktion von Ökosystemen für menschliche Aktivitäten und vor allem Strukturen, aber auch als Trägermedium für Abfälle;

(3) Informationsleistung, z. B. als Bioindikation;

(4) Regelungsleistungen (biologische Selbstreinigung, Filterfunktion, Lärmschutz usw.).

Insbesondere zu den *Träger-* und *Regelungsleistungen* besteht noch ein erhebliches Wissensdefizit, das jeweils regionsspezifisch zu beseitigen ist, um die Theorie, das Konzept der differenzierten Bodennutzung, umzusetzen. Nach W. HABER (1979b, S. 28) lassen sich bisher lediglich drei Prinzipien allgemeiner Gültigkeit benennen:

1. „Gemäß der standörtlichen Eignung und der Nutzungstradition genießen in einem bestimmten Gebiet bestimmte Nutzungen und damit auch NutzÖkosysteme oder, bei geringen oder fehlenden Nutzungsinteressen, Schutz-Ökosysteme jeweils Vorrang. Es bilden sich Schwerpunkt- oder Vorranggebiete für Nutz- oder Schutz-Ökosysteme.

2. In Vorranggebieten für Nutz-Ökosysteme werden diese auf mindestens der Gebietsfläche (pauschale Richtzahl!) von Schutz-Ökosystemen in möglichst gleichmäßiger Verteilung durchgesetzt Dadurch wird Ökosystem-Diversität durch Nutz- oder Schutz-Ökosysteme bewirkt.

3. In Vorranggebieten für Nutz-Ökosysteme wird die Vorrangnutzung als solche differenziert, indem z. B. bei landwirtschaftlicher Vorrangnutzung in räumlicher und zeitlicher Abfolge unterschiedliche Feldfrüchte angebaut werden. Dadurch wird Ökosystem-Diversität durch veschiedene Nutz-Ökosysteme bewirkt."

In Zusammenhang mit Bemühungen um eine weitere theoretische und vor allem praktische Absicherung des Konzeptes der differenzierten Bodennutzung erscheint es sehr sinnvoll, die von U. KATTMANN (1978) und F. ZACHARIAS und U. KATTMANN (1981) entwickelten Vorstellungen über die Dislokation von Systemteilen in mensch-organisierten, künstlich gesteuerten Ökosystemen mit in die Betrachtung einzubeziehen (vgl.

auch W. HABER 1993, Kap. 10.2 über die Zerreißung ökologischer Zusammenhänge). Darauf aufbauend müßten Grundsätze einer ökologisch sinnvollen bzw. noch funktionsfähigen räumlichen Trennung von Systemteilen entwickelt werden. Insbesondere für die Lösung des Problems der räumlichen Dimensionierung, Zuordnung und Mischung des Schutz-Types zu den verschiedenen Nutz-Typen innerhalb des Konzeptes der differenzierten Bodennutzung scheint dieser Ansatz recht vielversprechend. Anknüpfen könnte man hier auch an Vorstellungen, wie sie im Zusammenhang mit den ökologischen Ausgleichsräumen (L. FINKE 1978b, P. LUDER 1980) diskutiert wurden.

5.3 Ökologische Werttheorie

In Kap. 2.3 wurde bereits auf J. DAHL (1983) eingegangen und dargelegt, daß die Wissenschaft Ökologie zunächst eine „reine“ Naturwissenschaft ist, die die Struktur und Funktionsweise von Ökosystemen erforscht, ohne daraus allerdings eine *Wertung* der Ökosystemtypen ableiten zu können oder zu wollen.

W. HABER (1979a, b) führt eine Reihe von Beispielen an, aus denen klar wird, daß erst der Mensch, indem er bestimmte Leistungen von den Ökosystemen erwartet, einen *Bewertungsmaßstab* aufstellt. Somit kann die Diskussion um den Zusammenhang zwischen Diversität und Stabilität derart interpretiert werden, daß es offensichtlich dem menschlichen Wesen zutiefst entspricht, in allen seinen Lebensbereichen stabile Verhältnisse schaffen zu wollen, so daß die Suche nach der Stabilität in der natürlichen Umwelt diesem menschlichen Wunsch entspringt.

Spätestens in dem Moment, wo ökologische Forschung sich als angewandte Arbeitsrichtung begreift, wie z. B. W. HABER (1979b, 1992) dies der Landschaftsökologie attestiert, bekommt die Frage der jeweiligen Werthaltung eine zentrale Bedeutung. Gelegentlich werden wertneutral ermittelte Fakten nicht mehr als solche dargestellt, sondern sofort mit rational nicht nachvollziehbaren *Werturteilen* verknüpft. Diese einzelnen Schritte fein säuberlich auseinander zu halten, scheint gerade in jüngster Zeit von besonderer Wichtigkeit, nachdem „Ökologie“ zu einer beachtlichen politischen Bewegung geworden ist. Auf diese politische Dimension der Ökologiebewegung kann hier nicht eingegangen werden. Es sollen zunächst nur die wissenschafts- und werttheoretischen Aspekte behandelt werden.

Im Vergleich zu den *Gleichgewichtszuständen* der natürlichen Systeme stellt der menschliche Lebensraum ein mehr oder weniger stark verändertes System dar, in dem die Nutz-Ökosysteme mit einem hohen Aufwand an Außensteuerung (vor allem zusätzliche Energie) nicht nur leistungsfähig gehalten werden, sondern in denen dieser Aufwand angesichts zunehmender Erdbevölkerung und gleichzeitig zunehmender Verdichtung ständig ansteigt. Diese globalen Zusammenhänge sind erstmals dargestellt worden in den Weltmodellen von J. W. FORRESTER (1972); D. L. MEADOWS (1972). Von R. KAISER (Hrsg. [14]1981) ist unter dem Titel „Global 2000" der Bericht an den Präsidenten der Vereinigten Staaten bekannt geworden. In den letzten Jahren erfahren derartige Berichte auch in den Medien eine geradezu inflationäre Zunahme, für den Erdgipfel „Umwelt und Entwicklung" Anfang Juni 1992 in Rio de Janeiro sind umfassende Berichte über den globalen ökologischen Ist-Zustand einer internationalen Öffentlichkeit vorgelegt worden. Im ureigensten Interesse des Menschen kommt es daher darauf an – will er seine *natürlichen Lebensgrundlagen* langfristig sichern -, die Schwellenwerte (Grenzen) zu ermitteln, bis zu denen die natürlichen Systeme verändert werden dürfen (G. KAULE 1981). Dabei kommt der biotischen Ausstattung der Räume eine besondere Bedeutung zu. Während für den Bereich der abiotischen Umwelt noch relativ leicht zu errechnen ist, wieviel Wasser pro Einwohner benötigt wird oder welche Minimalfläche für die Ernährung eines Menschen zur Verfügung stehen muß, ist die Frage nach der biotischen Minimalausstattung von Räumen noch kaum beantwortbar. Hierauf wird in Kap. 6 bei der Behandlung des Naturschutzes noch eingegangen.

Mit H. ELLENBERG (1973b) bleibt festzustellen, daß die Menschheit heute mit der Vorstellung ungestörter Ökosysteme praktisch nicht existenzfähig wäre. Sie kommt ohne Nutz-Ökosysteme in ihrer „kultürlichen Umwelt" (W. HABER 1993) nicht aus, d.h. daß zwischen Ökonomie und Ökologie ständig ein Kompromiß gefunden werden muß. Die heute feststellbare „Ökologisierung" nahezu aller Lebensbereiche muß als polit-ökologische Strömung erkannt werden, wobei nach W. HABER (1979b) die wissenschaftliche Ökologie die *Grenzen* ihrer *Erkenntnis- und Aussagefähigkeit* erkennen sollte. Mit J. DAHL (1983) bleibt festzustellen, daß es *den* ökologischen Wertmaßstab nicht gibt, denn auch ökologische Argumente, Begründungen und Forderungen sind immer interessengebunden. Dies soll an einigen Beispielen verdeutlicht werden:

(1) Unter dem Aspekt der rationellen und optimalen Produktion schafft der Mensch agrare und forstliche Dominanz-Ökosysteme in Form von Monokulturen, die als künstliche Systeme nicht stabil sind und durch Pestizideinsatz und Düngung auf ihrer hochproduktiven Sukzessionsstufe gehalten werden. Dies entspricht dem künstlichen Aufrechterhalten persistenter Stabilität, die den ökologischen Grundlagen der Persistenz geradewegs zuwiderläuft (W. HABER 1979b, S. 25).

(2) Überall dort, wo der Mensch nicht primär wirtschaftliche Interessen an der Landschaft hat, besteht ein entgegengesetztes Interesse nach größtmöglicher Vielfalt, die zunächst nur als visuell direkt erfahrbare Vielfalt

des Landschaftsbildes, als Anmutungsqualität empfunden wird. Zwischen der visuell-ästhetischen Qualität und der landschaftsökologischen Vielfalt besteht ein weitgehender Zusammenhang. Insbesondere im Bereich des Wohnumfeldes, im eigenen Garten und in den Freizeit- und Erholungsgebieten werden vor allem die Grenzbereiche benachbarter (Nutz-)Ökosysteme bevorzugt. Sind diese nicht vorhanden, werden sie künstlich geschaffen und häufig recht „unökologisch" gepflegt und erhalten.

(3) Selbst im Bereich des Naturschutzes geht es nicht immer um „Natur" im strengen Sinne des Wortes. Wenn die rein zahlenmäßig überrepräsentierten *Calluna*-Zwergstrauchheiden unter großen Anstrengungen in diesem Sukzessionsstadium gehalten werden, obwohl sie sich langfristig in Wälder verwandeln würden, dann wird auch hier vom Menschen künstlich Persistenz erzeugt, die diese Heiden aus sich selbst heraus ebenso wenig erreichen würden wie die Kalk-(Halb-)Trockenrasen.

Die Beispiele zeigen, daß je nach menschlichem Interesse landschaftliche Strukturen und Ökosysteme bewertet werden und daß es keinen ökologischen *„Wert an sich"* gibt.

Ein kleines Restmoor in einer ansonsten schon weitgehend entwässerten Landschaft ist für den Landwirt Öd- bzw. Unland, für den ausführenden Straßenbauingenieur eine Stelle mit höchst unerwünschten und kostentreibenden Baugrundeigenschaften, aber für den Naturschützer eine Fläche, die mit allen Mitteln vor Zugriffen zu bewahren ist. In einem derartigen Interessenkonflikt wird häufig nach einem neutralen, wissenschaftlichen ökologischen Gutachten verlangt. Der mit einer derartigen Begutachtung betraute Ökologe kann aber bestenfalls versuchen, die zu erwartenden Folgen aufzuzeigen. Die Verantwortung für die Entscheidung der Nutzungsart sollte bei den zuständigen politischen Entscheidungsträgern verbleiben. Bezieht der Gutachter selbst Position, dann ist dies überhaupt nur möglich, wenn er für sich selbst eine Abwägung konkurrierender Belange vorgenommen hat. Besonders Bürgerinitiativen bemühen in derartigen Fällen häufig die *„ökologische Vernunft"*, ohne sich bewußt zu sein, daß lediglich ökologische Argumente zur Absicherung der eigenen Interessenlage benutzt werden. Auf diese Weise geraten Gutachter, Bürgerinitiativen, Umweltverbände u. a. häufig in eine Konfrontation zu tatsächlicher oder vermeintlicher ökonomischer Rationalität.

In der radikalsten Form verlangt die neue ökologische Weltanschauung „Zurück zur Natur", da angeblich das globale Ökosystem Erde weiteren (technischen) Fortschritt nicht ertrage, da Fortschritt nicht den Gesetzen der Natur entspräche. L. TREPL (1981, 1987) hat sich mit der Frage befaßt, ob die Geschichte der Menschheit tatsächlich die einer fortschreitenden „Naturzerstörung" war. Unter *„Naturzerstörung"* wird dabei die anthropogen bedingte Umwandlung von vielfältigen, resistenten Ökosy-

stemen in einfache, resiliente verstanden.
Mit seiner historischen Betrachtung kommt L. TREPL (1981), ähnlich wie W. HABER (1972) zu dem Ergebnis, daß die Entwicklung der Kulturlandschaft, durch über lange Zeit gleichbleibende Beeinflussung und die Anpassung an die standörtliche Differenzierung dazu geführt hatte, daß aus heutiger Sicht der vorindustriellen Kulturlandschaft ein hoher biologischer Reichtum (biologische Vielfalt) attestiert werden muß. Dieser war sogar höher als die ehemals vorhandene natürliche Vegetation in Form der für Mitteleuropa typischen Wälder. H. ELLENBERG ([3]1982) und W. HABER (1979b) weisen z.B. darauf hin, daß Waldweide und die Niederwaldwirtschaft etwa seit dem 13. Jh. zu einer Schwächung der dominierenden Buche geführt hatten, wobei auf den nährstoffreicheren Standorten aus artenarmen Buchenwäldern Eichen-Hainbuchenwälder höherer Diversität wurden.
Auch für die *historische Agrarlandschaft* gilt, daß durch Kleinteiligkeit, Anpassung an die Standorte, hohe Nutzungsvielfalt, lokale und regionale Zuchtformen des Saatgutes usw., die biotische Vielfalt stark erhöht worden war. Die Artenzuwanderung übertraf den anthropogen bedingten Rückgang. Nach E. BURRICHTER (1977) erreichte die ökologische Differenzierung um die Zeit der Wende des Frühmittelalters zum Hochmittelalter ihren Höhepunkt. Die danach langsam einsetzenden Waldverwüstungen und das Aufkommen neuer Wirtschaftsformen (z.B. zweischürige Mähwiesen, Dreifelderwirtschaft anstelle der Feldgraswirtschaft, Aufkommen des Schollenpflugs), führten bereits zu ersten Entmischungserscheinungen.
Zur weiteren Intensivierung der Landwirtschaft, Entwässerungsmaßnahmen usw. kamen *neue Wirtschaftsfaktoren* hinzu (Nieder- und Mittelwaldwirtschaft), regelmäßige Düngung, neue Kulturpflanzen, Einführung der Forstwirtschaft usw.), so daß F. FUKAREK (1980) für das Jahrhundert vor der Industrialisierung, d.h. für die Zeit 1700-1800/1820 das Maximum der landschaftsökologischen Bereicherung der mitteleuropäischen Kulturlandschaft annimmt. H. HAEUPLER (1976) sieht diesen Zustand für manche Regionen gar bis 1850.
Durch die danach einsetzenden, vergleichsweise sehr viel gravierenderen Eingriffe wie künstliche Düngung, großräumige Entwässerungsmaßnahme, Moorkultivierungen usw., vor allem aber die *Umstellung der Landwirtschaft* vom Selbstversorgungsprinzip zur marktorientierten Produktion, kam es zu einer Verarmung an Biotopen. Dabei nahm die Gesamtzahl der Arten (Pflanzenarten), auch als Folge der Einschleppung fremder Arten durch weltweite Handelsbeziehungen, nach F. FUKAREK (1980) bis um die Mitte des 20. Jh. (1950-1960) sogar noch zu.
Erst danach kam es zu einem vorher noch nie dagewesenen *Artenrückgang,* der inzwischen zu ganz beachtlichen Prozentsätzen (40-50%) aus-

gestorbener und bedrohter/gefährdeter Tier- und Pflanzenarten geführt hat. Nach H. SUKOPP u. a. (1978) und D. KORNECK und H. SUKOPP (1988) ist dafür als Hauptverursacher die Landwirtschaft zu nennen, gefolgt von den Auswirkungen durch Entwässerungsmaßnahmen. Dagegen sind die direkten technisch-industriellen Auswirkungen von vergleichsweise geringerer Bedeutung.

Als Ergebnis einer derartigen historischen Betrachtung ergibt sich, daß es sowohl Phasen der Zerstörung als auch solche der Anreicherung gab, wobei insbesondere die Formen der vorindustriellen Landwirtschaft zu einer „ökologischen Verbesserung" – im Sinne einer Erhöhung der Artenzahlen – führten. Dieses hat sich nun in den letzten 40 Jahren geradezu dramatisch verändert. Zusammen mit der großflächigen *Nivellierung natürlicher standörtlicher Differenzierungen,* d. h. Beseitigung der Raum-Diversität, hatte dies nach heutigem Verständnis des Stabilitäts-Begriffes eine ökologische Destabilisierung der gesamten Kulturlandschaft größten Stils zur Folge.

Hierzu muß die Ökologie, vor allem die anwendungsorientierte Landschaftsökologie, *wertende Stellung* beziehen. Sie kann sich nicht auf die Position der neutralen, „reinen" Naturwissenschaft zurückziehen. Mit E. BIERHALS (1984) und J. DAHL (1983) ist festzustellen, daß aus der Ökologie selbst ein Wertmaßstab nicht abzuleiten ist. Dann muß aber anwendungsorientierte Wissenschaft *Wertmaßstäbe* setzen, um klare Aussagen über sinnvoll erscheinende und anzustrebende Zustände machen zu können. W. ERZ (1986) hat hierzu einmal das Verhältnis von wissenschaftlicher Ökologie zum Naturschutz verglichen mit dem Verhältnis von Naturwissenschaften zur Technik. Danach ist Naturschutz die zielgerichtete, normative Anwendung wertneutralen ökologischen Wissens.

Dabei stehen in der Praxis anthropogene Interessen eindeutig im Mittelpunkt – sehr zum Leidwesen vieler Naturschützer.

Dieses muß nicht bedeuten, daß die *Nutzungsinteressen des Menschen* immer Vorrang vor dem Erhalt und dem Schutz natürlicher Systeme haben, da das Unterlassen ökologisch negativer Eingriffe langfristig auch für die Menschen vorteilhaft sein wird, zumindest für die nach uns kommenden Generationen. Die Erkenntnis, daß Ökologie die beste Langzeitökonomie ist, beginnt sich immer stärker zu verbreiten. Auch die ethische Dimension des Naturschutzes (im weiteren Sinne) gewinnt mehr und mehr an Bedeutung und öffentlicher Anerkennung. Abgeflachte ökonomische Wachstumskurven bieten die Chance, Prinzipien des „Haushalts der Natur" in die ökonomischen Theorien und Handlungsstrategien mit einzubauen – vielleicht liegt die Möglichkeit zur Synthese von Ökonomie und Ökologie überhaupt darin, Ökologie viel stärker als Lehre vom Haushalt, von der Ökonomie der Natur zu verstehen – diese Sprache wird besser verstanden.

5.4 Das Prinzip der Nachhaltigkeit

Spätestens seit im Juni 1992 in Rio de Janeiro der Erdgipfel „Umwelt und Entwicklung" stattgefunden hat, ist das Wortpaar *„sustainable development"* zur neuen Zauberformel weltweiter entwicklungspolitischer Zielvorstellungen avanciert. Diese Konferenz von Rio wollte verbindliche Konsequenzen sowohl aus dem „Brundtland-Bericht" – der unabhängigen Kommission Umwelt und Entwicklung – als auch aus den Empfehlungen der Weltklimakonferenz von Genf ziehen. Beide Berichte verdeutlichen noch einmal für den politischen Raum das, was im wissenschaftlichen Bererich seit vielen Jahren bekannt ist: Die Entwicklung der Weltgesellschaft befindet sich sowohl ökologisch als auch sozio-ökonomisch auf Kollisionskurs mit ihrer eigenen Zukunft. Vor diesem Hintergrund erscheint die neue Zauberformel des *„sustainable development"* geradezu als Retter in der Not, kann sich doch darunter jeder etwas anderes vorstellen. In der deutschen Übersetzung bedeutet dies dauerhafte, bzw. nachhaltige Entwicklung.
Selbst die Bundtland-Kommission geht in ihrem 1987 vorgelegten Bericht „Unsere gemeinsame Zukunft" davon aus, daß die Industrieländer mittelfristig ein Wachstum von 3-4% jährlich aufweisen müßten, um ihre Entwicklungshilfe erhöhen zu können, damit dann die Länder der Dritten und Vierten Welt einen freieren Zugang zu den Weltmärkten für ihre Produkte bekommen. Ein geradezu reinrassig ökonomisches Verständnis wird in der Stellungnahme der Bundesregierung aus dem Jahre 1988 zu diesem WCED-Bericht deutlich, dort heißt es: „Der WCED-Bericht unterstreicht mit Nachdruck, daß ökonomisches Wachstum von elementarer Bedeutung für die Bewältigung der Umweltprobleme ist und daß dieses Wachstum auf eine langfristig tragfähige Basis gestellt werden muß. Die Bundesregierung begrüßt dieses klare und eindeutige Bekenntnis zur Notwendigkeit dauerhaften weltwirtschaftlichen Wachstums".
Wenn mit diesem neuen Handlungsprinzips des *„sustainable development"* überhaupt etwas wirklich kreativ Neues verbunden sein soll, dann kann dieses nur aus einer überwiegend ökologischen Interpretation erwachsen. Aus ökologischer Sicht kann dabei das *„sustainable"* nur bedeuten, sich am *Prinzip der Nachhaltigkeit* auszurichten, so wie dies schon lange als Grundprinzipien des Handelns aus der Forstwirtschaft, der Landwirtschaft, der Wasserwirtschaft und der Fischereiwirtschaft bekannt ist. Wenn dort nicht immer streng nach diesem Prinzip gehandelt wird, dann spricht dies keineswegs gegen die Sinnhaftigkeit dieser Handlungsmaxime, allenfalls gegen diejenigen, die gegen dieses Prinzip verstoßen. In den genannten Wirtschaftsbereichen bedeutet die Anwendung des Grundsatzes der Nachhaltigkeit, daß aus einem räumlich abgegrenzten Raum nicht mehr an regenerierfähigen Ressourcen entnommen wer-

den darf, als sich dort unter heutigen Bedingungen nachbildet. Diese sog. „*nachschaffende Kraft*“ wird nun allerdings in der Landwirtschaft durch sehr aufwendigen Einsatz von Hilfsmitteln manipuliert. Am deutlichsten wird die Abhängigkeit von der natürlichen, nachschaffenden Kraft im Bereich der Wasserwirtschaft, wenn es sich um die Nutzung eines begrenzten Grundwasservorrates handelt.
Es darf vermutet werden, daß das sehr unterschiedliche Verständnis von „*sustainable development*“ – von einem reinrassig ökonomischen bis hin zu einem reinrassig ökologischen Verständnis – den eigentlichen Grund dafür darstellt, daß dieses Begriffspaar zur neuen Zauberformel aufsteigen konnte. Solange es keine allgemein anerkannte Definition gibt, kann jeder behaupten, just seine eigenen planerischen Vorstellungen entsprächen diesem Prinzip. Um die grundsätzlichen Widersprüche zwischen einem ökonomischen und einem ökologischen Verständnis aufzuzeigen und dem drohenden Etikettenschwindel entgegenzuwirken, sollte so schnell wie möglich aus ökologischer Sicht Stellung bezogen und verdeutlicht werden, wo Gemeinsamkeiten mit sozioökonomischen Zielen bestehen und wo andererseits unüberwindbare Gegensätze erkennbar sind (vgl. L. FINKE 1993d).

5.4.1 Was ist erforderlich?

In seinem Vorwort zu W. HABER (1993) spricht K. BUCHWALD (1993) von globaler Ausdehnung und Vernetzung der Belastungsprozesse in der Geosphäre mit möglicher Vernetzung über die Atmosphäre bis in die Kosmosphäre. Darin wird der eigentliche Wandel der Ökologie als Wissenschaft von der Umwelt gesehen, in der sich veränderte Mensch-Umwelt-Beziehungen am Ende des 20. Jahrhunderts wiederspiegeln. Insbesondere die heutigen Kenntnisse der globalen und kosmosphärischen Bezüge erfordern grundlegend neue Überlegungen zur künftigen *Planung des Mensch-Umwelt-Systems.* Auf der Basis umweltrelevanter Forschungsergebnisse der letzten Jahre ist die *ökologische Destabilisierung* des gesamten Ökosystems Erde deutlich geworden. Diese Gefahren lassen sich in aller Kürze wie folgt benennen: Artensterben (weltweit 30 bis 50 Arten täglich), Zerstörung des Ozonschildes, Klimaänderung als Folge des zunehmenden Treibhauseffektes, Ausbreitung der Wüsten (Desertifikation), etc.. Abbildung 37 verdeutlicht, welche vom Menschen freigesetzten Spurengase am zusätzlichen *Treibhauseffekt* beteiligt sind. FCKW und CO_2 aus Feuerungsanlagen werden dabei insbesondere von den hochindustrialisierten Ländern der nördlichen Halbkugel freigesetzt. Abbildung 38 vermittelt einen Überblick über die elf größten CO_2-Sünder der Welt.
Daraus ergibt sich – wie insbesondere von den Ländern der Dritten und

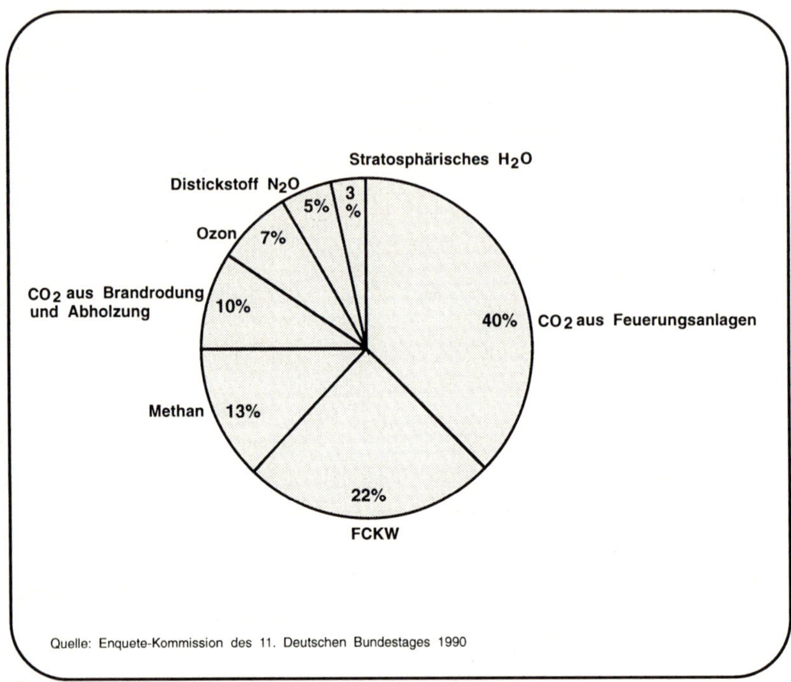

Ab. 37: Anteil der anthropogenen Spurengase am zusätzlichen Treibhauseffekt

Vierten Welt auf der Rio-Konferenz vorgetragen – daß die hochentwickelten Länder der nördlichen Halbkugel eine ganz besondere Verantwortung zu übernehmen haben. Den entscheidenden Beitrag zur ökologischen Stabilisierung des globalen Ökosystems müssen die Industrienationen der nördlichen Halbkugel erbringen, auch die Bundesrepublik Deutschland. Wir brauchen mit Sicherheit ein neues Verständnis von Lebensqualität und eine Abkehr von der Ideologie des immer weiter ansteigenden materiellen Lebensstandards. Es wird darauf ankommen, Ressourcen zu schonen und die Umwelt zu entlasten, um den nach uns folgenden Generationen *natürliche Lebensgrundlagen* in einer Qualität zu hinterlassen, die überhaupt noch Entscheidungsspielräume bereithält. Dabei spielt das Prinzip der Nachhaltigkeit eine ganz entscheidende Rolle. Für den planerischen und politischen Bereich erscheint von allen ökologischen Prinzipien das Prinzip der Nachhaltigkeit als das mit Abstand bedeutendste. Es geht um die Erhaltung der natürlichen Lebensgrundlagen für die künftigen Generationen, ohne erkennbare Begrenzung auf der Zeitachse. Damit ist die Einhaltung dieses Prinzipes ohne jeden Zweifel

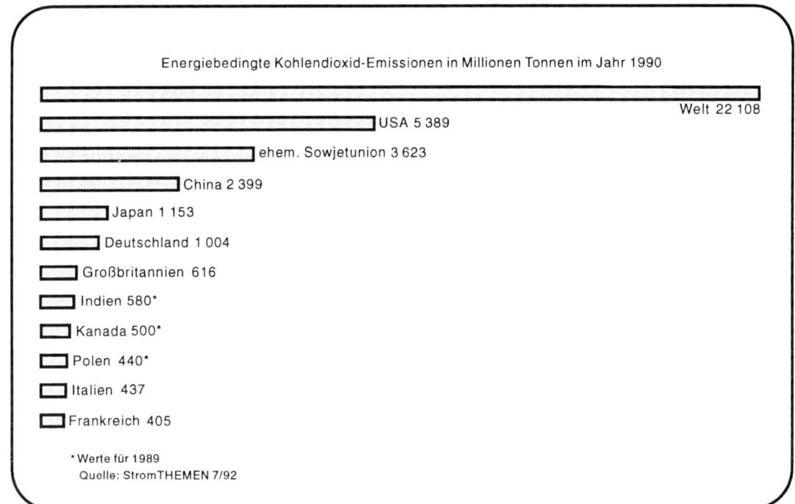

Abb. 38: Die elf größten CO_2-Sünder

anthropozentrisch. Die auf der Rio-Konferenz anwesenden 178 Staaten haben eine Erklärung verabschiedet, die eine umweltverträgliche, nachhaltige Entwicklung im Sinne des *„sustainable development"* fordert. Die sich tatsächlich abzeichnende Entwicklung läuft dem diametral entgegen. Allein für den Bereich der EG wird bis zum Jahre 2010 ein Bedarf von 250 neuen Kraftwerksblöcken mit zusammen rd. 220.000 Megawatt (MW) Leistung prognostiziert (IZE 1992). Die sich dadurch abzeichnende tatsächliche Entwicklung entfernt sich in geradezu dramatischer Weise vom Prinzip einer umweltgerechten, nachhaltigen Entwicklung.

5.4.2 Prinzipien einer nachhaltigen Entwicklung

Eine Gemeinschaftsveröffentlichung der World Conservation Union (IUCN), des United Nations Environment Programme (UNEP) und des Worldwide Fund for Nature (WWF) mit dem Titel „Caring for the Earth" enthält insgesamt neun *Prinzipien für eine nachhaltige Gesellschaft* (s. Tab. 9). Diese Prinzipien gehen weit über rein ökologische hinaus, dort wird auch die ethische Dimension künftiger Entwicklungsstrategien angesprochen. In der Bundesrepublik Deutschland stellt sich aus raumordnungspolitischer Sicht als zentrale Frage die nach dem Verhältnis einer umweltgerechten, nachhaltigen Entwicklung zu dem Hauptziel des bundesdeutschen Raumordnungsgesetzes, der Herstellung gleichwertiger Lebensbedingungen in allen Teilräumen der Republik. Dieses Sozialstaatsprinzip nach gleichwertigen Lebensbedingungen in allen Teilräu-

Tab. 9: Prinzipien für eine nachhaltige Gesellschaft

Nach: IUCN, UNEP u. WWF (Hg. /1991): „Caring for the Earth – A Strategy for Sustainable Living“ (1991), 228 S.

Prinzip 1 – Achtung und Sorge für die Gemeinschaft des Lebens:
Dieses Prinzip spiegelt die Pflicht Der Fürsorge der Menschen gegenüber den Lebewesen der Erde, jetzt und in der Zukunft wider. Dieses Prinzip ist ehtische Grundlage für die folgenden.

Prinzip 2 – Verbesserung der Qualität menschlichen Lebens:
Wichtige Komponente einer nachhaltigen Gesellschaft ist der Bedarf an qualitätsorientierter Entwicklung in bezug auf: Gesundheit, Ausbildung, Sicherung der Menschenrechte, Wohlstand, Gewaltfreiheit, Zugang zu den Ressourcen, die für einen angemessenen Lebensstandard nötig sind.

Prinzip 3 – Erhaltung der Lebenskraft und Vielfalt der Erde:
Lebenswichtige Systeme bewahren; die Lebensfähigkeit der Erde wird von dem Zustand des Klimas, der Luft und des Wassers bestimmt. Die Vielfältigkeit des Lebens mit dem Artenreichtum ist zu bewahren.

Prinzip 4 – Der Raubbau an nicht erneuerbaren Ressourcen muß gering gehalten werden:
Mineralien, Öl, Gas und Kohle sind nicht erneuerbar, aber ihr „Leben“ kann durch Recycling, sparsamen Verbrauch und Alternativen verlängert werden.

Prinzip 5 – Innerhalb der ökologischen Tragfähigkeit der Erde bleiben:
Ökosysteme haben eine begrenzte Tragfähigkeit, das heißt, Störungen werden von der Bevölkerung, aber auch durch den Konsum eines jeden Einzelnen hervorgerufen.

Prinzip 6 – Änderung der Einstellung und Handlungsweisen jeder einzelnen Person:
Um die Ethik für ein dauerhaftes Leben anzunehmen, müssen Werte moralisch überprüft und Verhaltensweisen geändert werden. Informationen und Wissen müssen durch organisierte und informelle Ausbildungssysteme Verbreitung finden.

Prinzip 7 – Gemeinschaften ermöglichen, für ihre eigene Umwelt zu sorgen:
Schöpferische und ergiebige Tätigkeiten werden besonders von Gemeinschaften hervorgerufen. Gemeinschaften wissen am besten um ihre Belange und die regionalen, kommunalen und örtlichen Möglichkeiten sowie Entscheidungskriterien im Sinne einer nachhaltigen Entwicklung. Ihre Belange und die Möglichkeiten zur Selbstbestimmung sollten durch Gesetze und andere Mittel gefördert werden.

Prinzip 8 – Die nationalen Rahmenbedingungen für die Integration von Entwicklung und (Natur-)Schutz schaffen:
Nationale Programme zur Nachhaltigkeit sollen alle Belange umfassen, Probleme erkennen und verhindern. Sie müssen anpassungs- und ausbaufähig sein. Nationale Maßnahmen sollten…
- das zusammenhängende System von Luft, Wasser, Organismen und menschlichem Handeln berücksichtigen
- erkennen, daß ökologische, ökonomische, soziale und politische Systeme aufeinander Ein fluß haben;
- den Menschen im Zentrum der Systeme sehen und dabei abschätzen, wie sich die ökonomi schen, technischen und politischen Faktoren auf den Gebrauch der Ressourcen auswirken;
- das Verhältnis zwischen ökonomischer Strategie und ökologischer Tragfähigkeit erkennen;
- Die Nutzung der Ressourcen optimieren und die dazu notwendige Technik fördern;
- sicherstellen, daß der Verbrauch von Ressourcen angemessen bezahlt wird.

Prinzip 9 – Eine globale Zusammenarbeit entwickeln:
Kein Land ist Selbstversorger. Um eine dauerhafte Gesellschaft zu erreichen, muß eine feste Verbindung zwischen den Ländern gebildet werden. Zu berücksichtigen sind die unterschiedlichen Entwicklungsniveaus zwischen wirtschaftlich schwachen und starken Lälndern. Weltweite Ressourcen wie die Atmosphäre und Ozeane dürfen nur noch nach internationalen Interessen beansprucht werden.

men kann sicherlich nicht aufgegeben werden, aus ökologischer Sicht erscheint jedoch die Frage des dabei angestrebten Entwicklungsniveaus von ganz entscheidender Bedeutung.
Leider verläuft derzeit (Ende 1993/Anfang 1994) die tatsächliche Entwicklung auch hier in eine ganz andere Richtung. Die reale Gesamtsituation veranlaßte im Herbst des Jahre 1993 den Präsidenten des Umweltbundesamtes (Dr. von Lersner) zu der Feststellung, daß wir uns in einer Zeit der *ökologischen Gegenreformation* befänden.

5.4.3 Probleme und offene Fragen einer nachhaltigen Entwicklung

Bei realistischer Betrachtung muß festgestellt werden, daß auch aus ökologischer Sicht nicht geklärt ist, worin die tatsächlichen Möglichkeiten eines „sustainable development" konkret zu sehen wären. Außerhalb der erwähnten Politik- und Planungsbereiche Forstwirtschaft, Landwirtschaft, Wasserwirtschaft und Fischereiwirtschaft ist derzeit die Frage der Anwendbarkeit des Prinzips der Nachhaltigkeit mehr oder weniger ungeklärt. Hier hätte ohne jeden Zweifel eine anwendungsorientiert arbeitende Landschaftsökologie der letzten Jahre und Jahrzehnte Vorarbeiten leisten müssen. So bleibt festzustellen, daß der ökologische Beitrag zur Anwendbarkeit dieses Prinzips – z. B. im Bereich der kommunalen Flächenhaushaltspolitik – völlig ungeklärt ist. Zunächst einmal scheint klar, daß sich das Prinzip der Nachhaltigkeit vordringlich auf den Umgang mit *regenerierfähigen Ressourcen* anwenden läßt. Demgegenüber ist beim Umgang mit endlichen Ressourcen – z. B. allen Mineralen – derzeit nur schwer vorstellbar, daß das Prinzip der Nachhaltigkeit hier wirklich Neues über die bereits bestehenden Prinzipien eines schonenden Umgangs (z. B. Recycling von Baustoffen) bewirken könnte.
Somit ergibt sich als Zwischenergebnis, daß die Anwendung des Prinzips der Nachhaltigkeit auf politisch-planerische Entscheidungsprozesse erkennbar dort einen Sinn ergibt, wo es um Fragen des Umgangs mit regenerierfähigen Ressourcen wie Wasser, Boden, Luft, Pflanzen- und Tierwelt geht. Dabei läßt sich nach heutigem Wissensstand die *Grenze der Nachhaltigkeit* am leichtesten und exaktesten vermutlich für den Bereich der Wasserwirtschaft bestimmen. Dort dürften die heutigen Kenntnisse mehr als ausreichen, um im Rahmen der Erarbeitung eines wasserwirtschaftlichen Rahmenplanes festlegen zu können, wo die maximale Obergrenze der durchschnittlichen jährlichen Grundwasserentnahme aus einem definierten Einzugsgebiet liegt. Auch bei der Forst-, Land- und Fischereiwirtschaft läßt sich jedoch mit hinreichender Genauigkeit festlegen, ab welcher Entnahmequote gegen das Prinzip der Nachhaltigkeit verstoßen wird. Für andere ökologisch relevante Bereiche erscheinen Antworten derzeit kaum möglich. Wo liegt z. B. die *Grenze der nachhal-*

tigen Nutzung für das Medium Luft? Mit dem von der Umweltpolitik als so bedeutsam erkannten Umweltmedium Boden dürfte es ebenfalls erhebliche Schwierigkeiten geben, das Prinzip der Nachhaltigkeit anzuwenden. Dies müßte dort mit Sicherheit in Hinblick auf die Vielzahl der diskutierten Bodenfunktionen in Abhängigkeit von den jeweiligen Bodennutzungssystemen definiert werden. Eine streng ökologische Betrachtung müßte wohl davon ausgehen, daß der Eintrag aller Stoffe, die im Boden nicht biochemisch abgebaut werden können, die *nachhaltige Nutzungsfähigkeit* des Bodens gefährdet und insoweit als Verstoß gegen das Prinzip der Nachhaltigkeit zu charakterisieren wäre. Eine solche Forderung wäre jedoch absolut blauäugig angesichts der Tatsache, daß über das Trägermedium Luft weltweit Schadstoffe verteilt und letztlich überall in die Böden – wenngleich in höchst unterschiedlichen Konzentrationen – eingetragen worden sind und weiterhin eingetragen werden. Für die angewandte Landschaftsökologie der nahen Zukunft tut sich hier aus planerischer und aktueller umweltpolitischer Sicht ein weites und bedeutendes Feld auf. Das *Umweltmedium Boden* hat mit seinen Speicher- und Pufferkapazitäten eine ganz besondere Stellung innerhalb des Landschaftshaushaltes und ist insofern ein unbestechlicher Kronzeuge für Umweltsünden der Vergangenheit, aber auch der Gegenwart. Während sich Tier- und Pflanzenarten irgendwann einmal aus dem Artenspektrum des Globus verabschieden (Rote Listen der Tier- und Pflanzenarten) wird der Boden auch noch nach mehreren Jahrzehnten Zeugnis darüber ablegen, in welchem Ausmaß wir heute gegen das Prinzip der Nachhaltigkeit verstoßen. Zusammenfassend bleibt zur Anwendung des ökologischen Prinzips der Nachhaltigkeit festzustellen, daß vor allem angesichts der heute bekannten globalen Gefährdung des Ökosystems Erde diesem Prinzip endlich zum Durchbruch verholfen werden müßte. Die von der Rio-Konferenz weltweit bekanntgemachte Formel des *„sustainable development"*, im Deutschen als *dauerhafte, nachhaltige Entwicklung* zu verstehen, bietet hierzu eine grundlegend neue Perspektive und eine Chance, das gesamte Wirtschaftsleben und unseren Umgang mit dem Raum zu ökologisieren. Die Einhaltung des Prinzips einer umweltgerechten, nachhaltigen Entwicklung erfordert konkrete Ratschläge und Handlungsleitlinien von seiten der Landschaftsökologie, die es bisher leider noch nicht gibt. Vermutlich läuft eine wirklich ernstgemeinte Anwendung des Prinzipes darauf hinaus, sich an den jeweils naturraumspezifischen, ökologischen Kapazitäten auszurichten. Eine strenge Anwendung dieses Prinzipes würde früher oder später mit dem Prinzip der gleichwertigen Lebensbedingungen in allen Teilräumen kollidieren, so daß erheblicher politischer Sprengstoff zu erwarten ist. Die Erfordernisse einer nachhaltigen Entwicklung und die daraus folgenden Konsequenzen werden nicht leicht zu vermitteln sein. Die Geographie mit ihrem traditionellen Verständnis als intradisziplinäre Wissenschaft ist hier in ganz besonderem Maße gefordert.

6 Landschaftsökologie in der Raumplanung

In der *räumlichen Gesamtplanung* (Orts-, Regional- und Landesplanung sowie Bundesraumordnung) sind zwar indirekt schon immer ökologische Gesichtspunkte berücksichtigt worden, eine wirklich bewußte Einbeziehung ökologisch motivierter Zielkomponenten ist hingegen eine relativ jüngere Erscheinung. H. WEYL (1980) spricht in diesem Zusammenhang vom „Ökologisch-humanitären Postulat" der *Raumordnungspolitik*, um welches deren *Zielsystem* erweitert werden muß, in dem bisher das „sozialstaatliche Postulat" vorherrschte, aber ständig mit dem „ökonomisch-funktionalen Postulat" konkurriere. Seit vielen Jahren ist von „Ökologisierung der Raumplanung" die Rede. Daß man damit über den Status der verbalen Ankündigungen in der Realität noch nicht sehr weit hinausgekommen ist, belegen neuere Untersuchungen von L. FINKE et al. (1993) und von H. KIEMSTEDT, T. HORLITZ und S. OTT (1993).
Für den Bereich der *Fachplanungen* kann festgestellt werden, daß einzelne unter ihnen, wie z. B. die Forst- und Wasserwirtschaft, bereits seit langem mit dem dort propagierten (aber leider nicht immer praktizierten) Prinzip der Nachhaltigkeit eine starke ökologische Komponente beinhalten, ohne allerdings im heutigen Sinne als konfliktfrei zu anderen Nutzungen gelten zu können. Andere Fachplanungen kommen erst in allerjüngster Zeit dazu, ökologische Belange als zu berücksichtigende in ihre Planungen einzustellen (z.B. die Verkehrsplanung). Daneben gibt es immer noch Wirtschaftsbereiche – z.B. der Bergbau -, die auf der Grundlage relativ neuer Gesetze (Bundesberggesetz vom 1.1.1982) sich um die ökologischen Belange noch kaum zu kümmern brauchen.
Im folgenden kann aus Platzgründen exemplarisch nur die Landschaftsplanung vorgestellt werden. Abschließend werden heute angewandte Methoden, wie ökologische Wirkungs- und Risikoanalyse sowie das Instrument der Umweltverträglichkeitsprüfung, behandelt.

6.1 Landschaftsplanung

Auf der Grundlage der heutigen Gesetze (Bundesnaturschutzgesetz vom 20.12.1976 und der entsprechenden Gesetze der Länder) ist die Fachplanung „Landschaftsplanung" als die am *stärksten ökologisch ausgerichtete* aller raumwirksamen Planungen anzusehen. Es liegt deshalb auf der Hand, daß innerhalb der Landschaftsplanung auch am weitaus ausgepräg-

testen landschaftsökologische Informationen nachgefragt und planerisch verarbeitet werden. Dies mag erklären, wieso für N. KNAUER (1981) Landschaftsökologie in der Praxis weitestgehend mit Landschaftspflege identisch ist. Den umfassendsten Überblick über das Aufgabenfeld des *biologisch-ökologischen Umweltschutzes,* zu dem die Landschaftsplanung als die zweifellos wichtigste Disziplin gehört, vermittelt das vierbändige Standardwerk von K. BUCHWALD und W. ENGELHARDT (Hrsg. 1978-1980), insbesondere der Band 3, aber auch G. OLSCHOWY (1978); H. BICK u. a. (1982, 1984). Das Werk von K. BUCHWALD und W. ENGELHARDT erscheint gerade in neuer Konzeption als 17-bändiges Werk – der Band 1 „Ökologische Grundlagen des Umweltschutzes" (W. HABER 1993) ist bereits erschienen.
Hier soll daher nur auf einige Aspekte des Gesamtaufgabenbereiches der Landschaftsplanung eingegangen werden, die von besonderer landschaftsökologischer Relevanz sind und wo die landschaftsökologische Fundierung der Landschaftsplanung verbessert werden sollte. Nach dem Selbstverständnis der Disziplin Landschaftspflege, so wie man sie an nunmehr vier Universitäts- und zahlreichen Fachhochschulstandorten studieren kann, aber auch auf der Grundlage der Gesetze (Bundesnaturschutzgesetz und entsprechende Ländergesetze), gliedert sich die Landschaftsplanung wie in Abb. 39 dargestellt.

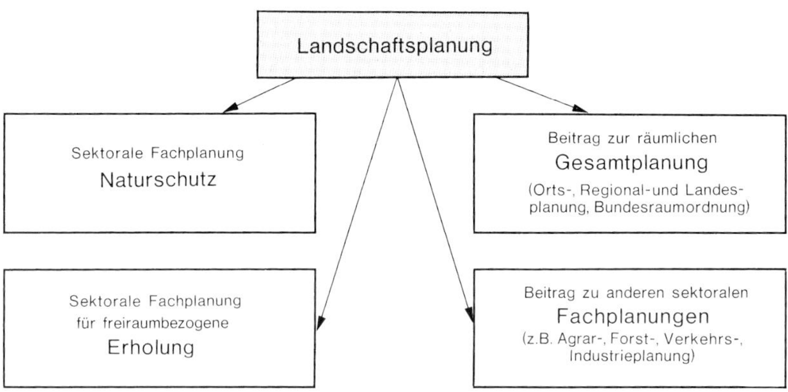

Abb. 39: Aufgabenfelder der Landschaftsplanung.

Die Aufgabenbereiche Naturschutz und Erholung stellen jene Bereiche dar, für die die Fachplanung „Landschaftsplanung" originär zuständig ist und für die sie auf den verschiedenen Planungsebenen ein eigenes, räumlich konkretisiertes *Zielsystem* entwickeln muß. Da sie das sinnvoll nur auf der Grundlage des realen landschaftlichen Zustandes und in Absprache mit anderen Planungen machen kann, ergibt sich daraus der Katalog all der Sachbereiche, die bei jeder Planung im Rahmen der Analyse unbedingt zu erheben sind. Hier werden lediglich die unmittelbar *landschaftsökologischen Aspekte* aufgeführt.

Natürliche Grundlagen

Gestein, Lagerstätten, Rohstoffe, Relief,
Böden (Bodenarten- und -typen),
Gewässer (Grundwasser, Oberflächenwasser),
Klima (vor allem geländeklimatische Besonderheiten),
Flora (reale und/oder pot. nat. Vegetation, Vorkommen besonders seltenet, typischer usw. Pflanzenarten und -gesellschaften),
Fauna (vor allem wieder schützenswerte Arten).

Derartige Informationen sollten als Grundlage möglichst flächendeckend für die Landschaftsplanung vorliegen. Im nächsten Schritt müssen diese dann bewertet werden, z.B. die Böden hinsichtlich ihrer natürlichen Ertragsfähigkeit, die Gewässer hinsichtlich ihrer Güte, klimatische Besonderheiten im Hinblick auf ihre Wirkungen, die Tier- und Pflanzenwelt hinsichtlich ihrer Schutzwürdigkeit aus der Sicht des Naturschutzes und aus der Sicht der Erholungsplanung hinsichtlich ihrer Erlebniswirkung sowie der visuell-ästhetischen Qualitäten. Als Ergebnis derartiger Untersuchungen sollten entsprechend dem heutigen Diskussionsstand Karten einzelner Naturraumpotentiale erarbeitet werden, in denen viele Einzelinformationen zusammengefaßt sind (Kap. 2.4.5).

Der originäre Beitrag der Landschaftsplanung als *„ökologisch-gestalterische Planung“* (K. BUCHWALD 1980b) bestünde dabei zunächst in der Darstellung der beiden Naturraumpotentiale Naturschutzpotential und Erholungspotential. Der gesetzliche Auftrag geht nun allerdings weit darüber hinaus, wie sich aus § 1(1) BNatSchG ergibt. Er lautet:

„Ziele des Naturschutzes und der Landschaftspflege

(1) Natur und Landschaft sind im besiedelten und unbesiedelten Bereich so zu schützen, zu pflegen und zu entwickeln, daß

1. die Leistungsfähigkeit des Naturhaushalts,

2. die Nutzungsfähigkeit der Naturgüter,

3. die Pflanzen- und Tierwelt sowie

4. die Vielfalt, Eigenart und Schönheit von Natur und Landschaft als Lebensgrundlagen des Menschen und als Voraussetzung für seine Erholung in Natur und Landschaft nachhaltig gesichert sind.“

Daraus ist laut W. ERZ (1978) der Schluß zu ziehen, daß sich die Ziele des Naturschutzes keinewegs nur auf bestimmte Schutzgebiete beschränken, sondern sich auf den gesamten Raum beziehen – allerdings in abgestufter Intensität. W. ERZ (1978, 1981) hat dazu das Schema der Abb. 40 entwickelt.

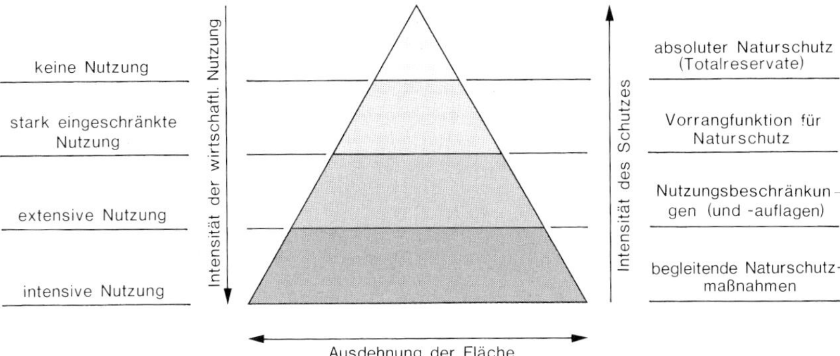

Abb. 40: Naturschutz als konkurrierender Flächenanspruch (nach W. ERZ *1978 und 1981).*

Die in Abb. 39 auf der rechten Seite dargestellten Beiträge der Landschaftsplanung im Rahmen der räumlichen Gesamtplanungen und der anderen, konkurrierenden Fachplanungen, werden in der Literatur heute als *querschnittsorientierte Planung* (G. OLSCHOWY 1978, K. BUCHWALD und W. ENGELHARDT, Hrsg. 1978-1980) bezeichnet. Hier muß der Hinweis genügen, daß diese Diskussion auch unter taktisch-disziplinpolitischen Gesichtspunkten zu sehen ist. Sachlich ist es letztlich völlig gleichgültig, von wem ökologische Prinzipien in die Raumplanung eingebracht und durchgesetzt werden, da das Idealziel ohnehin darin besteht, ökologische Grundsätze eines Tages ebenso selbstverständlich werden zu lassen, wie es ökonomische seit langem sind.
Im folgenden wird die Diskussion auf den Aufgabenbereich „Naturschutz" beschränkt, weil *Naturschutz angewandte Landschaftsökologie* par excellence darstellt und in der Art, wie dort heute fachlich abgesichert auch politisch Stellung bezogen wird, eine Vorreiterfunktion für die Umsetzung der gesamten wissenschaftlich fundierten, angewandten Ökologie erfüllt. Die Ausführungen werden weiter eingegrenzt auf die (nach Meinung des Verfassers) wichtigsten Aspekte des Arten- und Biotopschutzes und die in diesem Zusammenhang diskutierten Forderungen nach „integrierten Schutzgebietssystemen".

6.1.1 Arten- und Biotopschutz

Insbesondere infolge der großstädtischen Flächennutzung ergeben sich die allgemeinen Gründe für den Artenschutz (siehe z. B. A. AUHAGEN und H. SUKOPP 1983). Eine ausführliche Darstellung der Bedeutung von Tier- und Pflanzenarten bietet B. HEYDEMANN (1980), der auch die Bedeutung für den Menschen darstellt.

Durch systematische Forschungen mußte zunächst einmal der gesamte vorhandene Artenbestand erfaßt und in seiner zeillichen und räumlichen Veränderung beobachtet werden, bevor man über den Gefährdungsgrad von Arten und ihrer Habitate Aussagen treffen konnte. Heute liegen für das Bundesgebiet (J. BLAB u. a. [4]1984, H. SUKOPP u. a. 1978, D. KORNECK und H. SUKOPP 1988) sog. *„Rote Listen"* der gefährdeten *Tier- und Pflanzenarten* vor. Auch auf Länderebene werden entsprechende Grundlagen erstellt (für NRW z. B. LÖLF 1979, 1982, 1986). Diese Arbeiten zeigen, daß erst eine entsprechende Auswertung dieser Roten Listen gesicherte Argumente für den Arten- und Biotopschutz erbringt, wobei ein heute allgemein anerkannter Grundsatz lautet, daß wirksamer Artenschutz immer auch gleichzeitig Biotopschutz bedeutet.
Dies kann jedoch nicht nur in Reservaten/Naturschutzgebieten erfolgen, da mit den 1,76% der Landfläche (ohne Wasser- und Wattflächen) der Bundesrepublik Deutschland, wo 4.870 Naturschutzgebiete ausgewiesen sind (Stat. Jb. 1993, S. 747), viele der heute gefährdeten, nicht in Naturschutzgebieten vorkommenden Arten gar nicht geschützt werden können. Man könnte nun meinen, daß Fragen nach den wissenschaftlichen Voraussetzungen eines wirksamen Artenschutzes, wie die Klärung der Flächen- und Populationskriterien, eine rein biologische Angelegenheit wäre. Neben einer minimalen Flächengröße einzelner Habitate spielt deren Gesamtzahl und Verteilung im Raum eine Rolle und ergibt das *Minimalareal* einer Art, deren Population in diesem Minimalareal eine bestimmte Raumausstattung = Minimalumwelt benötigt. Gerade hier ergibt sich geradezu der Zwang zu interdisziplinärer Zusammenarbeit, wenn es gilt, bestimmte planerische Maßnahmen vorab hinsichtlich ihrer Auswirkungen auf die abiotischen Umweltverhältnisse zu prognostizieren und bioökologisch aus Sicht des Artenschutzes zu bewerten. Aus der Sicht anderer ökologisch arbeitender Disziplinen (z. B. Agrar-, Forst-, Klima-, Stadtökologie) werden sich die gleichen Fakten möglicherweise ganz anders darstellen. Auch für die Schaffung von Ersatzbiotopen, z. B. durch Rekultivierung, ist eine interdisziplinäre Zusammenarbeit von Landschaftsökologen unterschiedlicher Herkunft sehr zu empfehlen (z. B. G. DARMER [2]1976).

6.1.2 Integrierte Schutzgebietssysteme

Seit einigen Jahren werden in allen Bundesländern die schutzwürdigen Biotope erfaßt – in verkürzter Form leicht mißverständlich *„Biotopkartierung"* genannt (H. SUKOPP 1982, 1983b; G. KAULE 1976, [2]1991). Auf Bundesebene wird die Liste fortgeschrieben vom Bundesamt für Naturschutz, der früheren „Bundesforschungsanstalt für Naturschutz und Landschaftsökologie".

Danach ergibt sich, daß in Deutschland während des letzten Jahrhunderts Jahr für Jahr zwei Tierarten ausgestorben sind. B. HEYNEMANN (1980, S. 24) schätzte, daß durch den Verdrängungsprozeß des Menschen auf der Welt pro Tag mindestens fünf Arten, d.h. pro Jahr 1500 Arten, den Ausrottungstod erleiden. Neuere Arbeiten gehen sogar von 30 – 50 aussterbenden Arten pro Tag aus (E.U. von WEIZSÄCKER 1989).

Die Auswertung der *Roten Listen* und die Ergebnisse der Biotopkartierungen ergeben eindeutig, daß mit den bestehenden Naturschutzgebieten allein die heute noch vorhandenen Arten nicht wirkungsvoll geschützt und erhalten werden können, die Tab. 9 zeigt den derzeitigen Gefährdungsgrad.

Der Anteil der gefährdeten Tierarten liegt, bei den Pflanzenarten sieht die Situation ähnlich aus (s. H. SUKOPP u.a. 1978), im Schnitt bei ca. 50%, bei einem Gesamtbestand von 50 000 bis 60 000. Daraus folgt, daß der Schutz innerhalb der unterschiedlichen Schutzgebietskategorien (s. §§ 13-18 BNatSchG) erheblich intensiviert werden muß, daß die Schutzgebiete insgesamt ausgedehnt und vermehrt und zu einem „integrierten Schutzgebietssystem" entwickelt werden müssen (s. hierzu SUKOPP und SCHNEIDER 1978, das H. 41/1983 d. Schrr. d. Deutschen Rates für Landespflege (DRL) „Integrierter Gebietsschutz" und E. JEDICKE [2]1993). Der DRL definiert ein integriertes Schutzgebietssystem wie folgt:

„Ein integriertes Schutzgebietssystem ist ein zu entwickelndes Netz von

Tab. 10: Anteile ausgestorbener und gefährdeter Tierarten (ausgewählte Gruppen) in der Bundesrepublik Deutschland (Rote Liste – Stand 1982, nach W. ERZ *1983)*

Organismengruppe	einheimische Arten	ausgestorben		gefährdet	
		Anzahl	%	Anzahl	%
Wirbeltiere	449	31	7	222	49
Säugetiere	93	7	8	43	46
Vögel	255	20	8	113	44
Kriechtiere	12	—	—	9	75
Lurche	19	—	—	11	58
Fische (Süßwasser)	70	4	6	46	66
Wirbellose Tiere	ca. 44 100	?		?	
(ausgewählte Gruppen)	6 484	147	2	2 335	36
Schnecken	270	2	1	126	47
Muscheln	31	1	3	16	52
Großschmetterlinge	1 300	27	2	467	36
Käfer	4 000	96	2	1 590	40
Libellen	80	4	5	39	49
Webspinnen	803	17	2	97	12

Schutzgebieten, das aus allen naturraumspezifischen Biotopen in ausreichender Größe und in ökologisch funktionaler Verteilung im Raum besteht, unterschiedliche Schutzgebietskategorien umfaßt und in dem die Schutzgebiete über spezifische naturnahe Landschaftsstrukturen miteinander verbunden sind" (a. a. O., S. 6).

Als Gründe für ein derartiges Schutzgebietssystem, ohne das nach Meinung des Rates ein moderner, wissenschaftlich gesicherter und praktisch erfolgsversprechender Naturschutz nicht mehr denkbar ist, werden angeführt (a. a. O., S. 6):

- „*Erhaltung von naturnahen Biotopen in jedem Naturraum, die für diesen typisch sind und die dem Artenschutz sowie der wissenschaftlichen Forschung auf naturräumlicher Grundlage dienen*
- *Erhaltung des gesamten Genbestandes von Pflanzen und Tieren in ausreichend großen, miteinander in Verbindung stehenden Schutzgebieten zwecks Erhaltung der Artenvielfalt sowie zu Forschungszwecken*
- *Erhaltung und Schaffung von Biotopen, die von menschlichen Einwirkungen wie Lärm, Tritt, Chemikalien, Düngung, Stäuben und Gasen verschont bleiben, damit sich dort die Lebensgemeinschaften nach den ihnen eigenen Gesetzen entwickeln und widerstandsfähige Bestände bilden können*
- *Erhaltung von empfindlich auf Umweltveränderungen reagierenden, freilebenden Pflanzen- und Tierarten als Bioindikatoren zur Überwachung und Erfassung von Umweltbelastungen*
- *Förderung der ökologisch günstigen Auswirkungen von naturnahen Landschaftsteilen auf benachbarte, genutzte Landschaftsräume (z. B. von Hecken und Flurgehölzen auf benachbarte Felder oder Weiden). Die Wirkung besteht vor allem in der Stärkung der Widerstandskraft der genutzten Ökosysteme gegen Belastungen, u. a. in der biologischen Schädlingsbekämpfung*
- *Erhaltung von schutzwürdigen Landschaftsbildern, vor allem wenn sie naturnahe Bestände aufweisen, deren Zusammenhang fur Gestalt und Haushalt der Landschaft nicht gestört werden darf*
- *Schaffung und Erhaltung von Nahrungsbiotopen für Tierarten, die in der Kulturlandschaft gezwungen sind, mehr oder weniger weite Strecken zur Nahrungsaufnahme zurückzulegen (z. B. Störche, Tag- und Nachtgreifvögel sowie zahlreiche Groß- und Kleinsäuger)*
- *Schaffung und Erhaltung von in angemessenem Abstand voneinander liegenden Nahrungs- und Rastplätzen für den Vogelzug*
- *Erhaltung oder Schaffung ungestörter Zug- oder Wanderwege für solche Tierarten, die in ihrem Lebenszyklus mehr oder weniger große Wanderungen oder Biotopwechsel unternehmen (z.B. Rot- und Schwarzwild, Marder, Spitzmäuse, Frösche und Kröten)*
- *Erhaltung und Schaffung von naturnah belassenen Flugwegen für*

Insekten (u. a. Käfer, Schmetterlinge, Hautflügler und Zweiflügler), von denen viele für die Bestäubung der Blütenpflanzen unentbehrlich sind
• *Erhaltung und Schaffung von naturnahen stehenden Gewässern und naturnahen Strecken (in angemessenen Abständen) an allen Fließgewässern als Laich- und Nahrungsbiotope für reviergebundene und wandernde Fischarten sowie für Amphibien und Wasserinsekten (Libellen)*
• *Erhaltung der restlichen und Schaffung neuer Auewälder als Ausgleichsräume für Hochwässer, für Wasserinfiltration und -speicherung*
• *Erhaltung und Wiederherstellung grundwassernaher Standorte (Feuchtbiotope) und deren typischer Pflanzen- und Tierwelt."*

Die Einwirkungen des Menschen auf die Biotope haben, neben Vernichtung und Veränderung, vor allem zu einer *„Verinselung"* geführt (H. J. MADER 1979, 1981, 1983), woraus sich für die Zukunft Forderungen nach Minimalgrößen für Artenhabitate und Ökosystemtypen und deren Vernetzung ergeben.

Besonders B. HEYDEMANNS (1983) Beitrag kommt zu Ergebnissen, die für die Raumplanung von größtem Interesse sind, da hier ganz erhebliche Forderungen gestellt werden. Damit wird die von W. ERZ (1978) noch beklagte Konzeptionslosigkeit des Naturschutzes – in Hinblick auf ein gesamträumliches Programm – wohl bald der Vergangenheit angehören.

Aus einer Analyse von unterschiedlichen *Typen ökologischer Vernetzung* leitet B. HEYDEMANN (1983) fünf Grundprinzipien einer Strategie zur Wiederherstellung oder Verbesserung der natürlichen bzw. naturnahen Vernetzung ab. Da die Gefährdung der natürlichen Vernetzungsstruktur von Ökosystemen vor allem durch den heutigen Mangel an Saumbiotopen, an naturnahen Linienbiotopen (die verschiedene Flächenbiotope miteinander verbinden) und dem Mangel an in die Landschaft eingestreuten Kleinbiotopen verursacht ist, muß auf die Erhaltung bzw. Neuschaffung derartiger Strukturen künftig bei allen Planungen stärker geachtet werden. Die fünf *Grundprinzipien der Vernetzungsstrategie* lauten (nach B. HEYDEMANN 1983, S. 97):

1. „Erweiterung der für ein Ökosystem oder für eine gefährdete Art bzw. Artengruppe (z. B. Gattung oder Familie) oder für eine Lebensformtypen-Gruppe bzw. Lebensweisetypen (z. B. laufaktive Bodentiere, blütenbesuchende Insekten oder insektenverzehrende Vögel) notwendigen Arealgröße ihres jeweiligen Biotops durch Aufbau und Ausbau von Kontaktzonen zu einem zweiten oder zu mehreren ökologisch oder auch räumlich isoliert gelegenen Arealen gleichen Biotoptyps. Zu diesem Zweck wird die ökologische Renaturierung von Umgebungsbereichen im Flächenverband oder durch strangartige Linienbiotope herbeigeführt.
2. Aufbau ökologisch ähnlicher Biotope in unmittelbarer Nähe.
3. Förderung von Folgeentwicklungen (Sukzessionen) gesamter Ökosystemketten zum Zwecke des Aufbaus ökologischer Zonierung.

4. Schaffung von naturnahen Kleinbiotopen – ohne räumlichen Kontakt aber in größerer Punktdichte, insbesondere in stärker anthropogen beeinflußten Gebieten.
5. Schaffung von Pufferzonen, die einerseits eine möglichst große Hemmwirkung auf negative anthropogene Einflüsse haben müssen. andererseits aber die „ökologische Barriere-Wirkung" gegenüber dem Kerngebiet und in der Nähe befindlicher ähnlicher Ökosysteme nicht zu stark anheben dürfen.
Darüber hinaus gibt es Arten mit *Doppel- oder Mehrfach-Biotop-Ansprüchen,* z. B. an Brut- und Nahrungsbiotop, Sommer- und Überwinterungsbiotop, Jugend- und Erwachsenenbiotop sowie Trocken- und Nässephasebiotop. Will man Arten mit derartigen Biotopansprüchen ernsthaft erhalten, dann muß versucht werden, die anthropogen bedingten Isolationseffekte zu vermeiden bzw. aufzuheben und die Negativeffekte der zu kleinen Einzelareale/Biotope durch Vernetzungen und die Schaffung sog. „Trittstellen" (d. h. ökologisch verwandte Biotope zum kurzfristigen Aufenthalt) zu mindern.
Für die *räumliche Konkretisierung* vernetzter Biotoptypen ist es wichtig zu wissen, daß es neben relativ leicht vernetzbaren Ökosystemen auch schwer vernetzbare gibt, nämlich die Großflächenbiotope, aber auch die Kleinbiotope. Zu ersteren zählen z. B. Heiden und Trockenrasen, deren Biotope/Physiotope ökologisch hoch spezialisiert und daher relativ selten sind. Wichtig ist die Erkenntnis, daß zur Erhaltung der Faunenvielfalt dieser Biotoptypen wegen der hohen Mobilität sehr viel größere Minimalräume erforderlich sind als zur Erhaltung der Vegetationsvielfalt. Kleinbiotope sind z. B. als Feuchtbiotope (Quellen, Tümpel, Weiher) oder einzelne Gehölz-/Gebüsch- oder Baumgruppen zwar schon immer in relativ isolierten Minimalräumen aufgetreten, durch Einfluß des Menschen ist die räumliche Dichte des Vorkommens aber ständig verringert worden. Es kommt daher darauf an, diese wieder zu erhöhen.
Unter Berücksichtigung von Minimalarealen für Ökosystembestände (einzelne Biotope) und der Minimalareale von Ökosystemtypen kommt B. Heydemann (1983) zu dem Ergebnis, daß der typische Artenbestand des Ökosystemtyps Hochmoor in Schleswig-Holstein nur dadurch dauerhaft zu sichern ist, daß alle noch bestehenden Hochmoore geschützt und Regenerationen bereits beeinträchtigter Bestände eingeleitet werden. Mit nur einem Hochmoor ist es nicht möglich, ein solches Ziel zu verwirklichen, ähnliches gilt für die Heidebereiche Nordwestdeutschlands. Unter der weiteren Berücksichtigung von Doppelbiotop-Ansprüchen und der Notwendigkeit von Pufferzonen ergeben sich folgende Flächenansprüche, die in Tab. 11 dargestellt sind.
Derartige Forderungen nach rund 10% der Gesamtfläche, die als *Vorranggebiete für den Naturschutz* ausgewiesen werden sollen und weiteren

rund 7% nach Ausgleichs- und Vernetzungsbiotopen in sehr intensiv genutzten Räumen (d. h. in agraren Intensivgebieten und den städtisch-industriellen Räumen), erscheinen angesichts der bestehenden Durchsetzungschancen zunächst utopisch. Dazu muß der Naturwissenschaftler aus seiner gesellschaftspolitisch neutralen Position heraustreten und so wie B. HEYDEMANN auf der politischen Ebene tätig werden (Umweltminister in Schleswig-Holstein bis Ende 1993). Dafür ist es sehr hilfreich, gleich die

Tab. 11: Flächenbedarf für ein „Integriertes Biotopschutz-Konzept" (nach B. HEYDEMANN *1983)*

Herkunft der Flächen	Prozentsatz bezogen auf die Gesamtfläche der Bundesrepublik Deutschland	Prozentualer Flächenanteil, bezogen auf Schleswig-Holstein
A) Vorranggebiete für den Naturschutz		
1. Bisher ungenutzte terrestrische Flächen (incl. eines Teils der abgebauten Rohstoff-Entnahmestellen)	ca. 3,2%	
2. Brachland (jetzt schon vorhandene Flächen und in den nächsten Jahren im landwirtschaftlichen Bereich voraussichtlich anfallende Fläche)	ca. 4,0%	10,3% möglicherweise 12,3% [1])
3. 10% der Waldflächen, die im Besitz der öffentlichen Hand sind; sie sind zu naturnahen Waldökosystemtypen zu entwickeln	ca. 1,6%	
4. a) 50% der Gewässerfläche (einschl. der Weiher und Tümpel)	ca. 0,7%	
b) Uferränder	ca. 0,5%	
	ca. 1,2%	
5. 75% der Wattenmeeroberfläche und eines Teils des flachen Ostseestrandes	ca. 1,4%	75% der vorgelagerten Wattenmeerfläche von Schleswig-Holstein = 187000 [2])
zusammen	ca. 11,4%	[2])

Tab. 11: (Fortsetzung)

Herkunft der Flächen	Prozentsatz bezogen auf die Gesamtfläche der Bundesrepublik Deutschland	Prozentualer Flächenanteil, bezogen auf Schleswig-Holstein
B) Ausgleichsflächen		
1. Saumbiotope (Hecken, Straßenränder, Wegränder, Böschungen von Bahnlinien und Kanälen); sie sollen z. B. als „Geschützte Landschaftsbestandteile" ausgewiesen werden	ca. 1,2%	3–5%
2. Vernetzungsflächen und Kleinbiotope im landwirtschaftlichen Raum und extensiv genutzte Areale in diesem Bereich = 6–10% der landwirtschaftlichen Nutzfläche	ca. 3–5% (durchschnittlich 4%)	
3. Ausgleichsflächen im urban-industriellen Raum (Parkanlagen, Grünflächen usw.)	ca. 2,0%	ca. 2%
zusammen	ca. 7,2%	ca. 5–7%

1) Etwa 30000 ha anfallender Grenzertragsböden können auch im Rahmen extensiv bewirtschafteter landwirtschaftlicher Flächen als Ausgleichsflächen im Agrarraum in das Biotop-Vernetzungs-Konzept einbezogen werden. Bei den benötigten Ausgleichsflächen im landwirtschaftlich genutzten Raum handelt es sich um etwa 70000 ha insgesamt. Zu dieser Fläche werden ca. 30000 ha Grenzertragsböden, ca. 30000 ha extensiv bewirtschaftetes Grünland und ca. 10000 ha extensiv bewirtschaftete Ackerflächen beitragen.
2) Wird – wegen des hohen Meeresanteils – nicht prozentual bezogen auf die Gesamtfläche Schleswig-Holsteins berechnet.

Kosten für ein derartiges Programm zu benennen, die für das alte Bundesgebiet bei jährlich 1,3 Mrd. liegen sollen, was ca. 7,6 % des jährlichen Beitrages entsprach, den die alte Bundesrepublik Deutschland zur Finanzierung des EG-Agrarmarktes damals zu leisten hatte.

W. Erz (1983) schätzt allerdings den erforderlichen jährlichen Aufwand auf 5 Mrd. DM.

Die Auswertung der Roten Liste für das Bundesgebiet erlaubt eine Aussage über die *Ursachen* des Artenrückganges der Flora (Abb. 41) ebenso wie eine Ermittlung der *Verursacher* (Abb. 42). Beides ist eine wichtige Grundlage sowohl für den Naturschutz als sektorale Fachplanung als auch für die angewandte Landschaftsökologie generell, um im Rahmen der räumlichen Planungen Maßnahmen beurteilen, d. h. bewerten und gegebenenfalls Alternativen vorschlagen zu können.

Abb. 41: Ursachen für den Artenrückgang der Flora in der Bundesrepublik Deutschland (alte Länder), angeordnet nach der Zahl der betroffenen Pflanzenarten der Roten Liste. Die Summe liegt als Folge der Mehrfachnennung von Gefährdungsfaktoren höher als die Zahl der insgesamt untersuchten Arten (711); aus D. KORNECK *und* H. SUKOPP *1988.*

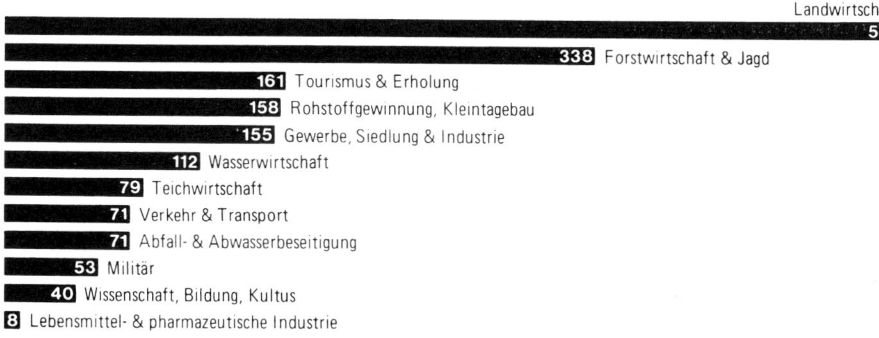

Abb. 42: Verursacher (Landnutzer und Wirtschaftszweig) des Artenrückganges der Flora in der Bundesrepublik Deutschland (alte Länder), angeordnet nach der Zahl der betroffenen Pflanzenarten der Roten Liste; aus D. KORNECK *und* H. SUKOPP *1988.*

6.2 Wichtige Methoden ökologischer Planung

Ökologische Risikoanalyse
Hierunter wird die ökologische Wirkungs-, Interdependenz- oder Risikoanalyse verstanden. Es handelt sich hierbei um methodische Ansätze der Aufbereitung und Umsetzung ökologischer Daten und Prinzipien in die räumliche Planung (z. B. E. BIERHALS u. a. 1974; H. KIEMSTEDT und H. SCHARPF 1976). R. BACHFISCHER u. a. (1980) stellen fest, daß es sich bei der ökologischen Risikoanalyse um eine raumplanerisch operationalisierte ökologische Wirkungsanalyse handelt, während K. BUCHWALD (1980b) zwischen der ökologischen Wirkungs- und Risikoanalyse durchaus grundlegende Unterschiede erkennt.
Die Methodik dieser Verfahren kann hier nicht dargestellt werden. Dazu sei auf folgende Literatur verwiesen: R. BACHFISCHER (1978); R. BACHFISCHER u. a. (1977); E. BIERHALS u. a. (1974); UBA (Hrsg. 1981).
Im folgenden soll lediglich auf die generelle Zielsetzung dieser methodischen Ansätze eingegangen werden, wobei einige kritische Anmerkungen dazu anregen mögen, diese Methoden konstruktiv weiterzuentwickeln. Die Möglichkeit dazu wird gesehen durch eine interdisziplinäre Zusammenarbeit von Landschaftsökologen (mit verschiedenen Schwerpunkten), Fachleuten für Bewertungsverfahren und Planungsmethodikern.
H. KIEMSTEDT (1979), einer der geistigen Väter dieser Methodik innerhalb der ökologischen Planung, spricht auch von *ökologischer Verträglichkeitsprüfung,* wobei durch die terminologische Ähnlichkeit bereits der enge Bezug zur Umweltverträglichkeitsprüfung angedeutet wird.
Die Ausgangssituation für die Entwicklung dieser Verfahren ist gekennzeichnet durch hohe Erwartungen der Öffentlichkeit an die Leistungsfähigkeit der Umweltschutzfachleute, speziell ökologischen Erfordernissen im Rahmen der räumlichen Planung stärker als bisher zum Durchbruch zu verhelfen. Dazu mußten praktikable ökologische Planungsinstrumente entwickelt werden, die es ermöglichen, ökologische Aspekte angesichts der heute häufg noch sehr *lückenhaften Informationslage* über landschaftsökologische Systemzusammenhänge und Prozeßabläufe in die räumliche Gesamtplanung einzubringen.
Manchem Kritiker scheint entgangen zu sein, daß ganz bewußt nicht der Anspruch erhoben wird, ökosystemare Zusammenhänge abzubilden, denn die Erforschung *prozessualer Systemzusammenhänge* steht – trotz inzwischen erzielter beachtlicher Fortschritte – erst am Anfang. Die Tatsache, daß für Planungen häufg exakte Meßwerte, selbst für Einzelparameter, nicht zur Verfügung stehen, ist für die überwiegende Mehrzahl der Planungsfälle immer noch Realität. Da in der Planung jedoch heute Entscheidungen zu treffen sind, galt es, Methoden zu entwickeln, um auf der aktuellen Informationsbasis ökologische Parameter in die Planung einzu-

bringen. Dazu sei angemerkt, daß andere Bereiche der Raumplanung auch über keine bessere Informationsbasis verfügen. Hier wären zu nennen: Verkehrsplanung, Energieplanung, Wohnungs-, Schul- und Krankenhausbau usw. Die Prognosetechniken dieser planerischen Aufgabenfelder beruhen häufig auf so unsicheren Annahmen und Schätzungen, daß der ökologische Bereich heute den Vergleich wahrlich nicht mehr zu scheuen braucht.

Bei der ökologischen Wirkungs- und Risikoanalyse handelt es sich um methodische Schritte innerhalb der querschnittsorientierten und nutzungsbezogenen *ökologischen Planung*. Dabei werden aus dem landschaftsökologisch-systemaren Zusammenhang des jeweiligen Planungsraumes die unter *Nutzungsaspekten* relevant erscheinenden Teilbereiche herausgegriffen und zunächst einmal in Form der Naturraumpotentiale erfaßt (Kap. 2.4.5). Daran schließt sich, unter Einbezug der bereits vorhandenen Realnutzung des Raumes und der neu geplanten Nutzungen, die Abschätzung des ökologischen Risikos, d. h. die Prüfung der ökologischen Verträglichkeit, an. Den methodischen Ablauf mit den einzelnen Schritten zeigt Abb. 43.

Wichtig zum Verständnis dieser methodischen Ansätze und der dabei angewandten Bewertungsverfahren ist die streng nutzungsorientierte Definition des Begriffes *„Beeinträchtigung"*. R. BACHFISCHER (1978, S. 19) merkt hierzu an, daß Angelpunkt und Gegenstand der ökologischen Planung die nutzungsorientierten Beeinträchtigungen natürlicher Ressourcen seien, d. h. es wird überhaupt nur dann von „Beeinträchtigungen" natürlicher Ressourcen gesprochen, wenn als Folge über einen Verursacher-Wirkung-Betroffener-Zusammenhang (im Sinne E. BIERHALS u. a. 1974) daraus letztlich Beeinträchtigungen menschlicher Ansprüche (Nut-

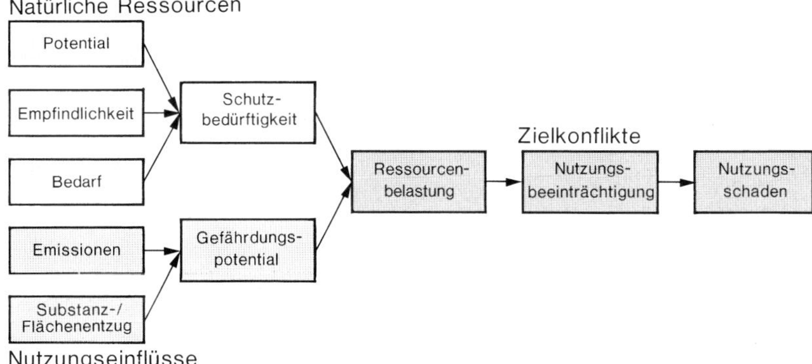

Abb. 43: Ablaufschema zur Erfassung und Bewertung der ökologischen Nutzungsverträglichkeit (nach H. KIEMSTEDT *1979).*

zungen) an die natürliche Umwelt resultieren (dazu H. KIEMSTEDT 1971; TRENT 1973; E. BIERHALS u.a. 1974; R. BACHFISCHER 1978; H. KIEMSTEDT 1979; R. BACHFISCHER u.a. 1980).

Eine ökologische Risikoanalyse, die auch außerhalb der ökologischen Planung angewandt werden soll, müßte sich von dieser starken *Fixierung auf Nutzungsansprüche* frei machen und die Beeinträchtigung der jeweiligen Ressource bzw. des jeweiligen Ökosystems erfassen und versuchen, Belastungen zu vermeiden. Wenn das Ziel der ökologischen Planung die Minimierung der wechselseitigen Beeinträchtigungen von Nutzungen und Nutzungsansprüchen untereinander sein soll (so H. KIEMSTEDT und H. SCHARPF 1976; R. BACHFISCHER 1978), dann ist dieses Ziel, zumindest vor dem Hintergrund der heute bekannten globalen Zusammenhänge

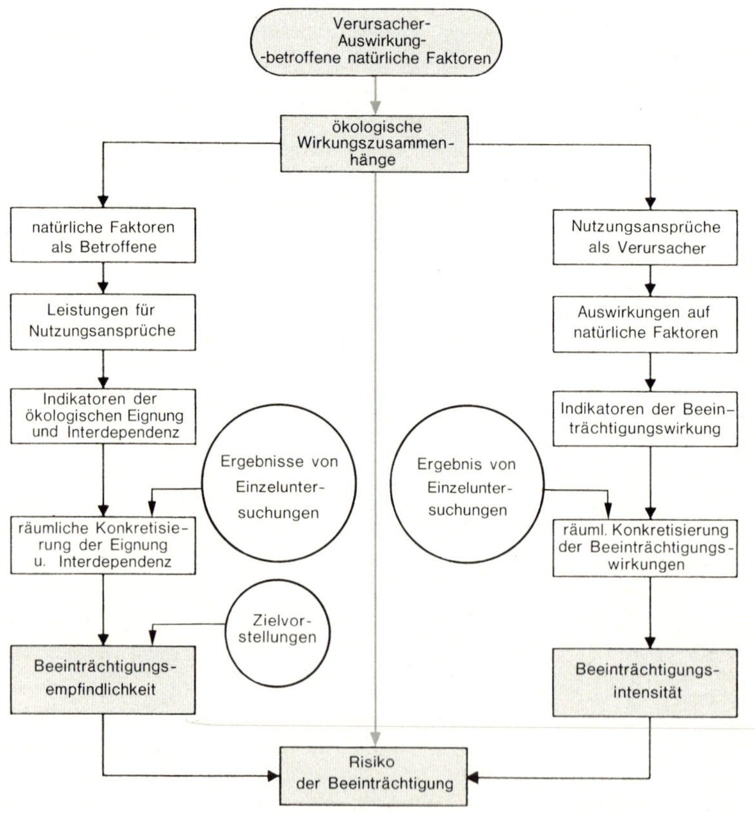

Abb. 44: Ablaufschema ökologische Risikoanalyse (nach R. BACHFISCHER *1978).*

nicht umfassend genug formuliert.
Die Tatsache, daß die Geosphäre weltweit mit Kumulations-, Summations- und Konzentrationsgiften belastet wird, deren zeitliche und räumliche Wirkung zum Zeitpunkt der Emission oft nur vage abgeschätzt werden können, zeigt sehr deutlich, daß die *ökologische Wirkungsforschung* noch sehr viel stärker vorangetrieben werden muß, um eines Tages eine wirklich realistische Abschätzung des ökologischen Risikos vornehmen zu können. Allerdings muß betont werden, daß die Methodik der ökologischen Risikoanalyse durchaus offen dafür ist, derartige neue Erkenntnisse zu berücksichtigen. Abb. 44 veranschaulicht die Bedeutung der Ergebnisse von Einzeluntersuchungen, die jeweils dem neuesten Stand entsprechend einzubringen sind.
Innerhalb der ökologischen Planung als *Querschnittsaufgabe* der gesamträumlichen Planungen ist es sicherlich richtig, Beeinträchtigungen als Nutzungsbeeinträchtigungen (im Sinne von Abb. 38) zu verstehen – obwohl auch hier bereits die Frage auftaucht, inwieweit potentielle Nutzungsanforderungen künftiger Generationen berücksichtigt werden können und sollten. Vor allem die aus der Kenntnis globaler Gefährdungen des Gesamtökosystems Erde resultierenden Forderungen nach einem „sustainable development" i.S. des Kap. 5.4 fordern die Anwendung des Nachhaltigkeitsprinzips im Interesse künftiger Generationen. Für den Naturschutz im engeren Sinne haben ethische Kategorien eine fundamentale Bedeutung. Danach sind Beeinträchtigungen natürlicher Systeme immer und überall auf der Welt, unabhängig von der Art der betroffenen Nutzung, mindestens auf das geringstmögliche Maß zu beschränken. Eine Möglichkeit hierzu besteht darin, Nutzungen einander so zuzuordnen, daß zumindest Schutzgebiete verschiedenster Kategorien nicht beeinträchtigt werden. Dazu sind Forschungen über die Ausgestaltung von Pufferzonen sehr hilfreich, so wie sie z. B. von J. HEEB und T. MOSIMANN (1991) jüngst wieder aufgegriffen wurden.

6.3 Umweltverträglichkeitsprüfung (UVP)

Seit im Umweltprogramm der Bundesregierung vom 14. Oktober 1971 (Bundestagsdrucksache VI/2710) diese Art der Prüfung festgelegt worden ist, hat es eine Vielzahl weiterer Aktivitäten sowohl im politisch-administrativen als auch im wissenschaftlichen Bereich gegeben. Auf die inzwischen nicht mehr zu überblickende Literatur kann hier nicht eingegangen werden, die zitierten Quellen sind insoweit willkürlich ausgewählt. Bereits in den 70er Jahren gab es in der BRD (zunächst erfolglose) Bestrebungen, ein UVP-Gesetz einzuführen, so daß es lange Zeit bei nur vereinzelten gesetzlichen Regelungen geblieben ist (E. SPINDLER 1983).

Die Europäische Gemeinschaft (EG) erarbeitete 1980 einen Entwurf für eine „Richtlinie des Rates über die Umweltverträglichkeitsprüfung bei bestimmten öffentlichen und privaten Projekten", die am 27. Juni 1985 verabschiedet wurde. Die Umsetzung in deutsches Recht erfolgte erst 1990 mit einem Artikelgesetz, das neben entsprechenden Änderungen betroffener Fachgesetze das „Gesetz über die Umweltverträglichkeitsprüfung" (UVPG) einführte. In der Analge zu § 3 UVPG sind die in jedem Fall UVP-pflichtigen Vorhaben aufgeführt. Zur Zeit befinden sich Entwürfe zu einer „Allgemeinen Verwaltungsvorschrift zur Ausführung des Gesetzes über die Umweltverträglichkeitsprüfung" (UVPVwV) in der Diskussion. Von 1989 an war im Raumordnungsverfahren nach § 6a Raumordnungsgesetz die sogenannte „UVP erster Stufe" durchzuführen, die mittels Variantenvergleich einschließlich der sogenannten Null-Variante den ökologisch „besten" Standort ermitteln sollte. In einer zweiten Stufe (gemäß UVPG i.d.R. im Zulassungsverfahren) waren die anlagenbedingten Auswirkungen zu prüfen. Durch das am 1. Mai 1993 inkraftgetretene „Investitionserleichterungs- und Wohnbaulandgesetz" ist neben hier nicht zu behandelnden UVP-relevanten Änderungen die UVP erster Stufe im Raumordnungsvefahren nur noch auf freiwilliger Basis (nach Landesrecht) durchzuführen.
Schon vor Inkrafttreten des UVPG sind zahlreiche Umweltverträglichkeitsprüfungen durchgeführt worden, zunächst vor allem für weitgehend durchgeplante Einzelprojekte. Neben dieser inzwischen durch das UVPG geregelten Projekt-UVP entwickelte sich aber auch eine Diskussion über die methodischen und verfahrenstechnischen Möglichkeiten zur Prüfung der Umweltverträglichkeit von Programmen und Plänen *(Plan- oder Prozeß-UVP)*. Haben E. Heitfeld und H. H. Rose (1978) mit als erste einen Generalverkehrsplan einer UVP unterzogen, so ist in jüngerer Zeit auch verstärkt die räumliche Gesamtplanung – und hier vor allem die Bauleitplanung – in der Diskussion. Zahlreiche Städte und Gemeinden haben inzwischen systematisch eine UVP als integralen Bestandteil des gesamten Planungsprozesses etabliert (siehe z. B. Umweltdezernat Der Stadt Wiesbaden 1993, Stadt Dortmund 1987). Einen Überblick über den Stand der kommunalen UVP in den alten Bundesländern vermittelt der UVP-Förderverein (1989), einen praktikablen Verfahrensansatz auf dem Hintergrund eigener praktischer Erfahrungen liefert R.-R. Braun (1987). D. Eberle u. a. (1992) sind den Problemen der UVP in der Regionalplanung nachgegangen.
Ohne detailliert auf die Unterschiede zwischen *Projekt- und Plan-UVP* hinsichtlich ihrer Methodik, der rechtlichen Regelung und der Anwendungsbereiche eingehen zu können, sollen im folgenden einige wesentliche methodisch-inhaltliche Probleme der UVP skizziert werden.
§ 2(1) Satz 1,2 UVPG verdeutlicht, was unter einer (Projekt-) UVP zu

verstehen ist:
„Die Umweltverträglichkeitsprüfung ist ein unselbständiger Teil verwaltungsbehördlicher Verfahren, die der Entscheidung über die Zulässigkeit von Vorhaben dienen. Die Umweltverträglichkeitsprüfung umfaßt die Ermittlung, Beschreibung und Bewertung der Auswirkungen eines Vorhabens auf
1. Menschen, Tiere und Pflanzen, Boden, Wasser, Luft, Klima und Landschaft, einschließlich der jeweiligen Wechselwirkungen,
2. Kultur- und sonstige Sachgüter."
Hieraus ergeben sich vier für die Landschaftsökologie interessante Problemkreise:
(1) Wie ist der Begriff „Umwelt" definiert?
(2) Welche Möglichkeiten bestehen, Wechselwirkungen zwischen den genannten Schutzgütern zu berücksichtigen und
(3) zukünftige Umweltzustände (mit und ohne Vorhaben) zu prognostizieren?
(4) Nach welchen Maßstäben soll bewertet werden?
Bevor diese Fragen näher diskutiert werden, ist darauf hinzuweisen, daß sich eine ganz ähnliche Problematik auch bei der sog. *„Eingriffsregelung"* nach § 8 BNatSchG ergibt, deren Philosophie deshalb kurz umrissen werden soll: Ausgangspunkt ist der Grundsatz, daß Eingriffe in Natur und Landschaft zu vermeiden sind. Ist ein Eingriff unvermeidbar, so ist zu prüfen, ob er (an Ort und Stelle) ausgeglichen werden kann. Ist das nicht der Fall, so ist festzustellen ,ob die Belange des Naturschutzes und der Landschaftspflege im Range vorgehen und das Vorhaben somit zu untersagen ist. Gehen die Belange von Naturschutz und Landschaftspflege nicht im Range vor, was der Regelfall ist, so muß der nicht ausgleichbare Eingriff an anderer Stelle ersetzt bzw. nach landesrechtlichen Bestimmungen eventuell ein entsprechender Geldbetrag gezahlt werden. Ohne auf die Problematik der Ausgleich- bzw. Ersetzbarkeit von Eingriffen aus fachlich-ökologischer Sicht eingehen zu können (vgl. hierzu z. B. den pragmatisch orientierten Vorschlag von K. ADAM, W. NOHL und W. VALENTIN (1986), kann festgestellt werden, daß der Eingriffsregelung – im Gegensatz zur UVP (!) – zumindest implizit ein *Verschlechterungsverbot* zugrundeliegt, da ein nicht vermeidbarer Eingriff in jedem Fall auszugleichen bzw. zu ersetzen ist. Nur am Rande kann hier darauf hingewiesen werden, daß mit dem zum 1. 5. 1993 inkraftgetretenen „Investitions- und Wohnbaulanderleichterungsgesetz" diese Philosophie durch die Einfügung des § 8a in das BNatSchG durchbrochen wurde, nach dem die Eingriffsregelung im Städtbaurecht nunmehr auf das Bebauungsplanverfahren konzentriert und das Ergebnis der Prüfung nicht mehr unmittelbar umzusetzen ist, sondern nur noch einen Abwägungsbestandteil (ähnlich dem UVP-Ergebnis) darstellt, der in der planerischen Abwägung zugun-

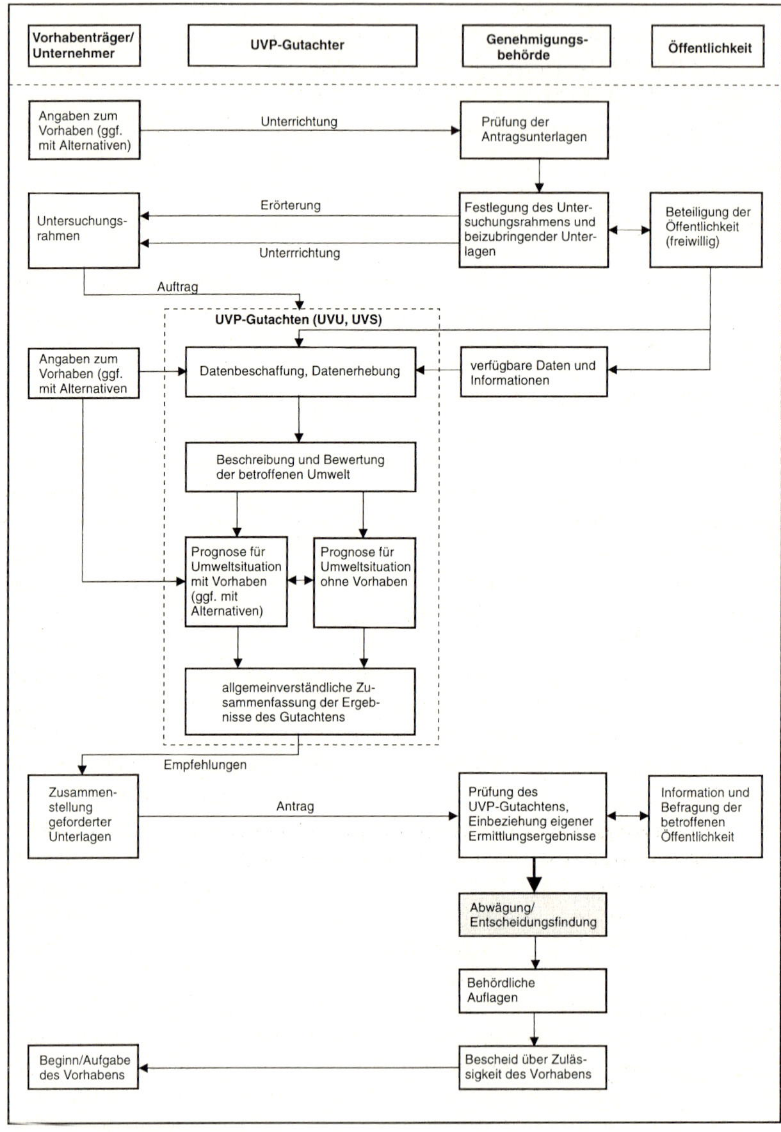

Abb. 45: Ablauf einer UVP nach den Bestimmungen des UVPG mit ergänzender Darstellung des UVP- Gutachtens (stark verändert nach ARBEITSGRUPPE UVP UND WIRTSCHAFT *1990)*

sten anderer Belange überwunden werden, also im Ergebnis zu einer Verschlechterung der Umweltsituation führen kann. Dessenungeachtet wird deutlich, daß als Voraussetzung zur Bestimmung von Ausgleich- bzw. Ersatzmaßnahmen zunächst einmal das räumliche und sachliche Ausmaß des Eingriffs ermittelt werden muß, inhaltlich letztlich also eine UVP erforderlich ist (vgl. den Kasten „UVP-Gutachten" in Abb. 45). Somit beziehen sich also die oben am Beispiel der UVP aufgeführten und im folgenden diskutierten Probleme sinngemäß auch auf die *Eingriffsregelung*.

(1) Von grundlegender Bedeutung ist zunächst einmal der Inhalt des Umweltbegriffs. So wurde für die UVP ein weitgefaßter Umweltbegriff gefordert, der sich dadurch auszeichnet, daß er auch die psychische, soziale, ökonomische und technische Umwelt mit einschließt. Insbesondere für die Einbeziehung sozialer und ökonomischer Aspekte ist wiederholt plädiert worden, so z. B. von M. STOLZ (1982, S. 484) und E. A. SPINDLER (1983). Damit verschwindet jedoch der Unterschied zwischen einer planerischen Gesamtabwägung und einer expliziten UVP. Nach der oben zitierten Formulierung des § 2 UVPG ist zumindest der gesetzlich verankerten UVP ein relativ enger Umweltbegriff zugrundezulegen, was auch unter Berücksichtigung der verfahrensrechtlichen Konstruktion sinnvoll ist: Als unselbständiger Teil verwaltungsbehördlicher Verfahren ist in der UVP das *Abwägungsmaterial* für den Belang Umwelt aufzubereiten und dahingehend zu bewerten, ob einem Projekt die Umweltverträglichkeit bescheinigt werden kann oder nicht. Fällt das Ergebnis negativ aus, so können dennoch in der nachfolgenden, nicht zur UVP gehörigen und deshalb auch strikt von ihr zu trennenden *Gesamtabwägung* aller entscheidungsrelevanten Belange andere Belange (vorzugsweise ökonomische) als vorangig bewertet werden (vgl. Abb. 46). Dabei darf unterstellt werden, daß vor allem die ökonomischen Belange mit mindestens ausreichendem Nachdruck vertreten werden. Es wäre also unsinnig, schon innerhalb der UVP diese umfassendere Abwägung vorzunehmen und dann das Ergebnis noch einmal in die *Gesamtabwägung* einzustellen. Konsequenterweise will z. B. der UVP-FÖRDERVEREIN (1992) die Auswirkungen auf den Menschen nur hinsichtlich ihrer gesundheitsbelastenden und psychischen Aspekte verstanden wissen, ebenso wie Sachgüter nicht unter ökonomischen Aspekten betrachtet werden sollten. Aber: „Die Betrachtung der Nutzungsaspekte im Rahmen einer UVP ist insbesondere für die Abschätzung möglicher Folgewirkungen, die sich indirekt auf die Umwelt auswirken können, von Bedeutung." (UVP-FÖRDERVEREIN 1992, S. 72)

Hierzu muß jedoch angemerkt werden, daß es durch methodisch unsaubere Vorgaben des UVPG zu einer Verwischung der Grenzen zwischen *UVP und Gesamtabwägung* bzw. Zulassungsentscheidung kommen kann (vgl.

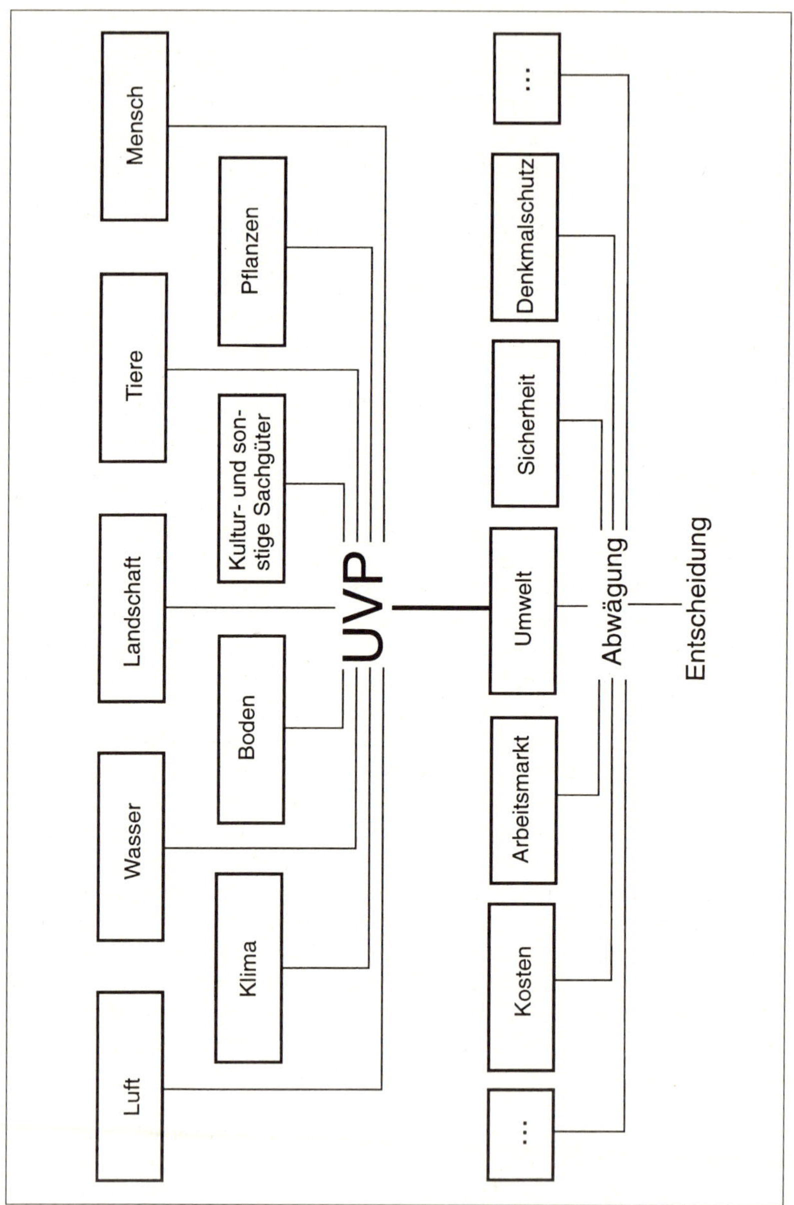

Abb. 46: Die Bedeutung der Umweltverträglichkeitsprüfung für die planerische Abwägung und Entscheidung (verändert nach K. OTTO-ZIMMERMANN *1988).*

L. FINKE 1993b). Es muß nämlich keineswegs eine eigenständige Bewertung der Umweltverträglichkeit vorgenommen werden, deren Ergebnis dann womöglich in Form eines gesonderten Schriftstückes zu dokumentieren wäre, denn die methodisch einwandfreie Abfolge der von der zuständigen Behörde zu leistenden Arbeitsschritte Erarbeitung einer zusammenfassenden Darstellung der Umweltauswirkungen (§ 11 UVPG) – Bewertung der Umweltauswirkungen (§ 12 UVPG) – Berücksichtigung des Ergebnisses bei der Entscheidung über die Zulässigkeit des Vorhabens (§ 12 UVPG) wird durch § 11 Satz 3 UVPG auf den Kopf gestellt, der da lautet: „Die zusammenfassende Darstellung kann in der Begründung der Entscheidung über die Zulässigkeit des Vorhabens erfolgen." Diese Hintertür ermöglicht es, die planerische Gesamtabwägung vor bzw. in direktem Zusammenhang mit der zusammenfassenden Darstellung und der Bewertung durchzuführen (vgl. den hervorgehobenen Teil in Abb. 45), was bei einer positiven Entscheidung über die Zulässigkeit eines Vorhabens dazu führen dürfte, daß die von diesem ausgehenden negativen *Umweltauswirkungen* als entsprechend harmlos dargestellt und bewertet werden. Dieses Vorgehen ist zudem auch deshalb relativ einfach möglich, da geeignete und einheitliche *Bewertungsmaßstäbe* fehlen (s. u.), insofern also recht große Spielräume für die Bewertung entstehen. Auf diese Weise kann die politisch brisante Situation vermieden werden, sich über ein eindeutig negatives Ergebnis der UVP hinwegsetzen zu müssen, da dieses eigenständige Ergebnis überhaupt nicht erstellt werden muß – womit die UVP ihrer Wirksamkeit weitestgehend beraubt ist.

Für die Diskussion um den Umweltbegriff spielen außer dem § 2 UVPG auch die Entwürfe einer „Allgemeinen Verwaltungsvorschrift zur Ausführung des Gesetzes über die Umweltverträglichkeitsprüfung" eine Rolle. Danach hat nicht nur die *Berücksichtigung des Bewertungsergebnisses* nach Maßgabe der geltenden Gesetze zu erfolgen, sondern auch die Bewertung selbst. Da die in den Gesetzen bzw. Rechtsverordnungen und Verwaltungsvorschriften enthaltenen *Bewertungsmaßstäbe* im Sinne von Standards aber meist nicht vorsorgeorientiert sind und auch nur für Teilbereiche der Umwelt vorliegen, würde der Umweltbegriff einerseits auf die vorhandenen Standards verkürzt, andererseits aber doch zu einer nicht nur ökologischen Bewertung zwingen. Die UVP droht damit zur reinen Gesetzesverträglichkeitsprüfung zu verkommen (vgl. z. B. W. KÜHLING 1993, H.-J. PETERS 1993).

Für die Eingriffsregelung ist darauf hinzuweisen, daß ihr der gegenüber dem UVPG restriktivere Umweltbegriff des § 8 BNatSchG zugrundeliegt, der auf die erhebliche und nachhaltige *Beeinträchtigung* des Landschaftsbildes und der Leistungsfähigkeit des Naturhaushaltes abzielt. Er ist nur bei Veränderung der Gestalt und Nutzung von Grundflächen anzuwenden, z. B. betriebsbedingte Emissionen werden z. B. nicht erfaßt.

(2) Die Forderung des § 2 UVPG, *Wechselwirkungen* zwischen den verschiedenen Schutzgütern einzubeziehen, weist klar darauf hin, daß der ausschließlich mediale Ansatz der Umweltanalyse und -bewertung zugunsten der sogenannten ökosystemaren Betrachtungsweise weiterzuentwickeln ist. Hier besteht allerdings die Gefahr, Unerfüllbares zu fordern, da selbstverständlich niemals alle Wechselwirkungen eines Ökosystems erfaßt werden können, so daß zu folgern ist, daß auch im Rahmen der UVP nur die wichtigsten der heute erforschten *Wechselbeziehungen* betrachtet werden, wobei aus pragmatischen Gründen auch die indirekten Folgewirkungen weitgehend vernachlässigt werden (müssen). In der Praxis stellt sich der methodische Stand derzeit so dar, daß häufig mit sogenannten Check-Listen gearbeitet wird, die nur sehr bedingt die Berücksichtung von *medienübergreifenden Wechselwirkungen* fördern. Allein dieser Punkt macht deutlich, wie wichtig die fachliche Qualifikation der Gutachter und ein interdisziplinär besetztes und gut koordiniertes Gutachterteam für eine anspruchsvolle UVP sind. Ob die sich zur Zeit an vielen Stellen im Aufbau befindlichen EDV-gestützten geographischen Informationssysteme hierzu eine wesentliche Unterstützung werden leisten können, ist hinsichtlich der Verbesserung der flächendeckend erhobenen Grundlagen an Einzelinformationen durchaus zu bejahen, muß aber hinsichtlich der auf Wechselwirkungen abzielenden Aggregation bezweifelt werden, da eine wirkliche *Synthese der Einzelergebnisse* bisher noch nicht möglich ist (vgl. Kap. 3.4). Insgesamt bleibt festzustellen, daß in der praxisrelevanten UVP-Literatur nur relativ selten Aussagen zu Wechselwirkungen gemacht werden.

(3) Ein weiterer wichtiger Problemkreis der UVP ist mit dem Arbeitsschritt der Prognose verbunden, die, wie Abb. 45 zeigt, für die Umweltsituation ohne Vorhaben und mit Vorhaben einschließlich Alternativen – so vorhanden – durchzuführen ist. Die Basis bilden dabei die Beschreibung und Bewertung der bestehenden Umweltsituation und die Beschreibung des Vorhabens. Dabei kommt die für Prognose und Bewertung als geeignet angesehene Methode der *ökologischen Risikoanalyse* zur Anwendung (vgl. Kap. 6.2). An dieser Stelle soll deshalb nur noch einmal betont werden, daß die Landschaftsökologie unbedingt prognosefähig werden muß, weshalb sowohl die *ökologische Wirkungsforschung* als auch die Entwicklung geeigneter Prognosemethoden mit Nachdruck voranzutreiben sind.

(4) Als das derzeit am intensivsten diskutierte Problem der UVP stellt sich die Frage der Bewertung dar. Hierbei ist zu beachten, daß auch schon bei den fachlich-analytischen Arbeitsschritten, wie Datenerhebung, Ermittlung und Beschreibung der Wirkungszusammenhänge und der möglichen Auswirkungen eines Vorhabens bzw. Plans auch nichtfachliche Bewertungsaspekte einfließen, z. B. allein schon durch die räumliche und

sachliche Prüffeldbegrenzung, international als *„scoping"* bezeichnet. „Die Überbrückung von Informationsdefiziten bzw. die gewollte Reduktion von Komplexität bewegen sich zwar in einem gewissen subjektiven Ermessensspielraum, können sich jedoch nicht über Logik und gegebene Gesetzmäßigkeiten hinwegsetzen" (UMWELTDEZERNAT DER STADT WIESBADEN 1993, S. 26). Schwerwiegender sind die Probleme bei den ausgesprochenen Bewertungsschritten (Bewertung des Ist-Zustandes und der möglichen Auswirkungen). Hierbei stellt sich die zentrale Frage nach den *Bewertungsmaßstäben.* Um zu verdeutlichen, welche Anforderungen an eine Bewertung gestellt werden müssen, ist zunächst noch einmal auf den Unterschied zwischen Bewertung und der Berücksichtigung der UVP-Ergebnisse bei der *Entscheidung* (Gesamtabwägung) hinzuweisen. In der Gesamtabwägung, die ja nicht mehr Bestandteil der UVP ist, spielen in hohem Maße fachgesetzliche Zulassungsvoraussetzungen und politisch motivierte Werthaltungen eine Rolle. Für die Bewertung wird demgegenüber ein fachlich begründeter Maßstab als Grundlage gefordert (z. B. H.-J. PETERS 1993). Zu bedenken ist dabei aber, daß, wie der Rat von Sachverständigen für Umweltfragen (SRU 1987, Tz 88, 113) zum wiederholten Male festgestellt hat, über optimale Zustände von Umweltqualität nicht wissenschaftlich entschieden werden kann, daß Ziele und vor allem Standards der Umweltqualität sich zwar auf wissenschaftlich gesicherte oder zumindest vertretbare Annahmen stützen müssen, darüber hinaus aber in erheblichem Maße politische Entscheidungselemente beinhalten. Es stellt sich also die Frage, was wofür bewertet werden soll. Die in der Planungspraxis häufig anzutreffende Heranziehung *gesetzlicher Standards (Grenzwerte)* kann dabei aus den oben bereits genannten Gründen nicht befriedigen. Diese Standards sind i. d. R. nicht am Vorsorgegedanken orientiert, beziehen sich nur auf bestimmte Medien, stellen einen intransparenten Kompromiß fachlicher und politischer Aspekte dar und vermitteln vor allem kein Bild der angestrebten Umweltqualität. Eine methodisch einwandfreie und eindeutige Bewertung der Umweltverträglichkeit kann auf diese Weise nicht erfolgen. Um dieses Defizit zu beheben, wird seit einiger Zeit die Aufstellung von *Umweltqualitätszielkonzepten* diskutiert, die den gesellschaftlich gewünschten und damit anzustrebenen Zustand der Umwelt definieren sollen. „Umweltqualitätsziele geben bestimmte, sachlich, räumlich und ggf. zeitlich definierte Qualitäten von Ressourcen, Potentialen oder Funktionen an, die in konkreten Situationen erhalten oder entwickelt werden sollen" (D. FÜRST u. a. 1992, S. 9/10). Wie der innere Kasten in Abb. 47 verdeutlicht, dürfen *Umweltqualitätsziele* nicht isoliert betrachtet werden, sondern müssen aus Leitlinien, die wiederum aus einem Leitbild abzuleiten sind, entwickelt werden, bedürfen andererseits aber i. d. R. der Konkretisierung und Operationalisierung durch Umweltqualitätsstandards. „Standards sind damit kon-

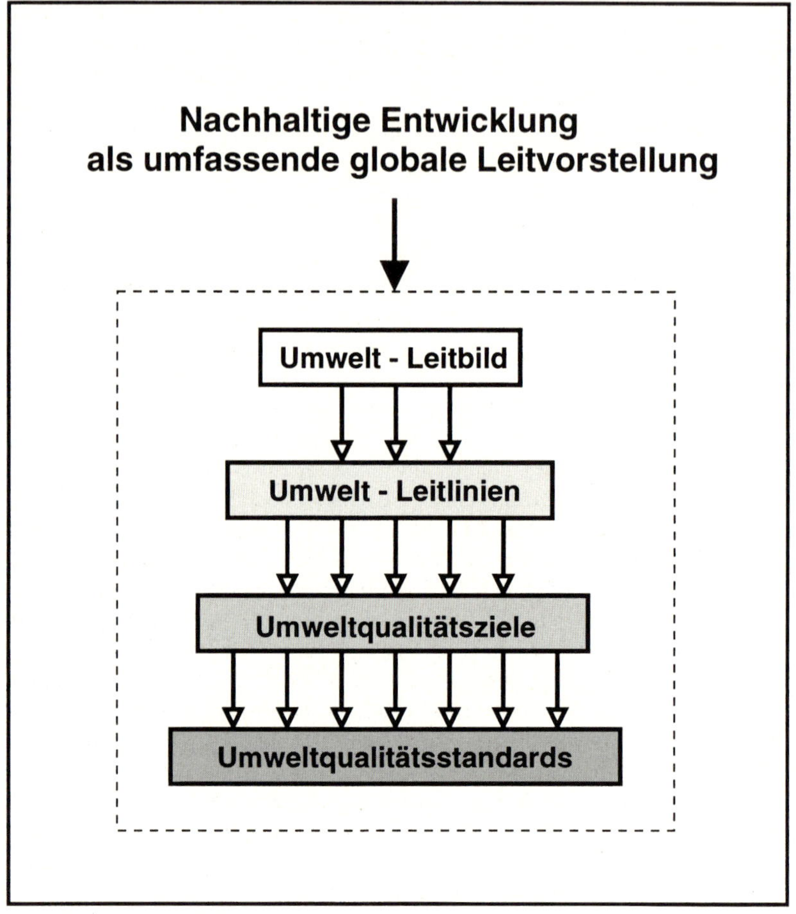

Abb. 47: Die Stellung von Umweltqualitätszielen in der Leitbildhierarchie (in Anlehnung an SCHOLLES *1990, stark verändert)*

krete Bewertungsmaßstäbe zur Bestimmung von Schutzwürdigkeit, Belastung, angestrebter Qualität, indem sie für einen bestimmten Parameter bzw. Indikator Ausprägung, Meßverfahren und Rahmenbedingungen festlegen" (D. FÜRST u.a., 1992, S. 11). Auf die weitere Diskussion dieser Konzepte kann hier nur verwiesen werden: Zur Einführung gut geeignet sind zwei Veröffentlichungen des UVP-FÖRDERVEREINS (UVP-report 1990) und das schon zitierte Gutachten von D. FÜRST u. a. (1992); eine Zusammenstellung ausgewählter Literatur findet sich bei U. SURBURG

(1992). Als Beispiele für die Existenz von Umweltqualitätszielen lassen sich für die Landesebene das Programm „Natur 2000 in Nordrhein-Westfalen – Leitlinien und Leitbilder für Natur und Landschaft im Jahr 2000" anführen (MURL 1990), für die regionale Ebene sei verwiesen auf die vom UBA geförderte Studie im Landkreis Osnabrück (L. SCHWECKENDIEK, H.-J. SCHEMEL und A. HOPPENSTEDT 1992). Für die kommunale Ebene ist in den letzten Jahren mehrfach die Stadt Wiesbaden dargestellt worden (z. B. T. VOTSMEIER 1990).

Da die Entwicklung und Implementierung von flächendeckenden, räumlich und sachlich ausdifferenzierten *Umweltqualitätszielkonzepten* in der Praxis noch nicht sehr weit fortgeschritten sind, die Notwendigkeit einer nicht durch Abwägung beliebig überwindbaren Verbindlichkeit derartiger Konzepte aber unmittelbar einsichtig ist, liegt die Forderung nach Etablierung eines generellen *Verschlechterungsverbotes* (im Sinne des § 8 BNatSchG) als sofort umzusetzendes gesamträumliches Umweltqualitätsziel unmittelbar auf der Hand. Mit Blick auf die Planungspraxis kann daher das Verschlechterungsverbot als aus landschaftsökologischer Sicht oberstes Umweltqualitätsziel angesehen werden. Um die Einhaltung dieses Grundsatzes überprüfen zu können, bedarf es trotz vorliegender neuerer Studien (z. B. UBA-BERICHT 7/93) noch sehr intensiver landschaftsökologischer Grundlagenforschung. Wann ist z. B. ein Eingriff in den Landschaftshaushalt wirklich ausgeglichen?

Unter Berücksichtigung des Ausmaßes der lokal, regional und vor allem der global wirksamen Umweltzerstörungen, des hohen Beitrags der Industrieländer und insbesondere auch der Bundesrepublik Deutschland zu dieser Zerstörung und der damit verbundenen Verantwortung für die Lebensgrundlagen dieser und aller nachfolgenden Generationen wird ein Verschlechterungsverbot allerdings nicht ausreichen. Es ist unumgänglich, die *begrenzte Belastbarkeit* des Ökosystems Erde auch als begrenzenden Faktor verbindlich anzuerkennen und unser Handeln danach auszurichten, was insbesondere in den Industrieländern mit tiefgreifenden Einschränkungen verbunden sein wird (s. hierzu Kap. 5.4).

Für die Aufstellung von Umweltqualitätszielkonzepten, insbesondere auf überörtlicher Ebene, ist zu fordern, daß Prinzip der (ökologischen) Nachhaltigkeit soweit irgend möglich zur Grundlage der sachlich und räumlich konkreten Ausarbeitungen zu machen (vgl. Abb. 47). Die dazu notwendige umsetzungsorientierte Forschung und die Umsetzung der wissenschaftlichen Erkenntnisse selbst dürfen mit einiger Berechtigung als in Zukunft immer wichtiger werdende Arbeitsfelder auch von Landschaftsökologen bezeichnet werden. Dies auch deshalb, weil nach den zur Zeit diskutierten Novellierungsentwürfen zum BNatSchG der Landschaftsplanung in Zukunft die Aufgabe zukommen wird, flächendeckend die *Bewertungsmaßstäbe für die UVP* zu liefern. Am Prinzip der Nachhaltig-

keit orientierte Umweltqualitätszielkonzepte wären als Bewertungsmaßstab einer wirksamen Umweltvorsorge verpflichteten UVP mit Sicherheit besser geeignet als die heutigen Landschaftsprogramme, Landschaftsrahmenpläne und Landschaftspläne.
Zusammenfassend kann zum Problembereich der Bewertung festgehalten werden, daß die Existenz von Umweltqualitätszielen eine Aussage über die Umweltverträglichkeit einer Maßnahme bzw. eines Planes methodisch überhaupt erst ermöglicht.

7 Wünsche aus der Sicht der Planungspraxis an die Landschaftsökologie

Zum Abschluß soll noch einmal versucht werden, thesenhaft das zusammenzufassen, was an vielen Stellen in den einzelnen Kapiteln als Wunsch bzw. Forderung der Planungspraxis an die Landschaftsökologie bereits einmal angesprochen worden ist.

(1) Das Spezifische der Landschaftsökologie ist die Klärung der räumlichen Organisation der Ökosysteme in der Kulturlandschaft, von H. LESER (^{2}1978) treffend als „Erforschung der landschaftlichen Ökosysteme" bezeichnet. Eine zentrale Aufgabe ist daher die räumliche Abgrenzung und Kartierung dieser Systeme in Form von Ökotopen, Ökotopkomplexen, Mikrochoren usw. Dabei sollte in der Landschaftsökologie neben der Erfassung der formalen räumlichen Anordnungsmuster nach strukturellen, genetischen, dynamischen u. a. Kriterien unter dem Anwendungsaspekt vor allem *die funktionale räumliche Organisation* der Ökosysteme erforscht werden, also das, was in der Literatur mit Nachbarschaftswirkungen, lateralen Beziehungen usw. bezeichnet wird.

(2) Die klassischen ökologischen Raumgliederungen sind dagegen überwiegend an strukturellen Merkmalen ausgerichtet – strukturell ähnliche bzw. gleiche Bereiche werden demselben Typ zugeordnet. In der Praxis und den ausgesprochen angewandt arbeitenden ökologischen Teildisziplinen interessiert oft nicht so sehr die Struktur, sondern das Ergebnis des Zusammenwirkens der jeweils relevanten Systemelemente zu einer bestimmten Eigenschaft, zu einem *Nutzungspotential,* z. B. dem agraren oder forstlichen Standortspotential. Für die querschnittsorientierte ökologische Planung reicht dieser fachplanerische Anspruch jedoch nicht aus, wenn der funktionale gesamträumliche Zusammenhang berücksichtigt werden soll. Hierzu bedarf es einer methodisch und inhaltlich verbesserten *räumlich-funktionalen ökologischen Betrachtungsweise,* um zu erwartende Belastungen nicht nur am Entstehungsort, sondern im gesamten räumlichen Wirkungsbereich abschätzen zu können. Dabei dürfte den Trägermedien Wasser, Luft und Boden – neben den Tieren als mobilen Lebewesen – eine besondere Bedeutung zukommen, wobei zu beachten ist, daß laterale Wirkungen über das Agens Boden/oberflächennaher Untergrund stets an sich bewegendes Wasser gebunden sind. Für den biologischen Bereich der strukturellen Landschaftsökologie war der Schwerpunkt in der Phytosphäre charakteristisch, in einer stärker räumlich-funk-

tional ausgerichteten Landschaftsökologie wird die Zoosphäre eine zentrale Stellung einnehmen müssen.

(3) Das Ziel, die landschaftlichen Ökosysteme in ihrer Gesamtheit sowohl als einzelnes Ökosystem als auch in ihrem räumlichen Verteilungsmuster und dem ökologisch-funktionsräumlichen Zusammenhang zu erfassen, ist als ein strategisches Ziel zu verstehen, zu dessen Erfüllung eine Vielzahl von ökologisch arbeitenden Disziplinen einen Beitrag zu leisten hätte – jede für sich also nur einen bestimmten Teilaspekt beisteuern kann. Die *„interscience" Landschaftsökologie* zeichnet sich gerade dadurch aus, daß jede beteiligte Einzeldisziplin mehr oder weniger stark nach dem Prinzip des Reduktionismus arbeitet, sich aber alle Teile zu einem Ganzen zusammenfügen lassen. Daraus folgt, daß keine der beteiligten Disziplinen den Anspruch erheben sollte, die Landschaftsökologie in ihrer Gesamtheit zu repräsentieren. Den schlüssigsten Beweis hierfür liefert H. LESER (1984), wo eine saubere Trennung geoökologischer und bioökologischer Begriffe gerade deshalb gefordert wird, um beim Anwender über den tatsächlichen Inhalt ökologischer Forschungsergebnisse nicht falsche Hoffnungen zu wecken. Da der Betrachtungsgegenstand der Landschaftsökologie die landschaftlichen Ökosysteme sind, die sich nach H. LESER (1984, S. 356/357) als Funktionszusammenhang aus Geosystem, Biosystem und Anthroposystem darstellen, ist eine Spezialisierung auf bestimmte Systemausschnitte unumgänglich.

(4) Will die Landschaftsökologie künftig stärker als bisher ihre Ergebnisse und theoretischen Vorstellungen in raumordnerische Programme und Pläne einfließen lassen, dann muß die fachliche Diskussion um *Normen* und *Wertmaßstäbe* weiter vorangetrieben werden, weil diese sonst der Landschaftsökologie politisch vorgegeben werden. Dort wird dann das, was aus fachlicher Sicht als landschaftsökologisch sinnvoll und wünschenswert gilt, beliebig manipulierbar. Zur Zeit wird diese Diskussion bereits sehr intensiv außerhalb der Wissenschaft geführt, in „grünen" Parteien oder alternativen Gruppierungen. Versteht man Landschaftsökologie mit W. HABER (1979b, 1992) als eine angewandte, planungsbezogene ökologische Arbeitsrichtung oder Teildisziplin der modernen Ökologie, dann muß erwartet werden, daß Normen formuliert werden, d. h. Wertmaßstäbe, an denen Konzepte, Programme und Pläne gemessen werden können. Dabei steht zu vermuten, daß sich die Landschaftsökologie als interdisziplinärer Wissenschaftsbereich sehr schwer tun wird, bedenkt man allein den heutigen Gegensatz zwischen bioökologischen und humanökologischen Teilzielen. Inwieweit sich die Ökologie zu einer wirklich holistischen, die Natur- und Sozialwissenschaften verbindenden Wissenschaft im Sinne von E. P. ODUM (1980) und E. P. ODUM und J. REICHHOLF (1980) entwickeln wird, bleibt abzuwarten. Jedenfalls dürfte die Diskussion um normative und darauf aufbauende strategische Ziele

für eine ökologische Planung dadurch erheblich erschwert werden.
(5) V. LOOMAN (1980) hat unter Bezug auf die 10. Jahrestagung der GfÖ in Berlin herausgestellt, daß für jede Stadt mit speziellen stadtökologischen Untersuchungen deren *Belastung* und deren *Belastbarkeit* gesondert zu ermitteln ist und daß insgesamt ein sachlich sehr gut begründeter Bedarf nach einer Vielzahl gut ausgebildeter Stadtökologen besteht. Die Tatsache jedoch, daß selbst in ökologisch so gut untersuchten Städten wie Saarbrücken, Frankfurt, Aachen, Berlin, Mönchengladbach etc. bisher eine wirklich neue, ökologische Qualität von Planung nicht zu erkennen ist, beruht u. a. darauf, daß es bisher noch nicht gelungen ist, die Grenzen der Belastbarkeit im Detail, für die Gesamtstadt und das System Stadt-Umland zu definieren. In der Definition räumlich konkretisierter, maximaler Belastbarkeiten liegt sicherlich eine der Hauptaufgaben der *angewandten Ökologie* überhaupt, vor allem als Grundlage einer naturraumspezifischen nachhaltigen Entwicklung i.S. des „sustainable development". H. KLUG und R. LANG (1983, S. 30) ist daher zuzustimmen, wenn sie eine verstärkte Anwendung der Systemtheorie im Forschungsbereich fordern, um die innere Struktur (d.h. die Systemrelationen) besser zu erfassen, weil erst dadurch die Ökologie *prognosefähig* wird, was für eine seriöse Vorhersage von Wirkungen und Risiken im Rahmen der Planung unbedingte Voraussetzung ist.
(6) Unabhängig davon, ob die Ökologie als Naturwissenschaft im Sinne E.. HAECKELS oder als die Natur- und Sozialwissenschaft verbindende „Brücken-Wirtschaft" verstanden und betrieben wird: Gegenstand einer angewandten Landschaftsökologie ist die Kulturlandschaft, wo je nach Typ der Mensch unterschiedlich eingewirkt hat. Vieles spricht dafür, die Landschaftsökologie weiterhin als Naturwissenschaft zu betreiben, da ökologische Zusammenhänge in der Tat nicht mit den Mitteln „geisteswissenschaftlicher Spekulationen" zu erforschen sind (P. MÜLLER 1974a). Allerdings müssen die Landschaftsökologen auch bereit und in der Lage sein, mit naturwissenschaftlichen Methoden gewonnene Ergebnisse zu interpretieren und zu bewerten. Dies hat im Hinblick auf den Menschen als soziales und ökonomisch handelndes Wesen zu erfolgen. Für diesen Schritt der *Aufbereitung naturwissenschaftlicher Fakten* bis hin zu daraus abzuleitenden Schlußfolgerungen bedarf es der Hinzunahme sozialwissenschaftlicher Methoden und Erkenntnisse. Da in der räumlichen Planung der Mensch als Adressat im Zentrum aller Überlegungen steht, sollte eine Landschaftsökologie mit planerischen Ambitionen sich stärker als bisher schon bei der Auswahl der Themen und auch der Untersuchungsgebiete auf den Menschen und dessen ökologische Zukunft konzentrieren.
(7) Die heutigen Kenntnisse über die globalen Gefahren für die Ökosphäre unseres gesamten Planeten, resultierend aus Veränderungen der

Atmosphäre bis in die Kosmosphäre, zwingt die angewandte Landschaftsökologie aus der rein naturwissenschaftlich-wertneutralen Position heraus – angewandte Landschaftsökologie muß sagen (wollen) können, welche Umweltqualitäten wir kommenden Generationen hinterlassen wollen und wie diese zu erreichen bzw. zu sichern sind. Angewandte Landschaftsökologie sollte mehr leisten wollen, als die weitere ökologische Destabilisierung unseres Lebensraumes zu erforschen, mit immer besseren Methoden und exakteren Ergebnissen. Die *Ökologisierung der räumlichen Planung* und unseres gesamten Wirtschaftens erfordert Landschaftsökologen mit Mut zur Lücke – ehe die letzten ökosystemaren Zusammenhänge mit letzter wissenschaftlicher Genauigkeit geklärt sind – falls dies überhaupt je erreichbar ist – wird es für die Spezies Mensch ohnehin zu spät sein. Daher gilt es, auf der Basis des Wissens von heute die *Umweltqualitätsziele für morgen* festzulegen – ein anderes Vorgehen ist ohnehin nie möglich. Während die Ökologen unterschiedlichster fachlicher Herkunft seit vielen Jahren darüber lamentieren, was sie alles noch nicht wissen, gehen andere Fachplanungen und Fachpolitiker auf der Basis häufig sehr lückenhaften Wissens weiter forsch voran. Eines der größten Probleme ist allerdings die Tatsache, daß drei Ökologen mindestens drei unterschiedliche Meinungen über das haben, was sein soll. Hier hätte eine angewandte Landschaftsökologie ein sehr verdienstvolles, breites Aufgabenfeld – die Koordination unterschiedlichster ökologischer Zielvorstellungen zu einem in sich widerspruchsfreien, in sich schlüssigen politisch-planerischen *Zielsystem.* Gerade die aus der Geographie stammenden Landschaftsökologen könnten hier ihre speziellen Kenntnisse und Fähigkeiten einbringen – unter der Voraussetzung – daß die so oft gepriesene Einheit der Geographie als Natur- und Geisteswissenschaft deren Vertreter in besonderer Weise befähigt, praxistaugliche Lösungen bereitzustellen.

8 Literatur

ADAM, K., NOHL, W. und VALENTIN, W., Bewertungsgrundlagen für Kompensationsmaßnahmen bei Eingriffen in die Landschaft; in: Minister für Umwelt, Raumordnung und Landwirtschaft des Landes Nordrhein-Westfalen (Hrsg.); Naturschutz und Landschaftspflege in Nordrhein-Westfalen, Düsseldorf 1986.

ADAM.,K. und Grohé, T. (Hrsg.), Ökologie und Stadtplanung. Beispiele integrierter Planung; Köln 1984.

AMERICAN SOCIETY FOR PHOTOGRAMMETRY AND REMOTE SENSING, American Congress on Surveying and Mapping u.a. (Hrsg.), GIS/LIS Proceedings 92; 2 Bände; Bethesda/ Maryland (USA), 1993.

ARBEITSGRUPPE UVP UND WIRTSCHAFT im UVP-Förderverein (Hrsg.), Umweltverträglichkeitsprüfung (UVP). Leitfaden für Unternehmer; Syke 1990.

ARL (Hrsg.), Karten des Naturraumpotentials; in: ARL-Arbeitsmaterial, EV 168, 1990.

ARNDT, U, NOHL, W., SCHWEIZER, B., Bioindikatoren. Möglichkeiten, Grenzen und neue Erkenntnisse; Stuttgart [2]1993.

ASHDOWN, M. und SCHALLER, J., Geographische Informationssysteme und ihre Anwendungen in MAB-Projekten, Ökosystemforschung und Umweltbeobachtung; in: MAB-Mitteilungen 34, Bonn 1990.

BACHHUBER, R. et al., Landschaftsökologische Modelluntersuchung Ingolstadt - Abschlußbericht; in: UBA-Texte 23/84, Berlin 1985.

BARLAG, A.-B., Planungsrelevante Klimaanalyse einer Industriestadt in Tallage - dargestellt am Beispiel der Stadt Stollberg (Rheinland); in: Essener Ökologische Schriften Bd. 1, 1993.

BARSCH, H. und SAUPE, G. (Hrsg.), Zur Integration landschaftsökologischer und sozioökologischer Daten in gebietliche Planungen; in: Potsdamer Geographische Forschungen Bd. 4, Potsdam 1993.

BARSCH, H., BILLWITZ, K. und REUTER, B., Einführung in die Landschaftsökologie. Lehrmaterial zur Ausbildung von Diplomfachlehrern Geographie; o.O., 1988.

BASTIAN, O. u. HAASE, G., Zur Kennzeichnung des biotischen Regulationspotentials im Rahmen von Landschaftsdiagnosen; in: Z. Ökologie u. Naturschutz 1 (1992), S. 23-34.

BASTIAN, O., Erfassung wertvoller Biotope in der Stadt Dresden; in: Landschaftsarchitektur 1990, 19(1), S. 21-24.

BERNHARDT, A., Naturräumliche Differenzierung der Sächsischen Schweiz; in: Berichte des Arbeitskreises Sächsische Schweiz in der geographischen Gesellschaft der DDR, Bd. VI, Pirna 1988, S. 63-92.

BERNHARDT, A. u. a., Naturräume der Sächsischen Bezirke; in: Sächs. Heimatblätter 32 (1986), Hefte 4 und 5, Sonderdruck.

BFANL (= Bundesforschungsanstalt für Naturschutz und Landschaftsökologie/Hrsg.), Rote Listen von Pflanzengesellschaften, Biotopen und Arten, in: Schrr. für Vegetationskunde, H. 18 (1986)

BICK, H., Ökologie, Stuttgart 1989.

BICK, H. et al., Angewandte Ökologie - Mensch und Umwelt. Bd. I: Einführung, räumliche Strukturen, Wasser, Lärm, Luft, Abfall; Bd. II: Landbau, Energie, Naturschutz und Landschaftspflege, Umwelt und Gesellschaft, 1984.

BIERHALS, E., KIEMSTEDT, H. und PANTELEIT, S., Gutachten zur Erarbeitung der Grundlagen des Landschaftsplans in Nordrhein-Westfalen - entwickelt am Beispiel "Dorstener Ebene"; in: MURL (Hrsg.), Naturschutz und Landschaftspflege in Nordrhein-Westfalen; Düsseldorf 1986.

BILL, R. und FRITSCH, D., Grundlagen der Geo-Informationssysteme; 2 Bände, Karlsruhe 1991.

BLAB, J. und NOWAK, E. (Hrsg.), 10 Jahre Rote Liste gefährdeter Tierarten in der Bundesrepublik Deutschland - Situation, Erhaltungszustand, neuere Entwicklungen; Greven 1989.

BLAB, J., Bioindikation und Naturschutzplanung. Theoretische Anwendungen zu einem komplexen Thema; in: Natur und Landschaft 63 (1988), S. 147-149.

BLAB, J., Grundlagen des Biotopschutzes für Tiere; in: Schrr. Landschaftspflege und Naturschutz 24 ([2]1986).

BLAK-UIS (Bund-Länder-Arbeitskreis Umweltinformationssystem), Statusbericht zur Thematik Raumbezogene Umweltinformationssysteme - Übersicht über Umweltanwendungen von Geoinformationssystemen; Berlin 1992.

BMBAU (= Bundesminister für Raumordnung, Bauwesen und Städtebau), Raumordnungspolitischer Orientierungsrahmen; Bonn 1993 (a).

BMBAU (= Bundesminister für Raumordnung, Bauwesen und Städtebau/Hrsg.), Zukunft Stadt 2000. Bericht der Kommission Zukunft Stadt 2000, Bonn 1993 (b).

BMBAU (= Bundesminister für Raumordnung, Bauwesen und Städtebau/Hrsg.), Baulandbericht 1993, Bonn 1993 (c).

BMI (= Bundesminister des Innern/Hrsg.), Bodenschutzkonzeption der Bundesregierung; BT-Drs. 10/1977 vom 07. 3. 1985, Stuttgart 1985.

BMU (= Bundesminister für Umwelt, Naturschutz und Reaktorsicherheit/Hrsg.), Umweltschutz in Deutschland, Nationalbericht der Bundesrepublik Deutschland für die Konferenz der Vereinten Nationen über Umwelt und Entwicklung in Brasilien im Juni 1992; Bonn 1992.

BMU (= Bundesminister für Umwelt, Naturschutz und Reaktorsicherheit/Hrsg.), Umweltbericht 1990, in: Bundesanzeiger vom 07.08.1990, Nr. 145a.

BRAUN, R.-R., Umweltverträglichkeitsprüfung - UVP in der Bauleitplanung. Ein praxisorientierter Verfahrensansatz zur integrierten Umweltplanung; Köln 1987.

BRAUN, R.-R. und KAERKES, W.M., Bibliographie zur Stadtökologie und ökologischen Stadtplanung; in: Materialien zur Raumordnung, Geographisches Institut Ruhr-Universität Bochum, Bd. 31 (1985).

BUCHWALD, K., Nordsee. Ein Lebensraum ohne Zukunft?; Göttingen 1990.

BUCHWALD, K., Vorwort zu Band 1, in: W. HABER 1993.

BURGHARDT, W., Bodenökologie; in: Kuttler, W. (Hrsg.), Handbuch zur Ökologie; Berlin 1993, S. 92-98.

BUSCH-LÜTY, C , DÜRR, H.P. und LANGER, H. (Hrsg.), Ökologisch nachhaltige Entwicklung von Regionen, Beiträge, Reflektionen und Nachträge, Tuttsinger Tagung 1992: "sustainable development - aber wie?"; in: Politische Ökologie, Sonderheft 4, 1992.

BUSCH-LÜTY, C., DÜRR, H.P. und LANGER, H. (Hrsg.), Die Zukunft der Ökonomie: Nachhaltiges Wirtschaften; in: Politische Ökologie, Sonderheft 1, 1990.

DANIELS, C. von und LÜTTIG, W., Geowissenschaftliche Karten des Naturraumpotentials als Unterlagen für Raumordnung und Landesplanung; Graz 1982.

DER SENATOR FÜR STADTENTWICKLUNG UND UMWELTSCHUTZ BERLIN (Hrsg.), Umweltatlas Berlin; 2 Bde., Berlin 1987.

DEUTSCHER BUNDESTAG (Hrsg.), Schutz der Erde, eine Bestandsaufnahme mit Vorschlägen zu einer neuen Energiepolitik. Dritter Bericht der Enquête-Kommission des 11. Deutschen Bundestages "Vorsorge zum Schutz der Erdatmosphäre"; in: Zur Sache - Themen parlamentarischer Beratung 19/90, 2 Bde., Bonn 1990.

DEUTSCHES NATIONALKOMITEE MAB, Mögliche Auswirkungen der geplanten Olympischen Winterspiele 1992 auf das Regionale System Berchtesgaden. Ökosystemforschung Berchtesgaden; in: MAB-Mitteilungen 22, Bonn 1986.

DIERSSEN, K., Einführung in die Pflanzensoziologie (Vegetationskunde); Darmstadt 1990.

DIFU (= Deutsches Institut für Urbanistik), Kommunale Umweltinformationssysteme - zum Entwicklungs- und Erfahrungsstand; Berlin 1990.

DRACHENFELS, O. von und MEY, H., Kartieranleitung zur Erfassung der für den Naturschutz wertvollen Bereiche in Niedersachsen; 3. Fassung, Niedersächsisches Landesverwaltungsamt - Fachbehörde für Naturschutz; Hannover 1991.

DU BOIS, W. und OTTO-ZIMMERMANN, K. (Hrsg.), Umweltdaten in der kommunalen Praxis: Datenbeschaffung und Datenverarbeitung für Umweltplanung, Umweltüberwachung und UVP; kommunale Umweltinformationssysteme; Taunusstein 1992.

DUHME, F., LENZ, R. und SPANDAU, L. (Hrsg.), 25 Jahre Lehrstuhl für Landschaftsökologie in Weihenstephan mit Prof. Dr. Dr. hc. Haber. Festschrift mit Beiträgen ehemaliger und derzeitiger Mitarbeiter; Weihenstephan 1992.

DUNGER, W. und FIEDLER, H. J., Methoden der Bodenbiologie, Jena ^{2}1994.

DURWEN, K.-J., Zum Informationsbedarf in der Landschaftsplanung; in: Natur und Landschaft 66 (2), 1991, S. 104-106.

DUTTMANN, R., Prozeßorientierte Landschaftsanalyse mit dem geoökologischen Informationssystem GOEKIS; in: Geosynthesis H. 4, Hannover 1993.

DUTTMANN, R., FRANKE, M. u. STELZER, R., Die "digitale geoökologische Karte" als Grundlage für prozeßorientierte Landschaftsbewertungen - Das geoökologische Informationssystem: Konzeption, Anwendungen und Möglichkeiten der Integration zeitdynamischer Modelle; in: Salzburger geographische Materialien, H. 20, Salzburg 1993, S. 255-266.

EBERLE, D. u. a., Umweltverträglichkeitsprüfung für Regionalpläne?; in: ARL-Arbeitsmaterial, Bd. 188, Hannover 1992.

EINSELE, G. (Hrsg.), Das landschaftsökologische Forschungsprojekt Naturpark Schönbuch - Wasser- und Stoffhaushalt, bio-, geo- und forstwirtschaftliche Studien in Südwest-Deutschland, DFG-Bericht, Weinheim 1986.

ELLENBERG, H., FRÄNZLE, O. und MÜLLER, P., Ökosystemforschung im Hinblick auf Umweltpolitik und Entwicklungsplanung; BMI, Bonn 1978.

ELLENBERG, H., MAYER, R. und SCHAUERMANN, J. (Hrsg.), Ökosystemforschung - Ergebnisse des Solling-Projekts 1966-1986; Stuttgart 1986.

ERDMANN, K.-H. und NAUBER, J., Der deutsche Beitrag zum UNESCO-Programm "Der Mensch und die Biosphäre" (MAB) im Zeitraum Juli 1990 bis Juni 1992; Bonn 1993.

ERZ, W., Ökologie oder Naturschutz?; in: Ber. ANL 10 (1986), S. 11-17.

FIEDLER, H.J. und BRÖSSLER, H.J., Spurenelemente in der Umwelt; Stuttgart [2]1993.

FIEDLER, H. J., Bodennutzung und Bodenschutz; Stuttgart 1990.

FINKE, L. u. a., Berücksichtigung ökologischer Belange in der Regionalplanung in der Bundesrepublik Deutschland; in: Beiträge der ARL, Bd. 124, 1993.

FINKE, L., Stadtentwicklung unter ökologisch veränderten Rahmenbedingungen; in: Wüstenrot Stiftung Deutscher Eigenheimverein e.V. (Hrsg.); Zukunft Stadt 2000; Ludwigsburg 1993 (a), S. 317-381.

FINKE, L., Ökologische Wirkungsanalyse; in: Wiggering, H. (Hrsg.), Steinkohlenbergbau. Steinkohle als Grundstoff, Energieträger und Umweltfaktor; Berlin 1993 (b), S. 240-250.

FINKE, L., Zielsetzung und Zweck der Umweltverträglichkeitsprüfung aus der Sicht der Naturschutzverbände; in: Kleinschmidt, V. (Hrsg.); UVP-Leitfaden für Behörden, Gutachter und Beteiligte - Grundlagen, Verfahren und Vollzug der Umweltverträglichkeitsprüfung; Dortmund 1993 (c), S. 53-56.

FINKE, L., "sustainable development" - Zur Rettung der Welt; in: Natur- und Landschaftskunde 29 (1993d), S. 73-79.

FINKE, L., Über die Entwicklung der Landschaftsökologie; in: Duhme, F., Lenz, R. und Spandau, L. (Hrsg.), 1992, S. 29-40.

FINKE, L., Ökologische Planung - Nur ein modernes Schlagwort oder eine qualitativ neue Planung?; in: Verhandl. GfÖ, Bd. XVIII (1989), S. 581-587

FINKE, L., Umweltgüte in der Regionalplanung - dargestellt am Beispiel der Nordwanderung des Steinkohlenbergbaus; in: FuS Bd. 179 (1988), S. 13-33.

FLEMMING, G., Klima-Umwelt-Mensch; Stuttgart [2]1990.

FRÄNZLE, O. u. a., Probleme und Aufgaben der Ökosystemmodellierung; in: Verhandl. d. Dt. Geographentages Bd. 48 - Basel 1991, Stuttgart 1993; S. 243-265.

FRÄNZLE, O., Zukunftsorientierte Umweltforschung im Rahmen des Deutschen MAB-Programms; in: Verhandl. der GFÖ, Bd. XIX/III (1991), S. 545-562.

FRÄNZLE, O. u. a., Darstellung der Vorhersagemöglichkeiten der Bodenbelastung durch Umweltchemikalien; in: Schrr. "Texte" des UBA Bd. 34, Berlin 1989.

FÜRST, D. u. a., Umweltqualitätsziele für die ökologische Planung; in: UBA-Texte 34/92, Berlin 1992.

GELFORT, P. u. a., Ökologie in den Städten. Erfahrungen aus Neubau und Modernisierung; in: Wollmann, H. u. G.-M. Hellstern (Hrsg.): Stadtforschung aktuell; Bd. 39, Basel 1993.

GILBERT, O.L., Re-Ecology of Urban Habitats, London 1989.

GISI, U. u. a., Bodenökologie; Stuttgart 1990.

GLAWION, R., Geoökologische Kartierung und Bewertung; in: Die Geowissenschaften, Jg. 6, Nr. 10, S. 287-295.

GOERKE, W. und ERDMANN, K.-H., Der deutsche Beitrag zum MAB-Programm; in: GR 43, (1991), S. 207-210.

GOODLAND, R. u. a. (Hrsg.), Nach dem Brundtland-Bericht: Umweltverträgliche Wirtschaftsentwicklung; Bonn 1992.

GOSSMANN, H., Die Nutzung Geographischer Informationssysteme in der Angewandten Klimatologie; in: GIS 1991, 4(3), S. 3-7.

GROSSMANN, W. u. a., "Zeitkarten": Eine neue Methodik zum Test von Hypothesen und Gegenmaßnahmen bei Waldschäden; in: MAB-Mitt. 18 (1984), S. 118-142.

GRÜNREICH, D., Aufbau von Geoinformationssystemen im Umweltschutz mit Hilfe von ATKIS; in: Günther, O. und Schulz, K.-P. (Hrsg.), Umweltanwendungen geographischer Informationssysteme; Karlsruhe 1992, S. 3-14.

GÜNTHER, O. und SCHULZ, K.-P. (Hrsg.), Umweltanwendungen geographischer Informationssysteme; Karlsruhe 1992.

HAASE, G. (Hrsg.), Naturraumerkundung und Landnutzung. Geoökologische Verfahren zur Analyse, Kartierung und Bewertung von Naturräumen; in: Beiträge zur Geographie Bde. 34/1 und 34/2, IGG Leipzig 1991.

HABER, W. u. DUHME, F., Naturraumspezifische Entwicklungsziele als Kriterium zur Lösung regionalplanerischer Zielkonflikte; in: Raumforschung und Raumordnung 1990 (48), H. 2/3 S. 84-91.

HABER, W., Nachhaltige Entwicklung – aus ökologischer Sicht; in: ZAU Jg. 7 (1994), H. 1, S. 9-13.

HABER, W., Ökologische Grundlagen des Umweltschutzes; in: Buchwald, K. und Engelhardt, W. (Hrsg.); Umweltschutz, Grundlagen und Praxis; Bd. 1, Bonn 1993.

HABER, W., Erfahrungen und Erkenntnisse aus 25 Jahren der Lehre und Forschung in Landschaftsökologie: Kann man ökologisch planen?; in: Duhme, F., Lenz, R. und Spandau, L. (Hrsg.), 1992, S. 1-28.

HABER, W., Zur Umsetzung ökologischer Forschungsergebnisse in politisches Handeln; in: Verhandl. der GFÖ Bd. XV, 1987, S. 61-69.

HAMPICKE, U. u. a., Kosten und Wertschätzung des Arten- und Biotopschutzes; in: UBA-Berichte 3/91, Berlin 1991.

HARTS, J. und OTTENS, H. (Hrsg.), EGIS 93 - Conference Proceedings Fourth European Conference and Exhibition on Geographical Information Systems; 2 Bände, Utrecht, Niederlande, 1993.

HATZFELD, F. und WERNER, H., Untersuchung über Ansätze und Modelle zur Langfristsimulation von Erosionsprozessen für landwirtschaftliche Nutzflächen; in: Spezielle Berichte der KFA Jülich Nr. 546 (1988).

HAUFF, V. (Hrsg.), Unsere gemeinsame Zukunft. Der Brundtland-Bericht der Weltkommission für Umwelt und Entwicklung; Greven/Westf. 1987.

HEEB, J., Haushaltsbeziehungen in Landschaftsökosystemen topischer Dimensionen in einer Elementarlandschaft des schweizerischen Mittellandes - Modellvorstellungen eines Landschaftsökosystems; in: Physiogegraphica, Basler Beiträge zur Physiogeographie, 14, Basel 1991.

HEEB, J. und MOSIMANN, Th., Ausscheidung von Pufferräumen für Schutzgebiete unter stoffhaushaltlichem Aspekt; in: Verhandl. der GfÖ, Bd. XX, Freising, 1991, S. 465-475.

HEINS B., Nachhaltige Entwicklung – aus sozialer Sicht; in: ZAU Jg. 7 (1994), H.1, S. 19-25.

HERBERT WICHMANN VERLAG (Hrsg.), Geo-Informations-Systeme; Zeitschrift, Karlsruhe.

HERGERT, T., MOSIMANN, Th. und TRUTE, P., Großmaßstäbige klima- und immissionsökologische Analyse und Prognose für die Bauleitplanung. Begutachtung der Kronsberg-Bebauung im Rahmen der Planungen für die Weltausstellung EXPO 2000 in Hannover; in: Geosynthesis H. 5, Hannover 1993.

HOFMEISTER, E., Stadtgeographie; in: Das Geographische Seminar, Braunschweig [6]1993.

HONNEFELDER, L., Welche Natur sollen wir schützen?; in GAIA 2 (1993), S. 253-264.

IUCN/UNEP/WWF, Caring for the Earth. A Strategy for sustainable living; Gland (Switzerland) 1991.

IZE (= Informationszentrale der Elektrizitätswirtschaft e.V./Hrsg.), Prognose für EG bis zum Jahr 2010: 250 neue Kraftwerksblöcke; in: StromThemen 7/92, S. 3, Juli 1992.

IZRAEL, J.A., Ökologie und Umweltüberwachung; Stuttgart 1990.

JEDICKE, E., Biotopverbund. Grundlagen und Maßnahmen einer neuen Naturschutzstrategie; Stuttgart 1993.

KAULE, G., Arten- und Biotopschutz, Stuttgart [2]1992.

KAULE, G., Ökosystemtraverse Baden-Württemberg. Konzept der Ökosystemforschung in der Hochschulregion Stuttgart-Hohenheim-Thüringen; in: Duhme, F., Lenz, R., Spandau,L. (Hrsg.), 25 Jahre Lehrstuhl Landschaftsökologie in Weihenstephan mit Prof. Dr. Dr. h.c. Haber, Weihenstephan 1992, S. 193-211.

KAULE, G., Arten- und Biotopschutz; UTB große Reihe, Stuttgart [2]1991.

KIEMSTEDT, H., HORLITZ, T. und OTT, S., Umsetzung von Zielen des Naturschutzes auf regionaler Ebene; in: Beiträge der ARL Bd. 123, 1993.

KIEMSTEDT, H. und WIRZ, S., Gutachten "Effektivierung der Landschaftsplanung"; in: UBA-Texte 11/90, Berlin 1990.

KIESE, O., Die Bedeutung verschiedenartiger Freiflächen für die Kaltluftproduktion und die Frischluftversorgung von Städten; in: Landschaft + Stadt 20 (1988), S. 67-71.

KINZELBACH, R. K., Ökologie, Naturschutz, Umweltschutz; Darmstadt 1989 (Dimensionen der modernen Biologie; Bd. 6).

KLAUSNITZER, B., Ökologie der Großstadtfauna; Stuttgart [2]1993.

KLEMMER P., Nachhaltige Entwicklung – aus ökonomischer Sicht; in: ZAU Jg. 7 (1994), H.1, S. 14-19.

KLEYER, M., KAULE, G. und HÄHNLE, K., Landschaftsbezogene Ökosystemforschung für die Umwelt- und Landschaftsplanung; in: Z. Ökologie u. Naturschutz 1 (1992), S. 35-50.

KLINK, H. J., Ergebnisse siedlungsökologischer Untersuchungen im Ruhrgebiet; in: BDL Bd. 64, H. 2, 1990, S. 299-344.

KLOEPFER, M., REHBINDER,E, und SCHMIDT-AßMANN, E., Umweltgesetzbuch - Allgemeiner Teil; Berlin 1990 (= Berichte 7/90 des Umweltbundesamtes).

KLOFFT, W. J. und GRUSCHWITZ, M.; Ökologie der Tiere; UTB Bd. 729, Stuttgart [2]1988.

KLÖTZLI, F., Ökosysteme. Aufbau, Funktionen, Störungen; Stuttgart [3]1992.

KNAUER, N., Ökologie und Landwirtschaft. Situation - Konflikte - Lösungen; Stuttgart 1993.

KNAUER, P., Umweltinformationssysteme als Instrument der Umweltpolitik; in: Günther, O. und Schulz, K.-P. (Hrsg.), Umweltanwendungen geographischer Informationssysteme; Karlsruhe 1992, S. 169-177.

KOHLER, A. und ARNDT, U. (Hrsg.), Bioindikatoren für Umweltbelastungen: Neue Aspekte und Entwicklungen; in: Hohenheimer Umwelttagung Bd. 24 (1992), Weikersheim.

KOMMISSION STADT 2000, Zukunft Stadt 2000 - Abschlußbericht; in: BMBau 1993.

KOMMISSION DER EUROPÄISCHEN GEMEINSCHAFTEN (Hrsg.), Mitteilung der Kommission an den Rat und das Europäische Parlament über die Ergebnisse des CORINE-Programms; Brüssel, Belgien 1991.

KOMMISSION DER EUROPÄISCHEN GEMEINSCHAFTEN, Vorschlag für eine Richtlinie des Rates zum Schutz der natürlichen naturnahen Lebensräume sowie der wildlebenden Tier- und Pflanzenarten, Brüssel 1988.

KORNECK, D. und SUKOPP, H., Rote Liste der in der Bundesrepublik Deutschland ausgestorbenen, verschollenen und gefährdeten Farn- und Blütenpflanzen und ihre Auswertung für den Arten- und Biotopschutz; in: Schrr. für Vegetationskunde, H. 19 (1988), S. 1-210.

KRdL (=KOMMISSION REINHALTUNG DER LUFT im VDI und DIN). SCHIRMER, H. u.a. (Hrsg.), Lufthygiene und Klima: ein Handbuch zur Stadt- und Regionalplanung, Düsseldorf 1993.

KREEB, K.H. (Hrsg.), Methoden zur Pflanzenökologie und Bioindikation; Stuttgart 1990.

KÜHLING, W., Bewertung der Umweltauswirkungen und Berücksichtigung des Ergebnisses bei der Entscheidung; in: Kleinschmidt, V. (Hrsg.), UVP-Leitfaden für Behörden, Gutachter und Beteiligte - Grundlagen, Verfahren und Vollzug der Umweltverträglichkeitsprüfung; Dortmund 1993, S. 155-169.

KUHNT, G. und ZÖLITZ-MÖLLER, R. (Hrsg.), Beiträge zur Geoökologie aus Forschung, Praxis und Lehre. Otto Fränzle zum 60. Geburtstag; in: Kieler Geographische Schriften Bd. 85 (1992).

KUTTLER, W. (Hrsg.), Handbuch zur Ökologie; in: Handbücher zur angewandten Umweltforschung, Bd. 1, Berlin 1993 (a).

KUTTLER, W., Planungsorientierte Stadtklimatologie. Aufgaben, Methoden und Fallbeispiele; in: GR 45 (1993) (b), H. 2, S. 95-106.

KUTTLER, W., Zum klimatischen Potential urbaner Gewässer; in: Schuhmacher H. u. Thiesmeier, B. (Hrsg.), Urbane Gewässer; Essen 1991, S. 378-394.

KUTTLER, W., Lufthygienische und stadtklimatologische Aspekte des Rhein-Ruhr-Raumes; in: GR, Jg. 40 (1988), H. 7-8, S. 56-62.

KUTTLER, W., Raum-Zeitliche Analayse atmosphärischer Spurenstoffeinträge in Mitteleuropa; in: Bochumer Geographische Arbeiten Bd. 47 (1986), 220 S. u. Tabellenanhang.

KVR (= KOMMUNALVERBAND RUHRGEBIET/Hrsg.), Synthetische Klimafunktionskarte Ruhrgebiet, Essen 1992.

KVR (=KOMMUNALVERBAND RUHRGEBIET/Hrsg.), Datenanalyse Emscher-Stadtökologie. Bestandsaufnahme und Defizitanalyse ökologischer Daten im Planungsbereich der IBA, Essen 1990.

KVR (=KOMMUNALVERBAND RUHRGEBIET/Hrsg.), Klimaanalyse Stadt Dortmund, Essen 1986.

KVR (=KOMMUNALVERBAND RUHRGEBIET/Hrsg.), Wuchsklimakarte des Ruhrgebietes und angrenzender Bereiche; auf der Grundlage eines Forschungsauftrages von Prof. Dr. Karl-Friedrich Schreiber und Mitarbeitern, Essen 1985.

LAWA (= Landesamt für Wasser und Abfall Nordrhein-Westfalen), Wasserwirtschaftliche Konzeption zur Nordwanderung des Steinkohlenbergbaus; in: LWA-Materialien Nr. 1/86, Düsseldorf 1986.

LANDESREGIERUNG NORDRHEIN-WESTFALEN (Hrsg.), Leitentscheidungen zur künftigen Braunkohlepolitik, Düsseldorf 1987.

LANGER, H., HAAREN, C. von und HOPPENSTEDT, A., Ökologische Landschaftsfunktionen als Planungsgrundlage - Ein Verfahrensansatz zur räumlichen Erfassung; in: Landschaft + Stadt 17 (1985), S. 1-9.

LESER, H. u. a., DIERCKE-Wörterbuch Ökologie und Umwelt, 2 Bde., dtv-Westermann 1993.

LESER, H., Landschaftsökologie; UTB 521, Stuttgart ^{3}1991 (a).

LESER, H., Ökologie wozu? Der graue Regenbogen oder Ökologie ohne Natur; Berlin 1991 (b).

LESER, H. und KLINK, H.-J. (Hrsg.), Handbuch und Kartieranleitung Geoökologische Karte 1 : 25.000 (KA GÖK 25); in: FDL Bd. 228, Trier 1988 (a).

LESER, H., Die GÖK 25: Konzept und Anwendungsperspektiven der Geoökologischen Karte 1: 25.000; in: GR 40, 1988 (b), S. 33-37.

LÖLF (= Landesanstalt für Ökologie, Landschaftsentwicklung und Forstplanung Nordrhein-Westfalen), Anleitung zur Erarbeitung des ökologischen Fachbeitrags; Recklinghausen 1987

LÖLF (= Landesanstalt für Ökologie, Landschaftsentwicklung und Forstplanung Nordrhein-Westfalen/Hrsg.), Rote Liste der in Nordrhein-Westfalen gefährdeten Pflanzen und Tiere; in: Schrr. LÖLF Bd. 4 (1986), 2. Fassung.

LÖLF (= Landesanstalt für Ökologie, Landschaftsentwicklung und Forstplanung Nordrhein-Westfalen), Ökologiekonzept zur Nordwanderung des Steinkohlenbergbaus; Recklinghausen 1985.

LÜTTIG, G., Karten ausgewählter Naturraumpotentiale für die Ausweisung von Freiräumen am Beispiel Reutlingen-Tübingen; in: ARL-Arbeitsmaterial Nr. 96 (1985).

MADER, H.-J., KLÜPPEL, R. und OVERMEYER, H., Experimente zum Biotopverbundsystem - Tierökologische Untersuchungen an einer Anpflanzung; in: Schrr. für Landschaftspflege und Naturschutz H. 27 (1986).

MANNSFELD, K. u. a., Auswertung und Anwendung geoökologischer Karten; in: Barsch, D. und Karrasch, H., Geographie und Umwelt. Erfassen-Nutzen-Wandeln-Schonen; Tagungsbericht und wiss. Abhandlungen des 48. Deutschen Geographentages Basel 1991, Stuttgart 1993, S. 355-375.

MANNSFELD, K., 25 Jahre geoökologische Forschungen der Sächsischen Akademie für Wissenschaften zu Leipzig; in: Geographische

Berichte, 35. Jg., S. 233-241.

MANNSFELD, K., BERNHARDT, A. und BIEHLER, J., "Unwettergefährdete Gebiete" im Westteil des Bezirkes Dresden. Ein Anwendungsbeispiel mikrochorischer Naturraumerkundung; in: Hallisches Jb. für Geowissenschaften, Bd. 12, Gothar 1987, S. 77-87.

MARKS, R. u. a., Anleitung zur Berwertung des Leistungsvermögen des Landschaftshaushaltes (BA LVL); in: FDL Bd. 229, Trier 1989.

MATTIG, U., Der Einsatz für Naturraumpotentialkarten als Beitrag zur raumplanerischen Sicherung oberflächennaher Rohstoffe Sand und Kies in der Bundesrepublik Deutschland und in Norwegen; Dissertation Naturwiss. Fakultät der Uni Erlangen-Nürnberg, 1991.

MAYER, H., Waldbau auf soziologisch-ökologischer Grundlage, Stuttgart [4]1992.

MENSCHING, H., Dezertifikation, ein weltweites Problem der ökologischen Verwüstung in den Trockengebieten der Erde; Darmstadt 1990.

MERIAN, C. und WINKELBRANDT A., Übersicht über die Landschaftsplanung in der Gesetzgebung der Bundesländer, Stand: 31.01.1993; in: Natur und Landschaft 68 (1993).

MEYER, D.E., Flächeninanspruchnahme und Massenverlagerung; in: Wiggering, H. (Hrsg.), Steinkohlenbergbau. Steinkohle als Grundstoff, Energieträger und Umweltfaktor; Berlin 1993, S. 116-121.

MEYER, D.E., Massenverlagerung durch Rohstoffgewinnung und ihre umweltgeologischen Folgen; in: Z.dt.geol.Ges. 137 (1986), S. 177-193.

MOSIMANN, Th., Neuerschließung und Ausbau von Skigebieten: Ökologische Begrenzungen und Vorschlag zur Durchführung der Umweltverträglichkeitsprüfung; in: Verhandl. der GfÖ, Bd. 22, 1993, S. 299-306

MOSIMANN, Th., Prozeß-Korrelations-System des elementaren Geoökosystems; in: Leser, H., Landschaftsökologie; UTB 521, Stuttgart [3]1991, S. 262-270.

MOSIMANN, Th., Ökotope als elementare Prozeßeinheiten der Landschaft - Konzept zur Klassifikation von Ökosystemen; in: Geosynthesis H. 1, 1990.

MOSIMANN, Th., Geoökologische Kartierung als Grundlage für die Bewertung von Funktionen des Landschaftshaushaltes; in: Geogr. Helvetica 43 (1988), S. 76-82.

MOSIMANN, Th. und DUTTMANN, R., Die digitale Geoökologische Karte als Ergebnis einer prozeßorientierten Landschaftsanalyse am Beispiel der Nienburger Geest; in: BDL Bd. 66, H. 2, 1992, S. 335-361.

MÜLLER, H.J. (Hrsg.), Ökologie; Stuttgart [2]1991.

MÜLLER, J., Funktionen von Hecken und deren Flächenbedarf vor dem Hintergrund der landschaftsökologischen und -ästhetischen Defizite auf den Mainfränkischen Gäuflächen; in: Würzburger Geographische Arbeiten, H. 77, Würzburg 1990.

MÜLLER, P., Stadtökologie versus Ökosystemforschung; in: MAB-Mitteilungen 36, Bonn 1992, S. 130-135.

MÜLLER, P. et al., Ökologische Belastungsanalyse Landkreis Stade, Institut für Biogeographie, Universität des Saarlandes Saarbrücken und Landkreis Stade (1984).

MURL u. MSV (= Ministerium für Umwelt, Raumordnung und Landwirtschaft und Ministerium für Stadtentwicklung und Verkehr des Landes Nordrhein-Westfalen/Hrsg.), Ökologische Stadt der Zukunft. Konzepte und Maßnahmen der Modellstädte; Düsseldorf 1993.

MURL (= Minister für Umwelt, Raumordnung und Landwirtschaft des Landes Nordrhein-Westfalen/Hrsg.), Natur 2000 in Nordrhein-Westfalen. Leitlinien und Leitbilder für Natur und Landschaft im Jahr 2000; Düsseldorf 1990.

MURL (= Minister für Umwelt, Raumordnung und Landwirtschaft des Landes Nordrhein-Westfalen/Hrsg.), Untersuchungsprogramm Braunkohle der Landesregierung Nordrhein-Westfalen - Dokumentation der Ergebnisse; Düsseldorf 1987.

MURL (= Minister für Umwelt, Raumordnung und Landwirtschaft des Landes Nordrhein-Westfalen/Hrsg.), Gesamtkonzept zur Nordwanderung des Steinkohlenbergbaus an der Ruhr; Düsseldorf 1986.

NEDDENS, M.C., Ökologisch orientierte Stadt- und Raumentwicklung. Eine integrierte Gesamtdarstellung; Wiesbaden 1986.

NEUMEISTER, H. u. a., Ausgewählte geoökologische Entwicklungsbedingungen Nord-West-Sachsens; in: IGG Leipzig (Hrsg.), Leipzig 1991.

NEUMEISTER, H. u. a., Geoökologie - Geowissenschaftliche Aspekte der Ökologie; Reihe Umweltforschung, Jena 1988.

NIEMANN, E., Methodik zur Bestimmung der Eignung, Leistung und Belastbarkeit von Landschaftselementen und Landschaftseinheiten, IGG der AdW der DDR, Ber. Physische Geographie, Leipzig 1982.

OSCHE, G., Ökologie, Grundlagen - Erkenntnisse - Entwicklungen der Umweltforschung, Freiburg [9]1981.

OTTO-ZIMMERMANN, K., Kommunale Umweltverträglichkeitsprüfung; in: Schrr. des Niedersächsischen Städte- und Gemeindebundes, H. 19, Hannover 1988.

PETERS, H.-J., Zum Verhältnis von UVPG und Fachgesetzgebung; in: Kleinschmidt, V.

(Hrsg.), UVP-Leitfaden für Behörden, Gutachter und Beteiligte - Grundlagen, Verfahren und Vollzug der Umweltverträglichkeitsprüfung; Dortmund 1993, S. 83-87.

PETERS, W. u. a., Umweltwirksamkeit von Ausgleichs- und Ersatzmaßnahmen nach § 8 Bundesnaturschutzgesetz - Defizite und ergänzender Regelungsbedarf anhand exemplarischer Nachuntersuchungen; in: Berichte 7/93 des Bundesumweltamtes, Berlin 1993.

PFADENHAUER, J., Vegetationsökologie - ein Skriptum, Eching 1993.

PIETSCH, J. und KAMIETH, H., Stadtböden. Entwicklungen, Belastungen, Bewertung und Planung; Taunusstein 1991.

PLACHTER, H., Naturschutz; UTB 1563, Stuttgart 1991.

REICHE, E.-W. und ZÖLITZ-MÖLLER, R., Gründe, Voraussetzungen und Möglichkeiten für die Modellanbindung an ein GIS; in: Günther, O. und Schulz, K.-P. (Hrsg.), Umweltanwendungen geographischer Informationssysteme; Karlsruhe 1992, S. 232-245.

REIDL, K., Floristische und vegetationskundliche Untersuchungen als Grundlagen für den Arten- und Biotopschutz in der Stadt, dargestellt am Beispiel Essen, Dissertation Universität-GHS-Essen, Fachbereich 9 (1989).

RID, H., Das Buch vom Boden; Stuttgart 1984.

RIECKEN, U., Planungsbezogene Bioindikation durch Tierarten und Tiergruppen. Grundlagen und Anwendung; in: Schrr. für Landschaftspflege und Naturschutz, H. 36 (1992).

RITTER, E.-H., Städteökologie; in: Hesse, J. (Hrsg.), Kommunalwissenschaften in der BRD; in: Schrr. zur kommunalen Wissenschaft und Praxis, Bd. 2 (1989), S. 447-481.

RÖSER, B., Grundlagen des Biotop- und Artenschutzes - Arten- und Biotopgefährdung, Gefährdungsursachen, Schutzstrategien, Rechtsinstrumente; Landsberg a. L. 1990.

SCHAEFER, M., Ökologie. Mit englisch-deutschem Register; UTB 430 (Wörterbücher der Biologie), Stuttgart [3]1992.

SCHALLER, J., Anwendung flächenbezogener Informationssysteme für aktuelle Fragen des Bodenschutzes; in: Mitt. Dt. Bodenkundl. Ges., 53, 1987, S. 61-67.

SCHALLER, J. und DANGERMOND, J., Geographische Informationssysteme als Hilfsmittel der ökologischen Forschung und Planung; in: Gesellschaft für Ökologie (Hrsg.), Verhandlungen Band 20/2 - Freising-Weihenstephan 1991, S. 651-662.

SCHALLER, J. und SPANDAU, L., MAB-Projekt 6: Der Einfluß des Menschen auf Hochgebirgsökosysteme - integrierte Auswertungsmethoden und Modelle für die Ökosystemforschung Berchtesgarden; in: Verhandl. der GFÖ Bd. XV, 1987, S. 35-47.

SCHEELE, B., Handlungsfelder des kommunalen Umweltschutzes: Strukturen, organisatorische Aspekte, medial kontra systemar; in: Du Bois, W. und Otto-Zimmermann, K., (Hrsg.), Umweltdaten in der kommunalen Praxis: Datenbeschaffung und Datenverarbeitung für Umweltplanung, Umweltüberwachung und UVP; kommunale Umweltinformationssysteme; Taunusstein 1992, S. 27-39.

SCHEMEL, H.-J. u. a., Handbuch zur Umweltbewertung: Konzept und Arbeitshilfe für die kommunale Umweltplanung und Umweltverträglichkeitsprüfung; in: Stadt Dortmund, Umweltamt (Hrsg.), Dortmunder Beiträge zur Umweltplanung; Dortmund 1990.

SCHEMEL, H.-J., Umweltverträgliche Freizeitanlagen - eine Anleitung zur Prüfung von Projekten des Ski-, Wasser- und Golfsports aus der Sicht der Umwelt; Bd. I: Analyse und Bewertung, in: UBA-Berichte 5/87, Berlin 1987.

SCHIRMER, H., Meteorologische Begriffsbestimmungen zur Regionalplanung; in: ARL-Arbeitsmaterial Nr. 133, Hannover 1988.

SCHLEE, D., Ökologische Biochemie; Jena [2]1992.

SCHMIDT, A., Ökologischer Umbau der Städte: Erhöhung der Umweltqualität muß in den Mittelpunkt der Planungen - Wünsche an das Baugesetzbuch und das Bundesnaturschutzgesetz; in: LÖLF-Mitteilungen, H. 2, 1987, S. 18-31.

SCHMIDT-RÄNTSCH, A. und J., Leitfaden zum Artenschutzrecht; Köln 1990.

SCHOLLES, F., Umweltqualitätsziele und -standards: Begriffsdefinition; in: UVP-Förderverein (Hrsg.), UVP-report 3/1990, S. 35-37.

SCHÖNWIESE, C.D., Klima im Wandel; Stuttgart 1990.

SCHREIBER, K.-F., Wuchsklimakarte des Ruhrgebietes und angrenzender Bereiche; in: Kommunalverband Ruhrgebiet (Hrsg.): Arbeitshefte Ruhrgebiet, A 033 (1985) (a).

SCHREIBER, K.-F., Was leistet die Landschaftsökologie für eine ökologische Planung?; in: Schrr. zur Orts-, Regional- und Landesplanung, ORL-Institut ETH-Zürich, 1985 (b), S. 7-28

SCHUBERT, R. (Hrsg.), Bioindikation in terrestrischen Ökosystemen; Halle [2]1991, (a).

SCHUBERT, R. (Hrsg.), Lehrbuch der Ökologie; Stuttgart [3]1991, (b).

SCHULTE, W. , Die Bedeutung von Industriebrachen im Rahmen von Stadtbiotopkartierungen - Ergebnisse einer bundesweiten Untersuchung; in: LÖLF-Mitteilungen H. 2, 1992, S. 13-19.

SCHULTE, W. u. a., Zur Biologie städtischer Böden - Beispielraum: Bonn-Bad Godesberg; in: Schrr. für Landschaftspflege und Naturschutz H. 33 (1990).

SCHULTE, W., SUKOPP, H. u. WERNER, P. (Hrsg.)., Flächendeckende Biotopkartierung im besiedelten Bereich als Grundlage einer am Naturschutz orientierten Planung. Programm für die Bestandsaufnahme, Gliederung und Bewertung des besiedelten Bereiches und dessen Randzonen, überarbeitete Fassung 1993; in: Natur und Landschaft 1993, 68. Jg., H. 10, S. 491-550.

SCHWECKENDIEK, L., SCHEMEL H.-J. und HOPPENSTEDT, A., Umweltqualitätsziele für die ökologische Planung - Vorstudie - Pilotvorhaben Landkreis Osnabrück; in: Texte 9/1992 des Umweltbundesamtes, Berlin 1992.

SPANDAU, L., Angewandte Ökosystemforschung im Nationalpark Berchtesgaden; in: Forschungsberichte Nr. 16 der Nationalparkverwaltung Berchtesgaden, Berchtesgaden 1988.

SRU (= Der Rat von Sachverständigen für Umweltfragen), Allgemeine ökologische Umweltbeobachtung - Sondergutachten; Wiesbaden 1990.

SRU (= Der Rat von Sachverständigen für Umweltfragen), Umweltgutachten 1987, Stuttgart 1987.

SRU (= Der Rat von Sachverständigen für Umweltfragen), Umweltprobleme der Landwirtschaft. Sondergutachten März 1985; Stuttgart 1985.

STADT DORTMUND, UMWELTAMT (Hrsg.), Umweltverträglichkeitsprüfung Dortmund, Beitrag für die Bauleitplanung; Dortmund/Hamburg 1987.

STEINEBACH, G., HERZ, S. und JACOB, A., Ökologie in der Stadt- und Dorfplanung. Ökologische Gesamtkonzepte als planerische Zukunftsvorsorge; in: Wollmann H. und Hellstern, G.-M. (Hrsg.); Stadtforschung aktuell, Bd. 40, Basel 1993.

STOCK, P., Synthetische Klimafunktionskarte Ruhrgebiet; KVR, Essen 1992.

STRAUSS, H., Zur Diskussion über Biotopverbundsysteme - Versuch einer kritischen Bestandsaufnahme; in: Natur und Landschaft 63 (1988), S. 374-378.

SUKOPP, H., Stadtökologie. Das Beispiel Berlin; Berlin 1990.

SUKOPP, H. und WITTIG, R. (Hrsg.), Stadtökologie; Stuttgart 1994.

SUKOPP, U. u. SUKOPP, H., Das Modell der Einführung und Einbürgerung nichteinheimischer Arten. Ein Beitrag zur Diskussion über die Freisetzung gentechnisch veränderter Kulturpflanzen; in: GAIA 2 (1993), S. 267-288.

SURBURG, U., Ausgewählte Literatur zu Umweltqualitätszielen, Umweltstandards und ökologischen Eckwerten; in: Texte 16/1992 des Umweltbundesamtes, Berlin 1992.

TISCHLER, W., Ökologie der Lebensräume. Meer, Binnengewässer, Naturlandschaften, Kulturlandschaft; Stuttgart 1990, UTB 1535.

TOBIAS, K., Theoretische Aspekte der ökologischen Forschung; in: Duhme, F., Lenz, R. und Spandau, L. (Hrsg.), 1992, S. 371-386.

TOBIAS, K., Konzeptionelle Grundlagen zur angewandten Ökosystemforschung; in: Beiträge zur Umweltgestaltung, Bd. A 128, Berlin 1991.

TOBIAS, K., Die hierarchische Systemmethode - Konzeptionelle Grundlagen für die angewandte Ökosystemforschung; Lehrstuhl für Landschaftsökologie der TU München/Weihenstephan, 1989.

TRENT (= Forschungsgruppe TRENT-Umwelt an der Universität Dortmund), Umweltschonende Bergbaunordwanderung, Dortmund 1985.

TREPL, L., Geschichte der Ökologie; Berlin 1987.

TROLLDENIER, G., Bodenbiologie. Die Bodenorganismen im Haushalt der Natur, Stuttgart 1971.

TURBA-JURCZYK, B., Geosystemforschung. Eine disziplingeschichtliche Studie zur Mensch-Umwelt-Forschung in der Geographie; in: Giessener Geographische Schriften Heft 67 (1990).

UBA (Umweltbundesamt/Hrsg.), Umweltprobenbank - Jahresbericht 1991; in: UBA-Texte 7/93, Berlin 1993.

UBA (Umweltbundesamt/Hrsg.), Daten zur Umwelt 1990/91, Berlin 1992.

UBA (Umweltbundesamt/Hrsg.), UMPLIS Statusbericht - Nr. 13; Berlin 1986.

UMWELTDEZERNAT DER STADT WIESBADEN (Hrsg.), Handlungsanweisungen zur Durchführung von Umweltverträglichkeitsprüfungen im Bebauungsplanverfahren, Abschlußbericht des Modellvorhabens "Umweltverträglichkeitsprüfung in der Stadt- und Dorfplanung, Fallstudie Wiesbaden, Mainzer Straße"; Forschungsvorhaben des Experimentellen Wohnungs- und Städtebaus des Bundesministers für Raumordnung, Bauwesen und Städtebau; in: Umweltbereich - Fachberichte Bd. 3, Wiesbaden 1993.

UVP-FÖRDERVEREIN (Hrsg.), UVP-Gütesicherung. Qualitätskriterien zur Durchführung von Umweltverträglichkeitsprüfungen; Dortmund 1992.

UVP-FÖRDERVEREIN (Hrsg.), UVP-report, Informationen zur Umweltverträglichkeitsprüfung, 4/1989, 3/1990 u. 4/1990.

VDI-KOMMISSION REINHALTUNG DER LUFT (Hrsg.), Stadtklima und Luftreinhaltung, ein wissenschaftliches Handbuch für die Praxis in der Umweltplanung; Berlin 1988.

VOERKELIUS, U. u. SPANDAU, L., Bodenschutz - Mögliche Anwendungen eines Bodeninformationssystems - Operationalisierung der Bodenfunktionen als Bilanzgrößen des Bodenschutzes am Beispiel eines ausgewählten Raumes; UBA-Texte 8/89, Berlin 1989, 154 S.

VOTSMEIER, T., Umweltqualitätsziele (UQZ). Umsetzung in kommunale Konzepte - Wiesbaden; in: UVP-report 3/1990, S. 75-78.

WALTER, H. und BRECKLE, S.-W., Ökologie der Erde. Bd. 1: Ökologische Grundlagen in globaler Sicht; UTB große Reihe, Stuttgart ²1991.

WBGU (= Wissenschaftlicher Beirat der Bundesregierung Globale Umweltveränderungen), Welt im Wandel: Grundstruktur globaler Mensch-Umwelt-Beziehungen, Jahresgutachten 1993, Bremerhaven.

WEIZSÄCKER, E. U. von, Erdpolitik. Ökologische Realpolitik an der Schwelle zum Jahrhundert der Umwelt; Darmstadt 1989.

WENDLING, W., Bioindikation in der räumlichen Planung; in: Raumforschung und Raumordnung 49. Jg. (1991) S. 1-6.

WICKE, L., Umweltökonomie. Eine praxisorientierte Einführung; München 1993, 4. Aufl.

WIGGERING, H. (Hrsg.), Steinkohlenbergbau. Steinkohle als Grundstoff, Energieträger und Umweltfaktor; Berlin 1993.

WITTIG, R., Ökologie der Großstadtflora. Flora und Vegetation der Städte des nordwestlichen Mitteleuropas; Stuttgart 1991, UTB-Nr. 1587.

WOHLRAB, B. u. a., Landschaftswasserhaushalt; Hamburg und Berlin 1992.

ZEPP, H., Zur Systematik landschaftsökologischer Prozeßgefüge-Typen und Ansätze ihrer Erfassung in der südlichen Niederrheinischen Bucht; in: Arb. z. Rhein. Landeskunde, Bd. 60, Bonn 1991 (a), S. 135-151.

ZEPP, H., Eine quantitative landschaftsökologisch begründete Klassifikation von Bodenfeuchteregime - Typen für Mitteleuropa; in: Erdkunde, 45 (1), 1991 (b), S. 1-16.

Register

DAS GEOGRAPHISCHE SEMINAR

Lothar Finke

Landschaftsökologie

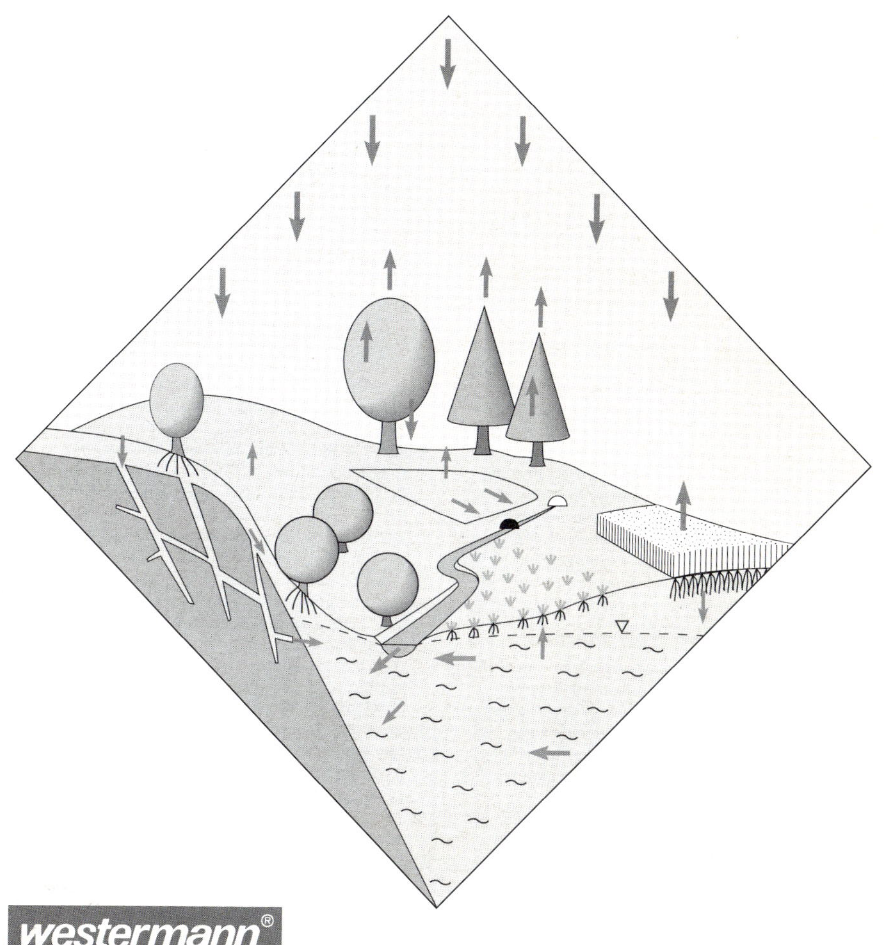

westermann®

8 Literatur

ARL Akademie für Raumforschung und Landesplanung Hannover
BDL Berichte zur deutschen Landeskunde
FDL Forschungen zur deutschen Landeskunde
FuS Forschungs- und Sitzungsberichte der Akademie für Raumforschung und Landesplanung, Hannover
GR Geographische Rundschau
GZ Geographische Zeitschrift
Jb. Jahrbuch
PGM Petermanns Geogr. Mitteilungen
Zschr. Zeitschrift

ADAM, K. und Grohé, T. (Hrsg.), Ökologie und Stadtplanung. Beispiele integrierter Planung; Köln 1984.

ADAM, K., NOHL, W. und VALENTIN, W., Bewertungsgrundlagen für Kompensationsmaßnahmen bei Eingriffen in die Landschaft; in: Minister für Umwelt, Raumordnung und Landwirtschaft des Landes Nordrhein-Westfalen (Hrsg.); Naturschutz und Landschaftspflege in Nordrhein-Westfalen, Düsseldorf 1986.

ALONSO, W., Bestmögliche Voraussagen mit unzulänglichen Daten; in: Stadtbauwelt 60 (1969), S. 30–34.

AMERICAN SOCIETY FOR PHOTOGRAMMETRY AND REMOTE SENSING, American Congress on Surveying and Mapping u. a. (Hrsg.), GIS/LIS Proceedings 92; 2 Bände; Bethesda/ Maryland (USA), 1993.

AMMER, U. u. a., Zum Stand der ökologischen Kartierung der EG; in: Forstwiss. Centralblatt, H. 1 (1979), S. 19 ff.

ARBEITSGEMEINSCHAFT SYSTEMANALYSE BADEN-WÜRTTEMBERG, Systemanalyse zur Landesentwicklung Baden-Württemberg; Stuttgart 1975.

ARBEITSGRUPPE FREIBURG, Untersuchung der klimatischen und lufthygienischen Verhältnisse der Stadt Freiburg i. Br.; Freiburg 1974.

ARBEITSGRUPPE UVP UND WIRTSCHAFT im UVP-Förderverein (Hrsg.), Umweltverträglichkeitsprüfung (UVP). Leitfaden für Unternehmer; Syke 1990.

ARBEITSKREIS STANDORTKARTIERUNG, Forstliche Standortsaufnahme; Münster ³1978.

ARBEITSKREIS ZUSTANDSERFASSUNG UND PLANUNG der Arbeitsgemeinschaft Forsteinrichtung, Leitfaden zur Kartierung der Schutz- und Erholungsfunktionen des Waldes (Waldfunktionskartierung); Frankfurt/M. 1974.

ARENS, H., Die Bodenkarte 1:5000 auf der Grundlage der Bodenschätzung, ihre Herstellung und ihre Verwendungsmöglichkeiten; in: Fortschritte in der Geologie von Rheinland und Westfalen. Bd. 8 (1960).

ARL (Hrsg.), Karten des Naturraumpotentials; in: ARL-Arbeitsmaterial, EV 168, 1990.

ARNDT, U, NOHL, W., SCHWEIZER, B., Bioindikatoren. Möglichkeiten, Grenzen und neue Erkenntnisse; Stuttgart ²1993.

ASHDOWN, M. und SCHALLER, J., Geographische Informationssysteme und ihre Anwendungen in MAB-Projekten, Ökosystemforschung und Umweltbeobachtung; in: MAB-Mitteilungen 34, Bonn 1990.

AUHAGEN, A. und H. SUKOPP, Ziel, Begründungen und Methoden des Naturschutzes im Rahmen der Stadtentwicklungspolitik von Berlin; in: Natur und Landschaft 58 (1983), S. 9–15.

AULIG, G. u. a., Wissenschaftliches Gutachten zu ökologischen Planungsgrundlagen im Verdichtungsraum Nürnberg-Fürth-Erlangen-Schwabach, 2 Bde.; München 1977.

BACHFISCHER, R., Die ökologische Risikoanalyse. Eine Methode zur Integration natürlicher Umweltfaktoren in die Raumplanung; Diss. Ing., TU München 1978.

BACHFISCHER, R. u. a., Die ökologische Risikoanalyse als regionalplanerisches Entscheidungsinstrument in der Industrieregion Mittelfranken; in: Landschaft + Stadt 9 (1977), S. 145–161.

BACHFISCHER, R. u. a., Problematik und Lösungsversuche im Rahmen der Regionalplanung; in: BUCHWALD/ENGELHARDT (Hrsg.), Bd. 3 (1980), S. 524–545.

BACHHUBER, R. u. a., Landschaftsökologische Modelluntersuchung Ingolstadt – Abschlußbericht; in: UBA-Texte 23/84, Berlin 1985.

BACKHAUS, D., Fließwasseralgen und ihre Verwendbarkeit als Bioindikatoren; in: Verh. Ges. Ökologie Bd. II (1974), S. 149–168.

BARLAG, A.-B., Planungsrelevante Klimaanalyse einer Industriestadt in Tallage – dargestellt am Beispiel der Stadt Stollberg (Rheinland); in: Essener Ökologische Schriften Bd. 1, 1993.

BARROW, H. H., Geography as Human Ecology; in: Ann. Ass. Amer. Geogr. XIII, 7 (1923).

BARSCH, H., Landschaft und Landschaftsnutzung – ihre Abbildung im Modell; in: Zschr. Erdkundeunterr. 23 (1971), S. 88–98.

BARSCH, H., Zur Kennzeichnung der Erdhülle und ihrer räumlichen Gliederung in der landschaftskundlichen Terminologie; in: PGM 119 (1975), S. 81–88.

BARSCH, H., BILLWITZ, K. und REUTER, B., Einführung in die Landschaftsökologie. Lehrmaterial zur Ausbildung von Diplomfachlehrern Geographie; o. O., 1988.

BARSCH, H. und SAUPE, G. (Hrsg.), Zur Integration landschaftsökologischer und sozioökologischer Daten in gebietliche Planungen; in: Potsdamer Geographische Forschungen Bd. 4, Potsdam 1993.

BARTELS, D., Zur wissenschaftstheoretischen Grundlegung einer Geographie des Menschen; in: GZ, Beihefte, 19 (1968), 225 S.

BASTIAN, O., Erfassung wertvoller Biotope in der Stadt Dresden; in: Landschaftsarchitektur 1990, 19(1), S. 21–24.

BASTIAN, O. und HAASE, G., Zur Kennzeichnung des biotischen Regulationspotentials im Rahmen von Landschaftsdiagnosen; in: Z. Ökologie u. Naturschutz 1 (1992), S. 23–34.

BAUER, H. J., Arbeiten zur angewandten Landschaftsökologie in der Landesanstalt für Ökologie, Landschaftsentwicklung und Forstplanung NW (LÖLF); in: Mitt. der LÖLF, SH 1980, S. 39–50.

BAUER, H. J. u. a., Die mathematisch-kybernetische Beschreibung von Ökosystemen; in: Landschaft + Stadt 2 (1973), S. 75–88.

BECHMANN, A., Die Bedeutung ökologischer Bewertungsverfahren für die Landschaftsplanung, Habil-Vortrag 18. 5. 1977, Hannover, Mskr. (zitiert nach F. BIERHALS 1980).

BECHMANN, A., Nutzwertanalyse, Bewertungstheorie und Planung; in: Beiträge zur Wirtschaftspolitik Bd. 29; Bonn 1978.

BECK, L., Zur Bodenbiologie des Laubwaldes; in: Verh. Dtsch. Zool. Ges. 1983, S. 37–54.

BECKER, F., Bioklimatische Reizstufen für eine Raumbeurteilung zur Erholung; in: FuS 76 (1972), S. 35–61.

BECKER-PLATEN, J. D. und LÜTTIG, G., Naturraumpotentialkarten als Unterlagen für Raumordnung und Landesplanung; in: ARL, Arbeitsmaterial Nr. 27; Hannover 1980.

BEIRAT FÜR RAUMORDNUNG, Selbstverantwortete regionale Entwicklung im Rahmen der Raumordnung; Empfehlung vom 18. 3. 1983.

BEZZEL, E., Vögel als Bewertungskriterien für Schutzgebiete – einige einfache Beispiele aus der Planungspraxis; in: Natur und Landschaft 51 (1976), S. 73–78.

BEZZEL, E. und RANFTL, H., Vogelwelt und Landschaftsplanung; in: Tier und Umwelt, H. F. 11/12 (1974), 92 S.

BERNHARDT, A., Naturräumliche Differenzierung der Sächsischen Schweiz; in: Berichte des Arbeitskreises Sächsische Schweiz in der geographischen Gesellschaft der DDR, Bd. VI, Pirna 1988, S. 63–92.

BERNHARDT, A. u. a., Naturräume der Sächsischen Bezirke; in: Sächs. Heimatblätter 32 (1986), Hefte 4 und 5, Sonderdruck.

BFANL (Bundesforschungsanstalt für Naturschutz und Landschaftsökologie), Geoökologischer Bewertungsansatz für einen Vergleich von zwei Autobahntrassen; in: Schr. für Landschaftspfl. und Naturschutz, H. 16 (1977), S. 1–202.

BFANL (Bundesforschungsanstalt für Naturschutz und Landschaftsökologie/Hrsg.), Rote Listen von Pflanzengesellschaften, Biotopen und Arten, in: Schrr. für Vegetationskunde, H. 18 (1986).

BICK, H., Stoffhaushalt und Organismenbesiedlung in belasteten Gewässern; in: Verh. Dtsch. Zool. Ges. 1980, S. 38–47.

BICK, H., Grundbegriffe der Ökologie; in: Funkkolleg „Mensch und Umwelt“, Studienbegleitbrief 0; Weinheim 1981 (a), S. 56–64.

BICK, H., Wasser; in: BICK, H. u. a.; Weinheim 1981 (b).

BICK, H., Landbau; in: BICK, H. u. a.; Weinheim 1982, 134 S.

BICK, H., Ökologie, Stuttgart 1989.

BICK, H. und NEUMANN, D. (Hrsg.), Bioindikatoren. Ergebnisse des Symposiums: Tiere als Indikatoren für Umweltbelastungen; in: Decheniana, Beiheft 26 (1982).

BICK, H. u. a., Funkkolleg „Mensch und Umwelt“, Studienbegleitbriefe 0–13; Weinheim 1981/1982.

BICK, H. u. a., Angewandte Ökologie – Mensch und Umwelt. Bd. I: Einführung, räumliche Strukturen, Wasser, Lärm, Luft, Abfall; Bd. II: Landbau, Energie, Naturschutz und Landschaftspflege, Umwelt und Gesellschaft, 1984.

BIERHALS, E., Gedanken zur Weiterentwicklung der Landespflege; in: Natur und Landschaft 47 (1972), S. 281–285.

BIERHALS, E., Ökologischer Datenbedarf für die Landschaftsplanung; in: Landschaft + Stadt 10 (1978), S. 30–36.

BIERHALS, E., Ökologische Raumgliederungen für die Landschaftsplanung; in: BUCHWALD/ENGELHARDT (Hrsg.), Bd. 3; München 1980, S. 80–104.

BIERHALS, E., Die falschen Argumente? – Naturschutz – Argumente und Naturbeziehung; in: Landschaft + Stadt 16 (1984), S. 117–126.

BIERHALS, E., KIEMSTEDT, H. und SCHARPF, H., Aufgaben und Instrumentarium ökologischer Landschaftsplanung; in: Raumforschung und Raumordnung 32 (1974), S. 76–88.

BIERHALS, E., KIEMSTEDT, H. und PANTELEIT, S., Gutachten zur Erarbeitung der Grundlagen des Landschaftsplans in Nordrhein-Westfalen – entwickelt am Beispiel „Dorstener Ebene“; in: MURL (Hrsg.), Naturschutz und Landschaftspflege in Nordrhein-Westfalen; Düsseldorf 1986.

BILL, R. und FRITSCH, D., Grundlagen der Geo-Informationssysteme; 2 Bände, Karlsruhe 1991.

BLAB, J., Grundlagen für ein Fledermaus-Hilfsprogramm; in: Themen der Zeit 5; Greven 1980.

BLAB, J., Ziele, Methoden und Modelle einer planungsbezogenen Aufbereitung tierökologischer Fachdaten; in: Landschaft + Stadt 16 (1984), S. 172–181.

BLAB, J., Grundlagen des Biotopschutzes für Tiere; in: Schrr. Landschaftspflege und Naturschutz 24 (^{2}1986).

Literatur

BLAB, J., Bioindikation und Naturschutzplanung. Theoretische Anwendungen zu einem komplexen Thema; in: Natur und Landschaft 63 (1988), S. 147–149.

BLAB, J. u. a. (Hrsg.), Rote Liste der gefährdeten Tiere und Pflanzen in der Bundesrepublik Deutschland; in: Schr. „Naturschutz aktuell", Nr. 1; Greven 1984.

BLAB, J. und NOWAK, E. (Hrsg.), 10 Jahre Rote Liste gefährdeter Tierarten in der Bundesrepublik Deutschland – Situation, Erhaltungszustand, neuere Entwicklungen; Greven 1989.

BLAK-UIS (Bund-Länder-Arbeitskreis Umweltinformationssystem), Statusbericht zur Thematik Raumbezogene Umweltinformationssysteme – Übersicht über Umweltanwendungen von Geoinformationssystemen; Berlin 1992.

BLANA, H., Die Bedeutung der Landschaftsstruktur für die Vogelwelt – Modell einer ornithologischen Landschaftsbewertung; in: Beitr. Avif. Rheinland H. 12 (1978), 225 S.

BLANA, H., Bioökologischer Grundlagen- und Bewertungskatalog für die Stadt Dortmund. Eine Entscheidungsgrundlage bei Planungsvorhaben für Politiker, Verwaltung und interessierte Bürger.
Teil I: Methodik der Datenerfassung und Landschaftsbewertung; allgemeine Bewertungsgrundlagen für das gesamte Stadtgebiet, 141 S., 1 Karte, 16 Abb.; Dortmund 1984.
Teil II: Spezielle ökologische Grundlagen für das Landschaftsplangebiet „DO-Nord" (Stadtbezirke Mengede, Eving, Scharnhorst). 387 S., 3 Karten, 4 Abb.; Dortmund 1984.

BLANA, H. und BLANA, E., Die Lebensräume unserer Vogelwelt, Biotopschlüssel für die Hand des Ornithologen; in: Beitr. Avif. Rheinland Bd. 2 (1974).

BMBAU (Bundesminister für Raumordnung, Bauwesen und Städtebau), Raumordnungspolitischer Orientierungsrahmen; Bonn 1993 (a).

BMBAU (Bundesminister für Raumordnung, Bauwesen und Städtebau/Hrsg.), Zukunft Stadt 2000. Bericht der Kommission Zukunft Stadt 2000, Bonn 1993 (b).

BMBAU (Bundesminister für Raumordnung, Bauwesen und Städtebau/Hrsg.), Baulandbericht 1993, Bonn 1993 (c).

BMI (Bundesminister des Innern/Hrsg.), Bodenschutzkonzeption der Bundesregierung; BT-Drs. 10/1977 vom 07. 3. 1985, Stuttgart 1985.

BMU (Bundesminister für Umwelt, Naturschutz und Reaktorsicherheit/Hrsg.), Umweltbericht 1990, in: Bundesanzeiger vom 07.08.1990, Nr. 145a.

BMU (Bundesminister für Umwelt, Naturschutz und Reaktorsicherheit/Hrsg.), Umweltschutz in Deutschland, Nationalbericht der Bundesrepublik Deutschland für die Konferenz der Vereinten Nationen über Umwelt und Entwicklung in Brasilien im Juni 1992; Bonn 1992.

BOBEK, H. und SCHMITHÜSEN, J., Die Landschaft im logischen System der Geographie; in: Erdkunde 3 (1949), S. 112–120.

BOUSTEDT, D. und RANZ, H., Regionale Struktur- und Wirtschaftsforschung – Aufgaben und Methoden; in: Veröff. d. ARL Bd. 33; Bremen-Horn 1957.

BRAUN, R.-R., Umweltverträglichkeitsprüfung – UVP in der Bauleitplanung. Ein praxisorientierter Verfahrensansatz zur integrierten Umweltplanung; Köln 1987.

BRAUN, R.-R. und KAERKES, W.M., Bibliographie zur Stadtökologie und ökologischen Stadtplanung; in: Materialien zur Raumordnung, Geographisches Institut Ruhr-Universität Bochum, Bd. 31 (1985).

BUCHWALD, K., Aufgabenstellung ökologisch-gestalterischer Planungen im Rahmen umfassender Umweltplanung; in: BUCHWALD/ENGELHARDT (Hrsg.), Bd. 3; München 1980 (a), S. 1–26.

BUCHWALD, K., Landschaftsplanung als ökologisch-gestalterische Planung – Ziele, Ablauf, Integration; in: BUCHWALD/ENGELHARDT (Hrsg.), Bd. 3; München 1980 (b), S. 26–59.

BUCHWALD, K., Nordsee. Ein Lebensraum ohne Zukunft?; Göttingen 1990.

BUCHWALD, K., Vorwort zu Band 1, in: W. HABER 1993.

BUCHWALD, K. und ENGELHARDT, W. (Hrsg.), Handbuch für Planung, Gestaltung und Schutz der Umwelt, 4 Bde.; München 1978–1980.
Bd. 1: Die Umwelt des Menschen, 1978, 288 S.
Bd. 2: Die Belastung der Umwelt, 1978, 432 S.
Bd. 3: Die Bewertung und Planung der Umwelt, 1980, 754 S.
Bd. 4: Umweltpolitik, 1980, 233 S.

BUDDE, B., Umweltverträglichkeitsprüfung von Deponiestandorten mit vereinfachten ökologisch orientierten Bewertungsmethoden; in: Müll und Abfall 4/1981, S. 93–110.

BUNDESTAGS-DRUCKSACHE VI/2710, Umweltprogramm der Bundesregierung; Bonn [3]1973.

BURGHARDT, W., Bodenökologie; in: Kuttler, W. (Hrsg.), Handbuch zur Ökologie; Berlin 1993, S. 92–98.

BURRICHTER, E., Vegetationsbereicherung und Vegetationsverarmung unter dem Einfluß des prähistorischen und historischen Menschen; in: Natur und Heimat 37, H. 2 (1977).

BUSCH-LÜTY, C., DÜRR, H.P. und LANGER, H. (Hrsg.), Die Zukunft der Ökonomie: Nachhaltiges Wirtschaften; in: Politische Ökologie, Sonderheft 1, 1990.

BUSCH-LÜTY, C , DÜRR, H.P. und LANGER, H. (Hrsg.), Ökologisch nachhaltige Entwicklung von Regionen, Beiträge, Reflektionen und Nachträge, Tuttsinger Tagung 1992: „sustainable development – aber wie?"; in: Politische Ökologie, Sonderheft 4, 1992.

CAROL, H., Grundsätzliches zum Landschaftsbegriff; in: PGM 101 (1957), S. 93–97.

CHORLEY, R. und KENNEDY, B. A., Physical Geography – a systems approach; London 1971.

COX, G. W. und ATKINS, M. D., Agricultural Ecology. An analysis of world food production systems; San Francisco 1979.

CZAJKA, W., Aufnahme der naturräumlichen Gliederung; in: Methodisches Handbuch für Heimatforschung in Niedersachsen Bd. I; Hildesheim 1965, S. 182–195.

CZINKIPLAN, Umweltverträglichkeitsprüfung zum Generalverkehrsplan des Kreises Unna; in: Generalverkehrsplan Kreis Unna, Dorsch Consult Wiesbaden und Czinkiplan Essen; Unna 1979.

DAHL, J., Verteidigung des Federgeistchens. Über Ökologie und Ökologie hinaus; in: Bauwelt 74 (1983), S. 228–266; auch in: Scheidewege 12. Jg., H. 2/1982 und Natur H. 12/82 und 1/83.

DANIELS, C. von und LÜTTIG, W., Geowissenschaftliche Karten des Naturraumpotentials als Unterlagen für Raumordnung und Landesplanung; Graz 1982.

DARMER, G., Landschaft und Tagebau. Ökologische Leitbilder für die Rekultivierung; Hannover ²1976.

DAUVELLIER, P. L., Summary General Ecological Model (Part 3 of the series, „General Physical Planning Outline"); Den Haag 1977, Minister für Wohnungswesen und Raumplanung – Study reports, National Physical Planning Agency Nr. 5.3 b.

DENGLER, A., Waldbau auf ökologischer Grundlage; bearb. von BONNEMANN und RÖHRIG; Hamburg ⁴1971.

DEPENBROCK, J., Raumverträglichkeitsprüfung im Raumordnungsverfahren und/oder im Rahmen von Planänderungen; in: Informationen zur Raumentwicklung H. 2/3 (1979), S. 83–86.

DER BUNDESMINISTER DES INNERN (Hrsg.), Bodenschutzkonzeption der Bundesregierung, Entwurf, Stand: 20.08. 1984; Bonn 1984.

DER SENATOR FÜR STADTENTWICKLUNG UND UMWELTSCHUTZ BERLIN (Hrsg.), Umweltatlas Berlin; 2 Bde., Berlin 1987.

DESANTO, R. S., Concepts of applied ecology; Berlin 1978.

DEUTSCHER BUNDESTAG (Hrsg.), Raumordnungsbericht 1982; Bundestags-Drucksache 10/210 vom 22.06. 1983.

DEUTSCHER BUNDESTAG (Hrsg.), Schutz der Erde, eine Bestandsaufnahme mit Vorschlägen zu einer neuen Energiepolitik. Dritter Bericht der Enquête-Kommission des 11. Deutschen Bundestages „Vorsorge zum Schutz der Erdatmosphäre"; in: Zur Sache – Themen parlamentarischer Beratung 19/90, 2 Bde., Bonn 1990.

DEUTSCHES NATIONALKOMITEE MAB, Mögliche Auswirkungen der geplanten Olympischen Winterspiele 1992 auf das Regionale System Berchtesgaden. Ökosystemforschung Berchtesgaden; in: MAB-Mitteilungen 22, Bonn 1986.

DIERSCHKE, H., Die naturräumliche Gliederung der Verdener Geest. Landschaftsökologische Untersuchungen im nordwestdeutschen Altmoränengebiet; in: FDL Bd. 177 (1969), 113 S.

DIERSSEN, K., Einführung in die Pflanzensoziologie (Vegetationskunde); Darmstadt 1990.

DIFU (= Deutsches Institut für Urbanistik), Kommunale Umweltinformationssysteme – zum Entwicklungs- und Erfahrungsstand; Berlin 1990.

DOMRÖS, M., Luftverunreinigung und Stadtklima im Rheinisch-Westfälischen Industriegebiet und ihre Auswirkungen auf den Flechtenbewuchs der Bäume; in: Arb. z. Rhein. Landeskunde 23 (1966), 132 S.

DRACHENFELS, O. von und MEY, H., Kartieranleitung zur Erfassung der für den Naturschutz wertvollen Bereiche in Niedersachsen; 3. Fassung, Niedersächsisches Landesverwaltungsamt – Fachbehörde für Naturschutz; Hannover 1991.

DU BOIS, W. und OTTO-ZIMMERMANN, K. (Hrsg.), Umweltdaten in der kommunalen Praxis: Datenbeschaffung und Datenverarbeitung für Umweltplanung, Umweltüberwachung und UVP; kommunale Umweltinformationssysteme; Taunusstein 1992.

DUHME, F., LENZ, R. und SPANDAU, L. (Hrsg.), 25 Jahre Lehrstuhl für Landschaftsökologie in Weihenstephan mit Prof. Dr. Dr. hc. Haber. Festschrift mit Beiträgen ehemaliger und derzeitiger Mitarbeiter; Weihenstephan 1992.

DUNCAN, O. D., Soziale Organisation und das Ökosystem (Social Organization and the Ecosystem); in: W. BERNSDORF und G. KNOSPE (Hrsg.); Intern. Soziol. Lex. Bd. 2; Stuttgart ²1984, S. 197–198.

DUNGER, W. und FIEDLER, H. J., Methoden der Bodenbiologie, Jena ²1994.

DURWEN, K.-J., Zum Informationsbedarf in der Landschaftsplanung; in: Natur und Landschaft 66 (2), 1991, S. 104–106.

DURWEN, K.-J. u. a., Ansätze zur Formulierung und Aufbereitung ökologischer Determinanten für die räumliche Planung; in: Landschaft + Stadt 10 (1978), S. 97–107.

DUTTMANN, R., Prozeßorientierte Landschaftsanalyse mit dem geoökologischen Informationssystem GOEKIS; in: Geosynthesis H. 4, Hannover 1993.

DUTTMANN, R., FRANKE, M. und STELZER, R., Die „digitale geoökologische Karte" als Grundlage für prozeßorientierte Landschaftsbewertungen – Das geoökologische Informationssystem: Konzeption, Anwendungen und Möglichkeiten der Integration zeitdynamischer Modelle; in: Salzburger geographische Materialien, H. 20, Salzburg 1993, S. 255–266.

Literatur

DUVIGNEAUD, P., L'écosystème Bruxelles; in: L'écosystème urbain. Coll. Int. L'Agglomeration de Bruxelles, 1974, p. 45–57 Commission Française de la Culture; Brüssel 1975.

EBERLE, D. u. a., Umweltverträglichkeitsprüfung für Regionalpläne?; in: ARL-Arbeitsmaterial, Bd. 188, Hannover 1992.

EBERLEI, G. und GEISLER, E., Zur Umweltverträglichkeitsprüfung bei geplanten Gebäudekomplexen; in: Landschaft + Stadt 15 (1983), S. 16–33.

EHRLICH, P. R., EHRLICH, A. H. und HOLDREN, J. P., Humanökologie – übersetzt von H. REMMERT; Heidelberger Taschenbücher Bd. 168 (1975), engl. Originalausgabe: Human Ecology; San Francisco 1973.

EINSELE, G. (Hrsg.), Das landschaftsökologische Forschungsprojekt Naturpark Schönbuch – Wasser- und Stoffhaushalt, bio-, geo- und forstwirtschaftliche Studien in Südwest-Deutschland, DFG-Bericht, Weinheim 1986.

ELLENBERG, H., Ziele und Stand der Ökosystemforschung; in: ELLENBERG, H. (Hrsg.), Ökosystemforschung; Berlin 1973 (a), S. 1–31.

ELLENBERG, H., Die Ökosysteme der Erde. Versuch einer Klassifikation der Ökosysteme nach funktionalen Gesichtspunkten; in: ELLENBERG, H. (Hrsg.), Ökosystemforschung; Berlin 1973 (b), S. 235–265.

ELLENBERG, H., Stickstoff als Standortfaktor, insbesondere für mitteleuropäische Pflanzengesellschaften; in: Oecol. Plant. 12 (1977), S. 1–22.

ELLENBERG, H., Zeigerwerte der Gefäßpflanzen Mitteleuropas; in: Scripta Geobotanica 9 ([2]1979), 122 S.

ELLENBERG, H., Vegetation Mitteleuropas mit den Alpen in ökologischer Sicht; Stuttgart [3]1982, 989 S.

ELLENBERG, H., FRÄNZLE, O. und MÜLLER, P., Ökosystemforschung im Hinblick auf Umweltpolitik und Entwicklungsplanung; BMI, Bonn 1978.

ELLENBERG, H., MAYER, R. und SCHAUERMANN, J. (Hrsg.), Ökosystemforschung – Ergebnisse des Solling-Projekts 1966–1986; Stuttgart 1986.

ERDELEN, M., Der Brutbestand terristischer Vogelarten als Indikator von Umweltbelastungen; in: Decheniana 26 (1982), S. 186–192.

ERDMANN, K.-H. und NAUBER, J., Der deutsche Beitrag zum UNESCO-Programm „Der Mensch und die Biosphäre" (MAB) im Zeitraum Juli 1990 bis Juni 1992; Bonn 1993.

ERIKSEN, W., Probleme der Stadt- und Geländeklimatologie; in: Erträge der Forschung Bd. 35; Darmstadt 1975.

ERIKSEN, W., Klimatologisch-ökologische Aspekte der Umweltbelastung Hannovers – Stadtklima und Luftverunreinigung; in: Jb. f. 1978 d. Geogr. Ges. zu Hannover, 1978, S. 251–273.

ERZ, W., Probleme der Integration des Naturschutzgesetzes in ein Landnutzungsprogramm; in: TUB 2, Zschr. d. TU-Berlin 10 (1978), S. 11–19.

ERZ, W., Flächensicherung für den Artenschutz – Grundbegriffe und Einführung; in: Jb. Natursch. Landschaftspfl. 31 (1981), S. 7–20.

ERZ, W., Artenschutz im Wandel; in: Umschau 83 (1983), S. 695–700.

ERZ, W., Ökologie oder Naturschutz?; in: Ber. ANL 10 (1986), S. 11–17.

FEZER, F., Zum Klima des Rhein-Neckar-Raumes; in: Schr. Dt. Rat für Landespflege H. 37 (1981), S. 618–622.

FEZER, F. und SEITZ, R. (Hrsg.), Klimatologische Untersuchungen im Rhein-Neckar-Raum; in: Heidelberger Geogr. Arb. H. 47 (1977), 243 S.

FIEDLER, H. J., Bodennutzung und Bodenschutz; Stuttgart 1990.

FIEDLER, H. J. und BRÖSSLER, H. J., Spurenelemente in der Umwelt; Stuttgart [2]1993.

FINKE, L., Die Verwertbarkeit der Bodenschätzungsergebnisse für die Landschaftsökologie, Bochumer Geogr. Arb. 10 (1971), 84 S.

FINKE, L., Die Bedeutung des Faktors Humusform für die landschaftsökologische Kartierung; in: Biogeographica 1 (1972), S. 183–191.

FINKE, L., Landschaftsökologische Stellungnahme zur Auskiesung im Bereich der Niederterrasse zwischen Siegmündung und Porz; in: Beiträge zur Landesentwicklung Bd. 31; Köln 1974 (a), 33 S.

FINKE, L., Landschaftsökologisches Gutachten für das Siegmündungsgebiet; in: Beiträge zur Landesentwicklung Bd. 32; Köln 1974 (b), 26 S.

FINKE, L., Zum Problem einer planungsorientierten ökologischen Raumgliederung; in: Natur und Landschaft 49 (1974) (c), S. 291–293.

FINKE, L., Landschaftsökologie – was sie ist, was sie will, was sie kann; in: Umschau 78 (1978) (a), S. 563–571.

FINKE, L., Der ökologische Ausgleichsraum – plakatives Schlagwort oder realistisches Planungskonzept? in: Landschaft + Stadt 10 (1978) (b), S. 114–119.

FINKE, L., Ökologie und Umweltprobleme; in: GR 32 (1980) (a), S. 188–194.

FINKE, L., Anforderungen aus der Planungspraxis an ein geomorphologisches Kartenwerk; in: Berliner Geogr. Abh. 31 (1980) (b), S. 75–81.

FINKE, L., Zur Aufgabe, Zielsetzung und Stellung der Freiraumplanung im Rahmen der räumlichen Planung; in: Materialien zur Angewandten Geographie 6 (1982), S. 9–15.

FINKE, L., Umweltpotential als Entwicklungsfaktor der Region; in: Inf. zur Raumentwicklung H. 1/2 (1984) (a), S. 33–42.

FINKE, L., Landschaftsökologie und räumliche Planung; in: Verh. d. 44. Dt. Geographentages Bd. 44 (1984) (b); Stuttgart, S. 123–132.

FINKE, L., Umweltgüte in der Regionalplanung – dargestellt am Beispiel der Nordwanderung des Steinkohlenbergbaus; in: FuS Bd. 179 (1988), S. 13–33.

FINKE, L., Ökologische Planung – Nur ein modernes Schlagwort oder eine qualitativ neue Planung?; in: Verhandl. GfÖ, Bd. XVIII (1989), S. 581–587

FINKE, L., Über die Entwicklung der Landschaftsökologie; in: Duhme, F., Lenz, R. und Spandau, L. (Hrsg.), 1992, S. 29–40.

FINKE, L., Stadtentwicklung unter ökologisch veränderten Rahmenbedingungen; in: Wüstenrot Stiftung Deutscher Eigenheimverein e.V. (Hrsg.); Zukunft Stadt 2000; Ludwigsburg 1993 (a), S. 317–381.

FINKE, L., Ökologische Wirkungsanalyse; in: Wiggering, H. (Hrsg.), Steinkohlenbergbau. Steinkohle als Grundstoff, Energieträger und Umweltfaktor; Berlin 1993 (b), S. 240–250.

FINKE, L., Zielsetzung und Zweck der Umweltverträglichkeitsprüfung aus der Sicht der Naturschutzverbände; in: Kleinschmidt, V. (Hrsg.); UVP-Leitfaden für Behörden, Gutachter und Beteiligte – Grundlagen, Verfahren und Vollzug der Umweltverträglichkeitsprüfung; Dortmund 1993 (c), S. 53–56.

FINKE, L., „sustainable development" – Zur Rettung der Welt; in: Natur- und Landschaftskunde 29 (1993) (d), S. 73–79.

FINKE, L. und MARKS, R., Die ökologische Raumgliederung als Grundlage der Landschaftsplanung; in: Verh. Ges. f. Ökologie Bd. VII (1979), S. 101–112.

FINKE, L. u. a., Umweltgüteplanung im Rahmen der Stadt- und Stadtentwicklungsplanung; in: ARL-Arbeitsmaterial Nr. 51 (1981), 200 S.

FINKE, L. u. a., Berücksichtigung ökologischer Belange in der Regionalplanung in der Bundesrepublik Deutschland; in: Beiträge der ARL, Bd. 124, 1993.

FLEMMING, G., Klima-Umwelt-Mensch; Stuttgart [2]1990.

FOLK, M. M., A review of environmental impact assessment. Methodologies in the United States; in: Ber. z. Orts-, Regional- und Landschaftsplanung Nr. 42 (1982), ORL-Institut ETH Zürich.

FORRESTER, J. W., Der teuflische Regelkreis; Stuttgart 1972; amerik. Originalausgabe: World Dynamics; Cambridge/Mass.

FORTESCUE, J. A. C., Environmental Geochemistry; Heidelberg 1980.

FRÄNZLE, O., Klimatische Schwellenwerte der Bodenbildung in Europa und den USA; in: Die Erde 96 (1965), S. 86–104.

FRÄNZLE, O., Die Struktur und Belastbarkeit von Ökosystemen; in: Dt. Geographentag Mainz 1977, Tagungsberichte und wiss. Abhandlungen 41 (1978), S. 485–496.

FRÄNZLE, O., Zukunftsorientierte Umweltforschung im Rahmen des Deutschen MAB-Programms; in: Verhandl. der GFÖ, Bd. XIX/III (1991), S. 545–562.

FRÄNZLE, O. u. a., Darstellung der Vorhersagemöglichkeiten der Bodenbelastung durch Umweltchemikalien; in: Schrr. „Texte" des UBA Bd. 34, Berlin 1989.

FRÄNZLE, O. u. a., Probleme und Aufgaben der Ökosystemmodellierung; in: Verhandl. d. Dt. Geographentages Bd. 48 – Basel 1991, Stuttgart 1993; S. 243–265.

FRAHLING, H., Die Physiotope der Lahntalung bei Laasphe; in: Westf. Geogr. Studien H. 5; Münster 1950.

FRIEDRICHS, K., Ökologie als Wissenschaft von der Natur oder ökologische Raumforschung; in: Bios VII (1937), 108 S.

FÜRST, D. u. a., Umweltqualitätsziele für die ökologische Planung; in: UBA-Texte 34/92, Berlin 1992.

FUKAREK, F., Über die Gefährdung der Flora der Nordbezirke der DDR; in: Phytocoenologia 7 (1980).

GANSSEN, R., Bodengeographie mit besonderer Berücksichtigung der Böden Mitteleuropas; Stuttgart 1972, 325 S.

GEIGER, R., Das Klima der bodennahen Luftschicht. Ein Lehrbuch der Mikroklimatologie; Wissenschaft Bd.78; Braunschweig [4]1961, 646 S.

GELFORT, P. u. a., Ökologie in den Städten. Erfahrungen aus Neubau und Modernisierung; in: Wollmann, H. u. G.-M. Hellstern (Hrsg.): Stadtforschung aktuell; Bd. 39, Basel 1993.

GENSSLER, H., Forstplanung und ihre ökologischen Grundlagen; in: ARL-Arbeitsmaterial Nr. 46 (1981), S. 26–72.

GENSSLER, H., Jeder dritte Baum im Lande zeigt Krankheitssymptome; in: LÖLF-Mitteilungen 44 (1983) (a), S. 4–14.

GENSSLER, H., Viele Theorien über die Ursachen des Waldsterbens; in: LÖLF-Mitteilungen H. 4 (1983) (b), S. 38–41.

GIGON, A., Ökosysteme, Gleichgewichte und Störungen; in: H. LEIBUNGUT (Hrsg.); Landschaftsschutz und Umweltpflege; Frauenfeld 1974, S. 16–39.

GILBERT, O. L., Re-Ecology of Urban Habitats, London 1989.

GISI, U. u. a., Bodenökologie; Stuttgart 1990.

GLAWION, R., Geoökologische Kartierung und Bewertung; in: Die Geowissenschaften, Jg. 6, Nr. 10, S. 287–295.

GOERKE, W. und ERDMANN, K.-H., Der deutsche Beitrag zum MAB-Programm; in: GR 43, (1991), S. 207–210.

GOODLAND, R. u. a. (Hrsg.), Nach dem Brundtland-Bericht: Umweltverträgliche Wirtschaftsentwicklung; Bonn 1992.

Literatur

GOSSMANN, H., Die Nutzung Geographischer Informationssysteme in der Angewandten Klimatologie; in: GIS 1991, 4(3), S. 3–7.

GRAF, D., Naturpotentiale und Naturressourcen – Bemerkungen aus ökonomischer Sicht; in: PGM 114 (1980), S. 53–57.

GROSSMANN, W. u. a., „Zeitkarten": Eine neue Methodik zum Test von Hypothesen und Gegenmaßnahmen bei Waldschäden; in: MAB-Mitt. 18 (1984), S. 118–142.

GRÜNREICH, D., Aufbau von Geoinformationssystemen im Umweltschutz mit Hilfe von ATKIS; in: Günther, O. und Schulz, K.-P. (Hrsg.), Umweltanwendungen geographischer Informationssysteme; Karlsruhe 1992, S. 3–14.

GRUPPE ÖKOLOGIE UND PLANUNG, Umweltverträglichkeitsstudie L 486/L 491 Südumgehung Kevelaer; in: Straße – Landschaft – Umwelt H. 2, Schr. d. Straßenbauabteilung Landschaftsverband Rheinland; Köln 1980.

GUDERIAN, R., Air pollution; in: Ecological studies, Vol. 22; Berlin 1977.

GÜNTHER, O. und SCHULZ, K.-P. (Hrsg.), Umweltanwendungen geographischer Informationssysteme; Karlsruhe 1992.

HAASE, G., Landschaftsökologische Detailuntersuchung und naturräumliche Gliederung; in: PGM 108 (1964), S. 8–30.

HAASE, G., Zur Methodik großmaßstäbiger landschaftsökologischer und naturräumlicher Erkundung; in: Wiss. Abh. d. Geogr. Ges. DDR, 5 (1967), S. 35–128.

HAASE, G., Inhalt und Methodik einer umfassenden landwirtschaftlichen Standortkartierung auf der Grundlage landschaftsökologischer Erkundung; in: Wiss. Veröff. Dt. Inst. für Länderkunde, N. F. 25/26 (1968) (a), S. 309–349.

HAASE, G., Pedon und Pedotop – Bemerkungen zu Grundfragen der regionalen Bodengeographie; in: Neef-Festschr./Landschaftsforschung = PGM Erg.-H. 27 (1968) (b), S. 57–76.

HAASE, G., Zur Ausgliederung von Raumeinheiten der chorischen und der regionalen Dimension – dargestellt an Beispielen aus der Bodengeographie; in: PGM 117 (1973), S. 81–90.

HAASE, G., Zur Bestimmung und Erkundung von Naturraumpotentialen; in: Geogr. Ges. DDR, Mitteilungsbl. 13 (1976), S. 5–8.

HAASE, G., Zur Ableitung und Kennzeichnung von Naturraumpotentialen; in: PGM 112 (1978), S. 113–126.

HAASE, G., Entwicklungstendenzen in der geotopologischen und geochorologischen Naturraumerkundung; in: PGM 113 (1979), S. 7–18.

HAASE, G. (Hrsg.), Naturraumerkundung und Landnutzung. Geoökologische Verfahren zur Analyse, Kartierung und Bewertung von Naturräumen; in: Beiträge zur Geographie Bde. 34/1 und 34/2, IGG Leipzig 1991.

HAASE, G. und RICHTER, H., Current trends in landscape research; in: Geojournal Vol. 7.2 (1983), S. 107–119.

HAASE, G. und SCHMIDT, R., Die Struktur der Bodendecke und ihre Kennzeichnung; in: Albrecht-Thaer-Archiv, 14 Bd. 5 (1970), S. 399–412.

HAASE, G. und SCHMIDT, R., „Bodenregionen in der DDR"; in: Arch. Acker- und Pflanzenbau und Bodenkde. Bd. 15 (1971), S. 885–895.

HABER, W., Landschaftspflege durch differenzierte Bodennutzung; in: Bayer. Landwirtsch. Jb. 48, SH 1 (1971), S. 19–35.

HABER, W., Grundzüge einer ökologischen Theorie der Landnutzungsplanung; in: Innere Kolonisation 21 (1972), S. 294–298.

HABER, W., Fragestellung und Grundbegriffe der Ökologie; in: BUCHWALD/ENGELHARDT (Hrsg.), Bd. 1; München 1978, S. 74–79.

HABER, W., Raumordnungskonzepte aus der Sicht der Ökosystemforschung; in: FuS Bd. 131 (1979) (a), S. 12–24.

HABER, W., Theoretische Anmerkungen zur „ökologischen Planung"; in: Ges. für Ökologie, Verh. Bd. VII (1979) (b), S. 19–30.

HABER, W., Zur Umsetzung ökologischer Forschungsergebnisse in politisches Handeln; in: Verhandl. der GFÖ Bd. XV, 1987, S. 61–69.

HABER, W., Erfahrungen und Erkenntnisse aus 25 Jahren der Lehre und Forschung in Landschaftsökologie: Kann man ökologisch planen?; in: Duhme, F., Lenz, R. und Spandau, L. (Hrsg.), 1992, S. 1–28.

HABER, W., Ökologische Grundlagen des Umweltschutzes; in: Buchwald, K. und Engelhardt, W. (Hrsg.); Umweltschutz, Grundlagen und Praxis; Bd. 1, Bonn 1993.

HABER, W., Nachhaltige Entwicklung – aus ökologischer Sicht; in: ZAU Jg. 7 (1994), H. 1, S. 9–13.

HABER, W. u. DUHME, F., Naturraumspezifische Entwicklungsziele als Kriterium zur Lösung regionalplanerischer Zielkonflikte; in: Raumforschung und Raumordnung 1990 (48), H. 2/3 S. 84–91.

HAECKEL, E., Die generelle Morphologie der Organismen. Bd. 1: Allgemeine Anatomie der Organismen. Bd. 2: Allgemeine Entwicklungsgeschichte der Organismen; Berlin 1866, 574 und 462 S.

HAEUPLER, H., Die verschollenen und gefährdeten Gefäßpflanzen Niedersachsens. Ursachen ihres Rückgangs und zeitliche Fluktuationen der Flora; in: Schr. f. Vegetationskde. 10 (1976).

HAFFNER, W., Die Vegetationskarte als Ansatzpunkt zu landschaftsökologischen Untersuchungen; in: Erdkunde XXII (1968), S. 215–225.

HAMBLOCH, H., Über die Bedeutung der Bodenfeuchtigkeit bei der Abgrenzung von Physiotopen; in: BDL 18, 1957, S. 246–252.

HAMPICKE, U., Landwirtschaft und Umwelt – ökologische und ökonomische Aspekte einer rationalen Umweltstrategie, dargestellt am Beispiel der Landwirtschaft der BRD; in: URBS ET REGIO Bd. 5 (1977), 856 S.

HAMPICKE, U. u. a., Kosten und Wertschätzung des Arten- und Biotopschutzes; in: UBA-Berichte 3/91, Berlin 1991.

HANKE, H. u. a., Handbuch zur ökologischen Planung Bd. 1–3. Dornier System GmbH i. A. des Umweltbundesamtes; Berlin 1981.

HARD, G., Die Geographie. Eine wissenschaftstheoretische Einführung; Sammlung Göschen Bd. 9001; Berlin 1973, 318 S.

HARFST, W., Problematik und Lösungsversuche in Agrargebieten; in: BUCHWALD/ENGELHARDT (Hrsg.), Bd. 3, S. 275–317; München 1980.

HARTS, J. und OTTENS, H. (Hrsg.), EGIS 93 – Conference Proceedings Fourth European Conference and Exhibition on Geographical Information Systems; 2 Bände, Utrecht, Niederlande, 1993.

HATZFELD, F. und WERNER, H., Untersuchung über Ansätze und Modelle zur Langfristsimulation von Erosionsprozessen für landwirtschaftliche Nutzflächen; in: Spezielle Berichte der KFA Jülich Nr. 546 (1988).

HAUFF, V. (Hrsg.), Unsere gemeinsame Zukunft. Der Brundtland-Bericht der Weltkommission für Umwelt und Entwicklung; Greven/Westf. 1987.

HEEB, J., Haushaltsbeziehungen in Landschaftsökosystemen topischer Dimensionen in einer Elementarlandschaft des schweizerischen Mittellandes – Modellvorstellungen eines Landschaftsökosystems; in: Physiogeographica, Basler Beiträge zur Physiogeographie, 14, Basel 1991.

HEEB, J. und MOSIMANN, Th., Ausscheidung von Pufferräumen für Schutzgebiete unter stoffhaushaltlichem Aspekt; in: Verhandl. der GfÖ, Bd. XX, Freising, 1991, S. 465–475.

HEIDT, V., Flechtenkartierung und die Beziehung zur Immissionsbelastung des südlichen Münsterlandes; in: Biogeographica Bd. 12; Den Haag 1978.

HEIDTMANN, E., Die ökologische Raumgliederung – eine sinnvolle Grundlage für die ökologische Planung?; in: Natur und Landschaft 50 (1975), S. 72–74.

HEINS B., Nachhaltige Entwicklung – aus sozialer Sicht; in: ZAU Jg. 7 (1994), H. 1, S. 19–25.

HEITFELD, E. und ROSE, H. H., Umweltverträglichkeitsprüfung eines Generalverkehrsplanes, durchgeführt am Beispiel des Generalverkehrsplanes Bergkamen; in: Umwelt Aktuell Bd. 9; Karlsruhe 1978.

HENDINGER, H., Landschaftsökologie; westermann-colleg Raum + Gesellschaft Bd. 8; Braunschweig 1977, 108 S.

HERBERT WICHMANN VERLAG (Hrsg.), Geo-Informations-Systeme; Zeitschrift, Karlsruhe.

HERGERT, T., MOSIMANN, Th. und TRUTE, P., Großmaßstäbige klima- und immissionsökologische Analyse und Prognose für die Bauleitplanung. Begutachtung der Kronsberg-Bebauung im Rahmen der Planungen für die Weltausstellung EXPO 2000 in Hannover; in: Geosynthesis H. 5, Hannover 1993.

HERRMANN, R., Vergleichende Hydrogeographie des Taunus und seiner südlichen und südöstlichen Randgebiete; in: Giess. Geogr. Schr. H. 5 (1965), 152 S.

HERRMANN, R., Zur regionalhydrologischen Analyse und Gliederung der nordwestlichen Sierra Nevada de Santa Marta (Kolumbien); in: Giess. Geogr. Schr. 23 (1971), S. 1–88.

HERRMANN, R., Ein multivariates Modell der Schadstoffbelastung eines hessischen Mittelgebirgsflusses; in: Biogeographica 1 (1972), S. 87–95.

HERRMANN, R., Einführung in die Hydrologie; Teubner-Studienbücher Geographie; Stuttgart 1977.

HERZ, K., Großmaßstäbliche und kleinmaßstäbliche Landschaftsanalyse im Spiegel eines Modells; in: NEEF-Festschr./Landschaftsforschung = PGM Erg. H. 271 (1968), S. 49–56.

HEYDEMANN, B., Naturschutz in Schleswig-Holstein – Bestandsaufnahme und Forderung für die Zukunft; in: Grüne Mappe 1979, Hrsg. Landesnaturschutzverband Schleswig-Holstein, S. 5–15.

HEYDEMANN, B., Die Bedeutung von Tier- und Pflanzenarten in Ökosystemen, ihre Gefährdung und ihr Schutz; in: Jb. Natursch. Landschaftspfl. 30 (1980), S. 15–87.

HEYDEMANN, B., Wie groß müssen Flächen für den Arten- und Ökosystemschutz sein?; in: Jb. Natursch. Landschaftspfl. 31 (1981), S. 21–51.

HEYDEMANN, B., Vorschlag für ein Biotopschutzzonenkonzept am Beispiel Schleswig-Holsteins – Ausweisung von schutzwürdigen Ökosystemen und Fragen ihrer Vernetzung; in: Schr. Deutscher Rat für Landespflege H. 41 (1983), S. 95–104.

HEYDEMANN, B. und MÜLLER-KARCH, J., Biologischer Atlas Schleswig-Holstein Bd. 1, Lebensgemeinschaften des Landes; Neumünster 1980, 263 S.

HÖHNBERG, U., Raumverträglichkeitsprüfung im Raumordnungsverfahren und/oder im Rahmen von Planänderungen; in: Inf. zur Raumentw. H. 2/3 (1979), S. 79–82.

HOFMANN, M., Flächenbeanspruchung durch Sand- und Kiesabgrabungen; in: Natur und Landschaft 54 (1979), S. 39–45.

HOFMEISTER, E., Stadtgeographie; in: Das Geographische Seminar, Braunschweig [6]1993.

HONNEFELDER, L., Welche Natur sollen wir schützen?; in GAIA 2 (1993), S. 253–264.

Literatur

Horbert, N. und Kirchgeorg, A., Stadtklima und innerstädtische Freiräume; in: Stadtbauwelt 67 (1980), S. 270–276.

Hornstein, F. v., Wald und Mensch. Theorie und Praxis der Waldgeschichte. Untersucht und dargestellt am Beispiel des Alpenvorlandes Deutschlands, Österreichs und der Schweiz; Ravensburg ²1958, 283 S.

Hubrich, H., Die Physiotope der Muldenaue zwischen Püchau und Grunau; in: Wiss. Veröff. Dtsch. Inst. Länderkunde; Leipzig, N.F. 21/22 (1964), S. 177–217.

Hubrich, H., Die Physiotope am Rande der nördlichen Lößgrenze in Nordwest-Sachsen; in: Wiss. Veröff. Dt. Institut für Länderkunde. N.F. 23/24 (1966), S. 87–183.

Hubrich, H., Die landschaftsökologische Catena in reliefarmen Gebieten, dargestellt an Beispielen aus dem nordwestsächsischen Flachland; in: PGM 111 (1967) S. 13–18.

Hubrich, H., Zur Typenbildung in der topischen Dimension; in: PGM 118 (1974), S. 167–172.

Hubrich, H. und Schmidt, R., Der Vergleich landschaftsökologischer Typen des nordsächsischen Flachlandes und ein Vorschlag zu ihrer Klassifikation; in: Neef-Festschrift/Landschaftsforschung = PGM Erg. H. 271 (1968), S. 77–116.

Hubrich, H. und Thomas, M., Die Pedohydrotope der Einzugsgebiete von Döllnitz und Parthe; in: Beiträge zur Geographie 29 (1978), S. 285–322.

INFU (Institut für Umweltschutz der Universität Dortmund), Regionale Luftaustauschprozesse; in: Schr. Bundesmin. f. Raumordnung, Bauwesen und Städtebau, H. 06.032; Bonn 1979, 113 S.

Isačenko, A.G., Die Grundlagen der Landschaftskunde und die physisch-geographische Gliederung; Moskau 1965. Aus dem Russischen auszugsw. übers. von J. Drdos; Hannover 1969, Inst. f. Landespflege u. Naturschutz d. TU.

ITZ (Innovationsförderungs- und Technologietransfer-Zentrum der Hochschulen des Ruhrgebietes), Schwerpunktheft „Bergewirtschaft", Ausgabe Nr. 2. Jg. 1/1982, Bochum.

IUCN/UNEP/WWF, Caring for the Earth. A Strategy for sustainable living; Gland (Switzerland) 1991.

IZE (Informationszentrale der Elektrizitätswirtschaft e.V.) (Hrsg.), Sachverhalte, Informationen, Kommentare, Daten und Fakten zur energiewirtschaftlichen und energiepolitischen Diskussion, Nr. 12, Dez. 1983.

IZE (Informationszentrale der Elektrizitätswirtschaft e.V.) (Hrsg.), Prognose für EG bis zum Jahr 2010: 250 neue Kraftwerksblöcke; in: StromThemen 7/92, S. 3, Juli 1992.

Izrael, J.A., Ökologie und Umweltüberwachung; Stuttgart 1990.

Jäger, K.D. und Hrabowski, K., Zur Strukturanalyse von Anforderungen der Gesellschaft an den Naturraum – dargestellt am Beispiel des Bebauungspotentials; in: PGM 120 (1976), S. 29–37.

Jedicke, E., Biotopverbund. Grundlagen und Maßnahmen einer neuen Naturschutzstrategie; Stuttgart 1993.

Jordan, E., Landschaftshaushaltsuntersuchungen im Bereich der nördlichen Lößgrenze im Raume Gleidingen/Oesselse bei Hannover; in: Jb. Geogr. Ges. Hannover; SH 9 (1976), 231 S.

Jung, L. und Preusse, H.-U., Boden; in: Buchwald/Engelhardt (Hrsg.), Bd. 2; München 1978, S. 24–59.

Kaiser, R. (Hrsg.), Global 2000. Der Bericht an den Präsidenten. Übers. des amerik. Originaltitels „The global 2000 Report to the President; Frankfurt/M. ¹⁴1981, 1508 S.

Kalusche, D., Ökologie; Biologische Arbeitsbücher 25, Heidelberg 1978.

Kampe, D., Ökologische Modelle; in: Buchwald/Engelhardt (Hrsg.), Bd. 3, S. 105–119; München 1980.

Kaps, E., Zur Frage der Durchlüftung von Tälern im Mittelgebirge; in: Meteorol. Rdsch. 8 (1955), S. 61–65.

Kattmann, U., Humanökologie zwischen Biologie und Humanwissenschaften, dargestellt am Beispiel des Ökosystemkonzeptes; in: Verh. Ges. Ökologie Bd. VI (1978), S. 541–549.

Kaule, G., Kartierung schutzwürdiger Biotope in Bayern; in: Jb. Vereins zum Schutz der Alpenpflanzen und -Tiere e.V., Bd. 41 (1976), S. 25–42.

Kaule, G., Belebte Umwelt; in: ARL Daten zur Raumplanung, Teil A, VI.6; Hannover 1981.

Kaule, G., Arten- und Biotopschutz; UTB große Reihe, Stuttgart ²1991.

Kaule, G., Arten- und Biotopschutz, Stuttgart ²1992.

Kaule, G., Ökosystemtraverse Baden-Württemberg. Konzept der Ökosystemforschung in der Hochschulregion Stuttgart-Hohenheim-Thüringen; in: Duhme, F., Lenz, R., Spandau,L. (Hrsg.), 25 Jahre Lehrstuhl Landschaftsökologie in Weihenstephan mit Prof. Dr. Dr. h.c. Haber, Weihenstephan 1992, S. 193–211.

Kayser, C. und Kiese, O., Energiefluß und -umsatz in ausgewählten Ökosystemen des Sollings; in: Verh. Dt. Geographentag Kassel 39 (1973), S. 484–491.

Kias, U. und Schreiber, K.-F., Ein Konzept zur Umweltverträglichkeitsprüfung von Straßenbaumaßnahmen, dargestellt am Beispiel der Neutrassierung der B 51 im Raum Münster-Ost/ Telgte; in: Arbeitsberichte Lehrstuhls Landschaftsökologie Münster, H. 3 (1981), Inst. für Geographie.

KIEMSTEDT, H., Natürliche Beeinträchtigungen als Entscheidungsfaktoren für die Planung; in: Landschaft + Stadt 3 /1971), S. 80–85.

KIEMSTEDT, H., Methodischer Stand und Durchsetzungsprobleme ökologischer Planung; in: FuS Bd. 131 (1979), S. 46–62.

KIEMSTEDT, H. und SCHARPF, H., Zielvorstellungen der Umweltsicherung und deren Konsequenzen für die Landwirtschaft; in: FuS Bd. 106 (1976), S. 231–250.

KIEMSTEDT, H. u. a., Gutachten zur Umweltverträglichkeit der Bundesautobahn A 4 – Rothaargebirge; in: Beiträge zur räumlichen Planung Bd. 1; Hannover 1982, 511 S.

KIEMSTEDT, H. und WIRZ, S., Gutachten „Effektivierung der Landschaftsplanung"; in: UBA-Texte 11/90, Berlin 1990.

KIEMSTEDT, H., HORLITZ, T. und OTT, S., Umsetzung von Zielen des Naturschutzes auf regionaler Ebene; in: Beiträge der ARL Bd. 123, 1993.

KIESE, O., Bestandsmeteorologische Untersuchungen zur Bestimmung des Wärmehaushalts eines Buchenwaldes; in: Ber. Inst. Meteorol. und Klimatologie TU Hannover, Nr. 6 (1972).

KIESE, O., Die Bedeutung verschiedenartiger Freiflächen für die Kaltluftproduktion und die Frischluftversorgung von Städten; in: Landschaft + Stadt 20 (1988), S. 67–71.

KINZELBACH, R. K., Ökologie, Naturschutz, Umweltschutz; Darmstadt 1989 (Dimensionen der modernen Biologie; Bd. 6).

KLAUSNITZER, B., Ökologie der Großstadtfauna; Stuttgart [2]1993.

KLEMMER P., Nachhaltige Entwicklung – aus ökonomischer Sicht; in: ZAU Jg. 7 (1994), H. 1, S. 14–19.

KLEYER, M., KAULE, G. und HÄHNLE, K., Landschaftsbezogene Ökosystemforschung für die Umwelt- und Landschaftsplanung; in: Z. Ökologie u. Naturschutz 1 (1992), S. 35–50.

KLINK, H.-J., Naturräumliche Gliederung des Ith-Hills-Berglandes. Art und Anordnung der Physiotope und Ökotope; in: FDL, Bd. 159 (1966), 257 S.

KLINK, H.-J., Das naturräumliche Gefüge des Ith-Hills-Berglandes. Begleittext zu den Karten; in: FDL, Bd. 187 (1969), 58 S.

KLINK, H.-J., Geoökologie und naturräumliche Gliederung – Grundlagen der Umweltforschung; in: GR 1/1972, S. 7–19.

KLINK, H.-J., Geoökologie – Zielsetzung, Methoden und Beispiele; in: Verh. Ges. Ökologie Bd. III (1975), S. 211–223.

KLINK, H.-J., Geoökologie. Versuch einer konzeptionellen und methodologischen Standortbestimmung; in: Geographie und Schule, H. 8 (1980), S. 3–11.

KLINK, H. J., Ergebnisse siedlungsökologischer Untersuchungen im Ruhrgebiet; in: BDL Bd. 64, H. 2, 1990, S. 299–344.

KLINK, H.-J. und MAYER, E., Vegetationsgeographie; Das Geographische Seminar; Braunschweig 1983, 278 S.

KLOEPFER, M., REHBINDER, E. und SCHMIDT-ASSMANN, E., Umweltgesetzbuch – Allgemeiner Teil; Berlin 1990 (= Berichte 7/90 des Umweltbundesamtes).

KLÖTZLI, F., Ökosysteme. Aufbau, Funktionen, Störungen; Stuttgart [3]1992.

KLOFT, W. J., Ökologie der Tiere; UTB 729; Stuttgart 1978, 304 S.

KLOFT, W. J. und GRUSCHWITZ, M.; Ökologie der Tiere; UTB Bd. 729, Stuttgart [2]1988.

KLOMP, H., Over de relatie tussen diversität en stabilitat in ecosystemen; in: Vakblad voor Biologen 57 (1977), S. 50–56.

KLUG, H. und LANG, R., Einführung in die Geosystemlehre; Darmstadt 1983, 187 S.

KNABE, W., Immissionsökologische Waldzustandserfassung; in: Mitteilungen der Landesanstalt für Ökologie, Landschaftsentwicklung und Forstplanung NW, Sonderheft zum Thema „Immissionsbelastungen von Waldökosystemen" 1982, S. 43–57.

KNAUER, N., Vegetationskunde und Landschaftsökologie, UTB Nr. 941; Heidelberg 1981, 315 S.

KNAUER, N., Ökologie und Landwirtschaft. Situation – Konflikte – Lösungen; Stuttgart 1993.

KNAUER, P., Umweltinformationssysteme als Instrument der Umweltpolitik; in: Günther, O. und Schulz, K.-P. (Hrsg.), Umweltanwendungen geographischer Informationssysteme; Karlsruhe 1992, S. 169–177.

KNEITZ, G. C., Aussagefähigkeit und Problematik eines Bioindikatorkonzepts; in: Verh. Dtsch. Zool. Ges. 1983, S. 117–119.

KNOCH, K., Die Landesklimaaufnahme, Wesen und Methodik; in: Ber. Dt. Wetterdienstes Nr. 85, Bd. 12; Offenbach 1963.

KNÖTIG, H., Bemerkungen zum Begriff „Humanökologie"; in: Humanökologische Blätter 2/3 (1972), S. 1–140.

KÖSTLER, J., Waldbau; Berlin 1950.

KOHLER, A. und ARNDT, U. (Hrsg.), Bioindikatoren für Umweltbelastungen: Neue Aspekte und Entwicklungen; in: Hohenheimer Umwelttagung Bd. 24 (1992), Weikersheim.

KOMMISSION DER EUROPÄISCHEN GEMEINSCHAFTEN (Hrsg.), Mitteilung der Kommission an den Rat und das Europäische Parlament über die Ergebnisse des CORINE-Programms; Brüssel, Belgien 1991.

KOMMISSION DER EUROPÄISCHEN GEMEINSCHAFTEN, Vorschlag für eine Richtlinie des Rates zum Schutz der natürlichen naturnahen

Lebensräume sowie der wildlebenden Tier- und Pflanzenarten, Brüssel 1988.

KOMMISSION STADT 2000, Zukunft Stadt 2000 – Abschlußbericht; in: BMBau 1993.

KORNECK, D. und SUKOPP, H., Rote Liste der in der Bundesrepublik Deutschland ausgestorbenen, verschollenen und gefährdeten Farn- und Blütenpflanzen und ihre Auswertung für den Arten- und Biotopschutz; in: Schrr. für Vegetationskunde, H. 19 (1988), S. 1–210.

KRATZER, P. A., Das Stadtklima; Die Wissenschaft, Bd. 90; Braunschweig 1956.

KRAUSE, A., Aufgaben des Gehölzbewuchses an kleinen Wasserläufen; in OLSCHOWY, G. (Hrsg.), Natur- und Umweltschutz in der Bundesrepublik Deutschland; Hamburg 1978, S. 182–189.

KRdL (Kommission Reinhaltung der Luft im VDI und DIN). SCHIRMER, H. u. a. (Hrsg.), Lufthygiene und Klima: ein Handbuch zur Stadt- und Regionalplanung, Düsseldorf 1993.

KREEB, K. H., Ökologie und menschliche Umwelt; UTB 808; Stuttgart 1979.

KREEB, K. H. (Hrsg.), Methoden zur Pflanzenökologie und Bioindikation; Stuttgart 1990.

KREUTZER, K. und SCHLENKER, G., Vergleich standortskundlicher Klassifikationsverfahren für ökologische Kartierungen in Wäldern; in: Mitt. Vereins Forstl. Standortskde. und Forstpflanzenzüchtung Nr. 28 (1980), S. 21–27.

KÜHLING, W., Ein Instrument zur Sicherung und Entwicklung der Freiraumansprüche; in: Dortmunder Beiträge zur Raumplanung, Bd. 29 (1983), S. 72–87.

KÜHLING, W., Bewertung der Umweltauswirkungen und Berücksichtigung des Ergebnisses bei der Entscheidung; in: KLEINSCHMIDT, V. (Hrsg.), UVP-Leitfaden für Behörden, Gutachter und Beteiligte – Grundlagen, Verfahren und Vollzug der Umweltverträglichkeitsprüfung; Dortmund 1993, S. 155–169.

KUGLER, H., Aufgabe, Grundsätze und methodische Wege für großmaßstäbiges Kartieren; in: PGM 109 (1965), S. 241–257.

KUGLER, H., Das Georelief und seine kartographische Modellierung. Diss. B, Martin-Luther-Universität Halle-Wittenberg 1974, 517 S. (Masch. Schr., 4 Bde.).

KUHNT, G. und ZÖLITZ-MÖLLER, R. (Hrsg.), Beiträge zur Geoökologie aus Forschung, Praxis und Lehre. Otto Fränzle zum 60. Geburtstag; in: Kieler Geographische Schriften Bd. 85 (1992).

KUNTZE, H. u. a., Bodenkunde; UTB 1106; Stuttgart [2]1981, 407 S.

KURON, H., JUNG, L. und SCHREIBER, H., Messungen von oberflächlichem Abfluß und Bodenabtrag auf verschiedenen Böden Deutschlands; in: Schr. d. Kuratoriums Kulturbauwesen, H. 5 (1956).

KUTTLER, W., Einflußgrößen gesundheitsgefährdender Wetterlagen und deren bioklimatische Auswirkungen auf potentielle Erholungsgebiete; Bochumer Geogr. Arb. H. 36 (1979), 101 S.

KUTTLER, W., Raum-zeitliche Analyse atmosphärischer Spurenstoffeinträge in Mitteleuropa; in: Bochumer Geographische Arbeiten Bd. 47 (1986), 220 S. u. Tabellenanhang.

KUTTLER, W., Lufthygienische und stadtklimatologische Aspekte des Rhein-Ruhr-Raumes; in: GR, Jg. 40 (1988), H. 7–8, S. 56–62.

KUTTLER, W., Zum klimatischen Potential urbaner Gewässer; in: SCHUHMACHER, H. u. THIESMEIER, B. (Hrsg.), Urbane Gewässer; Essen 1991, S. 378–394.

KUTTLER, W. (Hrsg.), Handbuch zur Ökologie; in: Handbücher zur angewandten Umweltforschung, Bd. 1, Berlin 1993 (a).

KUTTLER, W., Planungsorientierte Stadtklimatologie. Aufgaben, Methoden und Fallbeispiele; in: GR 45 (1993) (b), H. 2, S. 95–106.

KVR (Kommunalverband Ruhrgebiet) (Hrsg.), Methodik der Analyse und Bewertung des Naturhaushaltes aus geowissenschaftlicher Sicht zum Zwecke der Landschaftsplanung; Bearb. R. MARKS; Essen 1983.

KVR (Kommunalverband Ruhrgebiet) (Hrsg.), Wuchsklimakarte des Ruhrgebietes und angrenzender Bereiche; auf der Grundlage eines Forschungsauftrages von Prof. Dr. Karl-Friedrich Schreiber und Mitarbeitern, Essen 1985.

KVR (Kommunalverband Ruhrgebiet) (Hrsg.), Klimaanalyse Stadt Dortmund, Essen 1986.

KVR (Kommunalverband Ruhrgebiet) (Hrsg.), Datenanalyse Emscher-Stadtökologie. Bestandsaufnahme und Defizitanalyse ökologischer Daten im Planungsbereich der IBA, Essen 1990.

KVR (Kommunalverband Ruhrgebiet) (Hrsg.), Synthetische Klimafunktionskarte Ruhrgebiet, Essen 1992.

LANDESARBEITSGEMEINSCHAFT BADEN-WÜRTTEMBERG DER ARL (Hrsg.), Probleme der Raumordnung in den Kiesabbaugebieten am Oberrhein; in: ARL-Beiträge, Bd. 35 (1980).

LANDESREGIERUNG NORDRHEIN-WESTFALEN (Hrsg.), Leitentscheidungen zur künftigen Braunkohlepolitik, Düsseldorf 1987.

LANG, R., Quantitative Untersuchungen zum Landschaftshaushalt in der südöstlichen Frankenalb (beiderseits der unteren Schwarzen Laaber); Regensburger Geogr. Schr. 18; Regensburg 1982.

LANGER, H., Wesen und Aufgaben der Landschaftsökologie; Verviel. Mskr., Inst. für Landschaftspfl. und Naturschutz, TU Hannover 1968.

LANGER, H., HAAREN, C. v. und HOPPENSTEDT, A., Ökologische Landschaftsfunktionen als Planungsgrundlage – Ein Verfahrensansatz zur räumlichen Erfassung; in: Landschaft + Stadt 17 (1985), S. 1–9.

LAUTENSACH, H., Der geographische Formenwandel. Studien zur Landschaftssystematik; Coll. Geogr. Bd. 3 (1952), 191 S.

LAWA (Landesamt für Wasser und Abfall Nordrhein-Westfalen), Wasserwirtschaftliche Konzeption zur Nordwanderung des Steinkohlenbergbaus; in: LWA-Materialien Nr. 1/86, Düsseldorf 1986.

LEEUWEN, C. G. VAN, A relation theoretical approach to pattern and process vegetation; in: Wentia 15 (1966), S. 25–46.

LEEUWEN, C. G. VAN, Raum-zeitliche Beziehungen in der Vegetation; in: TÜXEN, R, (Hrsg.), Gesellschaftsmorphologie; Den Haag 1970, S. 63–68.

LEIBUNGUT, H., Die Waldpflege; Bern 1966.

LESER, H., Landschaftsökologische Studien im Kalaharisandgebiet um Auob und Nossob (Östliches Südwestafrika). Erdwiss. Forschung, Bd. III; Wiesbaden 1971, 243 S. (a).

LESER, H., Landschaftsökologische Grundlagenforschung in Trockengebieten. Dargestellt an Beispielen aus der Kalahari und ihren Randlandschaften; in Erdkunde, Bd. XXV (1971), S. 209–223 (b).

LESER, H., Geoökologische und umweltschützerische Aspekte bei Planungen in der Gemarkung Esslingen am Neckar; Esslingen 1972(a), 47 S.

LESER, H., Probleme der Landschaftsökologie und des Umweltschutzes auf den Gemarkungen der Gemeinden Altbach, Deizisau und Zell (Mittleres Neckartal zwischen Esslingen und Plechingen); Hannover 1972 (b), 43 S.

LESER, H., Physiogeographische Untersuchungen als Planungsgrundlage für die Gemarkung Esslingen am Neckar; in: GR 25 (1973), S. 308–318.

LESER, H., Nutzflächenänderungen im Umland der Stadt Esslingen am Neckar und ihre Konsequenzen für Planungsarbeiten zur Landschaftserhaltung und Stadtentwicklung aus landschaftsökologischer Sicht; in: Tübinger Geogr. Stud., H. 55 (1974), S. 65–101.

LESER, H., Das physisch-geographische Forschungsprogramm des Geographischen Institutes der Universität Basel in der Regio Basiliensis; in: Regio Basiliensis 16 (1975) (a), S. 55–79.

LESER, H., Bestimmung der Wirksamkeit großräumiger ökologischer Ausgleichsräume und Entwicklung von Kriterien zur Abgrenzung. Unveröff. Vorstudie, Archiv des BMbau; Bonn 1975 (b), 107 S.

LESER, H., Der geomorphologische Ansatz und die Anwendung der Geomorphologie in der Umweltforschung; in: Forschung, Planung, Bewußtseinsbildung (Schneider-Festschrift); Meisenheim am Glan, S. 98–128.

LESER, H., Landschaftsökologie; Uni-Taschenbücher 521; Stuttgart 1978, 433 S.

LESER, H., Probleme ökologischer Arbeiten in der topologischen Dimension; in: Basler Beiträge zur Physiogeographie, Bd. 3 (1980) (a), S. I–VIII, Vorwort zu MOSIMANN, Th. (1980).

LESER, H., Maßstabsgebundene Darstellungs- und Auswertungsprobleme geomorphologischer Karten am Beispiel der Geomorphologischen Karte 1 : 25 000; in: Berliner Geogr. Abh. 31, 1980 (b), S. 49–65.

LESER, H., Geoökologie; in: GR 35 (1983), S. 212–221.

LESER, H., Zum Ökologie-, Ökosystem- und Ökotopbegriff; in: Natur und Landschaft 59 (1984), S. 351–357.

LESER. H., Die GÖK 25: Konzept und Anwendungsperspektiven der Geoökologischen Karte 1 : 25 000; in: GR 40, 1988, S. 33–37.

LESER, H., Landschaftsökologie; UTB 521, Stuttgart [3]1991 (a).

LESER, H., Ökologie wozu? Der graue Regenbogen oder Ökologie ohne Natur; Berlin 1991 (b).

LESER, H. und KLINK, H.-J. (Hrsg.), Handbuch und Kartieranleitung Geoökologische Karte 1 : 25 000 (KA GÖK 25); in: FDL Bd. 228, Trier 1988.

LESER, H. u. a., DIERCKE-Wörterbuch Ökologie und Umwelt, 2 Bde., dtv-Westermann 1993.

LIEBEROTH, L. u. a., Hauptbodenformenliste mit Bestimmungsschlüssel für die landwirtschaftlich genutzten Standorte der DDR; Eberswalde 1971, 71 S.

LÖLF (Landesanstalt für Ökologie, Landschaftsentwicklung und Forstplanung Nordrhein-Westfalen) (Hrsg.), Rote Liste der in Nordrhein-Westfalen gefährdeten Pflanzen und Tiere; Schr. LÖLF/NW, Bd. 4 (1979), 109 S.

LÖLF (Landesanstalt für Ökologie, Landschaftsentwicklung und Forstplanung Nordrhein-Westfalen) (Hrsg.), Florenliste von Nordrhein-Westfalen; Schr. LÖLF/NW, Bd. 7 (1982), 88 S.

LÖLF (Landesanstalt für Ökologie, Landschaftsentwicklung und Forstplanung Nordrhein-Westfalen), Ökologiekonzept zur Nordwanderung des Steinkohlenbergbaus; Recklinghausen 1985.

LÖLF (Landesanstalt für Ökologie, Landschaftsentwicklung und Forstplanung Nordrhein-Westfalen) (Hrsg.), Rote Liste der in Nordrhein-Westfalen gefährdeten Pflanzen und Tiere; in: Schrr. LÖLF Bd. 4 (1986), 2. Fassung.

LÖLF (Landesanstalt für Ökologie, Landschaftsentwicklung und Forstplanung Nordhrein-Westfalen), Anleitung zur Erarbeitung des ökologischen Fachbeitrags; Recklinghausen 1987

LOOMAN, V., Stadtökologie; in: Die Zeit, Nr. 40 vom 26. 09. 1980.

LUDER, P., Das ökologische Ausgleichspotential der Landschaft; Basler Beiträge zur Physiogeographie Bd. 2 (1980), 172 S. + Kartenband.

LÜTTIG, G., Zur Energiestrategie der Zukunft; in: Das Jahrbuch für Ingenieure 80 (1980), S. 400–408.

LÜTTIG, G., Karten ausgewählter Naturraumpotentiale für die Ausweisung von Freiräumen am Beispiel Reutlingen-Tübingen; in: ARL-Arbeitsmaterial Nr. 96 (1985).

MADER, H.-J., Die Isolationswirkung von Verkehrsstraßen auf Tierpopulationen, untersucht am Beispiel von Arthropoden und Kleinsäugern der Waldbiozönose; Schr. Landschaftspfl. Naturschutz H. 19 (1979), 131 S.

MADER, H.-J., Untersuchungen zum Einfluß der Flächengröße von Inselbiotopen auf deren Funktion als Trittstein oder Refugium; in: Natur und Landschaft 56 (1981), S. 235–242.

MADER, H.-J., Größe von Schutzgebieten unter Berücksichtigung des Isolationseffektes; in: Schr. Dt. Rat Landespfl. H. 41 (1983), S. 82–85.

MADER, H.-J., KLÜPPEL, R. und OVERMEYER, H., Experimente zum Biotopverbundsystem – Tierökologische Untersuchungen an einer Anpflanzung; in: Schrr. für Landschaftspflege und Naturschutz H. 27 (1986).

MANNSFELD, K., Zur Kennzeichnung von Gebietseinheiten nach ihren Potentialeigenschaften; in: PGM 112 (1978), S. 17–27.

MANNSFELD, K., Die Beurteilung von Naturraumpotentialen als Aufgabe der geographischen Landschaftsforschung; in: PGM 113 (1979), S. 2–6.

MANNSFELD, K., 25 Jahre geoökologische Forschungen der Sächsischen Akademie für Wissenschaften zu Leipzig; in: Geographische Berichte, 35. Jg., S. 233–241.

MANNSFELD, K., BERNHARDT, A. und BIEHLER, J., „Unwettergefährdete Gebiete" im Westteil des Bezirkes Dresden. Ein Anwendungsbeispiel mikrochorischer Naturraumerkundung; in: Hallisches Jb. für Geowissenschaften, Bd. 12, Gotha 1987, S. 77–87.

MANNSFELD, K. u. a., Auswertung und Anwendung geoökologischer Karten; in: Barsch, D. und Karrasch, H., Geographie und Umwelt. Erfassen-Nutzen-Wandeln-Schonen; Tagungsbericht und wiss. Abhandlungen des 48. Deutschen Geographentages Basel 1991, Stuttgart 1993, S. 355–375.

MARKS, R., Ökologische Landschaftsanalyse und Landschaftsbewertung als Aufgabe der Angewandten Physischen Geographie; in: Materialien zur Raumordnung 21, Geograph. Inst. Bochum 1979, 133 S. + Anhang.

MARKS, R. u. a., Anleitung zur Bewertung des Leistungsvermögens des Landschaftshaushaltes (BA LVL); in: FDL Bd. 229, Trier 1989.

MARTENS, R., Quantitative Untersuchungen zur Gestalt, zum Gefüge und Haushalt der Naturlandschaft (Imoleser Subapennin). Unterlagen und Beitr. zur allgem. Theorie der Landschaft; Hamburger Geogr. Studien 21 (1968), 251 S.

MARTENS, R., Probleme einer Messung der geographischen Landschaft; in: GZ 58 (1970), S. 138–145.

MATTIG, U., Der Einsatz für Naturraumpotentialkarten als Beitrag zur raumplanerischen Sicherung oberflächennaher Rohstoffe Sand und Kies in der Bundesrepublik Deutschland und in Norwegen; Dissertation Naturwiss. Fakultät der Uni Erlangen-Nürnberg, 1991.

MAYER, H., Waldbau auf soziologisch-ökologischer Grundlage, Stuttgart [4]1992.

MEADOWS, D. L. u. a., Die Grenzen des Wachstums; Stuttgart 1972.

MELF (Ministerium für Ernährung, Landwirtschaft und Forsten NRW) (Hrsg.), Der Landschaftsplan nach dem Nordrhein-Westfälischen Landschaftsgesetz; Düsseldorf [3]1980, 68 S.

MENSCHING, H., Desertifikation, ein weltweites Problem der ökologischen Verwüstung in den Trockengebieten der Erde; Darmstadt 1990.

MERIAN, C. und WINKELBRANDT A., Übersicht über die Landschaftsplanung in der Gesetzgebung der Bundesländer, Stand: 31. 01. 1993; in: Natur und Landschaft 68 (1993).

MERTENS, H., Über die Verwertbarkeit der Bodenschätzungsergebnisse für die bodenkundliche Kartierung; in: Forsch. und Beratung, B, 10 (1964), S. 21–34.

MERTENS, H., Wege und Möglichkeiten zur Gestaltung von Bodenkarten 1 : 5000 unter Benutzung der Bodenschätzungsergebnisse; in: Fortschr. Geol. Rheinld. und Westf. 1968, S. 327–332.

MEYER, D. E., Massenverlagerung durch Rohstoffgewinnung und ihre umweltgeologischen Folgen; in: Z.dt.geol.Ges. 137 (1986), S. 177–193.

MEYER, D. E., Flächeninanspruchnahme und Massenverlagerung; in: Wiggering, H. (Hrsg.), Steinkohlenbergbau. Steinkohle als Grundstoff, Energieträger und Umweltfaktor; Berlin 1993, S. 116–121.

MEYNEN, E. und SCHMIDTHÜSEN, J. (Hrsg.), Handbuch der naturräumlichen Gliederung Deutschlands; Bad Godesberg 1953–1962, 2 Bde., 1339 S.

MIESS, M., Planungsrelevante und kausalanalytische Aspekte der Stadtklimatologie; in: Landschaft und Stadt 6 (1974), S. 9–16.

MILNE, G., A provisional Soil Map of East Africa; Amani 1936.

MOEBIUS, K., Die Auster und die Austernwirtschaft; Berlin 1877, 126 S.

MORGEN, A., Die Besonnung und ihre Verminderung durch Horizontbegrenzung; in: Veröff. Meteorol. Hydrol. Dienstes der DDR 12 (1957), 16 S.

MOSIMANN, Th., Der Standort im landschaftlichen Ökosystem. Ein Regelkreis für den Strahlungs-, Wasser- und Lufthaushalt als Forschungsansatz für die Komplexe Standortanalyse in der topischen Dimension; in: Catena, Vol. 5 (1978), S. 351–364.

MOSIMANN, Th., Boden, Wasser und Mikroklima in den Geosystemen der Löß-Sand-Mergel-Hochfläche des Bruderholzgebietes (Raum Basel); in: Basler Beiträge zur Physiogeographie, Reihe ‚Physiogeographica' Bd. 3 (1980), 267 S. + Kartenband.

MOSIMANN, Th., Geoökologische Studien in der Subarktis und den Zentralalpen; in: GR 35 (1983), S. 222–228.

MOSIMANN, Th., Landschaftsökologische Komplexanalyse; Stuttgart 1984 (a), 115 S.

MOSIMANN, Th., Die komplexe Standortanalyse in der Geoökologie; in: Verh. d. Dt. Geographentages, Bd. 44; Stuttgart 1984 (b), S. 114– 123.

MOSIMANN, Th., Geoökologische Kartierung als Grundlage für die Bewertung von Funktionen des Landschaftshaushaltes; in: Geogr. Helvetica 43 (1988), S. 76–82.

MOSIMANN, Th., Ökotope als elementare Prozeßeinheiten der Landschaft – Konzept zur Klassifikation von Ökosystemen; in: Geosynthesis H. 1, 1990.

MOSIMANN, Th., Prozeß-Korrelations-System des elementaren Geoökosystems; in: LESER, H., Landschaftsökologie; UTB 521, Stuttgart [3]1991, S. 262–270.

MOSIMANN, Th., Neuerschließung und Ausbau von Skigebieten: Ökologische Begrenzungen und Vorschlag zur Durchführung der Umweltverträglichkeitsprüfung; in: Verhandl. der GfÖ, Bd. 22, 1993, S. 299–306.

MOSIMANN, Th. und DUTTMANN, R., Die digitale Geoökologische Karte als Ergebnis einer prozeßorientierten Landschaftsanalyse am Beispiel der Nienburger Geest; in: BDL Bd. 66, H. 2, 1992, S. 335–361.

MÜCKENHAUSEN, E. und ZAKOSEK, H., Bodenwasser; in: Notizbl. Hess. LA. Bodenforsch. 89 (1961).

MÜHLENBERG, M., Freilandökologie; UTB 595, Heidelberg 1976, 214 S.

MÜLLER, H. J. (Hrsg.), Ökologie; Stuttgart [2]1991.

MÜLLER, J., Funktionen von Hecken und deren Flächenbedarf vor dem Hintergrund der landschaftsökologischen und -ästhetischen Defizite auf den Mainfränkischen Gäuflächen; in: Würzburger Geographische Arbeiten, H. 77, Würzburg 1990.

MÜLLER, P., Vorwort; in: MÜLLER, P. (Hrsg.); Verhandlungen der Gesellschaft für Ökologie Saarbrücken 1973, Bd. II; Den Haag 1974 (a).

MÜLLER, P., Ökologische Kriterien für die Raum- und Stadtplanung; in: Umwelt-Saar 1974, Saarbrücken 1974 (b), S. 6–51.

MÜLLER, P., Biogeographie und Raumbewertung; Darmstadt 1977 (a), 164 S.

MÜLLER, P., Die Belastbarkeit von Ökosystemen; in: Energie und Umwelt, Kongreßbericht der ENVITEC; Essen 1977 (b), S. 68–77.

MÜLLER, P., Anpassung und Informationsgehalt von Tierpopulationen in Städten; in: Verh. Dtsch. Zool. Ges. 1980 (a), S. 57–77.

MÜLLER, P., Biogeographie; UTB 731; Stuttgart 1980 (b), 414 S.

MÜLLER, P., Stadtökologie versus Ökosystemforschung; in: MAB-Mitteilungen 36, Bonn 1992, S. 130–135.

MÜLLER, P. u. a., Indikatorwert unterschiedlicher biotischer Diversität im Verdichtungsraum Saarbrücken; in: Verh. Ges. Ökologie, Bd. III (1975), S. 129–139.

MÜLLER, P. u. a., Ökologische Belastungsanalyse Landkreis Stade, Institut für Biogeographie, Universität des Saarlandes Saarbrücken und Landkreis Stade (1984).

MÜLLER, R. A., Verfahren zur Modellierung ökologischer Systeme. Ein Beitrag zur Verbesserung ökologischer Voraussagen; in: ARL-Beiträge Bd. 69 (1983).

MÜLLER, S., SCHREIBER, K.-F. und WELLER, F., Grundzüge einer Schnellmethode der Standortskartierung im Maßstab 1 : 50 000 als Grundlage für die Agrar- und Landschaftsplanung in Baden-Württemberg; in: Mitt. Dtsch. Bodenkundl. Ges. 16 (1972), S. 105–119.

MÜLLER-MINY, H., Betrachtungen zur Naturräumlichen Gliederung; in: BDL Bd. 28 (1962), S. 258–279.

MULSOW, R., Untersuchungen zur Rolle der Vögel als Bioindikatoren – am Beispiel ausgewählter Vogelgemeinschaften im Raum Hamburg; in: Hamb. Avif. Beitr. 17 (1980).

MURL (Minister für Umwelt, Raumordnung und Landwirtschaft des Landes Nordrhein-Westfalen) (Hrsg.), Gesamtkonzept zur Nordwanderung des Steinkohlenbergbaus an der Ruhr; Düsseldorf 1986.

MURL (Minister für Umwelt, Raumordnung und Landwirtschaft des Landes Nordrhein-Westfalen) (Hrsg.), Untersuchungsprogramm Braunkohle der Landesregierung Nordrhein-Westfalen – Dokumentation der Ergebnisse; Düsseldorf 1987.

MURL (Minister für Umwelt, Raumordnung und Landwirtschaft des Landes Nordrhein-Westfalen) (Hrsg.), Natur 2000 in Nordrhein-Westfalen. Leitlinien und Leitbilder für Natur und Landschaft im Jahr 2000; Düsseldorf 1990.

MURL u. MSV (Minister für Umwelt, Raumordnung und Landwirtschaft und Ministerium für Stadtentwicklung und Verkehr des Landes Nordrhein-Westfalen) (Hrsg.), Ökologische Stadt der Zukunft. Konzepte und Maßnahmen der Modellstädte; Düsseldorf 1993.

NAGEL, P., Die Darstellung der Diversität von Biozönosen; in: Schr. Vegetationskd. 10 (1976), S. 381–391.

NAGEL, P., Speziesdiversität und Raumbewertung; in: Verh. d. Dt. Geographentages Bd. 41 (1978), S. 486–498.

NAVEH, Z. und LIEBERMANN, A. S., Landscape ecology; Theory and application; Berlin 1984, 376 S.

NEDDENS, M. C., Ökologisch orientierte Stadt- und Raumentwicklung. Eine integrierte Gesamtdarstellung; Wiesbaden 1986.

NEEF, E., Wesen und Werden eines Landschaftsbegriffes; in: PGM 99 (1955), S. 1 ff.

NEEF, E., Einige Grundfragen der Landschaftsforschung; in: Wiss. Z. Univ. Leipzig, Math.-Nat. Rh. 5 (1956), S. 531–541.

NEEF, E., Der Bodenwasserhaushalt als ökologischer Faktor; in: BDL 25 (1960), S. 272–282.

NEEF, E., Topologische und chorologische Arbeitsweisen in der Landschaftsforschung; in: PGM 107 (1963), S. 249–259.

NEEF, E., Zur großmaßstäbigen landschaftsökologischen Forschung; in: PGM 108 (1964) (a), S. 1–7.

NEEF, E., Geographische Maßstabsbetrachtungen zur Wasserhaushaltsgleichung; in: Abh. Sächs. Akad. Wiss. Leipzig, Math.-Nat. Kl. Bd. 48 (1964) (b), H. 5, 19 S.

NEEF, E., Zur Frage des gebietswirtschaftlichen Potentials; in: Forschungen und Fortschritte 40 (1966), S. 65–96.

NEEF, E., Die technische Revolution und die Aufgaben der physischen Geographie; in: Geographie und techn. Revolution; Gotha 1967 (a), S. 28–41.

NEEF, E., Die theoretischen Grundlagen der Landschaftslehre; Gotha 1967 (b), 152 S.

NEEF, E., Entwicklung und Stand der landschaftsökologischen Forschung in der DDR; in: Wiss. Abh. Geogr. Ges. DDR 5 (1967) (c), S. 22–34.

NEEF, E., Der Physiotop als Zentralbegriff der komplexen Physischen Geographie; in: PGM 112 (1968), S. 15–23.

NEEF, E., Zu einigen Begriffen der Ökologie; in: Archiv für Landschaftsforschung und Naturschutz 10 (1970), S. 233–240.

NEEF, E., Erwiderung (auf J. Schmithüsen anläßlich der Überreichung der Goldenen Carl-Ritter-Medaille Ges. Erdkunde zu Berlin in Trier); in: Trierer Geogr. Studien, Sonderheft 3 (1979) (a), S. 25–36.

NEEF, E., Analyse und Prognose von Nebenwirkungen gesellschaftlicher Aktivitäten im Naturraum; in: Abh. Sächs. Akad. Wiss. zu Leipzig, Math.-naturwiss. Kl., Bd. 50 (1979) (b), H. 1.

NEEF, E. und BIELER, J., Zur Frage der landschaftsökologischen Übersichtskarte – Ein Beitrag zum Problem der Komplexkarte; in: PGM 115 (1971), S. 73–77.

NEEF, E. und NEEF, V. (Hrsg.), Sozialistische Landeskultur. Umweltgestaltung – Umweltschutz; in: Brockhaus Handbuch; Leipzig 1977.

NEEF, E., SCHMIDT, G. und LAUCKNER, M., Landschaftsökologische Untersuchungen an verschiedenen Physiotopen in Nordwestsachsen; in: Abhdl. Sächs. Akad. Wiss. zu Leipzig, Math.-nat. Kl., Bd. 47, H. 1; Berlin 1961, 112 S.

NEUMANN, D., Zielsetzungen der Physiologischen Ökologie; in: Verh. Ges. Ökologie Bd. II (1974), S. 1–9.

NEUMEISTER, H., Das System Landschaft und die Landschaftsgenese; in: Geogr. Ber. 59 (1971), S. 119–133.

NEUMEISTER, H., Zur Theorie und zu Aufgaben in der physisch-geographischen Prozeßforschung; in: PGM 122 (1978) (a), S. 1–10.

NEUMEISTER, H., Zur Messung der ‚Leistung‘ des Geosystems. Forschungsansätze in der physisch-geographischen Prozeßforschung; in: PGM 122 (1978) (b), S. 101–107.

NEUMEISTER, H., Das „Schichtkonzept“ und einfache Algorithmen zur Vertikalverknüpfung von „Schichten“ in der physischen Geographie; in: PGM 123 (1979), S. 19–23.

NEUMEISTER, H., Schichten als Strukturelemente und das zeitliche Verhalten von Geoökosystemen; in: PGM 125 (1981), S. 231–238.

NEUMEISTER, H. u. a., Geoökologie – Geowissenschaftliche Aspekte der Ökologie; Reihe Umweltforschung, Jena 1988.

NEUMEISTER, H. u. a., Ausgewählte geoökologische Entwicklungsbedingungen Nord-West-Sachsens; in: IGG Leipzig (Hrsg.), Leipzig 1991.

NIEMANN, E., Beiträge zur Vegetations- und Standortgeographie in einem Gebirgsquerschnitt über den mittleren Thüringer Wald; in: Arch. Natursch. Landschaftsforsch. 4 (1964), S. 3–50.

NIEMANN, E., Methodik zur Bestimmung der Eignung, Leistung und Belastbarkeit von Landschaftselementen und Landschaftseinheiten, IGG der AdW der DDR, Ber. Physische Geographie, Leipzig 1982.

NÜBLER, W., Konfiguration und Genese der Wärmeinsel der Stadt Freiburg; in: Freiburger Geogr. Hefte 16 (1979), 113 S.

ODUM, E. P., Trophic structure and productivity of Silver Springs, Florida; in: Ecol. Monogr. 27 (1957), S. 55–112.

ODUM, E. P., The strategy of ecosystem development; in: Science 164 (1969), S. 262–270.

ODUM, E. P., Grundlagen der Ökologie (in 2 Bd.).
Band 1: Grundlagen,
Band 2: Standorte und Anwendung;
übersetzt und bearbeitet von J. Overbeck und E. Overbeck; Stuttgart, New York 1980, zus. 836 S.

ODUM, E. P. und REICHHOLF, J., Ökologie, Grundbegriffe, Verknüpfungen, Perspektiven. Brücke zwischen den Natur- und Sozialwissenschaften; München [4]1980, 208 S.

ODZUK, W., Umweltbelastungen; UTB 1182; Stuttgart 1982, 341 S.

OEST, K., EDV-gestützte Umweltanalysen und -Daten in der Bundesrepublik Deutschland (1. Zwischenbericht); ARL-Arbeitsmaterial Nr. 22; Hannover 1979.

OEST, K., EDV-gestützte Umweltanalysen und -Daten in der Bundesrepublik Deutschland (2. Zwischenbericht); ARL-Arbeitsmaterial Nr. 33; Hannover 1980.

OEST, K. und ALLERS, A., EDV-gestützte Umweltanalysen und -Daten in der Bundesrepublik Deutschland (Abschlußbericht); ARL-Beiträge Bd. 49; Hannover 1980.

OLSCHOWY, G. (Hrsg.), Natur- und Umweltschutz in der Bundesrepublik Deutschland; Hamburg 1978, 926 S.

OSCHE, G., Ökologie, Grundlagen – Erkenntnisse – Entwicklungen der Umweltforschung, Freiburg [9]1981.

OTREMBA, E., Die Grundsätze der naturräumlichen Gliederung Deutschlands; in: Erdkunde 2 (1948), S. 156–167.

OTREMBA, E., Naturräumliche Gliederung 1 : 200 000; in GR 21 (1969), S. 356–358.

OTTO-ZIMMERMANN, K., Kommunale Umweltverträglichkeitsprüfung; in: Schrr. des Niedersächsischen Städte- und Gemeindebundes, H. 19, Hannover 1988.

PAFFEN, K. H., Ökologische Landschaftsgliederung; in: Erdkunde II (1948), S. 167–174.

PAFFEN, K. H., Die natürliche Landschaft und ihre räumliche Gliederung. Eine methodische Untersuchung am Beispiel der Mittel- und Niederrheinlande; in: FDL 68 (1953), 196 S.

PASSARGE, S., Über die Herausgabe eines physiologisch-morphologischen Atlas; in: Verh. 18. Dt. Geogr. Tages zu Innsbruck; Berlin 1912, S. 236–247.

PENCK, A., Das Hauptproblem der physischen Anthropogeographie; in: Zschr. Geopolitik II (1924), S. 330–347.

PENCK, A., Die Tragfähigkeit der Erde; in: Lebensraumfragen europäischer Völker, hrsg. v. K. H. DIETZEL, O. SCHMIEDER und H. SCHMITTHENNER; Leipzig 1941, S. 10–32.

PETERS, H.-J., Zum Verhältnis von UVPG und Fachgesetzgebung; in: Kleinschmidt, V. (Hrsg.), UVP-Leitfaden für Behörden, Gutachter und Beteiligte – Grundlagen, Verfahren und Vollzug der Umweltverträglichkeitsprüfung; Dortmund 1993, S. 83–87.

PETERS, W. u. a., Umweltwirksamkeit von Ausgleichs- und Ersatzmaßnahmen nach § 8 Bundesnaturschutzgesetz – Defizite und ergänzender Regelungsbedarf anhand exemplarischer Nachuntersuchungen; in: Berichte 7/93 des Bundesumweltamtes, Berlin 1993.

PFADENHAUER, J., Vegetationsökologie – ein Skriptum, Eching 1993.

PFLUG, W., Landschaftsökologisches Gutachten zum geplanten Braunkohlentagebau Hambach I; Aachen 1975, Hrsg. RP Köln.

PFLUG, W. u. a., Landschaftsplanerisches Gutachten Aachen; Stadt Aachen (Hrsg.); Aachen 1978.

PFLUG, W. und WEDECK, H., Bewertungsverfahren; in: BUCHWALD/ENGELHARDT (Hrsg.), Bd. 3; München 1980, S. 65–80.

PHILLIPSON, J., Bioindicators, biological surveillance and monitoring; in: Verh. Dtsch. Zool. Ges. 1983, S. 121–123.

PIETSCH, J., Ökologie und Raumplanung; in: Werkstattberichte des Fachgebietes Regional- und Landespl. im Fachber. Architektur-, Raum- und Umweltplanung der Univ. Kaiserslautern, H. 6 (1979).

PIETSCH, J., Ökologische Planung. Ein Beitrag zu ihrer theoretischen und methodischen Entwicklung; Diss. Universität Kaiserslautern, Fachbereich Architektur-, Raum- und Umweltplanung; Kaiserslautern 1981, 296 S.

PIETSCH, J. und KAMIETH, H., Stadtböden. Entwicklungen, Belastungen, Bewertung und Planung; Taunusstein 1991.

PLACHTER, H., Naturschutz; UTB 1563, Stuttgart 1991.

PROJEKTGRUPPE A 46 BFANL und LÖLF, A 46 (Beitrag zur Umweltverträglichkeitsprüfung); in: Angewandte Wissenschaft, Schr. BMELF, Reihe A, H. 252; Bonn 1981.

REICHE, E.-W. und ZÖLITZ-MÖLLER, R., Gründe, Voraussetzungen und Möglichkeiten für die Modellanbindung an ein GIS; in: GÜNTHER, O. und SCHULZ, K.-P. (Hrsg.), Umweltanwendungen geographischer Informationssysteme; Karlsruhe 1992, S. 232–245.

REIDL, K., Floristische und vegetationskundliche Untersuchungen als Grundlagen für den Arten- und Biotopschutz in der Stadt, dargestellt am Beispiel Essen, Dissertation Universität-GHS-Essen, Fachbereich 9 (1989).

RICHTER, G., Bodenerosion. Schäden und gefährdete Gebiete in der Bundesrepublik Deutschland; in: FDL 152 (1965), 592 S.

RICHTER, G. (Hrsg.), Bibliographie zur Bodenerosion und Bodenregulierung 1965–1975; in: Forschungsstelle Bodenerosion der Univ. Trier, H. 2; Trier 1977.

RICHTER, H., Naturräumliche Ordnung; in: Wiss. Abh. Geogr. Ges. DDR 5 (1967), S. 129–160.

RICHTER, H., Beiträge zum Modell des Geokomplexes; in: NEEF-Festschrift/Landschaftsforschung, PGM Erg. H. 271 (1968) (a), 63–79.

Literatur

RICHTER, H., Naturräumliche Strukturmodelle; in: PGM 112, (1968) (b), S. 9–14.

RID, H., Das Buch vom Boden; Stuttgart 1984.

RIECKEN, U., Planungsbezogene Bioindikation durch Tierarten und Tiergruppen. Grundlagen und Anwendung; in: Schrr. für Landschaftspflege und Naturschutz, H. 36 (1992).

RIEDL, R., Generelle Eigenschaften der Biosphäre; in: Tag. Ber. Ges. Ökologie Gießen, Verhandl. GfÖ, Bd. 1 (1972), S. 9–17.

RIEDL, R., Die Strategie der Genesis; München 1976, 381 S.

RITTER, E.-H., Städteökologie; in: HESSE, J. (Hrsg.), Kommunalwissenschaften in der BRD; in: Schrr. zur kommunalen Wissenschaft und Praxis, Bd. 2 (1989), S. 447–481.

RÖSER, B., Grundlagen des Biotop- und Artenschutzes – Arten- und Biotopgefährdung, Gefährdungsursachen, Schutzstrategien, Rechtsinstrumente; Landsberg a. L. 1990.

ROTHKEGEL, W., Geschichtliche Entwicklung der Bodenbonitierung und Wesen und Bedeutung der deutschen Bodenschätzung; Stuttgart 1950.

RPU (Regionale Planungsgemeinschaft Untermain) (Hrsg.), 1. Arbeitsbericht 1970 – 2. Arbeitsbericht 1971 – 3. Arbeitsbericht 1972 – 4. Arbeitsbericht 1974; Frankfurt/M.

RUBNER, W., Die pflanzengeographischen Grundlagen des Waldbaus; Radebeul 1953.

SCHÄFER, A., Die Bedeutung der Saarbelastung für die Arealdynamik von Molluskenpopulationen; in: Verh. Ges. Ökologie, Bd. II (1974), S. 127–130.

SCHAEFER, M., Ökologie. Mit englisch-deutschem Register; UTB 430 (Wörterbücher der Biologie), Stuttgart ^{3}1992.

SCHALLER, J., Anwendung flächenbezogener Informationssysteme für aktuelle Fragen des Bodenschutzes; in: Mitt. Dt. Bodenkundl. Ges., 53, 1987, S. 61–67.

SCHALLER, J. und SPANDAU, L., MAB-Projekt 6: Der Einfluß des Menschen auf Hochgebirgsökosysteme – integrierte Auswertungsmethoden und Modelle für die Ökosystemforschung Berchtesgarden; in: Verhandl. der GFÖ Bd. XV, 1987, S. 35–47.

SCHALLER, J. und DANGERMOND, J., Geographische Informationssysteme als Hilfsmittel der ökologischen Forschung und Planung; in: Gesellschaft für Ökologie (Hrsg.), Verhandlungen Band 20/2 – Freising-Weihenstephan 1991, S. 651–662.

SCHARPF, H., Notwendigkeit und Probleme der ökologischen Planung in der Landwirtschaft; ARL-Arbeitsmaterial Nr. 33 (1979).

SCHARPF, H., Landwirtschaft zwischen ökologischen Notwenidgkeiten und ökonomischen Sachzwängen; in: Landschaft + Stadt 13 (1981), S. 27–41.

SCHEELE, B., Handlungsfelder des kommunalen Umweltschutzes: Strukturen, organisatorische Aspekte, medial kontra systemar; in: DU BOIS, W. und OTTO-ZIMMERMANN, K., (Hrsg.), Umweltdaten in der kommunalen Praxis: Datenbeschaffung und Datenverarbeitung für Umweltplanung, Umweltüberwachung und UVP; kommunale Umweltinformationssysteme; Taunusstein 1992, S. 27–39.

SCHEMEL, H.-J., Zur Theorie der differenzierten Bodennutzung. Probleme und Möglichkeiten einer ökologisch fundierten Raumordnung; in: Landschaft + Stadt 8 (1976), S. 159–166.

SCHEMEL, H.-J., Umweltverträglichkeit von Fernstraßen – ein Konzept zur Ermittlung des Raumwiderstandes; in: Landschaft + Stadt 11 (1979), S. 81–90.

SCHEMEL, H.-J., Modelluntersuchung zur Umweltverträglichkeitsprüfung an einem Teilstück der geplanten A 98 im Allgäu; in: Forschung Straßenbau und Straßenverkehrstechnik, H. 352 (1981), S. 25–40.

SCHEMEL, H.-J., Umweltverträgliche Freizeitanlagen – eine Anleitung zur Prüfung von Projekten des Ski-, Wasser- und Golfsports aus der Sicht der Umwelt; Bd. I: Analyse und Bewertung, in: UBA-Berichte 5/87, Berlin 1987.

SCHEMEL, H.-J. u. a., Handbuch zur Umweltbewertung: Konzept und Arbeitshilfe für die kommunale Umweltplanung und Umweltverträglichkeitsprüfung; in: Stadt Dortmund, Umweltamt (Hrsg.), Dortmunder Beiträge zur Umweltplanung; Dortmund 1990.

SCHERNER, E. R., Möglichkeiten und Grenzen ornithologischer Beiträge zur Landeskunde und Umweltforschung am Beispiel der Avifauna des Solling; Diss. Uni Göttingen 1977.

SCHIRMER, H., Meteorologische Begriffsbestimmungen zur Regionalplanung; in: ARL-Arbeitsmaterial Nr. 133, Hannover 1988.

SCHLEE, D., Ökologische Biochemie; Jena ^{2}1992.

SCHLENKER, G. und MÜLLER, S., Erläuterungen zur Karte der Regionalen Gliederung von Baden-Württemberg; in: Mitt. Ver. Forstl. Standortskde. und Forstpflanzenzüchtung Nr. 23 (1973), Teil II in Nr. 24 (1975), Teil III in Nr. 26 (1978).

SCHMIDT, A., Organisation und Aufgaben der Landesanstalt für Ökologie, Landschaftsentwicklung und Forstplanung des Landes Nordrhein-Westfalen; in: Natur und Landschaftskunde Westfalen 17 (1981), S. 1–12.

SCHMIDT, A., Ökologischer Umbau der Städte: Erhöhung der Umweltqualität muß in den Mittelpunkt der Planungen – Wünsche an das Baugesetzbuch und das Bundesnaturschutzgesetz; in: LÖLF-Mitteilungen, H. 2, 1987, S. 18–31.

SCHMIDT, G., Vegetationsgeographie auf ökologisch-soziologischer Grundlage; Leipzig 1969, 596 S.

SCHMIDT, G., Systemtheoretische Betrachtungsweise und Anwendung der Systemtheorie in der Geographie; in: PGM 123 (1979), S. 151–157.

SCHMIDT, R. D., Das Klima im Städtebau. Thematische Literaturanalysen; in: Referateblatt zur Raumentwicklung SH 2 (1980), 102 S.

SCHMIDT, R. G., Probleme der Erfassung und Quantifizierung von Ausmaß und Prozessen der aktuellen Bodenerosion (Abspülung) auf Ackerflächen; in: Physiogeographica Bd. 1; Basel 1979, 240 S.

SCHMIDT-RÄNTSCH, A. und J., Leitfaden zum Artenschutzrecht; Köln 1990.

SCHMITHÜSEN, J., Fliesengefüge der Landschaft und Ökotop. Vorschläge zur begrifflichen Ordnung und Nomenklatur in der Landschaftsforschung; in: BDL Bd. 5 (1948), S. 74–83.

SCHMITHÜSEN, J., Grundsätzliches und Methodisches; in: Handbuch d. naturräuml. Gliederung Deutschlands, hrsg. v. MEYNEN, E., und SCHMITHÜSEN, J., Bd. 1 (1953), S. 1–44.

SCHMITHÜSEN, J., Der wissenschaftliche Landschaftsbegriff; in: Mitt. Flor.-sozial. Arbeitsgem., N. F., H. 10 (1963).

SCHMITHÜSEN, J., Was ist eine Landschaft; in: Erdkundl. Wissen, H. 9 (1964), 24 S.

SCHMITHÜSEN, J., Allgemeine Vegetationsgeographie; Berlin [3]1968, 463 S.

SCHMITHÜSEN, J., Was verstehen wir unter Landschaftsökologie; in: Verh. Dt. Geographentages, Bd. 39 (1974), S. 409–416.

SCHNELLE, F., Kleinklimatische Geländeaufnahme am Beispiel der Frostschäden im Obstbau; in: Ber. Dt. Wett. US-Zone 2 (1950), S. 12 ff.

SCHÖNBECK, H., Untersuchungen in NRW über Flechten als Indikatoren für Luftverunreinigungen; in: Schr. Landesanstalt Immissions- und Bodennutzungsschutz 26 (1972), S. 99–104.

SCHÖNWIESE, C. D., Klima im Wandel; Stuttgart 1990.

SCHOLLES, F., Umweltqualitätsziele und -standards: Begriffsdefinition; in: UVP-Förderverein (Hrsg.), UVP-report 3/1990, S. 35–37.

SCHREIBER, K.-F. (Hrsg.), Zum ökologischen Potential als Engpaßfaktor in der Regionalplanung; in: Arbeitsb. Lehrst. Landschaftsökol., H. 2; Münster 1980 (a), 64 S.

SCHREIBER, K.-F., Erstehung von Ökosystemen und ihre Beeinflussung durch menschliche Eingriffe; in: DER MINISTER FÜR UMWELT, RAUMORDNUNG UND BAUWESEN DES SAARLANDES (Hrsg.); Eine Welt – darin zu leben; Saarbrücken 1980 (b), S. 34–51.

SCHREIBER, K.-F., Wärmeklimatische Gliederung im Bereich des Kommunalverbandes Ruhrgebiet. Gutachten i. A. des KVR; Essen 1981.

SCHREIBER, K.-F., Wuchsklimakarte des Ruhrgebietes und angrenzender Bereiche; in: Kommunalverband Ruhrgebiet (Hrsg.): Arbeitshefte Ruhrgebiet, A 033 (1985) (a).

SCHREIBER, K.-F., Was leistet die Landschaftsökologie für eine ökologische Planung?; in: Schrr. zur Orts-, Regional- und Landesplanung, ORL-Institut ETH-Zürich, 1985 (b), S. 7–28

SCHUBERT, R. (Hrsg.), Bioindikation in terrestrischen Ökosystemen; Halle [2]1991, (a).

SCHUBERT, R. (Hrsg.), Lehrbuch der Ökologie; Stuttgart [3]1991, (b).

SCHULTE, W., Die Bedeutung von Industriebrachen im Rahmen von Stadtbiotopkartierungen – Ergebnisse einer bundesweiten Untersuchung; in: LÖLF-Mitteilungen H. 2, 1992, S. 13–19.

SCHULTE, W. u. a., Zur Biologie städtischer Böden – Beispielraum: Bonn-Bad Godesberg; in: Schrr. für Landschaftspflege und Naturschutz H. 33 (1990).

SCHULTE, W., SUKOPP, H. u. WERNER, P. (Hrsg.), Flächendeckende Biotopkartierung im besiedelten Bereich als Grundlage einer am Naturschutz orientierten Planung. Programm für die Bestandsaufnahme, Gliederung und Bewertung des besiedelten Bereiches und dessen Randzonen, überarbeitete Fassung 1993; in: Natur und Landschaft 1993, 68. Jg., H. 10, S. 491–550.

SCHWECKENDIEK, L., SCHEMEL, H.-J. und HOPPENSTEDT, A., Umweltqualitätsziele für die ökologische Planung – Vorstudie – Pilotvorhaben Landkreis Osnabrück; in: Texte 9/1992 des Umweltbundesamtes, Berlin 1992.

SEILER, W., Modellgebiete in der Geoökologie; in: GR 35 (1983), S. 230–237.

SEITZ, R., Stadtklima Mannheim – Ludwigshafen. Diss. Fak. Geowiss.; Heidelberg 1975.

SENG, H.-J., Umweltverträglichkeitsprüfung bei Deponiestandorten; in: Hochschul Sammlung Ingenieurwissenschaften Abfallwirtschaft Bd. 1; Stuttgart 1979.

SIBERT, A., Wort, Begriff und Wesen der Landschaft; in: Umschaudienst Akad. f. Raumforsch., Bd. 5, H. 2 (1955), S. 1–92.

SOČAVA, B. V., Geography and Ecology; in: Soviet Geography, Vol. XII (1971), S. 277–291.

SOČAVA, B. V., Das Systemparadigma in der Geographie; in: PGM 118 (1974), S. 161–166.

SPANDAU, L., Angewandte Ökosystemforschung im Nationalpark Berchtesgaden; in: Forschungsberichte Nr. 16 der Nationalparkverwaltung Berchtesgaden, Berchtesgaden 1988.

SPERBER, H., Mikroklimatisch-ökologische Untersuchungen an Grünanlagen in Bonn; Diss. Agr. Uni Bonn; Bonn 1976, 226 S.

SPINDLER, E. A., Umweltverträglichkeitsprüfung in der Raumplanung. Ansätze und Perspektiven zur Umweltgüteplanung; in: Dortmunder Beiträge zur Raumpl. Bd. 28 (1983), 250 S.

SRU (Der Rat von Sachverständigen für Umweltfragen), Umweltgutachten 1974; Stuttgart 1974, 320 S.

SRU (Der Rat von Sachverständigen für Umweltfragen), Umweltgutachten 1978; Stuttgart 1978, 638 S.

SRU (Der Rat von Sachverständigen für Umweltfragen), Umweltprobleme der Landwirtschaft. Sondergutachten März 1985; Stuttgart 1985.

SRU (Der Rat von Sachverständigen für Umweltfragen), Umweltgutachten 1987, Stuttgart 1987.

SRU (Der Rat von Sachverständigen für Umweltfragen), Allgemeine ökologische Umweltbeobachtung – Sondergutachten; Wiesbaden 1990.

STADT DORTMUND, UMWELTAMT (Hrsg.), Umweltverträglichkeitsprüfung Dortmund, Beitrag für die Bauleitplanung; Dortmund/Hamburg 1987.

STEIN, N., Zentrale Forschungsfelder einer ökologisch orientierten Stadtklimatologie: Strahlungs-Energie- und Wärmehaushalt; in: Landschaft + Stadt 11 (1979), S. 99–109.

STEINEBACH, G., HERZ, S. und JACOB, A., Ökologie in der Stadt- und Dorfplanung. Ökologische Gesamtkonzepte als planerische Zukunftsvorsorge; in: WOLLMANN, H. und HELLSTERN, G.-M. (Hrsg.); Stadtforschung aktuell, Bd. 40, Basel 1993.

STEUBING, L., Vorwort; in: Tagungsber. Ges. Ökologie Bd. I; Gießen 1972.

STEUBING, L., KLEE, R. und KIRSCHBAUM, U., Beurteilung der lufthygienischen Bedingungen in der Region Untermain mittels niederer und höherer Pflanzen; in: Staub-Reinh. Luft 34 (1974), S. 206–209.

STIEHL, E., Die Klimastruktur im Bereich des Naturparkes Bergisches Land; in: Beiträge zur Landesentwicklung Nr. 37, Bd. 2 (1981), S. 10–25.

STOCK, P., Synthetische Klimafunktionskarte Hagen; KVR, Essen 1981.

STOCK, P., Synthetische Klimafunktionskarte Ruhrgebiet; KVR, Essen 1992.

STOLZ, M., Verkehr und Umwelt; in: Straße und Autobahn 33 (1982), S. 483–486.

STRAUSS, H., Zur Diskussion über Biotopverbundsysteme – Versuch einer kritischen Bestandsaufnahme; in: Natur und Landschaft 63 (1988), S. 374–378.

STREIT, U., Ein mathematisches Modell zur Simulation von Abflußganglinien; in: Gießener Geogr. Schr. 27 (1973), S. 1–97.

STREIT, U., Eine Modellstudie zur Abschätzung von Wasserhaushaltskomponenten für semiaride Gebiete am Beispiel der Insel Porto Santo/ Madeira Archipel; in: Werkstattpapiere 2 (1975); Gießen, S. 1–50.

STREUMANN, C. H. und RICHTER, G., Bibliographie zur Bodenerosion in Mitteleuropa; in: BDL, SH 9, (1966).

STUGREN, B., Grundlagen der Allgemeinen Ökologie; Stuttgart ^{3}1978, 312 S.

SUKOPP, H., Nature in cities. A report and review of studies and experiments concerning ecology, wildlife and nature conservation in urban and suburban areas; in: Council of Europe (Hrsg.), Nature and environment series No. 28; Straßburg 1982.

SUKOPP, H., Urban environments and vegetation; in: HOLZNER, W., WERGER, M. J. A. und IKUSIMA, J. (Hrsg.), Mans impact an vegetation; Den Haag 1983 (a).

SUKOPP, H., Erfahrungen bei der Biotopkartierung in Berlin im Hinblick auf ein Schutzgebietssystem; in: Schr. Dt. Rat f. Landespflege 41 (1983) (b), S. 69–73.

SUKOPP, H., Stadtökologie. Das Beispiel Berlin; Berlin 1990.

SUKOPP, H. u. a., Auswertung der Roten Liste gefährdeter Farn- und Blütenpflanzen in der Bundesrepublik Deutschland für den Arten- und Biotopschutz; in: Schr. f. Vegetationskde. 12 (1978), 138 S.

SUKOPP, U. u. SUKOPP, H., Das Modell der Einführung und Einbürgerung nichteinheimischer Arten. Ein Beitrag zur Diskussion über die Freisetzung gentechnisch veränderter Kulturpflanzen; in: GAIA 2 (1993), S. 267–288.

SUKOPP, H. und WITTIG, R. (Hrsg.), Stadtökologie; Stuttgart 1994.

SURBURG, U., Ausgewählte Literatur zu Umweltqualitätszielen, Umweltstandards und ökologischen Eckwerten; in: Texte 16/1992 des Umweltbundesamtes, Berlin 1992.

SYMADER, W., Räumliche Verteilungsmuster von Nährstoffgehalten in Fließgewässern am Nordrand der Eifel; in: Verhandl. Dt. Geographentages, Bd. 41 (1978), S. 531–536.

TANSLEY, A. G., The British Islands and their Vegetation; Cambridge 1939.

THOMAS-LAUCKNER, M. und HAASE, G., Versuch einer Klassifikation von Bodenfeuchtregime-Typen; in: Albrecht-Thaer-Archiv 11 (1967) S. 1003–1020 und 12 (1968), S. 3–32.

THOSS, R., Umweltbilanzen und ökologische Lastpläne für Regionen. Sonderforschungsbereich 26. Wiss. Arbeitsber. 1974–75 Bd. 1; Münster 1975.

TISCHLER, W., Einführung in die Ökologie; Stuttgart ^{2}1979, 306 S.

TISCHLER, W., Ökologie der Lebensräume. Meer, Binnengewässer, Naturlandschaften, Kulturlandschaft; Stuttgart 1990, UTB 1535.

TOBIAS, K., Die hierarchische Systemmethode – Konzeptionelle Grundlagen für die angewandte Ökosystemforschung; Lehrstuhl für Landschaftsökologie der TU München/Weihenstephan, 1989.

TOBIAS, K., Konzeptionelle Grundlagen zur angewandten Ökosystemforschung; in: Beiträge zur Umweltgestaltung, Bd. A 128, Berlin 1991.

TOBIAS, K., Theoretische Aspekte der ökologischen Forschung; in: DUHME, F., LENZ, R. und SPANDAU, L. (Hrsg.), 1992, S. 371–386.

TOMAŠEK, W., Die Stadt als Ökosystem; in: Landschaft + Stadt 11 (1979), S. 51–60.

TOMAŠEK, W. und HABER, W., Raumplanung, Umweltplanung, Ökosystemplanung; in: Innere Kolonisation 23 (1974), S. 67–71.

TRAUTMANN, W., Methoden und Erfahrungen bei der Vegetationskartierung der Wälder und Forsten; in: Berichte über das Internationale Symposium für Vegetationskartierung vom 23.–26. 3. 1959 in Stolzenau/Weser; Weinheim 1963, S. 119–126.

TRAUTMANN, W., Erläuterungen zur Karte der potentiellen natürlichen Vegetation der Bundesrepublik Deutschland 1 : 200 000, Blatt 85, Minden; in: Schriftenr. Vegetationskde. 1 (1966), 137 S.

TRENT (Team Regionale Entwicklungsplanung), Typologische Untersuchungen zur rationalen Vorbereitung umfassender Landschaftsplanungen; Forschungsauftrag des BML; Bonn 1973, 113 S.

TRENT (Forschungsgruppe Stadt und Umwelt an der Uni Dortmund), Freizonennutzung in besonders belasteten Räumen. Forschungsauftrag der Regierungspräsidenten NRW, Abschlußbericht, unveröff.; Dortmund 1981.

TRENT (Forschungsgruppe TRENT-Umwelt an der Universität Dortmund), Umweltschonende Bergbaunordwanderung, Dortmund 1985.

TREPL, L., Ökologie und „ökologische" Weltanschauung; in: Natur und Landschaft 56 (1981), S. 71–75.

TREPL, L., Geschichte der Ökologie; Berlin 1987.

TRETER, U., Untersuchungen zum Jahresgang der Bodenfeuchte in Abhängigkeit von Niederschlägen, topographischer Situationen und Bodenbedeckung an ausgewählten Punkten in den Hüttener Bergen/Schleswig-Holstein; in: Schr. Geogr. Inst. Univ. Kiel, Bd. 33 (1970), 144 S. 267–277.

TRETER, U., Untersuchungen zur ökologischen Landschaftsanalyse der Hüttener Berge (Kreis Rendsburg-Eckernförde); in: Schr. Geogr. Inst. Univ. Kiel, Bd. 37 (1971), S. 267–277.

TRETER, U., Zum Wasserhaushalt Schleswig-Holsteinischer Seengebiete; in: Berliner Geogr. Arb. H. 33 (1981).

TROLL, C., Gedanken und Bemerkungen zur ökologischen Pflanzengeographie; in: GZ 41 (1935), S. 380–388.

TROLL, C., Luftbildplan und ökologische Bodenforschung; in: Ges. für Erdkde. Berlin 1939, S. 241–311. Auch in: Erdkundl. Wissen, H. 12 (1966), S. 1–69.

TROLL, C., Die Gliederung der Landschaft des Bergischen Landes in Landschaftselemente 1 : 25 000; in: Sitzungsber. Europ. Geographen, Würzburg 1942; Leipzig 1943.

TROLL, C., Die geographische Landschaft und ihre Erforschung; in: Studium Generale 3 (1950), S. 163–181, und in: Erdkundl. Wissen, H. 11 (1966), S. 14–51.

TROLL, C., Vegetationsgeographie und Pflanzensoziologie (Zu J. Schmithüsens Werk „Allg. Vegetationsgeographie"); in: Die Erde 93 (1962), S. 235–239.

TROLL, C., Landschaftsökologie als geographisch-synoptische Naturbetrachtung; in: Erdkdl. Wissen, H. 11 (1966), S. 1–13.

TROLL, C., Landschaftsökologie; in: Pflanzensoziologie und Landschaftsökologie; Den Haag 1968, S. 1–21.

TROLL, C., Landschaftsökologie (Geoecology) und Biocoenologie. Eine terminologische Studie; in: Rev. de Geol., Geoph. et Geogr., Ser. Geogr. 14 (1970), S. 9–18.

TROLLDENIER, G., Bodenbiologie. Die Bodenorganismen im Haushalt der Natur, Stuttgart 1971.

TÜXEN, R., Die heutige potentielle natürliche Vegetation als Gegenstand der Vegetationskartierung; in: BDL 19 (1957), S. 200–246.

TURBA-JURCZYK, B., Geosystemforschung. Eine disziplingeschichtliche Studie zur Mensch-Umwelt-Forschung in der Geographie; in: Giessener Geographische Schriften Heft 67 (1990).

UBA (Umweltbundesamt/Hrsg.), Handbuch zur ökologischen Planung, Bd. 1–3; i. A. d. UBA erarbeitet von DORNIER SYSTEM GmbH; Berlin 1981.

UBA (Umweltbundesamt/Hrsg.), UMPLIS. Umwelt Forschungskatalog '81; Berlin 1982, 1724 S.

UBA (Umweltbundesamt/Hrsg.), UMPLIS Statusbericht – Nr. 13; Berlin 1986.

UBA (Umweltbundesamt/Hrsg.), Daten zur Umwelt 1990/91, Berlin 1992.

UBA (Umweltbundesamt/Hrsg.), Umweltprobenbank – Jahresbericht 1991; in: UBA-Texte 7/93, Berlin 1993.

UHLIG, H., Beispiel einer kleinklimatologischen Geländeuntersuchung; in: Zschr. Meteorologie, Bd. 8 (1954), S. 66–75.

UHLIG, H., Die Kulturlandschaft. Methoden der Forschung und das Beispiel Nordostengland; in: Kölner Geogr. Arb. 9/10 (1956).

UHLIG, H., Die naturräumliche Gliederung – Methoden – Erfahrungen, Anwendungen und ihr Stand in der Bundesrepublik Deutschland; in: Wiss. Abh. Geogr. Ges. DDR, 5 (1967), S. 161–215.

ULRICH, B., Modellierung von Ökosystemen; in: Mitt. Dt. Bodenkdl. Ges. 19 (1974), S. 103–113.

ULRICH, B. u. a., Modelling of bioelement cycling in a beech forest of Solling district; in: Göttinger Bodenkundl. Ber., H. 29 (1973), S. 1–54.

UMWELTDEZERNAT DER STADT WIESBADEN (Hrsg.), Handlungsanweisungen zur Durchführung von Umweltverträglichkeitsprüfungen im Bebauungsplanverfahren, Abschlußbericht des Modellvorhabens „Umweltverträglichkeitsprüfung in der Stadt- und Dorfplanung, Fallstudie Wiesbaden, Mainzer Straße“; Forschungsvorhaben des Experimentellen Wohnungs- und Städtebaus des Bundesministers für Raumordnung, Bauwesen und Städtebau; in: Umweltbereich – Fachberichte Bd. 3, Wiesbaden 1993.

UVP-FÖRDERVEREIN (Hrsg.), UVP-report, Informationen zur Umweltverträglichkeitsprüfung, 4/1989, 3/1990 u. 4/1990.

UVP-FÖRDERVEREIN (Hrsg.), UVP-Gütesicherung. Qualitätskriterien zur Durchführung von Umweltverträglichkeitsprüfungen; Dortmund 1992.

VAGELER, P., Zur Bodengeographie Algeriens; in: PGM Erg.-H. 258 (1955).

VDI-KOMMISSION REINHALTUNG DER LUFT (Hrsg.), Stadtklima und Luftreinhaltung, ein wissenschaftliches Handbuch für die Praxis in der Umweltplanung; Berlin 1988.

VESTER, F., Ballungsgebiete in der Krise; Stuttgart 1976.

VESTER, F., Ansätze zur Erfassung der Umwelt als System; in: BUCHWALD/ENGELHARDT (Hrsg.), Bd. 3; München 1980, S. 120–156.

VESTER, F. und HESLER, A. v., Sensitivitätsmodell. Regionale Planungsgemeinschaft Untermain i. A. des Umweltbundesamtes; München 1980.

VOERKELIUS, U. u. SPANDAU, L., Bodenschutz – Mögliche Anwendungen eines Bodeninformationssystems – Operationalisierung der Bodenfunktionen als Bilanzgrößen des Bodenschutzes am Beispiel eines ausgewählten Raumes; UBA-Texte 8/89, Berlin 1989, 154 S.

VOTSMEIER, T., Umweltqualitätsziele (UQZ). Umsetzung in kommunale Konzepte – Wiesbaden; in: UVP-report 3/1990, S. 75–78.

WALTER, H., Die ökologischen Systeme der Kontinente (Biosphäre; Stuttgart 1976, 131 S.

WALTER, H. und BRECKLE, S.-W., Ökologie der Erde. Bd. 1: Ökologische Grundlagen in globaler Sicht; UTB große Reihe, Stuttgart [2]1991.

WBGU (Wissenschaftlicher Beirat der Bundesregierung Globale Umweltveränderungen), Welt im Wandel: Grundstruktur globaler Mensch-Umwelt-Beziehungen, Jahresgutachten 1993, Bremerhaven.

WEDECK, H., Landschaftsökologische Raumeinheiten als Grundlage für Planungsaufgaben; Text- und Kartenband; Bad Honnef 1980.

WEISCHET, W., Kann und soll klimatologische Forschung im Rahmen der Geographie betrieben werden?; in: Tag.-Ber. Dt. Geogr.-tag 1969, S. 428–440.

WEISCHET, W., Einführung in die Allgemeine Klimatologie; Teubner Studienbücher der Geographie; Stuttgart 1977, 256 S.

WEIZSÄCKER, E. U. von, Erdpolitik. Ökologische Realpolitik an der Schwelle zum Jahrhundert der Umwelt; Darmstadt 1989.

WELLER, F. und SCHREIBER, K.-F., Agrarökologische Gliederung des Landes Baden-Württemberg. Karte 1 im Maßstab 1 : 250 000; in: Ministerium für Ernährung, Landwirtschaft und Umwelt Baden-Württ. (Hrsg.): Erläuterungen zur ökologischen Standorteignungskarte für den Erwerbsobstbau in Baden-Württemberg; Stuttgart 1978.

WENDLING, W., Bioindikation in der räumlichen Planung; in: Raumforschung und Raumordnung 49. Jg. (1991) S. 1–6.

WEYL, H., Ist das raumordnungspolitische Ziel der „wertgleichen Lebensbedingungen“ überholt?; in: Die Öffentl. Verwaltung 33 (1980), S. 813–820.

WICKE, L., Umweltökonomie. Eine praxisorientierte Einführung; München 1993, 4. Aufl.

WIGGERING, H. (Hrsg.), Steinkohlenbergbau. Steinkohle als Grundstoff, Energieträger und Umweltfaktor; Berlin 1993.

WILMERS, F., Zur Problematik der Korrelation klimatologischer Daten mit Vegetationsanalysen; in: Natur und Landschaft 50 (1975), S. 193–195.

WITTIG, R., Ökologie der Großstadtflora. Flora und Vegetation der Städte des nordwestlichen Mitteleuropas; Stuttgart 1991, UTB-Nr. 1587.

WMO, Urban Climates, Techn. Note 108; Genf 1970 (a).

WMO, Building Climatology, Techn. Note 109; Genf 1970 (b).

WÖHLKE, W., Die Kulturlandschaft als Funktion von Veränderlichem. Überlegungen zur dynamischen Betrachtung in der Kulturgeographie; in: GR 1969, S. 298–308.

WOHLRAB, B., Auswirkungen wasser- und bergbaulicher Eingriffe auf die Landeskultur; in: Forschung und Beratung, Reihe C, H. 9 (1965), MELF NRW.

WOHLRAB, B. u. a., Landschaftswasserhaushalt; Hamburg und Berlin 1992.

WOLTERECK, R., Über die Spezifität des Lebensraumes, der Nahrung und der Körperformen bei pelagischen Cladoceren und über „ökologische Gestaltungssysteme“; in: Biol. Zbl. 48 (1928), S. 521–551.

ZACHARIAS, F. und KATTMANN, U., Das menschorganische Ökosystem; in: Natur und Landschaft 56 (1981), S. 76–79; verkürzt auch in: Verh. Ges. Ökologie Bd. IX (1980), S. 349–352.

ZANGENMEISTER, C., Nutzwertanalyse in der Systemtechnik; München 1971.

ZENKER, W., Beziehungen zwischen dem Vogelbestand und der Struktur der Kulturlandschaft; in: Beitr. Avif. Rheinland 15 (1982).

ZEPP, H., Zur Systematik landschaftsökologischer Prozeßgefüge-Typen und Ansätze ihrer Erfassung in der südlichen Niederrheinischen Bucht; in: Arb. z. Rhein. Landeskunde, Bd. 60, Bonn 1991 (a), S. 135–151.

ZEPP, H., Eine quantitative landschaftsökologisch begründete Klassifikation von Bodenfeuchteregime – Typen für Mitteleuropa; in: Erdkunde, 45 (1), 1991 (b), S. 1–16.

DAS GEOGRAPHISCHE SEMINAR

Anlage zu:

ISBN 3 - 14 - **16 0295** - 6

westermann®